数据要素安全

新技术、新安全激活新质生产力

刘文懋　孟楠　顾奇　陈佛忠　高翔　等著

人民邮电出版社
北京

图书在版编目（CIP）数据

数据要素安全 ：新技术、新安全激活新质生产力 / 刘文懋等著. -- 北京 ：人民邮电出版社，2025.
ISBN 978-7-115-65963-7

Ⅰ. TP309.3

中国国家版本馆 CIP 数据核字第 20253YV654 号

内 容 提 要

本书深入剖析了数据要素行业的发展趋势和关键安全技术，并探讨了新技术如何赋能各行各业。全书分为三个核心篇章："体系篇"构建了数据要素安全的理论框架，从宏观角度分析了数据要素的演进及相关法律法规的制定，旨在帮助读者理解数据要素安全的重要性及背景知识；"技术洞察篇"深入探讨了前沿技术，揭示了数据安全自用、数据可信确权、数据可控流通和协同安全计算等核心应用场景的技术细节和应用洞察，并专门针对大模型的数据安全问题展开论述；"实践案例篇"通过具体案例展示了技术在全球各行业中的应用，指导读者选择合适的技术来构建数据要素的安全流通体系。

本书适合企业决策者、数据业务负责人、隐私计算和机密计算相关厂商及各层次技术人员阅读。

◆ 著　　　刘文懋　孟　楠　顾　奇　陈佛忠　高　翔　等
　责任编辑　佘　洁
　责任印制　王　郁　焦志炜

◆ 人民邮电出版社出版发行　　北京市丰台区成寿寺路 11 号
　邮编　100164　　电子邮件　315@ptpress.com.cn
　网址　https://www.ptpress.com.cn
　涿州市京南印刷厂印刷

◆ 开本：800×1000　1/16
　印张：18.75　　　　2025 年 4 月第 1 版
　字数：434 千字　　　2025 年 4 月河北第 1 次印刷

定价：99.80 元

读者服务热线：(010) 81055410　印装质量热线：(010) 81055316
反盗版热线：(010) 81055315

序

数据安全已然成为当今社会一个极为复杂且棘手的问题。它涵盖了诸多方面，既包括数据本身的数据确权、数据分类分级等法律法规和标准化难题，也涉及数据访问权限控制等 IT 基础设施相关问题，同时还存在在原始数据不流通的前提下如何实现价值流通等的创新技术困境。在国家将数据视为第五大生产要素的当下，中国各级政府与企业都对数字经济的蓬勃发展寄予厚望，然而数据安全问题却如同拦路虎般横亘在数字经济发展的道路上。

尽管数据要素流通的需求日益强劲，但能够保障数据要素安全流通的技术与产品却远未成熟。数据确权并非单纯的法律问题，更需要相应的技术作为支撑；数据分类分级的准确性与效率问题长期困扰着我们，在过去很长一段时间里都难以得到有效解决，直到人工智能大模型的出现，才让我们窥见了低成本解决这一问题的可能性；数据访问的细粒度控制依赖于权限管理和访问控制机制，而老旧的 IT 系统往往不具备这样的机制，面对海量老旧系统的改造，高昂的成本令人望而却步，我们急需找到成本可接受的解决方案；原始数据的流通极易引发数据泄露与个人隐私保护问题，而诸如安全多方计算、同态加密、联邦学习等旨在避免原始数据流通的计算方法，也面临计算效率低下、存在潜在数据泄露风险等问题。市场上的各类数据安全解决方案鱼龙混杂，用户在选择时面临着很高的试错成本。

刘文懋是多年战斗在技术一线的优秀安全研究人员，拥有丰富的攻防实战经验。尤为难得的是，他具备将复杂技术用通俗易懂的语言阐释清楚的非凡能力。这本书便是有力证明：本书从体系、技术洞察和实践案例 3 个维度，围绕数据安全自用、数据可信确权、数据可控流通、协同安全计算等典型应用场景，对敏感数据识别与分类分级、区块链、零信任架构、新型加密技术、去中心化身份、数字水印、数据脱敏、合成数据、API 安全、同态加密、联邦学习、安全多方计算、可信执行环境及机密计算、可信计算等数据安全相关技术进行了深入浅出的讲解，并专门针对大模型的数据安全问题展开论述。

对有数据安全需求的读者来说，这本书能够帮助他们快速建立对相关技术基本概念的认知，并根据自身应用场景选择合适的技术，从而避免被那些堆砌专业名词的不可靠技术方案误导，让读者少走弯路。这无疑是对我国数字经济发展的重要贡献。

前　言

近年来，各国政府密集发布数据安全相关的战略政策、法律法规和标准规范，推动了数据安全产业的快速发展。首先，自 2018 年欧盟 GDPR（General Data Protection Regulation，通用数据保护条例）颁布之后，全球大部分地区陆续出台了针对个人隐私保护的法律法规，隐私合规要求日益严格，直接推动了面向个人信息保护的相关产业发展；其次，网络安全攻击和企业敏感数据泄露事件频现，面向安全攻防的数据安全治理与防护也成为企业 CISO（首席信息安全官）的重要工作；最后，数据和智能驱动的新质生产力加速了各行业的转型升级，挖掘数据要素的内在价值，建立多方信任以推动数据流通，将会是数据要素安全的核心目标和价值。以上三个因素共同推动数据安全产业发展与升级，在不久的将来，我们将看到以数据要素为核心的数据要素安全产业体量会快速增长。

与此同时，学术界的数据要素安全前沿研究和产业界的创新技术应用也高度融合统一，如联邦学习、可信执行环境和同态加密等技术，每一个新的研究成果都带来了一轮新的技术应用，或提升了现有效率，或增强了安全能力。

我们观察到有学术专家直接投身于数据要素安全产业并成立创业公司，如法兰西科学院院士、知名密码学专家 Pascal Paillier 担任了 Zama 公司的 CTO（首席技术官），为大语言模型（后文简称大模型）提供全同态加密方案的支持。正是各类新领域、新需求的融合和碰撞，造就了数据要素安全产业的大量创业公司，也催生了大量创新技术。

在这一轮技术革命中，国内技术界也扮演了重要的角色。例如，国内主导的知名隐私计算项目 FATE、隐语等，引导了国内联邦学习、安全多方计算和机密计算领域的开源生态系统发展。这充分展示了国内在数据要素安全方面的巨大需求和技术储备，我们完全有能力构建领先、创新、自主的数据要素安全技术栈。事实上，数年来，绿盟科技创新研究院在 FATE 社区持续投入，让隐私计算更好用、更安全，也因此获得了诸多荣誉与认可。

学术成果和创新技术的高度融合和快速涌现，在其他安全细分领域并不常见，这恰恰反映了数据要素安全领域的迫切需求和极高的技术要求，促使该领域近年来出现了大量创新技术。因此，笔者认为有必要对该产业及技术发展进行系统性的梳理和总结，以便读者更好地理解数据要素安全的整体趋势。

本书分为三篇。在体系篇，第 1 章阐述了数据要素安全产业的发展历程，第 2 章则分析了全球数据安全的立法、标准和监管现状，这些是产业和技术发展的驱动力。

基于数据安全标准和主流研究成果，第 3 章介绍了当前数据要素相关的安全架构。其中，数据流通的生命周期、数据安全治理体系等概念已获得业界的广泛认可；而数据确权等议题则涉及立法、财会和信息技术等多个领域，仍在持续研究中，尚未达成共识。

技术洞察篇介绍了数据要素安全相关的主流技术，由于这些技术种类繁多，笔者根据其适用场景，将它们划分为“数据安全自用”“数据可信确权”“数据可控流通”“协同安全计算”四大类，并分别在第 4～7 章对它们进行详细阐述。近年来兴起的大模型或者更广义的人工智能，对数据安全提出了新的要求，也给数据安全带来了新的解决方案，因而我们在第 8 章特别讨论了大模型与数据安全的关系。

需要注意的是，每种创新技术都有其独特优势和局限性，不存在一种技术能够适用于所有客户和所有场景。因而我们在讨论特定技术时，需要了解其出现的背景、优劣势，以及它能给客户带来的价值。本书在技术洞察篇详细介绍了数据要素安全相关技术的原理和特点，并在实践案例篇展示了这些技术在实际应用中的效用与价值。

为了方便读者更好地理解这些技术，我们在介绍技术原理后，如有开源工具，也会提供使用这些开源工具的指导。不过，开源社区非常活跃，各类技术日新月异，所以当你阅读本书时，可能会发现具体的软件版本、命令参数已发生改变，但技术应用的思路是恒久不变的。当然，如果在阅读和实践中遇到了问题，欢迎通过电子邮件联系笔者团队（liuwenmao.thaa@vip.163.com）。

最后，书中难免存在疏漏，敬请读者批评指正。

刘文懋
2024 年 10 月
北京

目　录

第一篇　体系篇

第二篇 技术洞察篇

第三篇 实践案例篇

第一篇

体系篇

第1章

数据要素安全概述

2019 年 10 月，《中共中央关于坚持和完善中国特色社会主义制度 推进国家治理体系和治理能力现代化若干重大问题的决定》（下文简称《若干重大问题的决定》）首次将数据列为与劳动、资本、土地、知识、技术、管理并列的生产要素。此后，“数据要素”一词频繁地出现在新闻报道中，许多读者对此感到好奇：数据要素与数据是什么关系？数据要素安全包含哪些内容，它与当前的数据安全是不是一回事儿？等等。

在本章，我们将带领读者回顾数据要素的发展历程，分析数据要素安全的特点，并比较数据要素安全和传统数据安全的差异。

1.1 数据要素的发展历程

1.1.1 数据 1.0 时代

为了深入理解数据要素，让我们将时钟往前拨一拨，回顾一下“前数据要素时代”。实际上，在数据要素成为焦点之前，我们所讨论的数据主要面向技术领域，侧重于信息处理和业务应用。

在信息处理层面，数据可以视为一种信息技术资源，如软件定义存储、数据库管理、大数据运维技术等，主要考虑的是如何有效、弹性地构建、管理数据存储基础设施，以支撑后续的数据处理和分析；而在业务应用层面，数据被当作应用的原始输入和所需资源，经加工、处理形成面向特定场景的知识库或算法，如数据分析处理技术，常见的应用场景有反欺诈、人脸识别等。

我们查阅了国内外学者对数据的不同定义，发现定义众多。例如，维基百科给出的定义如下：数据（Data）是一组离散或连续的值，用于表达信息（Information），或描述数量、质量、事实、统计等基本含义，还可能是用于形式化解释的简单序列符号（Symbol）。

数据可以是一段文字，也可以是一张图片，还可以是一个视频。从最终呈现的视角来看，数据就是一组离散值或连续值的集合，因而数据本身没有意义，数据必须经过解释（Interpret）后才有用处，经过解释的数据就变成了信息。

更进一步，如图 1-1 所示的 DIKW 金字塔，其中的 D、I、K、W 分别代表数据（Data）、信息（Information）、知识（Knowledge）和智慧（Wisdom）。DIKW 金字塔是信息管理和知识管理领域的一个经典框架，用于描述从数据到智慧的转化过程。DIKW 金字塔自底向上，每层的容量变小，但重要度、洞察度和预测力不断变强。

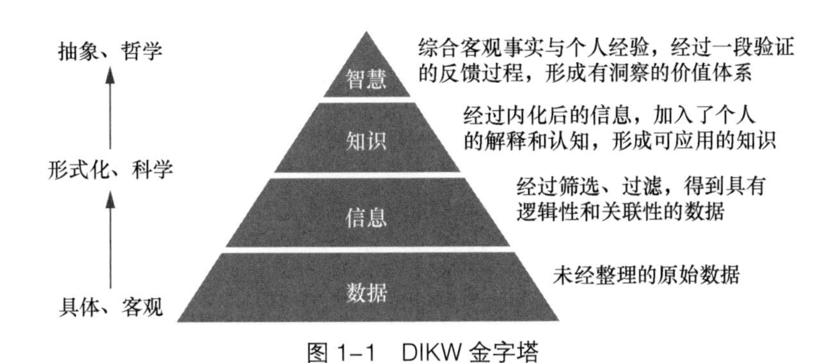

图 1-1　DIKW 金字塔

从人类认知的角度来看，数据是金字塔最底层的信息处理的原始输入，是我们观察这个世界的客观事实的记录值，而经过人类加工的信息、知识和智慧已经超越了数据本身。

从信息技术的角度分析，我们所讨论的数据是 DIKW 金字塔在基础设施层面的投影。比如，我们称存储在计算机中的文件为静态数据（Data At Rest），而将网络中实时传输的直播视频称为动态数据（Data In Transit）。在这些场景中，数据是信息、知识和智慧的载体。

在本书中，当我们讨论数据安全时，必然涉及各种“数据”字样的概念，这其实或多或少地关联到了信息或知识维度而非简单的原始数据。尽管我们通常统称它们为“数据”，但在不同的场景或语境下，该词所表达的含义是不同的，相应地，我们采取的处理方式和处理维度也不尽相同。就如我们在谈论数据安全方案时，有的机制关注网络安全，有的机制关注应用安全，还有一些关注的是业务安全，原因就在于这些技术所针对的“数据”本身处在不同的维度。比如，API 数据安全技术需要关注作为应用层业务的数据载体的传输模式；再如，数据分类分级、敏感数据识别等技术需要关注某行业的领域知识和法律规定。

在数据 1.0 时代，企业的业务部门应该关心如何存放、处理和清洗数据，或如何利用预处理完的数据建模来解决特定的业务问题。数据治理部门应该关心在满足合规性和易用性的前提下，如何在数据生命周期内进行数据管理、数据监管和数据质量提升等。更进一步地，数据安全部门或负责数据安全的团队应该站在 DIKW 金字塔的基础设施层面，关注隐私合规和数据载体安全。此时，整个环节的利益相关方（决策者、执行者、使用者和受益者等）主要集中于企业内部的业务部门、数据治理部门、信息化支撑部门、信息安全部门、审计部门、风险合规部门等[①]。数据作为企业的资源是不会随意对外公开的[②]，自然也就不会有其他外部的参与方或利益相关方。

1.1.2　数据要素时代到来

2019 年 10 月 31 日，中国共产党第十九届中央委员会第四次全体会议通过《若干重大问题的决定》，首次在中央层面确定数据可以作为生产要素参与分配。

2020 年 4 月，中共中央、国务院发布《关于构建更加完善的要素市场化配置体制机制的意见》，将数据列入生产要素，并提出了“加快培育数据要素市场”。

至此，数据在国内成为自土地、劳动力、资本、技术之后的第五大生产要素。数据在信息知识载体的基础上，正式具备了生产要素的属性。

在数据要素时代，数据资源的经济价值在生产环节被数据加工者深度挖掘，形成数据产品（如数据集、报表、数据模型、数据应用等）；数据产品在分配、流通、消费等环节被视为一种新型资产，可用于财富重分配，最终释放数据价值。这个数据要素化的过程如图 1-2 所示。

因而，数据要素时代的关键在于数据的要素化，也就是将数据视为人们在生产经营过程中所需的资源或输入。

当一项技术对业务发展产生良性作用时，其成功便成为必然；若该技术还能与经济发展紧密结合，那么它所带来的时代红利将无限扩大。在一个每天新增海量数据、每个人都生产和消费各类数据的时代，数据要素化带来了生产效率的提升和社会财富的增加。

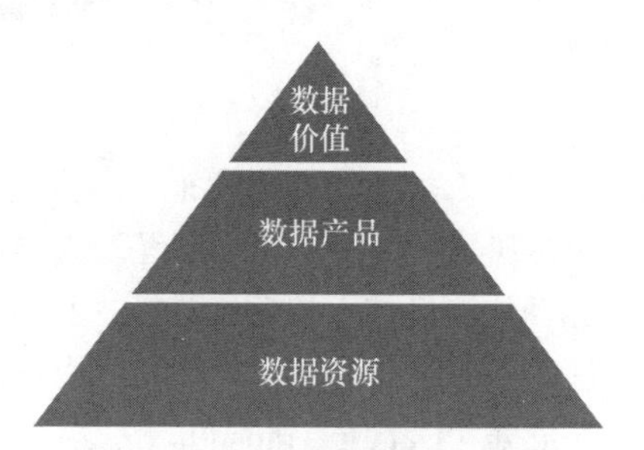

图 1–2　数据要素化的层次图

近年来，生成式人工智能（AIGC）大热，其背后的大模型搭载了海量参数，读取了海量数据，从而表现出惊人的智能水平。在此过程中，算力、算法和算据（计算数据的简称）缺一不可。以云计算为关键技术的算力基础设施已然成熟，因预算限制，越来越多的企业开始使用公有云的 GPU（Graphics Processing Unit，图形处理单元）租赁服务进行模型微调和推理；以大模型为代表的各种人工智能算法日新月异，解决了各领域越来越多的问题；而处于最后一环的数据，特别是高质量、面向特定行业的标记数据，目前是制约各行各业智能化服务质量的关键因素。因而，将数据要素化，通过经济手段提升数据流通和汇聚的规模与质量，能极大地提升我国生成式人工智能基座模型和各类知识库的性能。

诚然，目前在学术和立法层面，关于数据要素的确权、流通、治理仍存在诸多讨论，监管机构、交易所和企业在实践数据要素化方面尚未形成成熟的标准做法，公众对数据要素化的理解还

---

① 在强监管的行业，业务部门外相关的数据治理工作复杂，因而企业会设立独立的数据治理团队和组织架构，以负责企业整体的数据治理、数据安全和其他数据相关工作，该团队可以是跨部门的，也可以设置为数据治理部，或由数据中心承担相关职责；而在非强监管的行业，企业的数据治理通常由业务部门和信息安全部门负责。

② 当然也有例外，如一些金融集团本身存在复杂的组织结构，集团外的科技公司也会使用集团数据，此时的数据治理和数据安全就会比较复杂。

处在初级阶段，且这个领域依然存在各种不确定因素，远没有进入快车道。

纵然还存在各种不确定因素，但不可否认的是“数据要素”这一新时代已不可阻挡地到来了。数据要素化的价值，考虑到司法、技术和行业实践的不成熟，短期内被高估了，但考虑到数据要素与各行各业结合后在智能化、自动化水平上的极大提升，长期看又绝对被低估了。

1.1.3 数据与数据要素的关系

数据要素时代强调如何在社会生产、生活中使用数据，并与其他要素结合，进而发挥出更大的价值，创造出更大的经济效益和社会效益。

如前所述，数据是生成信息的输入和所需资源，数据要素是社会生产的输入和所需资源。虽然都是“输入和所需资源”，但这两个术语显然不同。数据是面向信息技术领域的，而数据要素是面向经济社会领域的。

可以说，数据是数据要素的基础，包括人工智能、大数据等技术在内的数据基础设施是数据要素化的底层技术支撑。数据要素则是数据在社会活动中的价值外在体现，数据加工者根据生产目标和业务场景需求，利用各类算法与数据结合，得到蕴含知识和智慧的数据资产。如果某类数据资产可以交易，那么它们就是数据产品。

从研究领域来看，数据是信息技术领域的一个概念，而数据要素超越了该领域，已经延展到了经济学、会计学、法学领域。读者可以访问中国知网（下文简称知网），在主题中搜索“数据要素”，将研究论文按照学科分类，如表 1-1 所示（数据截至 2024 年 5 月 14 日）。除了计算机学科，数据要素还涉及政治、行政、证券、经济、金融和法律等，绝大部分的研究是 2020 年以后的，且每年的研究论文数量成倍增长，可见该领域的研究涉及面广、研究者众、学科交叉复杂。

表 1-1 知网上“数据要素”研究论文的学科分类

学科分类	论文数量（篇）
中国政治与国际政治	181
证券	148
行政学及国家行政管理	256
行政法与地方法治	384
信息经济与邮政经济	3696
投资	186
数学	102
企业经济	377

续表

学科分类	论文数量（篇）
农业经济	312
民商法	123
贸易经济	217
经济统计	2
经济体制改革	25
金融	20
计算机软件及计算机应用	777
会计	13
宏观经济管理	18

为何数据要素这么复杂呢？原因在于“数据要素”与多个领域相关。

首先，数据要素是一种生产要素，该术语属于经济学范畴。生产要素是指社会生产经营过程中所需的各类资源。在最早的经济学理论中，重农学派将生产过程解释为人口中参与阶级间的互动。在农业社会，最重要的生产要素是土地。后来发展到资本主义社会，古典经济学派在土地的基础上增加了资本和劳动力两大生产要素。经济学家亚当·斯密在其代表作《国富论》中提出，“无论在什么社会，商品的价格归根结底都可以分解为劳动、资本和土地”，形成了“生产要素三元论”。

进入现代社会，随着市场经济占主导地位，企业家或组织也被一些学者纳入了生产要素的范畴。19 世纪末，西方经济学家马歇尔在其著作《经济学原理》中将组织列为第四大生产要素，提出了“生产要素四元论”。

当前，各类创新技术快速发展，技术也被视为一种生产要素（当然，技术本质上也属于劳动的一部分）。

进入 21 世纪后，数据作为第五大生产要素被凸显。数据已经脱离了其他生产要素，具备独特的价值，可见信息、知识和智慧这些数据衍生品正在发挥越来越大的作用，成为人类社会经济活动的重要基础。

其次，数据要素的确权、跨境问题涉及复杂的法律法规。例如，《关于构建数据基础制度更好发挥数据要素作用的意见》（又称“数据二十条”）提到了建立数据资源持有权、数据加工使用权、数据产品经营权等分置的产权运营机制。如何界定给定数据集的相关产权？这既是明确法律细则和司法实践的问题，也是技术领域需要突破的难点。考虑到数据的易复制和易修改，需要在源头建立确权登记机制和流程，并具备从数据流通路径上对数据片段进行溯源和跟踪的能力。

2024 年 3 月，国家互联网信息办公室颁布了《促进和规范数据跨境流动规定》，明确了数据在跨境流动过程中所涉及的数据安全评估、个人信息认证管理等要求。这些要求如何得到执行，还涉及组织架构、流程管理、技术支撑等方方面面。

再者，数据入表需要考虑企业的无形资产和存货计算，这涉及会计学；而数据要素的进一步推广又需要自顶向下制定政策，这涉及政治和行政学。

最后，数据要素化的核心是将数据变现，也就是要充分考虑实际应用场景和业务需求。2024年1月4日，国家数据局等17个部门联合发布《“数据要素×”三年行动计划（2024—2026年）》，提出了数据要素要赋能智能制造、智慧农业等重点行业，从而将数据要素与各行各业联系起来。可以预见，随着时间的推移，数据要素相关的研究和实践将如同IT技术一样，拓展到更多行业和应用领域，成为一种普遍的价值增长途径。

1.1.4　数据要素的发展

随着人工智能，特别是AI大模型的迅猛发展，数据的价值已经得到广泛认可。无论是出于国家间人工智能战略竞争，还是出于利用数据提升生产效率和促进经济发展，很多国家都开始制定数据赋能经济和社会发展的战略。

1. 中国数据要素的发展

近年来，数据要素的发展可谓迅猛，下面我们从互联网关注度、学术研究、国家顶层设计和组织架构等方面进行分析。

从互联网关注度来看，数据要素热度方兴未艾。笔者在百度指数、巨量算数（今日头条的数据平台）和Google Trends上搜索了“数据要素”，得到图1-3～图1-5，可见数据要素的关注度在2023年之前并不高，但此后开始激增。这或许能印证数据要素的整体发展趋势：起步晚，关注度高，发展快，但落地尚早。

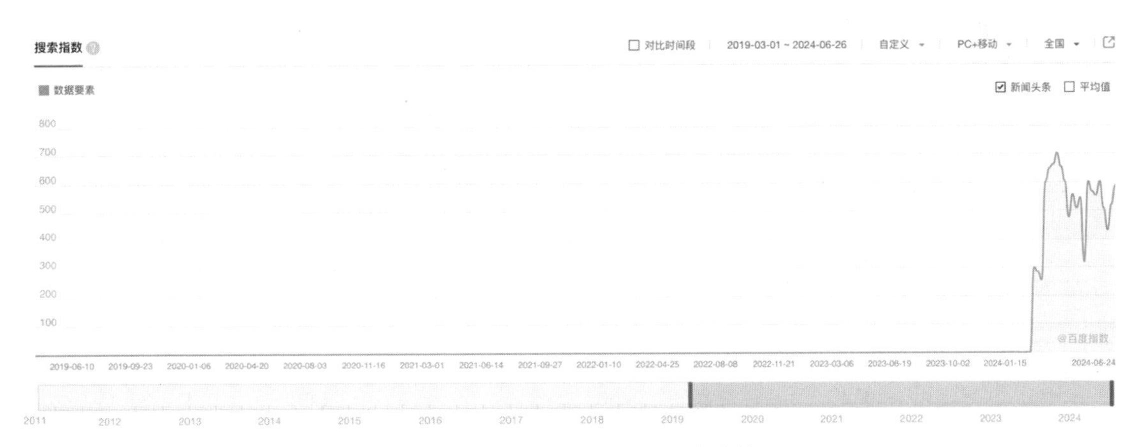

图1-3　“数据要素”的百度指数

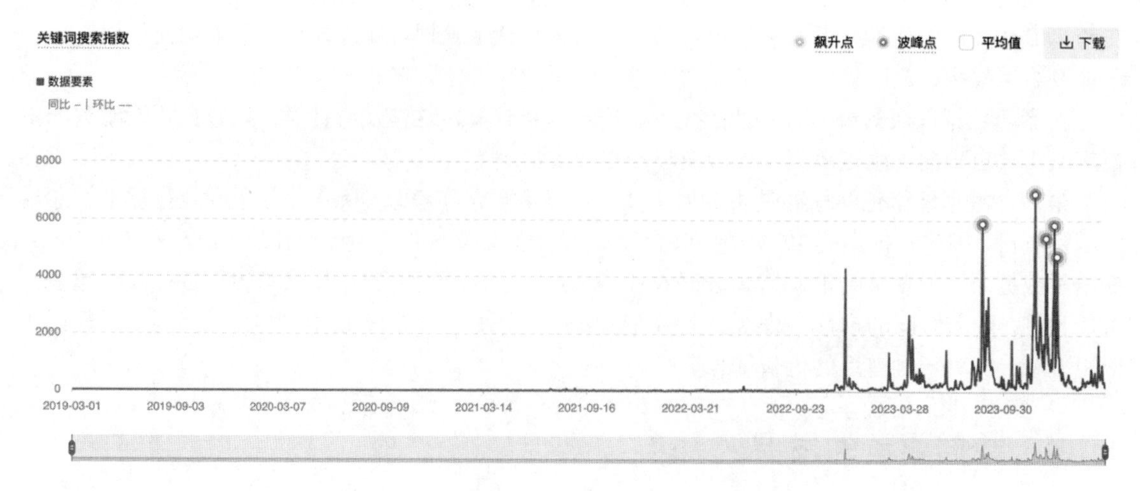

图 1-4　“数据要素”的头条关键词搜索指数

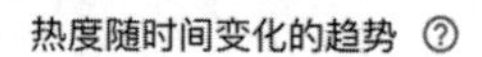

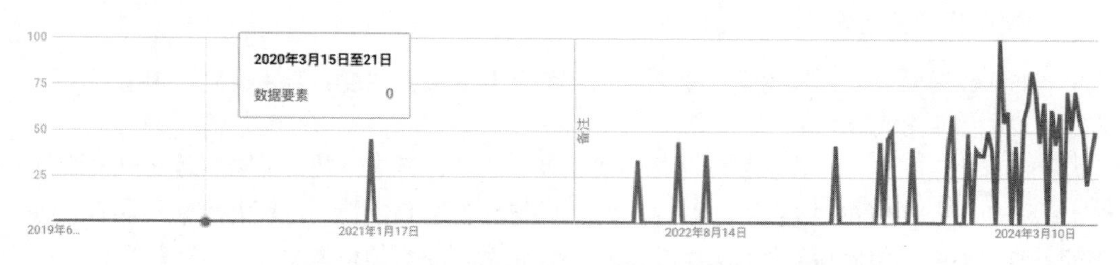

图 1-5　Google Trends 上“数据要素”的热度

从学术研究来看，数据要素的研究增长迅速。笔者同样也搜索了知网上的数据要素研究论文，如表 1-2 所示。自 2019 年以来，此类论文的数量呈现基本上每年翻一番的趋势，结合表 1-1，可见数据要素的学术研究不仅在数量上增长迅速，而且研究领域也在不断延展。

表 1-2　知网上“数据要素”研究论文的年度数量

年份	论文数量（篇）
2019	150
2020	379
2021	757
2022	1446
2023	2250

数据要素发展的内在动力源于其将数据价值转化为经济价值的巨大潜力。近年来，数据要素

发展的主要推动力是国家层面对数据要素顶层设计和组织架构的不断完善。实际上，自 2019 年数据要素这一概念诞生以来，与数据要素相关的国家机关和组织架构一直在持续优化。

2023 年 3 月 7 日，国务院发布了《关于国务院机构改革方案的说明》，正式宣布国家数据局的成立。国家数据局由国家发展和改革委员会管理，负责协调推进数据基础制度建设，协调国家重要信息资源的开发利用与共享。

国家数据局主要聚焦于数据的开发，与数据要素安全相关的还有公安机关、国家安全机关和国家网信部门等。在《中华人民共和国数据安全法》中，对这些机构的职责已有说明。

> 公安机关、国家安全机关等依照本法和有关法律、行政法规的规定，在各自职责范围内承担数据安全监管职责。
>
> 国家网信部门依照本法和有关法律、行政法规的规定，负责统筹协调网络数据安全和相关监管工作。

国家数据局成立后，国家网信部门中与数据发展相关的职责由国家数据局统一行使，而其在网络安全、数据安全、个人信息保护、关键信息基础设施安全方面的"统筹协调"法定职能不受影响。

与此同时，各地数据管理机构也在进行相应调整。此前，各省级大数据局由各地自行组建，其职责、性质和配置等各不一样。国家数据局成立后，各地开始组建省级数据局。2024 年年初，不到两个月就已成立 19 个省级数据局。这些地方数据局的成立，标志着国家数据局的职能在地方层面得到落实，我国对数据要素的重视程度达到了前所未有的高度。

"组织定"则"职责明"，"职责明"则"规划出"。在数据被列入生产要素之后，与数据要素相关的政策、法律法规也不断发布。

2022 年 6 月，"数据二十条"在中央全面深化改革委员会第二十六次会议上审议通过，该文件旨在从数据产权、流通交易、收益分配、安全治理等方面构建数据基础制度。

2024 年年初，国家数据局等 17 个部门印发《"数据要素×"三年行动计划（2024—2026 年）》，提出探索多样化、可持续的数据要素价值释放路径。

可以预见，随着国家数据局数据要素相关工作的开展，国家层面的数据要素政策将会不断推出；同时，各地数据局的职责相继明确，这些地区的数据要素规划、政策将会越来越密集地推出，进一步加速相关产业的发展。

2. 美国的数据战略

2019 年 6 月，美国行政管理和预算局（OMB）发布了美国联邦数据战略（Federal Data Strategy，FDS），旨在通过有效的数据管理和共享，提升政府的效率和决策能力，推动公共服务的改进[5]。FDS 强调的是责任与透明，虽然责任与安全相似，但也有区别。与传统的安全观念相比，责任更侧重于正向引导而非限制和约束。FDS 的具体目标包括但不限于：

1）为公众、企业和研究人员提供一致、可靠且保护隐私的联邦政府数据；

2）增加数据在联邦决策和操作中的共享与使用；

3）通过丰富的描述和元数据提升数据的可发现性；

4）为地方政府提供安全数据访问的管理工具和协议；

5）通过风险评估和利益相关方参与，提前规划数据的二次用途。

为了实现FDS的目标，美国联邦政府规划了如图1-6所示的十年愿景，大致分为4个阶段：基础阶段（2020—2022年），聚焦于数据治理、规划和基础设施建设；企业级阶段（2023—2025年），推动标准化、预算管理和跨部门协调；优化阶段（2026—2028年），推广自助分析工具；数据驱动阶段（2029年及以后），实现基于证据的决策和自动化数据改进。

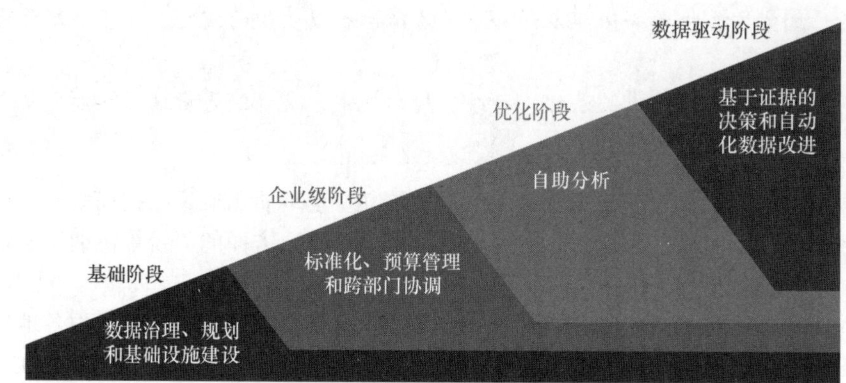

图1-6　FDS十年愿景规划

除此之外，为了落实FDS的具体行动，美国还会发布每年的行动计划：2020年行动计划，这是美国发布的首个年度行动计划，重点聚焦于数据治理、数据基础设施建设和跨部门协作等基础工作；2021年行动计划，继续推动基础设施建设，同时加强隐私保护、数据共享和跨机构合作；2022—2024年行动计划，美国目前还未正式发布或详细披露具体内容，可能会继续聚焦于数据的可用性、跨部门的数据共享以及推动数据驱动决策。

随着人工智能的广泛应用，尤其是大模型的发展极大提升了智能化水平，给各行各业提供了丰富的想象空间。2023年，美国白宫公布了《国家人工智能研发战略计划》，提出了一系列围绕人工智能使用和发展的新举措。这一战略使数据监管成为焦点，尤其是在隐私保护、数据安全和跨境数据流动等方面。随着人工智能技术的快速发展，数据已经成为驱动AI系统运转的核心要素，美国政府及相关机构逐步加强了对数据收集、存储、使用和分享的监管。出于对国家安全和经济竞争力的考量，美国在AI战略中引入了更严格的数据管控措施，以应对AI技术滥用、数据泄露及敏感信息被非法获取的风险。

基于此，美国国家标准与技术研究院于2023年发布了AI风险管理框架（AI Risk Management Framework，AI RMF），旨在帮助各类组织在开发、部署和使用AI系统时管理与之相关的风险。AI RMF强调了数据在AI系统中的核心作用，特别是针对数据的隐私和安全，提出了以下几项关键建议和要求。

- 差分隐私：AI RMF 建议在处理和使用敏感数据时，采用差分隐私等技术，确保即使在分析过程中也无法识别个人身份。通过在数据集中加入“噪声”，可以保护用户隐私。
- 数据最小化：AI RMF 鼓励企业和组织只收集、使用和存储实现 AI 系统目标所必需的最少数据，从而减少不必要数据收集导致的风险。
- 加密标准：AI RMF 要求在数据的存储和传输过程中使用加密技术，以确保数据在 AI 系统的整个生命周期中免受未经授权的访问和篡改。
- 基于角色的访问控制：AI RMF 建议实施严格的访问控制策略，确保只有授权人员才能访问和处理数据，减少内部人员泄露敏感数据的风险。
- 数据分级管理：AI RMF 建议根据数据的敏感程度对其进行分级管理，并为每种类型的数据设定不同的安全和隐私保护标准。
- 数据偏见检测：AI RMF 建议在使用训练数据时，对数据集中的偏见进行检测和纠正，以防止 AI 系统因为数据偏见而做出不公平的决策。

总的来说，美国的数据战略侧重于联邦政府相关数据的公开，以促进创新和技术发展；中国的数据要素则涵盖了更多应用场景，除了数据公开，还包括数据交易、数据共享交换等，更强调通过多元化的数据管理模式推动数字经济的发展。

1.2 数据安全概述

1.2.1 数据 1.0 时代的数据安全

在数据 1.0 时代，数据作为信息的载体，存放在机构的数据库、文件系统、存储服务器等位置。此时的数据安全，主要对应的是信息安全的三个属性：机密性（Confidentiality）、完整性（Integrity）和可用性（Availability）。数据机密性受损的风险主要是数据泄露，数据完整性受损的风险有数据损坏，数据可用性受损的风险有数据污染或拒绝服务等。

数据泄露（data breach）是机构面临的最大的数据安全风险，特别是机构保存的自身敏感数据和个人数据被攻击者非授权访问后，可能会被其窃取。数据泄露的攻击向量有多种，比如 Web 安全中的 SQL 注入造成拖库、代码仓库中的配置文件包含 AK/SK（访问密钥/秘密密钥）造成存储桶泄露、企业内部员工非法窥视系统数据等。暗网市场上售卖的大量敏感数据，以及非法推销和诈骗活动中犯罪分子所用的个人信息，都是数据泄露直接后果的明证。

数据损坏（data corruption）是指攻击者未经授权，篡改数据源、文件、网页等数据，使得业务输出结果的完整性被破坏。近年来最常见的数据损坏威胁当属勒索软件。勒索软件会寻找系统中重要的用户文件，如文档、数据、图片等，并对其加密，以此勒索用户支付赎金来获得解密密钥。在许多情况下，用户即便支付赎金也无法解密文件，此时数据的完整性遭到彻底破坏。随着人工智能的兴起，数据篡改已经扩展到对模型参数、结构的篡改，例如使用 Deepfake 替换源视频中的人脸，伪造具有政治或恐怖主义影响的视频；或进行定向的电信诈骗，令人防不胜防。

数据污染（data poisoning）在人工智能算法中比较常见。如果攻击者给模型提供垃圾数据或恶意数据，算法就可能输出错误的模型，使得整个模型不可用。另外，攻击者也有可能发动拒绝服务（Denial of Service，DoS）攻击，在短时间内发起大量的请求，破坏数据服务的正常运行。

这几种风险常常相伴而生，例如一些勒索软件团伙在加密文件的同时，也可能窃取这些文件。如果在一定期限内不支付赎金，则不仅用户无法解密文件，文件还会被发布到暗网。即便用户已经提前完成文件的备份，对于敏感数据，用户仍可能被迫支付赎金。

需要说明的是，在数据 1.0 时代，窃取数据和破坏数据往往是网络攻击的最后一环，所以在整个攻击过程中，攻击者会大量使用网络攻击、社会工程等手段，因而防守者也需要在预防、检测、响应等环节做好充分的准备。当我们谈论数据安全时，很多情况下其实是在处理网络安全问题，如入侵检测、用户行为分析、Web 安全等，这都是为了避免攻击者最终访问到敏感数据。正因如此，传统的数据安全往往由企业的网络安全团队负责。当然，随着数据要素时代的到来，数据安全的内涵在向企业业务安全延展，在做好传统数据安全的同时，安全团队的职责也在不断演进，数据要素安全相关的团队和组织架构也在进行调整。

1.2.2 数据要素安全

为了推动新质生产力的发展，产业与技术升级已刻不容缓。数据要素作为一种新型生产要素，在流通、使用和共享过程中能够显著提升其使用价值和交换价值，为各行各业创造大量新业务，提升全社会的整体生产力。数据要素入表也将极大提升企业数字化转型的速度，推动社会数字经济的发展。我们已迈入数据要素时代，数据要素时代的数据安全不仅包括传统的数据安全，还包括数据要素安全。

数据要素安全蕴含了“数据流通安全”，因为数据要素化的必要条件是数据经过流通产生价值，所以其全称应为“数据要素流通安全”。“数据要素流通安全”与“数据安全”相比，变化在于多了“流通”和“要素”两个关键词。

先谈“流通”。数据流通安全应当关注数据作为信息的载体，在采集、传输、存储、共享、使用和销毁阶段的安全，确保数据的机密性、可用性和完整性，防止第三方未授权的访问、修改或破坏。虽然数据流通安全也关注信息安全的三个属性，但与传统数据安全有所区别。在一个典型的数据流通场景中，数据从数据持有者流到了第三方，此时数据的完整性和可用性是第三方所关注的，以确保这些数据可以被正确且可靠地生产或消费。而在另一些场景中，数据持有者更关注数据的机密性，即数据不能被第三方看见，也就是数据“可用不可见”，这能确保原始的敏感数据不出本地，消除数据持有者的顾虑。

再谈“要素”。数据作为生产要素，是新时代新质生产力的输入资源。确保数据要素安全，就需要在数据生产、消费的过程中，确保价值提升过程合理、合法、合规，各方权益保障公平、公开、公正，技术手段可信、可证、可控。在经济领域讨论数据要素安全，就是希望通过制度、技术体系的建立激发各方积极参与数据生产活动，以最大化经济价值和社会价值。在此过程中，通过公开透明的法律、制度保障参与方的各项权益，利用各种新技术降低信任成本，构建权益可证明、行为可审计、事件可溯源的数据要素全流程的安全底座。

综上，数据要素安全或数据要素流通安全的内涵就是在数据流通过程中，既要保证数据作为载体的信息安全，又要保障数据作为生产要素时各参与方的相关权益。

为了保持阐述上的一致，在后续章节中，我们将“数据 1.0 时代”和“数据要素时代”机构内部的数据自身安全机制称为“数据安全”或“传统数据安全”，而将“数据要素时代”在数据流通环节需要关注的前述数据安全流通机制称为“数据要素安全”。

在数据要素时代，数据作为生产要素，其价值的提升往往需要数据资源持有者对外开放数据，让数据被第三方使用，其中第三方包括数据加工使用者和数据产品经营者。从机构角色来看，第三方一般跟己方机构有合作关系，或是同单位的不同部门，或是同行业的其他单位，又或是其他行业的业务合作方。由于第三方是业务驱动引入的，这些单位可能是诚实的，也可能是不诚实的，甚至不排除是恶意的，特别是这些单位里可能存在有不当目的的内部员工，或是已攻陷并潜伏在数据流通链中的恶意攻击者。所以，数据要素安全的本质就是在数据要素流通过程中，使所有数据相关行为遵循持有者对数据资源操作的意愿，防止第三方未授权的操作，保证事前安全机制可信任和可证明、事中过程可控和数据可用、事后安全事件可审计和可溯源。

然而无论哪个行业，一旦涉及多方间的数据或计算任务的流通，安全机制就不容易建立。

在数据流转过程中，参与方的权益必须得到保障。经济学中的“公地悲剧”概念指出，如果数据资源是公共的，参与方的权益未得到保障，那么很可能数据资源最终产生的价值会锐减，就如过度放牧后沙化的公共场地。因此，数据资产持有权、数据加工使用权和数据产品经营权都应该受到尊重和保护。

但在实践中，保障相关权益在技术层面颇有挑战。一方面，数据易于复制，数据资源持有者对数据流转出去的不可控状态有天然的担忧；另一方面，以往的数据安全和网络安全旨在预防和检测敏感数据泄露，而非赋能数据流转，目前尚缺乏成熟高效的技术、流程和架构来支撑数据安全流转。

当前技术层面的不足造成了多方间的信息不对等，各参与方陷入经典的囚徒困境：己方担心对方作恶，因而不敢做出最有利于自己的选择——开放数据，通过数据流通创造业务价值，而是做出了次优选择——所有人不共享，以避免数据泄露或滥用所造成的安全事件。这就变成了“公地悲剧”的反面——“反公地悲剧”，即产权私有化导致资源得不到充分利用，数据价值同样无法充分实现。

以医疗体系为例，医院、卫生健康委员会和疾病预防控制中心之间会共享病例等各种数据，以进行疫情管控或学术研究；而第三方（如保险机构、科研机构）也需要相关的医疗数据做疾病预测或成本精算。因而医疗体系中数据流通的需求是真实且巨大的，但流转的数据本身高度敏感，不仅涉及个人隐私，还可能危及国家安全，数据在流转的全生命周期都应得到保护。实际上，有些机构在开放数据后没有做好相应的安全防护，造成大量公民信息在暗网售卖的严重后果。例如，

2023 年 6 月，北京市昌平区某生物技术有限公司被发现存在数据泄露的情况，其委托的另一软件公司研发的“基因外显子数据分析系统”在测试阶段未落实相关的安全措施，导致包含公民信息、技术等数据的泄露，数据总量达 19.1GB。在日常业务的数据共享中，更为常见的风险是数据流转到第三方后，第三方内部的非善意员工未经授权地访问或操作数据，造成数据外泄、数据投毒或数据篡改等严重后果。

事实上，这也是当前数据流通过程中所面临的最大挑战。如果不能消除所有参与方对第三方超出合理限度使用数据的相关风险的顾虑，就无法建立真正有效的数据流通业务，也就没有办法推动数据要素化，创造更大的价值。

在数据要素时代，探索新的技术路线，帮助众多机构、企业以最低成本迁移和部署新业务，并采取必要的措施保障数据在流通、使用、共享和销毁的整个过程中安全可控，是非常有必要的。

1.2.3　数据安全与数据要素安全

如前所述，数据安全和数据要素安全之间存在较多差异。总体而言，数据安全的目标是在有限域中“抵御恶意攻击者”，数据要素安全的目标则是在去中心化的环境中“建立多方信任”。下面让我们从多个角度来做一些具体分析。

首先，从安全目标角度看，正如其他生产要素，数据要素的使用价值和交换价值的实现依赖于数据在所有者与使用者之间的流转。数据要素安全旨在保证该过程中数据不会被第三方滥用、误用，因而聚焦于数据的使用安全，本质上是业务层面的安全。然而，当前大部分组织机构的安全团队还用网络安全领域的技术和体系做数据安全，如异常检测、访问控制等，这是现阶段的数据安全，目的是保护重要数据不外泄，不被攻击组织窃取，本质上是基础设施层面的安全。

其次，从威胁模型角度看，在数据安全的威胁模型中，敌手是恶意攻击者，如 APT（Advanced Persistent Threat，高级持续性威胁）组织、攻击团伙等；在数据要素安全的威胁模型中，敌手则是不诚实的第三方，如窥视数据的合作伙伴。两者风险不一致，数据安全相关技术不能成为推动数据要素安全流转的关键技术和机制，但目前的数据安全机制可以是数据要素安全的底座和基础，讨论敌手模型是诚实的还是半诚实的前提是已经解决了恶意攻击者的风险。

最后，从设计思维、安全体系和实现角度看，在传统数据安全体系中，设计思维模式倾向于逆向思维，找到突破点，进而补齐；在数据要素安全体系中，则偏正向思维，即要在多个合作方之间实现数据要素流转和安全计算，就应正向构建一个可证明的安全环境，而不是先假设对方是恶意攻击者并穷举各种攻击手段。因此，基于密码学的机密计算、可信计算、隐私计算等技术就成了赋能数据要素安全的关键技术。

数据要素安全与传统数据安全的差异点总结见表 1-3。

表 1-3　数据要素安全与传统数据安全的差异点总结

比较维度	传统数据安全	数据要素安全
安全目的	重要数据不外泄	数据在流转过程中可控
威胁模型	恶意攻击者	不诚实的第三方
设计思维	逆向思维	正向思维
安全体系	面向攻防的安全体系（PPDR、CSF 等）	可证明的安全体系
支撑技术	传统网络安全、数据安全和身份安全等	水印、脱敏，以密码学为基石的各类隐私计算、可信计算、区块链和机密计算技术
关系	信息安全保障底座	支撑业务健康发展

需要说明的是，虽然目标不同，但数据要素安全和传统数据安全在大部分场景中是相辅相成、互为倚靠的。

1.2.4　数据要素安全与个人隐私

客观上讲，西方国家先进的科学技术在近现代对中国产生了深远影响。在过去数十年，信息技术和立法领域也呈现“西风东渐”，国内一直在跟随、借鉴西方国家，安全领域也不例外。因此我们在思考数据要素安全与个人隐私未来发展方向时，会不自觉地仍期望“西风东渐”，但笔者感觉近几年已经开始发生明显的变化，识别这些变化会让我们对该领域的理解更为深刻。其中，国内外在数据安全后续发展中最大的差别在于，国外企业因合规性要求，朝着个人信息保护方向前进；国内企业则顺应国家数据要素化的政策，积极探索如何挖掘数据资源的价值。

显著的差异具体表现在多个方面，我们列举如下。

（1）合规性差异

西方国家的数据安全相关法律法规以保护个人消费者信息为主，例如 GDPR、CCPA（California Consumer Privacy Act，加利福尼亚消费者隐私法案）等法律法规，旨在约束数据控制者（data controller，通常是掌握个人数据的企业）以保障消费者的权益，如数据知情权、遗忘权等。因此，前几年国外数据安全创业公司（如 Big ID、securiti.ai 等）的主要业务是发现、关联和管理企业内的个人信息。

国内也出台了《中华人民共和国个人信息保护法》，2024 年颁布的《促进和规范数据跨境流动规定》对个人数据跨境流动做出了规定。但总体而言，个人数据安全只是数据安全的一部分。GB/T 43697—2024《数据安全技术　数据分类分级规则》将数据分为一般数据、重要数据和核心数据。重要数据是指“特定领域、特定群体、特定区域或达到一定精度和规模的，一旦被泄露或篡改、损毁，可能直接危害国家安全、经济运行、社会稳定、公共健康和安全的数据”；而核心数据是指“对领域、群体、区域具有较高覆盖度或达到较高精度、较大规模、一定深度的，一旦被非法使用或共享，可能直接影响政治安全的重要数据”。核心数据和重要数据在当前阶段是国内数据安全更为关注的保护项，在数据要素应用中需要重点考虑，运营政府公共数据时更应当考虑此类数据的安全性。

（2）政策差异

国内将数据作为新质生产力，在满足合规性要求的同时，更加强调探索和发挥数据要素的价值。例如，“数据二十条”强调“建立公共数据、企业数据、个人数据的分类分级确权授权制度，根据数据来源和数据生成特征，分别界定数据生产、流通、使用过程中各参与方享有的合法权利”。传统数据安全做数据分类分级的目的是摸清家底，重点保护敏感数据；“数据二十条”的数据分类分级对象虽然也涉及个人数据，但并非合规驱动，而是推动数据要素化的第一步——确权授权。

（3）产业差异

在国外，除了传统的数据安全风险评估和管理，隐私合规的需求驱动数据安全产业向保护个人隐私的方向前进，出现了隐私影响评估（Privacy Impact Assessment，PIA）、合成数据、主权数据策略、隐私管理工具等数据安全产品和服务。而国内隐私相关的数据安全产品相对较少，更多的是脱敏、水印、文档管控、数据防泄露等产品，目的是解决数据流通过程中的各类安全问题。

（4）技术应用差异

尽管国内外在数据安全的政策引导和产业生态上的差异日益增大，但技术层面的差距正在逐渐缩小。在人工智能、数据安全和隐私保护的技术研究和应用方面，学术界和产业界百花齐放、日新月异。

Gartner 对数据安全[2] 和隐私保护[3] 两个领域的技术做了成熟度曲线分析，有意思的是，这两条曲线上有相当多的技术是重合的，如机密计算、零知识证明、合成数据、差分隐私、同态加密等隐私增强技术。也就是说，同一个技术，既可以用于解决个人隐私不被滥用的问题，也可以用于解决敏感数据不出域的问题。

实际上，隐私增强技术如差分隐私、同态加密等，在国内外的应用场景也存在显著差异。考虑到国外隐私合规是私营机构的强需求，隐私增强技术多用于涉及多方机构利用个人信息的协同计算；而在国内，隐私增强技术多用于确保敏感数据不出域的多方协同计算场景。原因很简单，个人信息也好，敏感数据也罢，都是需要重点保护的数据资源。技术本身只是工具，只要能解决问题即可。

不过，读者需要注意“隐私计算”与“隐私增强技术”和“隐私增强计算”的区别。国内李凤华等老师在《隐私计算理论与技术》[4] 一书中提出了隐私计算的概念，其定义是“面向隐私信息全生命周期保护的计算理论与方法，是隐私信息的所有权、管理权和使用权分离时隐私度量、隐私泄露代价、隐私保护与隐私分析复杂性的可计算模型与公理化系统”。而产业界提得比较多的是隐私增强计算（Privacy-Enhancing Computation，PEC）或隐私增强技术（Privacy-Enhancing Technology，PET），目的是在保护个人隐私的前提下，合理使用个人数据，其间会用到联邦学习、安全多方计算和机密计算等技术。因此，“隐私计算”与“隐私增强计算”和“隐私增强技术”既有微妙的区别，也有交叉重合。不过随着数据要素安全的关注度日益增加，人们在日常交流中也会交替使用这三个术语。读者可以先理解相关概念，熟悉所涉及的支撑技术，再根据具体的需求去解决日常遇到的问题，而不必纠结术语的字面差别。因为本书重在实践，所以可能存在这三个术语并用的场景，但它们都是指各类隐私增强技术。

当然，除了上述有重合的技术，数据安全和隐私保护技术的差异也比较明显。数据安全明显侧重于数据流通过程中的数据安全保护，如数据安全平台（Data Security Platform，DSP）、数据防泄露（Data Loss Prevention，DLP）、数据风险评估（Data Risk Assessment，DRA）、数据安全服务（Data Security as a Service，DSaaS）、数据安全态势管理（Data Security Posture Management，DSPM）等；隐私保护则侧重于满足个人隐私合规的风险管理和技术，如隐私管理（Privacy Management）、隐私设计（Privacy by Design）、主体权利要求（Subject Right Requirement，SRR）等。

综上，国内正朝着数据要素安全的方向快速前进，国外则沿着隐私合规的方向持续推动数据安全产业发展，其间国内外都会使用相似的支撑技术来解决原始敏感数据不出域、数据可用不可见的问题。支撑技术相同，但应用场景不同，可以预见这两个赛道会演化出不同的安全架构和技术栈。

1.3 本章小结

数据要素时代的到来，预示着数据价值提升会极大程度地推动整个社会生产力的发展。为了保障数据要素的安全，我们需要确定整体目标，理清安全防护思路。数据要素安全与传统数据安全有较大的差异，其讨论范畴和研究领域将会有很大的变化。

从数据安全走向数据要素安全，一方面要将传统数据安全和网络安全做好，将其作为数据要素流转的数据安全基础设施；另一方面要关注业务本身，通过选择合适的新技术、架构和流程，确保数据作为一种生产要素，在整个生命周期中得到合理的加工和使用，让整个过程可信、可用、可控、可溯。

第2章 数据安全标准体系、合规现状与安全事件

本章首先介绍国内外数据安全标准体系和法律法规，然后针对若干合规要点介绍数据安全监管要求，最后阐述合规视角下的数据安全发展趋势。

2.1 数据安全标准体系

数据安全产业的发展需要以数据安全标准的制定为先导，数据安全产业链上的各方也应达成共识。实施数据分类分级、数据安全风险评估等相关标准，有助于在事前梳理机构的敏感数据，降低整体安全风险。本节将分别介绍国际和国内的数据安全和隐私保护方面的标准体系。

2.1.1 国际数据安全标准体系

数据安全的目的之一是保护敏感信息受黑客攻击后不会遭到泄露、篡改或破坏，数据安全相关法规和标准旨在共同帮助实现这一目标。数据安全标准提出了安全基线或最佳实践，有助于防止他人未经授权地访问、使用、披露、破坏、修改或销毁数据，为数据安全产业落地提供技术和管理上的指导，数据安全法律法规则确保机构在数据安全规划、设计和实施阶段遵循和执行相关标准。

数据安全标准是组织在保护敏感、机密信息时可以遵循的一套标准。不同的标准由不同的组织和机构制定，如国际标准化组织（International Organization for Standardization，ISO）和美国国家标准与技术研究院（National Institute of Standards and Technology，NIST）。ISO 是一个独立的、非政府的国际组织，旨在通过全球共识来制定国际标准。ISO 标准为确保质量、安全性和效率提

供了一致的指南和要求，在全球范围内得到了广泛应用。

图 2-1 展示了 ISO/IEC 2700x 系列标准，该系列标准涵盖广泛的信息安全主题，包括风险管理、安全控制和信息安全管理系统（Information Security Management System，ISMS）。如下是该系列中的一些具体标准。

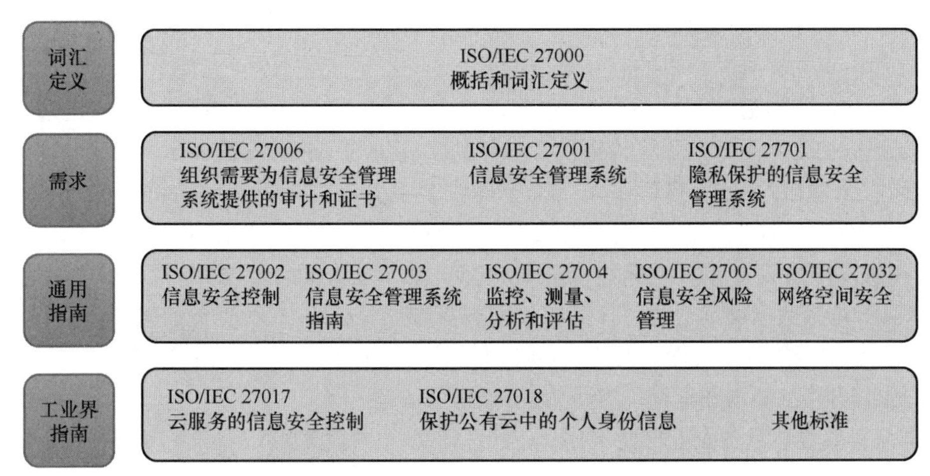

图 2-1 ISO/IEC 2700x 系列标准

ISO/IEC 27000 定义了 ISO/IEC 2700x 系列标准中使用的术语和概念。

ISO/IEC 27001 是最著名且使用最广泛的标准，规定了建立、实施、维护和改进信息安全管理系统的要求。

ISO/IEC 27701 是专用于个人身份信息收集和处理的全球性隐私权标准，包括组织应如何管理个人信息，并协助证明遵守了世界各地的隐私法规。

ISO/IEC 27002 指导如何实施 ISO/IEC 27001 中规定的控制措施的实践标准规范，涵盖了 14 个信息安全领域。

ISO/IEC 27003 主要提供有关信息安全管理体系实施的指南。它与 ISO/IEC 27001 和 ISO/IEC 27002 密切相关，旨在帮助组织有效地建立、实施、维护和持续改进信息安全管理体系。

ISO/IEC 27004 是一项衡量标准，旨在指导如何衡量和评估基于 ISO/IEC 27001 的信息安全管理系统的性能和有效性，涵盖了衡量框架、衡量属性、衡量方法、衡量结果分析和报告等内容。

ISO/IEC 27005 为组织提供了一个框架，以识别、评估和管理信息安全风险，从而保护信息资产的机密性、完整性和可用性。

ISO/IEC 27032 重点关注互联网背景下的信息保护，旨在加强网络共享信息的安全性。

ISO/IEC 27017 为我们在云端保护个人数据提供了指导。

ISO/IEC 27018 旨在制定控制目标、控制措施和指导原则，以便在云环境中根据隐私原则保护个人可识别信息（PII）。

ISO/IEC 27031 为制定、实施信息和通信技术（Information and Communication Technology，ICT）系统灾难恢复计划提供指导。

ISO/IEC 27037 提供了在网络事件中收集和保护数字证据的指南。

ISO/IEC 27040 提供了保护存储数据（包括存储在云端的数据）的指南。

ISO/IEC 27799 提供了受保护个人健康信息（Protected Health Information，PHI）的指南。

上面介绍的 ISO 标准属于广泛的国际标准，侧重于信息安全管理的全局框架，强调管理过程和国际认证。NIST 标准则更加具有技术导向作用，尤其适用于美国政府机构及与其有业务往来的组织，旨在提供更为详细的技术控制和安全要求。

NIST 是一家美国政府机构，旨在为包括信息安全在内的各行各业制定标准和指南。由 NIST 制定的准则和框架为不同行业和机构提供了具体的实施步骤和最佳实践。

在网络安全领域，NIST 提供了网络安全的宏观框架 CSF（Cyber Security Framework）。如图 2-2 所示，NIST CSF 2.0 提供了管理网络安全风险的通用语言和指南，旨在识别、保护、检测、响应和恢复网络安全事件。该框架设计灵活，可满足不同组织的需要。

NIST SP 800 系列标准则提供了详细的技术和操作指南，涵盖信息安全的各个方面，包括风险管理、事件响应和供应链安全。虽然这些指南主要是为美国联邦机构设计的，但它们也被私营企业广泛采用，是管理信息系统和数据安全的重要指南。该系列标准包括如下具体的数据安全标准。

NIST SP 800-53 为美国联邦信息系统安全控制的选择和实施提供指导。

NIST SP 800-171 为保护非美国联邦系统和组织中的受控非机密信息提供指导。

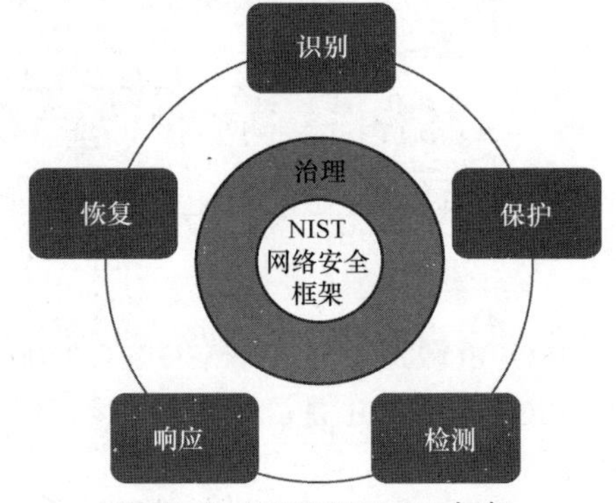

图 2-2　NIST CSF 2.0 框架

上面介绍的这些数据安全相关标准尽管对企业并非都是强制性的，但许多企业会遵循 NIST 标准作为最佳实践，以提高网络安全水平，并减小潜在的风险。遵循这些标准可以帮助企业识别、保护、检测、响应和恢复各种网络安全威胁，从而降低数据泄露和产生其他安全事件的风险。

除此之外，一些法律直接或间接地引用了 NIST 的相关标准，例如美国的《联邦信息安全管理法案》（Federal Information Security Management Act，FISMA）。FISMA 要求美国联邦机构遵守 NIST 发布的标准和指南，以确保联邦信息系统的安全性。NIST SP 800 系列文档（包括 NIST SP 800-53 和 NIST SP 800-171）是关键参考文件。通过遵循这些标准，企业能够更好地满足法律法规的要求，降低风险，并提高其在市场上的信誉度。

2.1.2　国内数据安全标准体系

在国内数据安全相关标准的建设上，如图 2-3 所示，多部标准已经发布或者处于征求意见稿阶段，国内数据安全标准体系逐步趋于完善。2019 年 8 月 30 日，我国发布 GB/T 37964—2019《信息安全技术　个人信息去标识化指南》、GB/T 37973—2019《信息安全技术　大数据安全管理指南》和 GB/T 37988—2019《信息安全技术　数据安全能力成熟度模型》三部数据安全相关标准。在个人信息保护相关标准的制定时间上，国内标准与国际标准逐渐趋于同步，表 2-1 给出了部分国际标准和国内标准的对应关系。

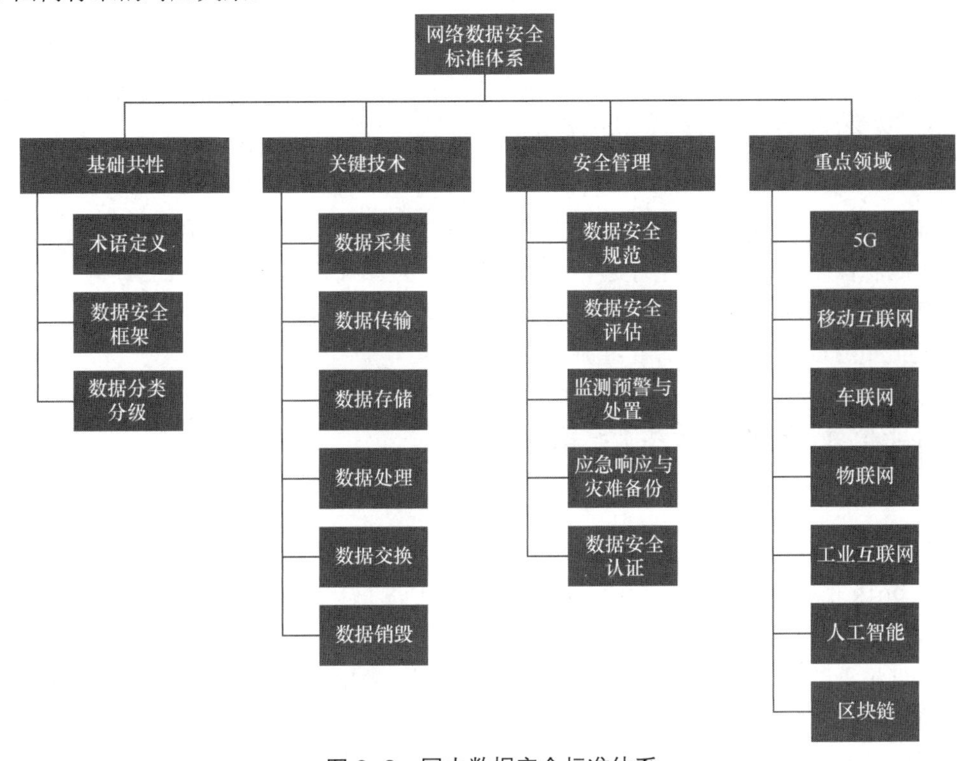

图 2–3 国内数据安全标准体系

表 2-1 国内标准与国际标准的对应关系

国内标准	国际标准	内容简述
GB/T 35273—2020《信息安全技术 个人信息安全规范》	ISO/IEC 29100—2011	隐私保护通用框架，定义了相关术语及角色
GB/T 37964—2019《信息安全技术 个人信息去标识化指南》	ISO/IEC 20889—2018	描述去标识化技术、去标识化技术的特征以及每种去标识化技术的适用性
GB/T 39335—2020《信息安全技术 个人信息安全影响评估指南》	ISO/IEC 29134—2017	偏管理层面，包含隐私信息面临的风险以及评估流程
GB/T 41817—2022《信息安全技术 个人信息安全工程指南》	ISO/IEC 27550—2019	旨在帮助设计开发者进行隐私工程

此外，我国还发布了一系列其他数据安全国家标准，如《信息安全技术 数据安全能力成熟度模型》、GB/T 43697—2024《数据安全技术 数据分类分级规则》等。其他数据安全相关的标准在此不一一列举，感兴趣的读者可在相关标准网站上查询。

数据安全标准有自愿性标准和强制性标准之分，但数据安全相关法律具有强制性，所有相关主体必须遵守，否则将面临法律责任。法律法规常常会引用和支持某些标准，这使得这些标准具有了法律效力。例如，FISMA 要求美国联邦机构必须遵守 NIST 发布的标准和指南，以确保联邦信息系统的安全性。

2.2　全球数据安全立法现状

随着企业数字化转型的不断推进与深入，数据安全与个人隐私问题日益严峻，加强现代化的数据安全与隐私保护立法已成为全球趋势。根据联合国贸易和发展组织截至 2021 年 11 月 26 日的统计，包括美国、中国、俄罗斯、印度、澳大利亚、加拿大和日本等在内的全球 77%的国家，已完成数据安全和隐私保护立法或者已经提出法律草案。

2.2.1　国外典型数据安全法律法规

1. 欧盟 GDPR

欧盟于 2018 年 5 月 25 日正式实施了《通用数据保护条例》（General Data Protection Regulation，GDPR）。GDPR 是全世界第一部面向个人隐私的法律，由 11 章 99 个条款组成，是一个“大而全”的个人数据保护框架。该法旨在保护欧盟公民个人隐私和数据，其适用范围既包括欧盟成员国境内企业所掌握的个人数据，也包括欧盟境外企业所掌握的欧盟公民的个人数据。GDPR 明确、详尽地提出了隐私合规要求，例如在个人信息管理方面，要求消费者有同意权、访问权、更正权和被遗忘权等权利；在泄露事件响应方面，若企业发现了严重的数据泄露事件，则必须在 72 小时内通知监管当局及受影响的个人；在处罚方面，GDPR 更是规定了在第二级罚款中，违规行为将被处以最高 2000 万欧元或企业全球年收入 4% 的罚款，以较高者为准。

GDPR 赋予了用户（数据主体）知情权、访问权、修正权、删除权（被遗忘权）、限制处理权（反对权）、可携带权、拒绝权，以及与自动决策和特征分析有关的权利等 8 项基本权利。例如关于删除权（被遗忘权），以下是两个生动的例子。

例子 1：假定用户加入一个社交网站，但过了一段时间，用户决定离开这个社交网站。此时用户可以行使“被遗忘权”，即要求社交网站删除属于用户的个人数据。

例子 2：假设当用户使用搜索引擎搜索自己的名字时，出现一个很久以前与他有关的债务偿还协议，但现在已无关紧要。此时用户有权要求删除这些网络信息。

数据主体还拥有除被遗忘权之外的其他诸多权利。但笔者认为，被遗忘权是 GDPR 赋予用户的一项非常重要的权利。假设某用户平均一年要在多个网站或 App 上注册，但后续总是低频访问或者处于一直不登录的状态，如果该用户的个人数据被互联网公司收集、存储和处理，那么该用户就会认为自己的个人数据“扩散不可控”。笔者就对一些公司网站的“注册”有一种恐惧感，担心自己的个人数据被贩卖给第三方，从而遭受骚扰电话或广告邮件的轰炸。另外，一些缺乏维护的小网站因黑客攻击造成数据泄露的风险也很高。若这些网站或 App 提供“一键删除注册信息”的功能，笔者肯定乐于使用该功能。

2.3.2 节会对数据主体的各项权利进行更详细的介绍。

2. 美国 CCPA

受欧盟 GDPR 的影响，美国各州也在个人隐私上纷纷立法，包括加利福尼亚州、佛蒙特州、夏威夷州、马里兰州、马萨诸塞州、密西西比州和华盛顿州等。其中最具代表性的是加利福尼亚州于 2018 年 6 月通过的《加利福尼亚消费者隐私法案》（CCPA），由于美国绝大部分的知名科技公司，如惠普、Oracle、Apple、Google、Meta 等都坐落于加利福尼亚州，该法从立法到颁布备受各界人士的关注。2019 年 10 月，美国加利福尼亚州州长正式签署最终的 CCPA，该法于 2020 年 1 月 1 日正式生效。

CCPA 与 GDPR 类似，同样对企业提出了更高的数据合规性要求，IAPP 和 OneTrust 于 2019 年的调查结果显示[36]，仅有大约 2%的受访者认为他们的企业已经完全做好了应对 CCPA 的准备。CCPA 规定了企业在收集、使用、共享、出售消费者个人数据时必须遵循的行为规范，同时赋予消费者对其个人数据的更多控制权，这些权利包括知情权、删除权、拒绝出售个人信息的权利、平等服务和价格的权利、访问权等。

2.2.2 中国数据安全法律法规

1. 发展历程

我国于 2017 年 6 月 1 日正式实施《中华人民共和国网络安全法》（后文简称《网络安全法》）。它是我国首部较为全面地规范了网络空间安全管理问题的基础性法律，不仅包括网络运行安全、关键信息基础设施运行安全，也给出了数据安全与个人信息保护的基本规定。

自 2019 年以来，我国数据安全相关立法进程明显加快。根据《网络安全法》，国家互联网信息办公室（后文简称“网信办”）于 2019 年 10 月 1 日正式实施《儿童个人信息网络保护规定》，对儿童个人信息安全进行特殊和更加严格的保护。2020 年 5 月我国发布《中华人民共和国民法典》，于 2021 年 1 月 1 日实施，其首次在我国法律中明确且具体地提出了“隐私权”的概念，并确立了隐私权范围和个人信息保护的一些基本规范。

2021 年 6 月 10 日，我国正式通过《中华人民共和国数据安全法》（后文简称《数据安全法》）；同年 8 月 20 日，我国通过了《中华人民共和国个人信息保护法》（后文简称《个人信息保护法》）。这两部法律已经分别于 2021 年 9 月 1 日和 11 月 1 日正式实施。作为数据安全与个人信息领域的两部综合性法律，《数据安全法》强调总体国家安全观，对国家利益、公共利益和个人、组织合法权益方面给予全面保护，《个人信息保护法》则侧重于对涉及公民自身安全的个人信息和隐私进行保护。从国家层面来说，《数据安全法》对我国的国家安全建设有着至关重要的意义，同时促进了以数据为关键要素的数字经济的健康发展；从企业层面来说，《数据安全法》和《个人信息保护法》是企业从事与数据有关的活动所必须遵循的“行为规范”，这两部法律也是执法机构的重要监管依据。

2.《数据安全法》简介

作为我国关于数据安全的首部法律，《数据安全法》受到社会各界人士的广泛关注。自 2020 年 6 月 28 日以来，《数据安全法》经历了三次审议与修改，于 2021 年 9 月 1 日正式施行，标志着我国在数据安全领域有法可依，为行业数据安全治理提供了监管依据。

按照国家安全观的总体要求，《数据安全法》明确了数据安全主管机构的监管职责，建立健全了数据安全协同治理体系，提高了数据安全保障能力，促进了数据出境的安全和自由流动，推动了数据的开发利用，保护了个人和组织的合法权益，维护了国家主权、安全和发展利益，让数据安全有法可依、有章可循，为数字化经济的安全健康发展提供了有力支撑。

《数据安全法》遵循以下几个要点。

（1）坚持以数据开发利用和产业发展促进数据安全

当前数字经济的蓬勃发展正成为我国在国际环境中的核心竞争力。《数据安全法》鼓励数据依法合理有效利用，保障数据依法有序自由流动，促进以数据为关键要素的数字经济发展。如图 2-4 所示，数据交易是数据开发、利用、共享过程中的重要环节，《数据安全法》也对从事数据交易中介服务的机构明确了数据安全保护义务。

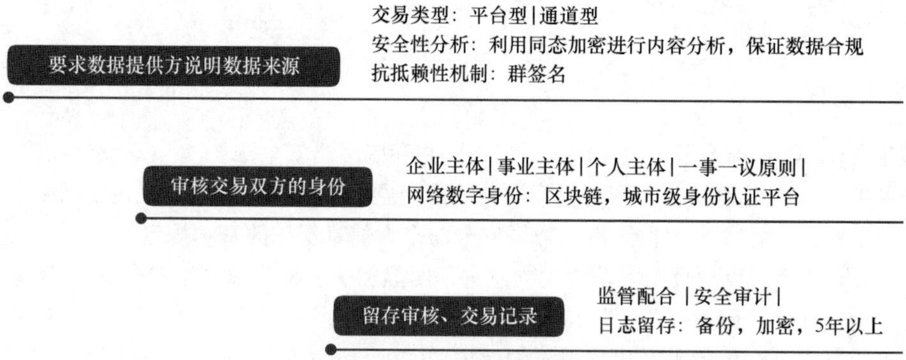

要求数据提供方说明数据来源
交易类型：平台型 | 通道型
安全性分析：利用同态加密进行内容分析，保证数据合规
抗抵赖性机制：群签名

审核交易双方的身份
企业主体 | 事业主体 | 个人主体 | 一事一议原则 |
网络数字身份：区块链，城市级身份认证平台

留存审核、交易记录
监管配合 | 安全审计 |
日志留存：备份，加密，5年以上

图 2-4　数据交易中介服务机构的义务

（2）数据安全监管制约

《数据安全法》明确了数据管理者和运营者的数据保护责任，对承担数据保护义务的不同主体，包括数据处理者、关键信息基础设施运营者、从事数据交易中介服务的机构，提出了不同的要求。

对于数据处理者，《数据安全法》规定其要组织开展数据安全教育培训。事实表明，组织的决策层、管理层、执行层都可能造成数据泄露；内部 IT 建设中业务逻辑混乱、网络策略错误和设备配置故障也可能造成数据泄露。我们将在本章的后半部分梳理近年来发生的数据安全事件。

在技术层面，《数据安全法》规定数据处理者必须采取相应技术措施和其他必要措施，保障数据安全。数据处理者需要采取“网络与数据并重的新安全建设”的防护思路，并采取分类分级、存储加密、数据审计等技术手段。

（3）深度覆盖的全场景数据安全评估与防护要求

《数据安全法》特别指出："关系国家安全、国民经济命脉、重要民生、重大公共利益等数据属于国家核心数据，实行更加严格的管理制度。"国家核心数据的安全监督与管理、评估与防护建设刻不容缓。

如图 2-5 所示，《数据安全法》提出了对数据全生命周期各环节的安全保护义务，包括数据的采集、传输、存储、处理、交换和销毁等阶段。《数据安全法》要求加强风险监测与身份核验，结合业务需求，从数据分类分级到风险评估、从身份鉴权到访问控制、从行为预测到追踪溯源、从应急响应到事件处置，全面建设有效防护机制，保障数字产业蓬勃、健康发展。

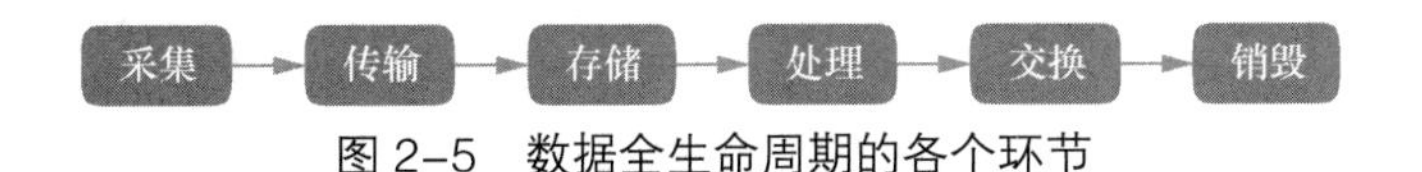

图 2–5 数据全生命周期的各个环节

（4）加强政务数据开放共享中的安全保障

《数据安全法》首次针对政务数据的开发利用做出了明确的指示，要求省级以上人民政府将数字经济发展纳入本级国民经济和社会发展规划，加强数据开放共享中的安全保障，建立统一规范、互联互通、安全可控的机制，利用数据安全运营，提升数据服务对经济社会稳定发展的贡献。

（5）加大违法处罚力度

《数据安全法》对数据安全违法行为设立了多项处罚规定。对于违反国家核心数据管理制度，危害国家主权、安全和发展利益的行为，由有关主管部门处以 200 万元以上、1000 万元以下的罚款，并根据情况责令暂停相关业务、停业整顿、吊销相关业务许可证或营业执照；构成犯罪的，则依法追究刑事责任。

3. 《个人信息保护法》简介

2021 年 8 月 20 日，第十三届全国人民代表大会常务委员会第三十次会议正式表决通过《个人信息保护法》，并于 2021 年 11 月 1 日正式实施。

从企业视角来看，《个人信息保护法》是企业处理个人信息活动所必须遵循的"行为规范"。从国家监管视角来看，《个人信息保护法》是主管单位对企业个人信息违法违规案件处罚的法规监管依据。该法规定最高可罚款 5000 万元或者企业上一年度营业额的 5%，同时还有责令暂停相关业务、停业整顿和吊销营业执照等严厉的行政处罚。企业（尤其是面向大量用户服务的互联网企业）的隐私合规建设变得迫切且重要。

《个人信息保护法》分为 8 个章节共 74 个条款。如表 2-2 所示，从企业合规的视角，我们从该法中挑选出若干企业必须遵循的法律条款，并相应地做了应对技术与合规措施的解读。一方面，我们希望为企业在隐私合规方面的规划提供技术层面的参考；另一方面，我们希望抛砖引玉，与广大数据安全从业者交流，共同探讨个人隐私保护的最佳实践。

表 2-2　《个人信息保护法》解读

章节	《个人信息保护法》	应对技术与合规措施的解读
第一章 总则	**第四条**　个人信息是以电子或者其他方式记录的与已识别或者可识别的自然人有关的各种信息，不包括匿名化处理后的信息。 个人信息的处理包括个人信息的收集、存储、使用、加工、传输、提供、公开、删除等。	个人信息处理的合规路径：遵从《个人信息保护法》的合规性，同时也指出第二条的合规路径。“匿名化处理后的信息”具有该法的“豁免权”。因此，实现该效果的匿名化处理是关键，这可以通过以下方式来实现。 匿名化算法技术：包括使用 K-匿名、L-多样和 T-近似处理得到匿名化数据集，并对其隐私风险进行评估，确保风险处于较低水平。 数据脱敏+重标识风险评估技术：对数据脱敏处理后的数据集进行重标识风险评估，确保其在现有技术发展水平和攻击者能力下处于低风险级别。
	第九条　个人信息处理者应当对其个人信息处理活动负责，并采取必要措施保障所处理的个人信息的安全。	个人信息处理者可以采取的必要措施如下。 管理措施：包括指定个人信息保护负责人，以及进行个人信息安全培训、评估检查等。 技术措施：包括去标识化（数据脱敏）、加密、数据水印、访问控制等常规技术措施，以及差分隐私、同态加密、安全多方计算和联邦学习等隐私计算技术。
第二章 个人信息处理规则	**第十三条**　符合下列情形之一的，个人信息处理者方可处理个人信息： （一）取得个人的同意； （二）为订立、履行个人作为一方当事人的合同所必需，或者按照依法制定的劳动规章制度和依法签订的集体合同实施人力资源管理所必需； （三）为履行法定职责或者法定义务所必需； （四）为应对突发公共卫生事件，或者紧急情况下为保护自然人的生命健康和财产安全所必需； （五）为公共利益实施新闻报道、舆论监督等行为，在合理的范围内处理个人信息； （六）依照本法规定在合理的范围内处理个人自行公开或者其他已经合法公开的个人信息； （七）法律、行政法规规定的其他情形。 依照本法其他有关规定，处理个人信息应当取得个人同意，但是有前款第二项至第七项规定情形的，不需取得个人同意。	个人信息处理者取得个人信息主体同意的手段与机制包括：App/网站包含隐私声明；App/网站包含授权同意交互窗口；其他方式，比如书面的协议与合同。

续表

章节	《个人信息保护法》	应对技术与合规措施的解读
第二章 个人信息处理规则	**第十四条** 基于个人同意处理个人信息的，该同意应当由个人在充分知情的前提下自愿、明确作出。法律、行政法规规定处理个人信息应当取得个人单独同意或者书面同意的，从其规定。 个人信息的处理目的、处理方式和处理的个人信息种类发生变更的，应当重新取得个人同意。	解读同第十三条。
	第十五条 基于个人同意处理个人信息的，个人有权撤回其同意。个人信息处理者应当提供便捷的撤回同意的方式。 个人撤回同意，不影响撤回前基于个人同意已进行的个人信息处理活动的效力。	个人信息处理者为个人提供行使“撤销权”的便利。可通过以下措施与机制实现合规： App/网站的隐私声明中包括对“撤销权”的解释说明；App/网站提供用户权利的申请受理和处理机制，比如嵌入用户“撤回同意”的交互窗口；用户权利请求响应完成后，为用户提供合规报告；用户权利请求响应自动化技术，包括使用知识图谱赋能，构建以个人信息主体为单位的关联图，以及快速响应（可能的）高并发的用户撤回同意需求。
	第十七条 个人信息处理者在处理个人信息前，应当以显著方式、清晰易懂的语言真实、准确、完整地向个人告知下列事项： （一）个人信息处理者的名称或者姓名和联系方式； （二）个人信息的处理目的、处理方式，处理的个人信息种类、保存期限； （三）个人行使本法规定权利的方式和程序； （四）法律、行政法规规定应当告知的其他事项。 前款规定事项发生变更的，应当将变更部分告知个人。 个人信息处理者通过制定个人信息处理规则的方式告知第一款规定事项的，处理规则应当公开，并且便于查阅和保存。	个人信息处理者在处理个人信息前，可通过以下措施与机制实现合规：App/网站的隐私声明，内容中包括法律条款规定的各个事项； App/网站中的弹窗形式，告知信息变更。
	第十九条 除法律、行政法规另有规定外，个人信息的保存期限应当为实现处理目的所必要的最短时间。	个人信息保存期限应遵循最小化原则，超出保存期限后，可通过以下措施与机制实现合规： 个人信息销毁，销毁的数据不仅包含处理过程中产生的衍生信息，而且包含可识别个人的相关信息；个人信息匿名化处理，对个人信息进行匿名化处理以及重标识风险评估，使其达到“不可识别特定个人且不能复原”的效果，从而以“非个人信息”的数据范畴进行保存。

续表

章节	《个人信息保护法》	应对技术与合规措施的解读
第二章 个人信息处理规则	**第二十一条**　个人信息处理者委托处理个人信息的，应当与受托人约定委托处理的目的、期限、处理方式、个人信息的种类、保护措施以及双方的权利和义务等，并对受托人的个人信息处理活动进行监督。 受托人应当按照约定处理个人信息，不得超出约定的处理目的、处理方式等处理个人信息；委托合同不生效、无效、被撤销或者终止的，受托人应当将个人信息返还个人信息处理者或者予以删除，不得保留。 未经个人信息处理者同意，受托人不得转委托他人处理个人信息。	委托处理个人信息场景（如公有云），可通过以下措施与机制实现合规：制定双方约定好的协议与合同，内容包括法律条款规定的事项以及双方的义务划分；委托处理方提供个人信息处理报告，以证明合规性；委托方进行个人信息销毁，并提供合规报告；通过同态加密技术实现委托第三方（如公有云）处理个人信息，通过联邦学习技术分别实现多方委托第三方的联合 AI 建模，通过技术降低第三方的隐私合规风险。
	第二十二条　个人信息处理者因合并、分立、解散、被宣告破产等原因需要转移个人信息的，应当向个人告知接收方的名称或者姓名和联系方式。接收方应当继续履行个人信息处理者的义务。接收方变更原先的处理目的、处理方式的，应当依照本法规定重新取得个人同意。	解读同第二十一条。
	第二十三条　个人信息处理者向其他个人信息处理者提供其处理的个人信息的，应当向个人告知接收方的名称或者姓名、联系方式、处理目的、处理方式和个人信息的种类，并取得个人的单独同意。接收方应当在上述处理目的、处理方式和个人信息的种类等范围内处理个人信息。接收方变更原先的处理目的、处理方式的，应当依照本法规定重新取得个人同意。	解读同第二十一条。
	第二十四条　个人信息处理者利用个人信息进行自动化决策，应当保证决策的透明度和结果公平、公正，不得对个人在交易价格等交易条件上实行不合理的差别待遇。 通过自动化决策方式向个人进行信息推送、商业营销，应当同时提供不针对其个人特征的选项，或者向个人提供便捷的拒绝方式。 通过自动化决策方式作出对个人权益有重大影响的决定，个人有权要求个人信息处理者予以说明，并有权拒绝个人信息处理者仅通过自动化决策的方式作出决定。	在对个人信息进行自动化决策的场景中，可通过以下措施与机制实现合规：可解释人工智能技术；向用户提供自动化决策的报告； 对于商业营销、信息推送场景，为用户提供拒绝自动化决策的服务的入口（窗口、按钮等）。

续表

章节	《个人信息保护法》	应对技术与合规措施的解读
第二章 个人信息处理规则	**第二十七条** 个人信息处理者可以在合理的范围内处理个人自行公开或者其他已经合法公开的个人信息；个人明确拒绝的除外。个人信息处理者处理已公开的个人信息，对个人权益有重大影响的，应当依照本法规定取得个人同意。	个人信息处理者在处理已公开的个人信息时，可通过邮件、电话等手段征求个人的同意。
	第二十九条 处理敏感个人信息应当取得个人的单独同意；法律、行政法规规定处理敏感个人信息应当取得书面同意的，从其规定。	敏感个人信息处理须取得个人的单独同意，可通过以下措施与机制实现合规：App/网站上的弹窗形式，用户被告知并确认；发送邮件，用户被告知并确认。
	第三十条 个人信息处理者处理敏感个人信息的，除本法第十七条第一款规定的事项外，还应当向个人告知处理敏感个人信息的必要性以及对个人权益的影响；依照本法规定可以不向个人告知的除外。	对于敏感个人信息处理场景，可通过以下措施与机制实现合规：App/网站上的弹窗形式，展示法律条款规定的必要信息；发送邮件，展示法律条款规定的必要信息。
第三章 个人信息跨境提供的规则	**第三十八条** 个人信息处理者因业务等需要，确需向中华人民共和国境外提供个人信息的，应当具备下列条件之一： （一）依照本法第四十条的规定通过国家网信部门组织的安全评估； （二）按照国家网信部门的规定经专业机构进行个人信息保护认证； （三）按照国家网信部门制定的标准合同与境外接收方订立合同，约定双方的权利和义务； （四）法律、行政法规或者国家网信部门规定的其他条件。 中华人民共和国缔结或者参加的国际条约、协定对向中华人民共和国境外提供个人信息的条件等有规定的，可以按照其规定执行。 个人信息处理者应当采取必要措施，保障境外接收方处理个人信息的活动达到本法规定的个人信息保护标准。	对于个人信息跨境传输场景，可通过以下措施与机制实现合规：个人信息安全风险评估；个人信息保护认证；跨境双方制定合同。
	第三十九条 个人信息处理者向中华人民共和国境外提供个人信息的，应当向个人告知境外接收方的名称或者姓名、联系方式、处理目的、处理方式、个人信息的种类以及个人向境外接收方行使本法规定权利的方式和程序等事项，并取得个人的单独同意。	涉及跨境传输的个人信息处理者，若有网站和App，则可通过隐私声明以及弹窗形式通知，或者通过邮件、电话形式通知，取得个人的单独同意。

续表

章节	《个人信息保护法》	应对技术与合规措施的解读
第三章 个人信息跨境提供的规则	**第四十条**　关键信息基础设施运营者和处理个人信息达到国家网信部门规定数量的个人信息处理者，应当将在中华人民共和国境内收集和产生的个人信息存储在境内。确需向境外提供的，应当通过国家网信部门组织的安全评估；法律、行政法规和国家网信部门规定可以不进行安全评估的，从其规定。	涉及境外个人信息传输，解读同第三十九条。
第四章 个人在个人信息处理活动中的权利	**第四十四条**　个人对其个人信息的处理享有知情权、决定权，有权限制或者拒绝他人对其个人信息进行处理；法律、行政法规另有规定的除外。	个人信息处理者为个人提供行使“知情权”“决定权”“限制权”和“拒绝权”便利，可通过以下措施与机制实现合规：App/网站的隐私声明中包括对各个权利的解释说明；App/网站上提供用户权利的申请受理和处理机制，比如嵌入有关用户各种权利请求的交互窗口；用户权利请求响应完成后，为用户提供合规报告；使用用户权利请求响应自动化技术，包括使用知识图谱赋能，构建以个人信息主体为单位的关联图，以及快速响应（可能的）高并发的用户撤回同意需求。
	第四十五条　个人有权向个人信息处理者查阅、复制其个人信息；有本法第十八条第一款、第三十五条规定情形的除外。 个人请求查阅、复制其个人信息的，个人信息处理者应当及时提供。 个人请求将个人信息转移至其指定的个人信息处理者，符合国家网信部门规定条件的，个人信息处理者应当提供转移的途径。	解读同第四十四条。
	第四十六条　个人发现其个人信息不准确或者不完整的，有权请求个人信息处理者更正、补充。 个人请求更正、补充其个人信息的，个人信息处理者应当对其个人信息予以核实，并及时更正、补充。	解读同第四十四条。

续表

章节	《个人信息保护法》	应对技术与合规措施的解读
第四章 个人在个人信息处理活动中的权利	**第四十七条** 有下列情形之一的，个人信息处理者应当主动删除个人信息；个人信息处理者未删除的，个人有权请求删除： （一）处理目的已实现、无法实现或者为实现处理目的不再必要； （二）个人信息处理者停止提供产品或者服务，或者保存期限已届满； （三）个人撤回同意； （四）个人信息处理者违反法律、行政法规或者违反约定处理个人信息； （五）法律、行政法规规定的其他情形。 法律、行政法规规定的保存期限未届满，或者删除个人信息从技术上难以实现的，个人信息处理者应当停止除存储和采取必要的安全保护措施之外的处理。	解读同第四十四条。 此外，个人信息保存期限已满后，该法律条款指出了两条合规路径，一是删除/销毁路径，二是非删除/销毁路径，可通过以下手段降低合规风险：进行去标识化（数据脱敏）处理，并进行重标识风险评估；使用匿名化算法技术，包括使用 K-匿名、L-多样和 T-近似处理得到匿名化数据集，并对其隐私风险进行评估。
	第四十八条 个人有权要求个人信息处理者对其个人信息处理规则进行解释说明。	个人信息处理者（App/网站）为用户提供请求解释和受理的机制，比如提供交互窗口与按钮。
第五章 个人信息处理者的义务	**第五十一条** 个人信息处理者应当根据个人信息的处理目的、处理方式、个人信息的种类以及对个人权益的影响、可能存在的安全风险等，采取下列措施确保个人信息处理活动符合法律、行政法规的规定，并防止未经授权的访问以及个人信息泄露、篡改、丢失： （一）制定内部管理制度和操作规程； （二）对个人信息实行分类管理； （三）采取相应的加密、去标识化等安全技术措施； （四）合理确定个人信息处理的操作权限，并定期对从业人员进行安全教育和培训； （五）制定并组织实施个人信息安全事件应急预案； （六）法律、行政法规规定的其他措施。	必须有理有据地对处理个人信息可能带来的风险进行评估：个人信息安全风险评估技术；个人信息安全风险评估标准。 需要建立行业统一的个人信息安全风险评估标准，确保审计企业/组织对个人信息处理的合规性。 防止未经授权的访问：身份认证技术；访问控制技术。 防止个人信息泄露或被窃取：加密技术；去标识化技术。 防止个人信息被篡改、删除：数据备份技术；电子签名技术；哈希技术；账号行为审计技术。 数据备份技术用于恢复被恶意篡改或删除的用户个人信息。电子签名技术、哈希技术用于识别用户个人信息是否受到恶意篡改。账号行为审计技术用于识别、追踪有不当操作行为的用户及其具体行为。 另外还需要解决个人信息分类管理过程中人工标注数据工作量大的问题：数据资产识别技术；自动化分类分级技术；细粒度权限管理技术，旨在解决个人信息处理操作权限的设定及分配问题。

续表

章节	《个人信息保护法》	应对技术与合规措施的解读
第五章 个人信息处理者的义务	**第五十四条**　个人信息处理者应当定期对其处理个人信息遵守法律、行政法规的情况进行合规审计。	数据处理活动的合规审计：基于系统日志的合规审计技术；数据流转审计技术。 基于系统日志的合规审计技术旨在解决内部个人信息处理合规审计问题。数据流转审计技术旨在解决个人信息处理者之间的数据共享或委托处理等活动的合规审计问题。
	第五十五条　有下列情形之一的，个人信息处理者应当事前进行个人信息保护影响评估，并对处理情况进行记录： （一）处理敏感个人信息； （二）利用个人信息进行自动化决策； （三）委托处理个人信息、向其他个人信息处理者提供个人信息、公开个人信息； （四）向境外提供个人信息； （五）其他对个人权益有重大影响的个人信息处理活动。	个人信息处理风险评估技术：全面评估个人信息处理活动对个人的影响及风险程度。 脱敏评估技术：评估脱敏算法在“委托处理个人信息、向他人提供个人信息、公开个人信息”活动中的脱敏效果。 区块链存证技术：确保个人信息处理活动的处理记录得到安全存证，确保处理记录不会遭到篡改。
	第五十六条　个人信息保护影响评估应当包括下列内容： （一）个人信息的处理目的、处理方式等是否合法、正当、必要； （二）对个人权益的影响及安全风险； （三）所采取的保护措施是否合法、有效并与风险程度相适应。 个人信息保护影响评估报告和处理情况记录应当至少保存三年。	解读同第五十五条。
	第五十七条　发生或者可能发生个人信息泄露、篡改、丢失的，个人信息处理者应当立即采取补救措施，并通知履行个人信息保护职责的部门和个人。通知应当包括下列事项： （一）发生或者可能发生个人信息泄露、篡改、丢失的信息种类、原因和可能造成的危害； （二）个人信息处理者采取的补救措施和个人可以采取的减轻危害的措施； （三）个人信息处理者的联系方式。 个人信息处理者采取措施能够有效避免信息泄露、篡改、丢失造成危害的，个人信息处理者可以不通知个人；履行个人信息保护职责的部门认为可能造成危害的，有权要求个人信息处理者通知个人。	安全事件分析技术：分析个人信息泄露的原因。 个人信息风险评估技术：评估“泄露的个人信息种类和可能造成的危害”。

续表

章节	《个人信息保护法》	应对技术与合规措施的解读
第五章 个人信息处理者的义务	**第五十九条**　接受委托处理个人信息的受托人，应当依照本法和有关法律、行政法规的规定，采取必要措施保障所处理的个人信息的安全，并协助个人信息处理者履行本法规定的义务。	对于受托方，可采取以下两条不同的技术路线进行个人信息保护。 （1）以安全多方计算、联邦学习、TEE 三大技术为基础，实现数据“可用不可见”的隐私计算技术，从根源上杜绝受托方泄露用户个人信息的可能。 （2）以身份认证、数据加密、访问控制、日志审计等技术为基础，实现传统数据安全管理技术。 隐私计算技术使得原始数据对受托方不可见，绝对保证受托方无法泄露数据。优点是安全性高，管理复杂性低；缺点是隐私计算技术成熟度有待提高。 利用传统数据安全管理技术，相当于数据委托方将数据的保护任务连同数据一起移交给了数据受托方，使得受托方可以看到全部或部分原始数据。优点是技术成熟度高，计算效率高；缺点是多种数据安全技术需要协同部署，缺一不可，管理复杂性高，稍有不慎就会造成数据泄露。
第六章 履行个人信息保护职责的部门	**第六十二条**　国家网信部门统筹协调有关部门依据本法推进下列个人信息保护工作： （一）制定个人信息保护具体规则、标准； （二）针对小型个人信息处理者、处理敏感个人信息以及人脸识别、人工智能等新技术、新应用，制定专门的个人信息保护规则、标准； （三）支持研究开发和推广应用安全、方便的电子身份认证技术，推进网络身份认证公共服务建设； （四）推进个人信息保护社会化服务体系建设，支持有关机构开展个人信息保护评估、认证服务； （五）完善个人信息保护投诉、举报工作机制。	安全方便的电子身份认证技术：实现了用户在网络空间中的身份识别和身份校验，确保用户电子身份与现实身份正确关联。
第七章 法律责任	**第六十九条**　处理个人信息侵害个人信息权益造成损害，个人信息处理者不能证明自己没有过错的，应当承担损害赔偿等侵权责任。 前款规定的损害赔偿责任按照个人因此受到的损失或者个人信息处理者因此获得的利益确定；个人因此受到的损失和个人信息处理者因此获得的利益难以确定的，根据实际情况确定赔偿数额。	数字水印技术：将个人信息处理者的身份标识信息嵌入所处理的数据中，当发生数据泄露事故时，可以准确识别泄露源头。

《个人信息保护法》中涉及的隐私合规需求分为显式合规需求和隐式合规需求。其中，显式合规需求有明确的规定，可以显式地进行验证，有成熟的技术实现手段；隐式合规需求则是要达成的效果和目标，可运用不同的技术手段来降低合规风险。

对于显式合规需求（如"告知-同意"机制以及为用户提供行使个人信息权利的申请受理机制），企业须在用户交互的入口（App/网站）嵌入各类受理交互窗口与按钮；同时须完善隐私声明，对个人信息的安全风险与各项个人信息权利进行解释；在App/网站的后端，则需要使用更多的自动化技术，包括使用知识图谱赋能，以实现快速响应（可能的）高并发的用户权利请求。

对于隐式合规需求，可以通过不同的技术与管理措施来降低合规风险，比如采取必要措施保护个人信息安全、防止个人信息泄露，以及确保个人信息免遭窃取和篡改等。企业可以根据2.1节中的《信息安全技术　个人信息安全规范》《信息安全技术　个人信息去标识化指南》等国家标准，同时根据企业自身数据安全与个人信息保护的建设水平，在不同的业务场景中采取技术与管理措施以确保个人信息安全，包括数据脱敏与匿名化（6.2节）、加密（4.5节）、数字水印（5.4节）等常规技术措施，以及同态加密、安全多方计算和联邦学习等隐私计算技术（第7章）。企业还可以指定个人信息保护负责人，进行个人信息安全培训、评估检查等。

2.3　典型的数据安全监管要点分析

2.2节介绍了国内外数据安全的立法情况，数据安全和隐私合规已经成为企业数据安全治理与建设的主要驱动力。GDPR作为第一部"大而全"的数据安全法规，对全球各国的数据安全相关立法产生了深远的影响，此外对那些在欧盟有业务的跨国企业同样影响巨大，已有大型企业收到了欧盟的巨额罚单。而《网络安全法》是我国全面规范网络空间安全的上位法，相关章节条款确立了一些基本数据安全制度与个人信息保护基本规定。随着一系列与数据安全相关的政策、法规和标准相继出台与实施，企业在数据处理过程中面临更多、更严、更具体的约束和要求。本节将从法律法规和标准的监管角度，对数据安全合规中典型的监管要点进行分析。

2.3.1　法规保护的数据和个人信息对象

GDPR、CCPA和《网络安全法》都旨在保护个人数据和隐私，三者都对个人信息做了比较宽泛的界定。CCPA对个人信息的定义相比GDPR更为广泛，指能够直接或间接地识别、描述与特定消费者或家庭相关或合理相关的信息；而《网络安全法》涵盖了涉及国家安全和公共利益领域的"重要数据"。

GDPR保护的数据对象是欧盟公民的"个人数据"。GDPR将"个人数据"定义为"关于一个已识别或者可能识别的自然人（即数据主体）的任何信息"。在该定义下"个人数据"的范畴边界十分宽泛，涵盖的信息也十分丰富，不仅包括姓名、年龄、性别这些基本的个人信息，一些特殊的数据也被归并为“个人数据”，比如：生物识别数据——指纹、虹膜、DNA 数据等，这些数据在一定条件下（如生物数据库对照）具有“可识别性”；宗教信仰、心理和生理特征信息，这些信息通过与其他属性信息，如年龄、性别、地区等相结合后，也具有“可识别性”，从而能够唯一识别和定位特定的自然人；IP 地址码、MAC 地址码、Cookie 信息等，这些信息以往被认为是网络设备信息或网络行为信息，GDPR 将其定位为“个人数据”，这在一定程度上有利于实现网络数据的隐私保护。宽泛的定义可以最大限度地保护好“自然人”的各类数据隐私，规避一些“擦边球”场景。但企业如何在复杂的业务环境中识别这些数据，如何更好地处理和保护这些数据？这无疑给企业的合规策略、流程，以及技术的实施带来巨大的挑战，同时也意味着企业需要在数据安全治理与安全建设上投入更多的安全成本。

CCPA 的 1798.140 条款对“个人信息”进行了定义：直接或间接地识别、描述、关联或可合理地连接到特定消费者或家庭的信息。根据定义，CCPA 罗列了 11 种个人信息，既有姓名、驾照等信息，也有互联网 IP 标识符等信息。比较有特色的是，CCPA 把反映消费者偏好、特征、心理倾向、行为、态度、智力、能力和资质的画像也列入了个人信息范畴。“个人信息”其实与 GDPR 中的“个人数据”属于同一概念，但范围更广。更广的范畴给企业个人敏感数据的梳理、治理带来了巨大的工作量和挑战。

《网络安全法》的第四章明确规定保障个人信息安全，保护的重点数据对象是“个人信息”，其定义是“以电子或者其他方式记录的能够单独或者与其他信息结合识别自然人个人身份的各种信息，包括但不限于自然人的姓名、出生日期、身份证件号码、个人生物识别信息、住址、电话号码等”。相比 GDPR，《网络安全法》罗列的个人信息范畴并不大，并不包括由个人关联的信息，比如用户的行为/习惯、购买的 IoT 设备等识别性不高的信息，这在一定程度上缩小了“个人信息”的范围，降低了敏感信息分类分级及保护的成本，减轻了数字化企业的负担。然而，《个人信息安全法》将个人信息定义为“以电子或者其他方式记录的与已识别或者可识别的自然人有关的各种信息，不包括匿名化处理后的信息”，这与 GDPR 给出的宽泛定义相似，但增加了“有关的”这一修饰词，进一步明确地拓展了“个人信息”的定义和范畴。因此，国内企业须在个人信息的识别、分类与分级等基础能力上投入更多的安全建设。

2.3.2 隐私法律赋予用户各项数据权利

GDPR、CCPA 和《网络安全法》都旨在保护用户的隐私和数据安全，赋予用户一定的权利，如知情权、访问权、删除权和同意权。但它们又有所区别，GDPR 提供的权利最为全面，尤其是在数据便携性和自动化决策控制方面；CCPA 更关注透明度和数据出售的限制；《网络安全法》则重点放在网络安全和隐私保护上，同时也要求组织对用户数据负责。

GDPR 的第 12～22 条款赋予了“数据主体”（或称用户）知情权、访问权、修改权、限制处理权、删除权（也称“被遗忘权”）、可携带权、拒绝权等多项权利。“被遗忘权”和“可携带权”是 GDPR 新增的两项用户“特权”。在注销账户或者超过时间期限等场景中，用户可以行使被遗忘权，要求“数据控制者”（或称企业）删除与自己相关的个人数据，同时也要求通知合作的第三方删除同样的数据。而有了可携带权，用户就可以便携地将其个人数据从一个数据控制者处转移至另一个数据控制者处，数据控制者需要配合完成该过程。表 2-3 展示了 GDPR 赋予用户的各项权利。

表 2-3　GDPR 赋予用户的各项权利

权利	说明
知情权	允许数据主体（即个人）了解收集了他们的哪些个人数据、为什么收集、谁在收集、收集多长时间、如何投诉以及是否涉及数据共享。
访问权	个人有权提交访问请求，并从该组织获得有关其个人信息是否被处理的信息。
修改权	修改权允许数据主体（即个人）要求组织更新他们所掌握的任何不准确或不完整的数据。
删除权	删除权也称被遗忘权。这项权利允许个人在以下情况下要求删除其个人数据：不再需要个人数据、个人撤回同意、个人数据被非法处理、个人反对处理且数据控制者没有理由继续处理、为履行法律义务（欧盟法律或其他国家法律）必须删除数据。
限制处理权	个人可以要求组织限制使用其个人数据的方式，尽管组织不会自动被要求删除这些数据。一旦数据受到限制，除非获得同意，否则组织不得处理这些数据；或者组织需要这些数据用于法律索赔或保护其他个人的权利。
可携带权	数据可携带权是数据主体权利中的一项创新。它允许个人以结构化、常用和机器可读的格式获取他们之前向组织提供的个人数据。
拒绝权	拒绝权允许个人在某些情况下随时反对处理个人数据，这取决于处理数据的目的和合法依据。
与自动决策和特征分析有关的权利	GDPR 对在无人参与的情况下处理个人数据做出了严格规定，包括不同类型的特征分析，如评估个人的工作表现、经济状况、健康状况、个人偏好等。

CCPA 赋予了消费者多项隐私权，旨在保护个人信息并加强对数据使用的透明度。CCPA 也赋予了消费者知情权、访问权、删除权、限制处理权和拒绝权等权利。CCPA 访问权的特色在于回复的“及时性”和反馈的“便携式”——邮件发送等形式，这比 GDPR 赋予的“访问权”更加具体。当用户需要查看或确认采集信息时，无疑这条法规给用户提供了极大的便利。但反过来说，这条法规也给企业造成了一定负担。表 2-4 展示了 CCPA 赋予用户的各项权利。

表 2-4　CCPA 赋予用户的各项权利

权利	说明
知情权	消费者有权了解企业收集了哪些个人信息、如何使用这些信息以及是否将信息共享或出售给第三方。企业必须在收集数据之前或在收集数据时通知消费者。
删除权	消费者有权要求企业删除其个人信息，除非信息的保留是为了满足法律要求或其他例外情况（如完成交易或防止欺诈）。
拒绝出售个人信息的权利	消费者可以选择拒绝企业出售其个人信息。对于未满 16 周岁的用户，企业须获得明确的同意（opt-in）才能出售其个人信息。

续表

权利	说明
平等服务和价格的权利	企业不得因为消费者行使 CCPA 赋予的权利而对其进行歧视性对待。这意味着消费者行使隐私权利后，企业不能通过提高价格或降低服务质量来报复消费者。
访问权	消费者有权要求企业提供其个人信息的副本，以及企业在过去 12 个月内出于何种目的和与哪些第三方分享了这些信息。

《网络安全法》的第四十三条赋予了用户一定程度的“删除权”——“个人发现网络运营者违反法律、行政法规的规定或者双方的约定收集、使用其个人信息的，有权要求网络运营者删除其个人信息”，该条款还另外赋予用户一定程度的“修改权”——“发现网络运营者收集、存储的其个人信息有错误的，有权要求网络运营者予以更正”。《个人信息安全法》赋予了用户更丰富、更具体的数据权利，比如知情权、访问权、被解释权等。

2.3.3 企业应履行的数据安全保护义务

GDPR 赋予了用户“访问权”“被遗忘权”等各项数据权利。相应地，企业必须履行为用户行使权利提供方便的义务，比如用户行使“被遗忘权”，企业须提供删除数据的界面与入口，并执行相关处理操作与流程，以及为用户输出响应报告。此外，GDPR 规定企业必须保存数据处理活动的记录，针对数据泄露建立快速响应与通知机制，并对数据采取假名化、加密等与风险相适应的安全措施。

CCPA 规定企业必须履行一系列义务，以确保消费者的隐私权得到保障。例如企业在收集消费者个人信息时，必须提前告知消费者其信息的收集目的、将收集哪些数据类型，以及信息将如何使用、共享或出售。企业有责任采取合理的安全措施，保护消费者的个人信息免受未经授权的访问、窃取、修改或删除。如果企业未能保护数据安全，导致数据泄露，消费者有权提起诉讼。

《网络安全法》规定企业须配合用户行使数据权利。此外，企业在防数据泄露、窃取、篡改等数据安全事件上，须履行安全管理制度、组织和规范建设，落实有效的网络安全措施，以及采取数据分类、重要数据备份和加密等技术措施，针对数据泄露建立快速响应与补救措施机制，保存网络日志不少于 6 个月等各项安全义务。

2.3.4 企业违反法律条款的相关处罚

GDPR、CCPA 和《网络安全法》在处罚机制上有较为显著的区别，主要体现在罚款的标准、适用范围，以及惩罚方式的严厉程度上。

GDPR：对于违法违规，例如违反数据处理的基本原则、不履行数据主体的数据权利等，第 83 条给出了罚款的最高额度，即可处以最高 2000 万欧元的行政罚款，或对企业处以最高占其上一财年全球总营业额4%的行政罚款，取两者中最高值。GDPR是欧盟境内企业或者与欧盟数据相关的境外企业最关心的法案，被GDPR处罚的代价是十分高昂的。

CCPA：CCPA第1798.155条规定，“对每一次违法行为处以最高2500美元的行政处罚，对每一次故意的违法行为和每一次涉及未成年消费者个人信息的违法行为处以最高7500美元的行政罚款”。而对于私人诉讼，消费者有权以个人名义提起诉讼，索取每次事件100～750美元的赔偿或实际损失，以金额较大者为准。

《网络安全法》：对违反相关规定的企业处以最高100万元的罚款，对直接负责的主管人员处以最高10万元的罚款。除罚款以外，还有责令暂停相关业务、关闭网站、吊销营业执照等行政处罚措施。《个人信息安全法》则加大了处罚与罚款力度，对于违法情节严重的最高可处以5000万元的罚款（相当于《网络安全法》中规定的50倍），或者处以上一年度营业额5%以下的罚款。

2.4　典型数据安全事件与执法情况

数据安全投资的直接推动力源于两个方面：数据泄露造成的商业损失和监管机构的巨额罚单。本节就从这两个方面分析驱动数据安全投资的背后因素。

2.4.1　全球数据安全事件态势

近年来，全球数据安全事件频发，许多知名企业与政府组织遭受数据泄露和网络攻击，造成了不可挽回的巨大损失。根据Identity Theft Resource Center的报道，2023年美国公开报道的数据泄露事件达到3205起，影响人数高达3.53亿，较2022年增长了78%[37]，如图2-6所示。

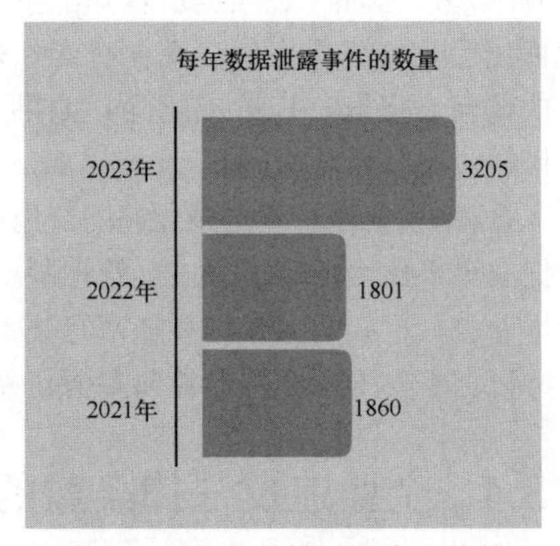

图2–6　近年来数据泄露事件的数量

而根据IBM的《2024数据泄露成本报告》[38]，2024年数据泄露的平均成本从2023年的445万美元跃升至488万美元，增长近10%，这是自2019年以来的最大增幅。美国的数据泄露平均成本最高，达936万美元。图2-7展示了近年来数据泄露的平均成本在逐年增加。

如图2-8所示，从行业来看，尽管医疗保健行业的平均违规成本下降了约10.6%，降至977万美元，但仍稳居榜首。这是因为医疗保健行业常常受制于现有技术，极易受到攻击者的破坏，从而危及患者安全。

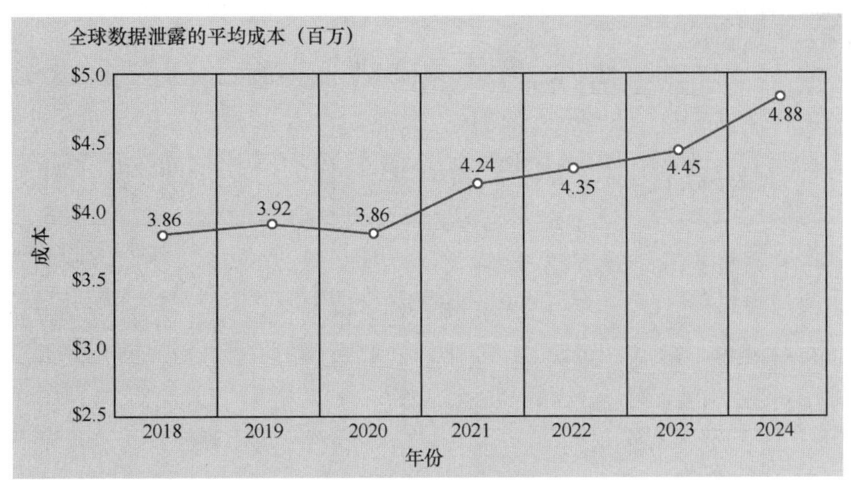

图 2-7 数据泄露的平均成本

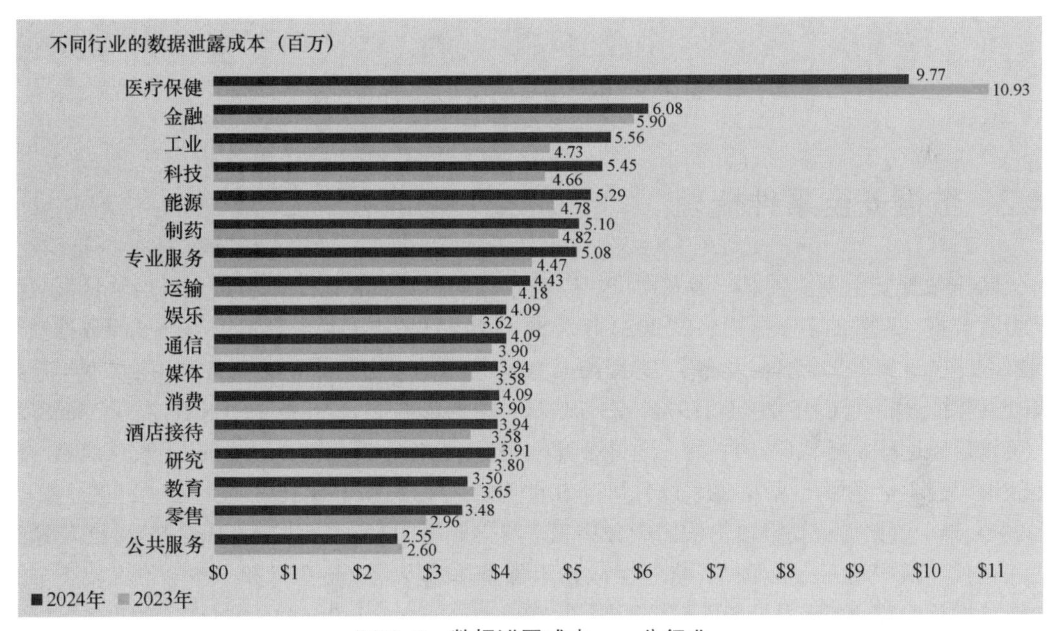

图 2-8 数据泄露成本——分行业

如图 2-9 所示，从攻击手段来看，网络钓鱼和凭证被盗或泄露凭证是两种最常见的攻击方式，同时也是造成损失最大的攻击事件。攻击者使用泄露的凭证占到 16%的入侵事件。泄露凭证的攻击会让企业付出高昂的代价，平均每起事件造成 481 万美元的损失。网络钓鱼紧随其后，占初始攻击向量的 15%，但最终造成的损失更高，达 488 万美元。恶意内部人士攻击的成本最高，为 499 万美元，但只占所有入侵途径的 7%。

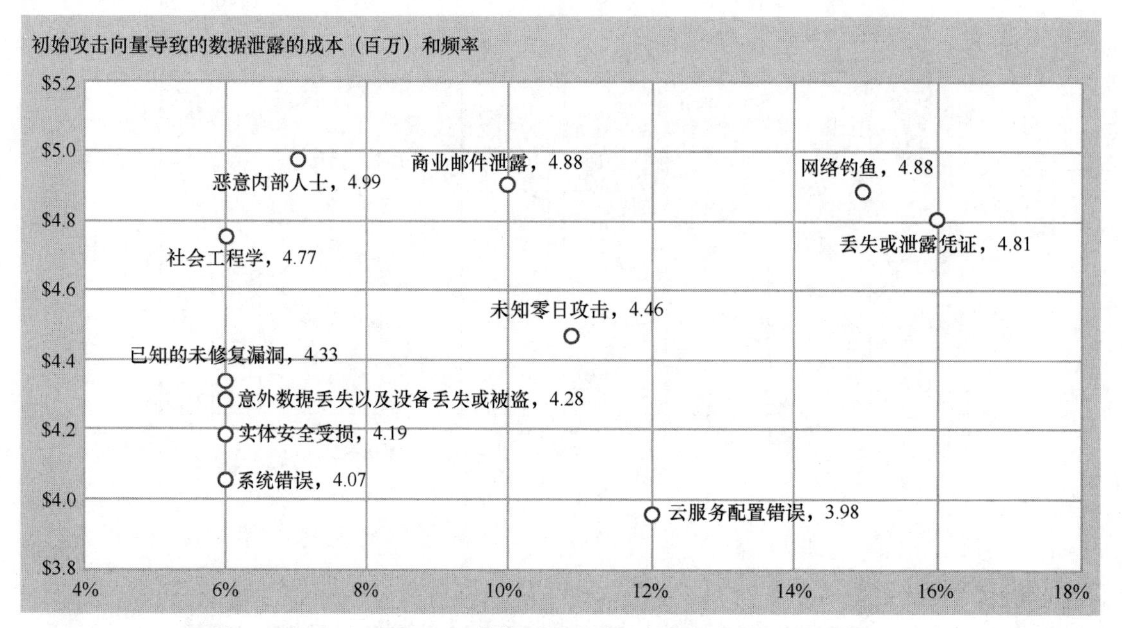

图 2-9　数据泄露成本和频率矩阵

2.4.2　数据安全事件梳理

近年来数据安全事件频发，涉及面广，影响也愈加恶劣。无论是知名企业还是软件供应链，都承担着合规、声誉的多重压力。以 2023 年为例，我们列举如下两个影响较为严重的数据安全事件。2 月，欧洲多个安全机构发布了 ESXiArgs 勒索病毒的攻击预警，该病毒利用 2021 年披露的 ESXi 远程溢出漏洞（CVE-2021-21974）进行传播，主要影响旧版 VMware ESXi 中的 OpenSLP 服务，可以用来远程执行代码。11 月，通过公开 GitHub 仓库中泄露的 Kubernetes 敏感信息，研究人员获取了近 1 亿条属于著名 ERP 软件厂商 SAP 的文件信息和下载权限。

2023 年，数据加密勒索攻击依旧十分猖獗。臭名昭著的勒索组织 LockBits 在 2022 年通过内部快速迭代，跃居勒索行业第一，在勒索攻击事件整体减少、赎金总量和平均金额大幅下降的趋势中逆势增长。LockBits 倡导勒索软件即服务（Ransomware-as-a-Service，RaaS）的攻击方式，其构建的勒索产业链已经趋于成熟，使得 2023 年 LockBits 四处出击，成功攻击诸多目标。2023 年 1 月，英国皇家邮政遭 LockBits 攻击，被索要 8000 万美元赎金。该勒索软件加密了国际运输设备，并在海关备案打印机上打印赎金票据，致使国际运输停滞。6 月，台积电被 LockBits 勒索 7000 万美元，后者威胁将公开台积电的网络入口点、密码等机密信息，这将对台积电及其重要客户如苹果、高通和英伟达造成严重威胁。10 月，LockBits 对波音公司发起攻击，要求在 11 月 2 日前联系谈判。黑客声称已经窃取大量敏感数据，该攻击事件对波音公司零部件和分销业务造成一些影响，在波音公司拒绝支付赎金后，LockBits 泄露了 21.6GB 的波音公司文件。11 月，中国工商银行在美的全资子公司 ICBCFS（工银金融服务有限责任公司）遭勒索软件攻击，导致部分系统中断。随后，LockBits 公开确认对攻击负责。这起攻击事件扰乱了美国国债市场，证券行业和金融市场协会的一份声明显示，由于工商银行被攻击而无法结算国债交易，可能对美国国债的流动性产生巨大影响，并可能引发监管审查。

而另一方面，网络安全相关企业及其提供的安全产品与服务遭受攻击的事件显著增加，引起广泛关注。作为软件供应链的一环，客户因使用存在数据安全风险的安全产品而被攻击的风险，成为供应链攻击场景中的“灰犀牛”。盲目相信第三方提供的安全产品与服务，可能导致严重后果。2023 年发生的类似事件列举如下。3 月，瑞士安全厂商 Acronis 有 12GB 的数据被公布在黑客论坛上，公布者称这么做的原因是无聊和羞辱 Acronis。该企业的首席信息安全官表示，泄露源于一位客户用于上传诊断数据的凭证，其他用户的数据仍然安全。

5 月，勒索软件组织 Clop 利用 Progress 软件公司的 MOVEit Transfer 文件传输工具中的一个严重漏洞，发起大规模的勒索软件攻击活动。与传统的勒索软件攻击不同，此次攻击并没有采用任何加密机制，而是以非法泄露数据作为勒索条件。根据新西兰网络安全公司 Emsisoft 的报告，此次攻击波及约 2620 家企业和 7720 万人，受害者包括 IBM、美国能源部、壳牌石油、BBC、英国航空、安永，以及杀毒软件巨头诺顿和 Avast 的母公司 Gen Digital。

7 月，Google 旗下的在线安全服务提供商 VirusTotal 承认，5600 名使用其威胁分析服务的客户信息被泄露，美国联邦调查局、美国国家安全局、美国司法部和网络司令部等情报机构雇员亦在其列。VirusTotal 澄清数据泄露是一名员工误操作所致，而非网络攻击或漏洞缺陷，且这些数据仅能被 VirusTotal 的合作伙伴与企业客户访问。

9 月，英国供应链安全厂商 DarkBeam 被发现泄露超过 38 亿条数据，这些是 DarkBeam 从客户侧收集的已发生泄露的数据，用于在泄露事件发生时向用户告警。造成泄露的源头是一个未受保护的 Elastic Kibana 数据可视化分析服务，黑客通过它获取了其中存放的秘密信息。

11 月，身份安全厂商 Okta 称他们的客服系统在 9 月底遭受的攻击远比之前预计的糟糕。攻击者生成并下载了一份报告，其中包含 Okta 所有客户的姓名、邮箱地址以及部分员工的信息，而 10 月时 Okta 初步评估只有不到 1%的客户信息可能遭到泄露。

从这些典型的数据安全事件中我们可以感受到数据泄露形势严峻，随着数字化转型在各行业的快速推进，勒索软件、零日漏洞对数据安全构成巨大威胁。确保数据安全不仅仅是数据拥有者、处理者为满足合规性所要履行的义务，更与企业的声誉乃至国家安全密切相关。数据安全已正式进入法律强监管时代。

2.4.3 数据合规的监管执法情况

自 2018 年起，GDPR 已经进入全面执法阶段，欧盟多国陆续开出多张违反 GDPR 的罚单。大型国际互联网公司 Google 已被两个欧盟国家罚款，备受业界关注：2019 年 1 月被法国罚款 5000 万欧元，原因是执法方认为 Google 的隐私条款未充分体现 GDPR 公开透明和清晰的原则；2020 年 3 月被瑞典罚款 700 万欧元，原因是 Google 未充分履行 GDPR 赋予用户的数据“遗忘权”。Google

在隐私合规方面已经走在业界非常靠前的位置，可见GDPR执法之严。

我国监管部门在数据安全相关执法上主要关注两个方面：一是针对App进行个人信息侵权专项治理，自2019年以来[39]，国家网信办、工业和信息化部、公安部、市场监管总局四部门成立专项治理工作组，对30多万款App开展个人信息合规性评估与整治，包括未公开收集使用规则、未经用户同意收集使用个人信息和私自共享给第三方用户信息等，对涉及违规的App进行通报、约谈、整改、下架等处罚，通报对象不乏大型公司的App；二是针对个人信息非法交易与“黑灰产”的整治，公安部连续多年在多个城市开展“净网”专项行动，对此类案件重拳出击，从源头上杜绝因个人信息非法交易与泄露导致的定向电信诈骗、短信骚扰等给用户带来的精神困扰与财产损失。

2023年，国内数据安全领域最重大的监管事件当属中央网信办查处知网（CNKI）。2023年9月1日，中央网信办根据调查公布，知网运营的14款App存在违反必要原则收集个人信息、未经同意收集个人信息、未公开或未明示收集使用规则、未提供账号注销功能、在用户注销账号后未及时删除用户个人信息等违法行为。依据《网络安全法》《个人信息保护法》《行政处罚法》等法律法规，综合考虑知网违法行为的性质、后果、持续时间，特别是网络安全审查情况等因素，对知网依法做出网络安全审查相关行政处罚的决定，责令停止违法处理个人信息行为，并处5000万元人民币罚款。考虑到《个人信息保护法》第六十六条的规定，即“有前款规定的违法行为，情节严重的，由省级以上履行个人信息保护职责的部门责令改正，没收违法所得，并处五千万元以下或者上一年度营业额百分之五以下罚款，并可以责令暂停相关业务或者停业整顿”，可见中央网信办对知网做出了“顶格处罚”，该处罚也是自2021年《个人信息保护法》生效以来罚金最高的。从企业的视角看，来自数据和隐私合规的压力会不断增大，数据安全和隐私合规的相关投入也将持续加大。

2.5 本章小结

数据要素在信息化时代已远超其最初作为信息载体的基础角色，成为推进现代社会各领域发展的核心驱动力之一。随着技术的迅速进步与数字化转型的深入，数据资源的价值愈加显著，随之而来的数据安全事件会越来越多，所造成的损失也逐年增大。

本章分析了数据安全相关法律法规和标准体系，不难发现数据安全挑战并不仅仅局限于技术层面，而是涉及管理、法律、伦理等多领域问题。数据安全的复杂性不仅在于须保障静态数据免受非法访问、泄露或篡改，还须确保数据在全生命周期中的安全管理与合规使用。数据安全的核心挑战在于，数据安全体系与安全策略须适应技术进步、合规要求更迭与风险威胁的不断演化。

第3章

数据要素安全体系

数据要素在信息化时代已超越其最初作为信息载体的基础角色，成为推进现代社会各领域发展的核心驱动力之一。随着技术的迅速进步与数字化转型的深入，数据资源的价值愈加显著，其复杂性及跨行业的差异性也相应增长。数据资产的丰富来源、多样的种类及其多变的应用方式，构建了一个极为复杂的数据世界。

随着对数据概念的广泛理解以及数据量的指数级增长，数据安全已演变为一个跨维度、跨领域的复杂议题。它不仅面临技术层面的挑战，还涉及管理、法律、伦理等多个领域的交织。数据安全的复杂性不仅在于需要保护静态数据免受非法访问、泄露或篡改，还要求确保数据在其全生命周期中的安全管理与合规使用。此外，不同环境下数据所面临的安全威胁存在显著差异，因此数据安全策略必须与技术进步、法规更新及威胁的持续演化保持同步。这种多变性使得制定通用的数据安全解决方案尤为困难。

尽管数据安全领域挑战重重，但通过对数据生命周期的分析和数据流转路径的梳理，我们仍然能够探寻其中的规律与方向。数据在不同阶段面临的主体安全风险各不相同，因此有针对性地制定相应的安全管理策略和技术实现方案至关重要。同时，数据要素安全的发展也需要多方利益相关者的参与和协作，如政府、企业和公众等，通过利益相关者之间的互动与反馈，共同推动数据安全实践的不断演进与完善。

本章将围绕数据要素安全体系这一主题，展开以下论述：首先从数据生命周期出发，介绍数据流通的总体情况，分析不同阶段的数据流通特点；其次，归纳和梳理数据流通过程中面临的关键安全挑战；接下来，作为数据要素流通的前提，我们将探讨如何构建全面、有效的数据安全治理体系，并重点阐述数据确权的重要性和现状；最后，提出笔者对数据要素安全流通体系的整体观点，以促进数据在流通中的安全与价值实现。

3.1 数据流通的生命周期

尽管大家都在谈论数据流通，但讲述的维度可能存在差异，在笔者看来数据流通有如下三层含义：

1）数据流通是跨生命阶段的，涉及不同阶段的数据安全需求，因此需要采取相应的数据安全措施，这与数据安全业务紧密相关；

2）数据流通是跨物理空间的，数据可能存在于“端-边-管-云-网”的不同位置，所以需要结合面向不同基础设施的安全保护手段；

3）数据流通是跨域间机构的，这是数据要素安全最本质的问题，涉及数据确权，并不仅限于技术范畴，还涉及法学和财会领域的研究。

3.1.1 数据生命周期

数据生命周期是指数据从被创建（或采集）到发挥作用，再到最终被销毁的全过程。基于大数据环境下数据的典型流转状况，我国于 2020 年 3 月正式实施 GB/T 37988—2019《信息安全技术　数据安全能力成熟度模型》国家标准。在数据安全能力成熟度模型（DSMM）架构中，数据生命周期被划分为如下 6 个阶段。

- 数据采集阶段：组织内部系统中新产生数据，以及从外部系统收集数据的阶段。
- 数据传输阶段：数据从一个实体传输到另一个实体的阶段。
- 数据存储阶段：数据以任何数字格式进行存储的阶段。
- 数据处理阶段：组织在内部对数据进行计算、分析、可视化等操作的阶段。
- 数据交换阶段：组织与组织或个人进行数据交换的阶段。
- 数据销毁阶段：对数据及数据存储媒体通过相应的操作手段，使数据彻底删除且无法通过任何手段恢复的过程。

特定数据所经历的生命周期由其实际业务场景决定，并非全部数据都会完整经历上述 6 个阶段。我们有时也会从数据所处的状态（静止态、传输态、运行态）来区分数据，以更好地判断数据保护的方法。DSMM 标准进一步对数据生命周期及对应的安全过程域做了整理，如图 3-1 所示。

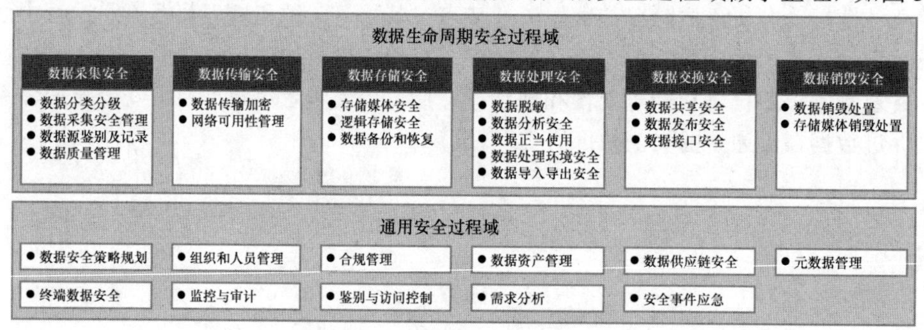

图 3-1　DSMM 安全过程域

DSMM 从数据生命周期的角度提出了一个系统化的数据安全管理框架。该框架不仅考虑了数据生命周期的时间维度，如数据采集、传输、存储、处理、交换、销毁等阶段，还明确了每个阶段的安全管理重点。此外，数据生命周期还体现了数据流通是一个跨阶段的动态过程。

3.1.2 数据的流通方式

从实施角度来看，数据流通是指数据的拥有者或控制者授权其他个人或组织使用数据的行为。数据流通的主要形式是交换或交易，其核心目的是实现数据的价值。只有通过持续的分析、挖掘、流通和汇聚，数据的价值才能得到充分体现。

随着信息化技术的进步和移动设备的普及，如表 3-1 所示，数据流通机制与模式经历了三次重大发展。

表 3-1 数据流通的发展阶段

	数据流通 1.0	数据流通 2.0	数据流通 3.0
驱动力	跨系统数据高效读写使用	企业业务上云	数据成为生产要素
存储方式	关系数据库、文件系统等	关系数据库、非关系数据库、分布式文件系统等	关系数据库、非关系数据库、分布式文件系统、数据湖仓、数据中台等
流通范围	端-边	端-边-管-云	端-边-管-云-网
流通价值	企业办公信息化	企业商业模式扩展	行业生态共赢
流通技术	U 盘、FTP 工具、数据库管理工具等	API 技术等	API 技术、隐私计算技术等
安全技术	结构化数据脱敏	数据脱敏、数据水印等	数据脱敏、数据水印、数据加密、区块链等
潜在问题	存在数据二次利用甚至滥用的问题，隐私信息暴露风险高	权限控制不当易带来数据风险，降低了数据价值融合的可能性	存在安全性与性能的权衡

数据流通 1.0（2010 年之前）：数据流通主要依赖于传统的数据管理系统和简单的数据交换格式，比如 CSV 文件。这种流通方式缺乏灵活性和扩展性，数据交换通常是静态的，不支持实时数据处理。数据的使用和分享大多局限于内部网络或者通过物理介质进行传输，如通过光盘或 USB 设备交换数据。

数据流通 2.0（2010—2020 年）：在这个阶段，数据的流通突破了单一的物理环境，开始呈现跨物理环境的特点。云计算和大数据技术的兴起极大促进了数据的可访问性和流通性。数据在云平台上可以更加便捷地存储、处理和分析，支持多种数据格式和结构的集成与转换。与此同时，安全技术的进步使得数据在云环境中的传输和存储更加安全可靠。

数据流通 3.0（2020 年之后）：在这个阶段，数据要素时代来临，数据流通的范围进一步扩展，呈现跨机构特征。如今，数据不仅仅是信息的载体，更被视为核心资产和关键的生产要素，其标准化和安全性要求达到了新的高度。这一时期的数据流通特点是多机构间的数据联合和协作，催生了一种全新的数据协作范式。跨地区、跨行业的数据协作有效解决了长期存在的数据孤岛、数据低效利用问题，也必将深刻影响经济结构与社会运作方式。

为了更直观地观察数据流通 2.0 与 3.0 阶段的演变，我们不妨从空间维度来观察数据的流通范围。借鉴业界常用的术语，我们可以用“端-边-管-云”来描述数据的典型流转路径：**端**（Endpoint）指数据在终端设备上存储、处理与使用；**边**（Edge）指数据在边缘计算节点上处理与缓存；**管**（Pipe）指数据在网络传输过程中流动；**云**（Cloud）指数据在云计算平台上存储、计算与应用。

随着数据要素市场的发展和数据流通范围的拓展，部分数据可能流出企业边界，在更大范围内实现共享与协作。请注意，这里的“边界”不是指企业物理环境的边界，而是企业对数据所能管控范围的边界。结合业界“可信数网”的实践趋势，笔者将该阶段称为“**网**”（Network），即数据流出管控范围，进入跨组织的合作共享中。另外，此处提到的“网”并不是对经典“端-边-管-云”模型的替代或否定。相反，它是在该模型的基础上，结合数据主体的视角，进一步细化了数据流通的范畴。“端-边-管-云”模型主要描述了**单一主体**下的数据在设备终端、边缘计算节点、网络传输以及云平台之间的流动与处理。而“网”关注于**跨主体**的数据协作，强调数据流通超越单一组织或企业的管控范围，进入跨组织、跨机构的合作与共享网络以及计算环境中。若读者仅关注物理层面的数据流动，则经典的“端-边-管-云”模型依然是一个完备的框架。

如图 3-2 所示，在现代企业环境中，数据将在不同空间维度之间频繁流转。

1）端上采集的数据可能首先在边缘节点进行初步处理，然后通过管道上传至云端进行深度分析和存储。

2）云端处理后的数据或指令通过管道下发至边缘节点或直接到端，以供本地使用或执行。

3）端或边缘节点上的数据可能通过管道逐步流转到协作网络中，依照数据合作协议与其他企业或组织共享，促进跨界协作。

4）协作网络中共享的数据可以通过管道流回本地云、边缘节点或端，进行进一步分析与利用，创造新的价值。

5）边缘节点可以处理时间敏感的数据，提供实时响应，同时将汇总数据传输到云端进行长期存储和分析。

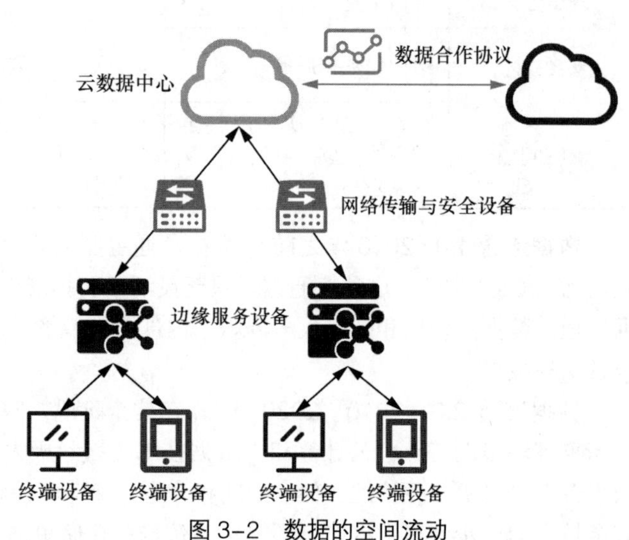

图 3-2　数据的空间流动

端、边、管、云、网这 5 个维度环环相扣，共同构成了现代数据流动的完整生态系统。它们不仅为数据流通提供了物理载体和技术舞台，还塑造了数据交互和价值创造的新范式。在数据流通 3.0 时代，通过连域成网，让数据进行跨（管控）域流通，不仅打破了传统的行业界限，也极大地拓展了数据应用的广度和深度。

3.1.3　数据跨域流通

在数字化时代，数据已经成为推动经济增长和社会发展的关键资源。随着技术的进步和信息化应用变得广泛，数据的价值被不断挖掘和利用，尤其是在跨域流通这一环节。所谓跨域流通，指的是数据跨越可管控域，在不同主体之间流动和共享。这一过程不仅是信息技术发展的必然趋势，更是经济和社会发展的重要推动力。通过数据跨域流通，可以有效打破数据孤岛，实现资源的整合与共享，提升数据的可用性和价值。这不仅增强了信息的完整性，还为深入分析和决策提供了更全面的基础。下面将从 4 个方面来探讨数据跨域流通的必要性。

促进创新与协作：数据跨域流通能够促进创新与协作。当不同领域的专业知识和数据资源汇聚在一起时，可以催生出全新的创意和解决方案。这种跨领域的协作对于科研、技术开发乃至商业模式创新都至关重要。例如，医疗保健领域与环境科学领域的数据整合会催生新的公共卫生策略和解决方案。

增强数据的决策力：更广泛的数据访问和分析能力直接提升了决策的质量。组织和企业能够利用来自不同地区和行业的数据，提供更全面的市场洞察和消费者行为分析，从而做出更精准的战略选择。这种基于数据的决策过程能够显著提高效率，减少不确定性和风险。

提高运营效率：跨域数据的整合不仅仅是信息层面的合作，还能实际提升操作的效率。企业可以通过分析不同地区的运营数据，找到优化自身流程和减少成本的方法。例如，通过比较不同市场的运营模式，企业可以采纳最佳实践，实现全球范围内的流程标准化和优化。

应对全球性挑战：跨域乃至跨境数据流通在应对全球性挑战，如气候变化和公共卫生危机中扮演着关键角色。通过分享和分析全球范围内的数据，国家和组织能够更好地协调其策略和行动，共同寻找解决方案。这种协作不仅提升了应对策略的有效性，还增强了国际社会对这些紧迫问题的整体响应能力。

然而，数据跨域流通也带来了更多的挑战。当数据在内部流通时，数据的操作者是“基本可信”的；而当数据出域后，合作者则可能是“基本不可信”的。下面将进一步详细讨论“数据跨域流通”（后文简称“数据流通”）所面临的安全挑战。

3.2　数据流通所面临的安全挑战

数据因其易复制性与易篡改性，在流通过程中存在大量不易察觉的风险。所谓风险，是指数据流通过程中参与方的权益未得到充分保障。如何约定某参与方应该获得何种权益，更多属于政策与法律的讨论范畴；而在安全技术领域，需要保证的是预先约定的权益能够准确无误地实现。由于数据要素仍处于早期发展阶段，目前面临政策法律欠缺与数据流通技术不足的双重挑战。

3.2.1 政策挑战

如第2章所述，目前我国有关数据要素的法律法规和部门规章主要集中在政府数据开放、个人信息保护和数据交易流通等方面，现有法律法规在一定程度上强调了对个人数据的保护，规范了数据流通的合法性，但落地差距较大，原因如下。

- 政策法规颗粒度较大：现行数据法律法规多为原则性、框架性规定，在实务操作层面缺乏更加具体、可执行的配套实施细则和指引。而数据流通方向的行业标准尚未形成共识，这导致企业在把握合规边界时存在困惑，不同监管部门在法律适用和执法尺度上也可能出现不统一的情况。未来应进一步细化数据分类分级、安全保护措施等方面的要求，为数据处理者提供更明确的合规指引。
- 数据交易流通专法少：当前，专门针对数据交易流通的法律规章偏少，缺乏对交易各环节的规则设计和细节机制安排。尤其是在数据权属认定、交易主体资质、定价机制、交易合同要素等方面，急需更丰富、更具体的制度描绘。同时，还应重点就数据质量、数据安全、数据跨境流动等交易中的关键问题予以规范，为数据交易提供基础性的权利保障和边界约束。
- 监管模式措施不明确：在现行分散监管框架下，尤其是国家数据局成立之前，存在对数据领域的多头监管、重复监管、监管真空等问题。金融、通信、互联网等不同行业主管部门在数据监管职责上界限不清，协调配合有待加强。同时，事前审批、事中检查、事后处罚等各环节缺乏系统性的监管模式设计和配套措施支撑。未来应进一步厘清监管职责边界，创新协同监管机制，丰富监管处置手段，实现全链条、无死角监管。
- 跨境流通规则待厘清：随着数字贸易的蓬勃发展，跨境数据流动日益频繁，但相关法律规范还不够成熟。尤其是对关键信息基础设施、重要数据出境安全评估的范围界定、评估对象认定、评估程序运作等，仍缺乏可操作的规范指引。同时，合法合规的跨境数据流动渠道不够通畅，企业常规跨境业务数据出境面临较大合规压力。未来应在坚持安全可控的前提下，进一步明确数据出境的分类分级管理要求，完善跨境流动规则，为数据跨境有序流动创造良好的制度环境。

3.2.2 技术挑战

在当前政策法规下，现有技术在数据跨域流通时仍面临安全与合规能力不足的问题。数据合规是参与和形成数据要素市场的先决条件，但数据无形资产的本质使其在流通过程中存在大量不易察觉的合规风险。如第2章所述，与数据流通关系最密切的三部上位法为《网络安全法》《数据安全法》《个人信息保护法》。这些法律涉及诸多要点，明确了数据信息权益尤其是个人信息权益等，其核心内容包括保障数据资产安全与个人信息隐私两大部分。

安全与隐私是一对相互关联但又有所区分的概念，安全侧重于数据资产的保护，而隐私聚焦于个人信息的授权处理和非授权访问；保障安全并不足以保护隐私，反之亦然。一般而言，保障安全需要兼顾机密性（confidentiality）、完整性（integrity）和可用性（availability）；而保障隐私需要关注可预测性（predictability）、可管理性（manageability）与不可关联性（disassociability）。为了详细说明合规中存在的技术风险，须考量安全与隐私所包含的威胁模型。基于知名的 STRIDE 与 LINDDUN 威胁模型，在数据跨域流通环境中，面临的重要安全威胁与技术挑战如表 3-2 所示。

表 3-2 数据跨域流通技术挑战梳理

威胁点	数据跨域流通中的典型技术挑战
冒充	• 确保数据交换中参与方身份的真实性与可信度； • 跨组织间难以建立统一的身份认证和授权机制； • 跨机构系统访问中令牌或密钥的安全传输和管理复杂度高。
篡改	• 数据在传输和共享过程中的完整性保护难度大； • 在大规模数据流通中，实时验证数据完整性的计算开销高。
抵赖	• 在保护隐私的同时，须确保数据操作的不可否认性； • 在跨组织流通中，须建立统一的审计日志标准和共享机制； • 长期保存数据流通证据且须确保其不被篡改。
信息泄露	• 数据流通过程中如何平衡脱敏加密技术与数据可用性； • 防止数据聚合或分析后造成的间接信息泄露； • 在共享计算环境中保护数据处理的中间结果。
拒绝服务	• 确保数据流通服务的高可用性，防止关键节点被攻击； • 在分布式数据共享网络中识别和隔离恶意节点； • 平衡数据访问控制的严格性与服务响应速度。
权限提升	• 在复杂的数据流通场景中捕捉异常的提权事件； • 动态、细粒度调整数据访问权限以兼顾系统安全与易用性； • 防止数据汇聚导致的隐性权限提升。
关联性	• 在数据共享和融合过程中防止间接标识符的关联； • 设计既能保障隐私又不影响数据价值的数据分割策略； • 增加根据结果逆推原始数据的难度。
可识别性	• 在保障数据效用的同时实现有效的去标识化； • 应对基于背景知识的重识别攻击； • 在动态数据流中持续评估和调整匿名化策略。
不可否认性	• 在匿名数据共享中实现可问责性； • 设计既能保护隐私又能追溯责任的数据使用机制。
可检测性	• 在加密和去标识化的数据流通过程中识别异常行为； • 在保护用户隐私的同时实现有效的安全审计。
数据披露	• 确保混合数据严格按照所有相关用户的授权进行处理和公开。

续表

威胁点	数据跨域流通中的典型技术挑战
无意识	• 设计直观且有效的数据流通同意机制； • 在复杂的数据价值链中追踪并展示数据使用情况； • 实现动态的数据使用授权和撤回机制。
不合规	• 设计能够适应不同地区法规要求的数据流通技术框架； • 实现跨域、跨境数据流通过程中的合规性自动化检查； • 将数据违规行为与现实法规解释关联起来。

在政策驱动力度不足和技术挑战客观存在的背景下，数据流通还面临着市场生态发展滞后带来的额外安全挑战。这些挑战主要表现如下：数据交易黑市猖獗、数据滥用行为普遍、数据诈骗案件频发，以及产业供应链安全风险加剧等。这些问题不仅直接威胁数据安全，还进一步放大了现有政策和技术层面的安全风险，形成了一个复杂的安全挑战网络。例如，数据黑市的存在加剧了个人隐私泄露风险，而产业供应链的脆弱性可能导致大规模数据泄露事件。在这种情况下，仅依靠单一维度的解决方案已难以应对。因此，构建一个安全可靠的数据流通生态体系，形成涵盖政策、技术、市场和产业等多个维度的系统应对方案，成为当务之急。只有这样，才能有效管控各类安全风险，充分发挥数据的价值，为数字经济的健康、可持续发展提供坚实保障。

3.3 数据安全治理

数据安全治理是数据治理的核心组成部分，也是数据要素安全流通的基石。随着数据在经济社会发展中的作用日益凸显，构建全面、有效的数据安全治理体系已成为组织管理中的重要任务之一。数据治理是对数据资产的管理，数据安全治理则专注于确保这些数据在流通和使用中的安全性与合规性。两者相辅相成，数据治理的有效性离不开数据安全治理的保障，而数据安全治理也依赖于整体数据治理的框架和策略。

一个成熟的数据安全治理体系不仅关乎组织自身的信息安全和业务连续性，还为组织参与更广泛的数据要素市场打下基础。通过健全的数据安全治理机制，组织能够识别和管理数据风险，确保数据的完整性、可用性和机密性，同时为数据的价值挖掘和安全流通创造条件。接下来，我们将详细探讨数据安全治理的关键要素、实施策略和最佳实践，为后续讨论更复杂的数据要素流通体系奠定基础。

3.3.1 数据治理与数据安全治理

首先，我们需要明确数据治理与数据安全治理之间的关系。数据治理是一个更广泛的概念，涵盖了对组织内所有数据资产的管理、控制和优化。国际数据管理协会（DAMA 国际）将数据治理定义如下："数据治理是对数据资产管理行使权力和控制的活动集合。"而国际数据治理研究所（DGI）则将数据治理定义如下："数据治理是通过一系列与信息相关的过程来实现决策权与职责分工的系统。"这些过程按照达成共识的模型来执行，该模型描述了谁（Who）能根据什么信息，在什么时间（When）和情境（Where）下，用什么方法（How），采取何种行动（What）。简单来说，所有旨在提高数据质量的技术、业务和管理活动都属于数据治理的范畴。有效的数据治理通常是企业参与数据流通的前提和基础。

在此框架下，数据安全治理是数据治理的一个关键组成部分，专注于确保数据的安全性和合规性。如果将数据治理比作企业数据战略的"大脑"，那么数据安全治理就是保障这一战略持续有效运行的"免疫系统"。Gartner 将数据安全治理定义如下："数据安全治理不仅是一套工具组合而成的产品级解决方案，而且是从决策层到技术层，从管理制度到工具支撑，自上而下贯穿整个组织架构的完整链条。"组织内的各个层级需要对数据安全治理的目标和宗旨达成共识，确保采取合理和适当的措施，以最有效的方式保护信息资源。如图 3-3 所示，在 GB/T 36073—2018《数据管理能力成熟度评估模型》中，数据安全能力在数据治理能力域起支撑作用。

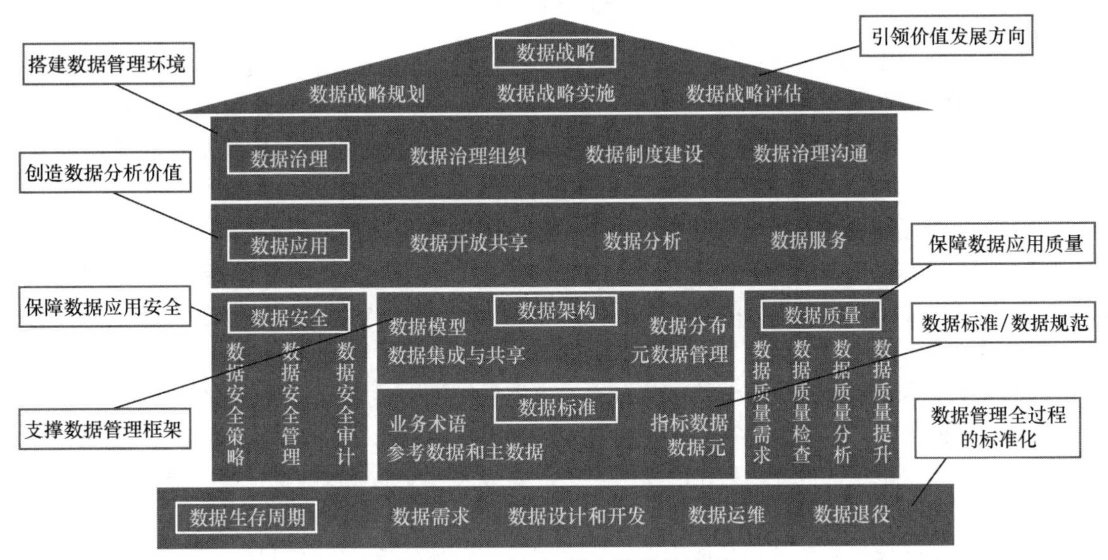

图 3-3　DCMM 能力域依赖关系

本质上，数据安全治理是一个系统化的风险管理过程。它围绕数据安全的脆弱点，针对可能面临的各种风险，制定相应的策略，旨在有效降低和控制这些风险。一个完善的企业数据安全治理体系通常以风险评估和应对策略为基础，以运维体系为纽带，并以技术手段为支撑，将这些要素与数据资产及其基础设施有机结合，形成一个完整的解决方案。

3.3.2 现代企业数据安全治理框架

现代企业数据安全治理框架主要包含5个部分[14]，如图3-4所示。

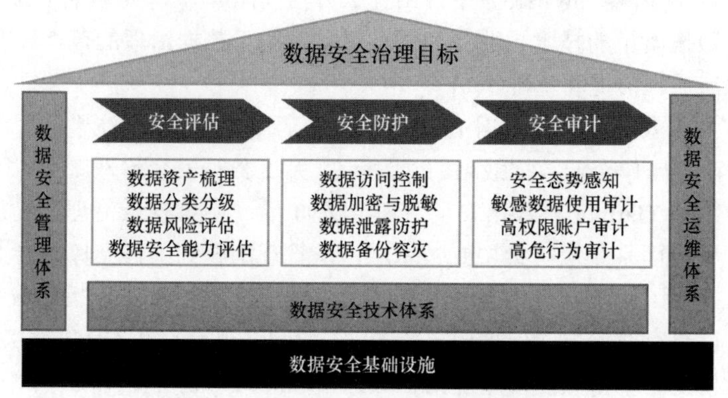

图3–4　现代企业数据安全治理框架

数据安全基础设施是数据存储、处理和传输的物理载体，其安全性直接关系到数据安全的底线。企业须全面评估数据资产的分布现状，重点关注核心数据库、文件服务器等关键节点的物理和网络安全防护，通过网络隔离、访问控制、入侵检测等技术手段，构筑坚实的基础设施安全屏障。

数据安全管理体系是连接战略目标和具体实施的桥梁，涵盖数据安全组织架构、职责分工、管理制度和流程等诸多方面。企业应成立专门的数据安全治理委员会，明确各部门及关键岗位的数据安全职责，建立数据分类分级、风险评估、事件响应等管理机制，形成一套规范、高效的制度化管理闭环。

数据安全技术体系是数据安全治理的核心支撑和关键抓手。基于数据全生命周期视角，企业应综合运用数据资产管理、数据分类分级、数据脱敏、访问控制、用户行为分析等多种安全技术，对结构化和非结构化数据进行体系化的安全防护，以最大限度地降低数据泄露、篡改、滥用的风险。相关典型的安全技术如图3-5所示。

数据安全运维体系肩负着将各项安全管控措施落到实处的重任。通过持续开展数据安全评估和审计，及时修复安全漏洞；优化数据备份与恢复策略，最小化安全事故影响；常态化开展数据安全意识教育，增强全员安全责任心。唯有将这些要素融入日常运维，数据安全才能真正深入人心、落地生根。

数据安全治理目标位于整个框架的顶层，其核心在于实现数据安全目标与企业整体业务目标的高度协同。如图3-6所示，通过明确数据安全管理战略，制定切实可行的数据安全运维方案，为数据全生命周期安全技术提供方向性指引，最终确保数据的机密性、完整性、可用性以及合规性，为企业的数字化转型和业务创新保驾护航。

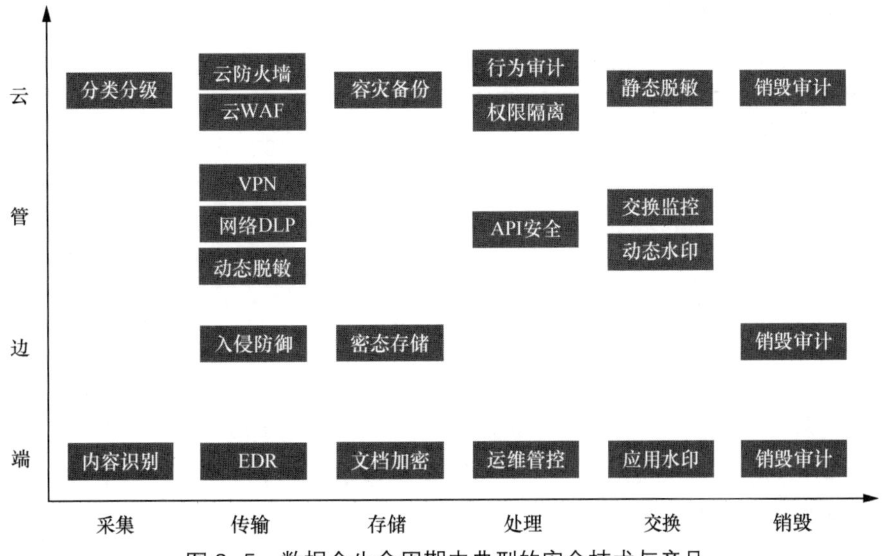

图 3-5 数据全生命周期中典型的安全技术与产品

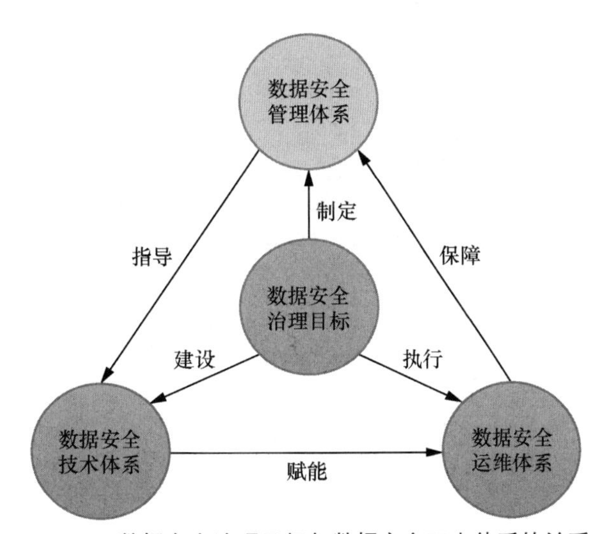

图 3-6 数据安全治理目标与数据安全三大体系的关系

上述过程从战略目标到具体实施，从管理制度到技术防护，环环相扣、缺一不可，从而保障数据在业务体系中全生命周期的可用性、完整性、保密性以及合规性。

在进一步讨论数据要素安全流通体系之前，本书指出，数据流通的必要前提是对数据的权属进行明确界定。然而，由于数据本身具有易复制、易篡改等特性，这使得数据确权成为一个世界性难题。在 3.4 节，我们将首先简要介绍现有数据可信确权的进展。

3.4 数据确权

数据确权是为了明确和保障数据活动主体的合法权益，确定主客体间法律关系以及数据活动的合法性。只有产权清晰、责任主体明确的数据才能够合规进入数据要素市场，因此数据确权是构建数据要素安全流通体系的前提。

如图 3-7 所示，笔者认为，从宏观上，数据确权可分为 3 个层面：首先，在法律和制度层面，必须明确界定数据权属关系，即如何认定数据的“权”与“属”；其次，在具体实施层面，需要有可操作的数据确权规则和流程，以便社会实体能够便捷、安全地主张数据权益；最后，应利用技术手段来协助政策的落实与实施的简化，如确保数据活动导致的权属边界模糊问题可被存证与明晰。下面我们对这 3 个层面的现有进展进行简述。

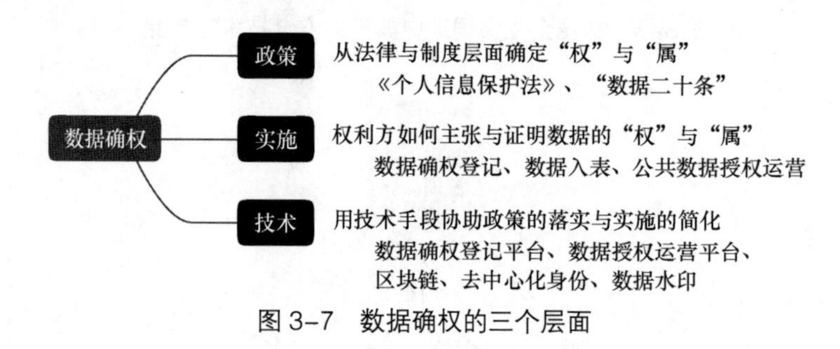

图 3-7　数据确权的三个层面

3.4.1 数据三权分置框架

数据确权的重难点在于数据产权的性质究竟是物权、债权、知识产权还是其他权利。2022 年 12 月 2 日，中共中央、国务院发布《关于构建数据基础制度更好发挥数据要素作用的意见》（以下简称《意见》），明确了要打破僵局，从经济学角度出发，尝试通过“淡化数据所有权、强化数据加工使用权，放活数据产品经营权”的方式，鼓励数据开发利用、引导数据产品交易、释放数据要素价值。《意见》明确提出，要探索数据产权结构性分置制度，建立数据资源持有权、数据加工使用权、数据产品经营权“三权分置”的数据产权制度框架。

数据资源持有权是指数据持有主体对数据进行占有、管理和防止他人非法利用的权利，其权利主体包括政府、企业和个人等各类数据持有者。数据资源持有权主要包括 3 项内容：一是自主管理权，即对数据进行持有、管理和防止侵害的权利；二是数据流转权，即同意他人获取或转移其所产生数据的权利；三是数据持有限制，即根据不同情形确定数据持有或保存期限。数据资源持有权的合理界定，有利于明晰数据归属，规范数据流转，为后续数据开发利用奠定基础。

数据加工使用权是指数据处理者对数据进行加工、使用、分析、挖掘等，实现数据价值提升的权利。在保护公共利益、数据安全、数据来源者合法权益的前提下，经依法或依约取得数据的处理者，可以享有数据加工使用权。这里的“依法”是指须符合法律关于数据处理的强制性规定，“依约”是指须基于与数据持有者的合意安排。对于非法获取的数据，数据处理者不仅无权加工使用，还要承担相应法律责任。合理划定数据加工使用权的边界，有利于激励数据深度开发利用，释放数据要素价值。

数据产品经营权是指数据处理者对其开发的数据产品进行使用、交易和收益的权利。这里的数据产品是指经过脱敏、加工、分析、挖掘而形成的数据集、数据模型、数据服务等。《意见》明确提出“保护经加工、分析等形成数据或数据衍生产品的经营权”，有利于调动数据开发主体的积极性。对于数据产品经营权，应重点围绕其处分权和收益权展开制度设计，丰富数据交易模式，完善交易规则，培育数据交易市场，提升数据资产价值，形成数据要素市场繁荣发展的良性循环。

数据资源持有权、数据加工使用权、数据产品经营权相辅相成、有机统一，共同构成了数据“三权分置”制度的基本内容。“三权分置”紧扣数据的全生命周期，契合数据开发利用规律，是破解数据确权困局的重大制度创新。这一新颖的理论视角和实践路径，不仅有助于理顺复杂的数据权属关系，还将极大地促进数据资源的集聚开放、流通交易和创新应用。但我们也应注意到，《意见》中仅对数据“三权”做了大概的释义和区分，虽然为数据相关立法提供了方向性的启示和参考，但是对于数据“三权”分别主张的具体权益细节和内容，仍需后续数据相关法律的进一步支撑。

3.4.2 数据权利主张

《意见》中讨论了 3 类最为重要的数据：个人数据、企业数据和公共数据，本小节将对这 3 类数据的权利主张模式进行简要探讨。

1. 个人数据

个人数据的权利主张通常与法规政策直接关联，如《个人信息保护法》中通过规定个人信息处理者在进行信息处理时所应尽的各项义务，明确地指出公民对其个人信息享有知情同意权、撤回权、公开权、可携带权、删除权等多项具体权利，为个人隐私保护提供了最好的法律武器。

2. 企业数据

如何论证企业对某项数据具备某种权利呢？从结果角度来看，若能够将数据计入企业的会计资产负债表中，则可确切论证企业具备该权利。数据资产入表是企业数据管理的重要一环，它不仅能够论证企业对特定数据所拥有的权利，更是数据管理不可或缺的步骤。自《意见》发布以来，数据资产入表也受到财政部多项政策的密切关注。

《企业数据资源相关会计处理暂行规定》于 2023 年 8 月发布，界定了数据资源的认定范围，明确了适用于数据资源会计处理的准则，并要求企业加强数据资源的会计信息披露。

《关于加强数据资产管理的指导意见》于2023年12月发布，指出数据资产是重要的战略资源，并强调要建立数据资产管理制度，促进数据资产的合规高效流通和使用。

《关于加强行政事业单位数据资产管理的通知》于2024年2月发布，要求行政事业单位建立和完善数据资产管理制度，进一步规范行政事业单位数据资产管理行为。

当然，数据资产入表是一个复杂的过程。企业首先需要确保自身确实拥有相关数据的权利，这其中涉及来源合规性确认、质量评估与价值评估等环节，通常需要专业咨询服务机构的协助。待数据资产入表完成后，如需进一步公开交易，企业可能还需要联合数据交易所等专业机构，根据地方或国家的“数据条例”或“数据确权工作指南”进行资格认定；如需与其他机构进行场外交易，也应在合约条款中明确具体数据的权利归属等。当前，数据资产入表的最佳实践方案仍在积极探索中。

3. 公共数据

公共数据是指政府或公共机构在履行公共职能过程中产生或收集的数据，具有显著的社会和经济价值。随着数字经济的快速发展，公共数据的开发利用成为推动社会进步和经济增长的重要引擎。早在2022年1月，国务院印发的《“十四五”数字经济发展规划》明确提出，要创新数据要素开发利用机制，通过数据开放、特许开发、授权应用等方式，鼓励社会力量对具有经济和社会价值的政务数据和公共数据进行增值开发利用，这为公共数据的权利主张提供了政策依据。

然而，尽管中央政策文件为公共数据的开发利用提供了方向性指引，但对于如何构建具体的制度框架、如何有效授权运营、如何保障数据安全和隐私，仍缺乏详细的制度设计。目前，中央政策文件多以原则性和框架性内容为主，具体的操作细则和标准尚未出台，这为各地的实践探索留下了广阔的空间。

在地方实践中，各地区积极响应中央政策，围绕公共数据的授权运营展开了探索。以浙江省为例，《浙江省公共数据授权运营管理办法（试行）》为地方公共数据的授权运营提供了相对明确的制度框架。根据该办法，授权运营单位在通过相应的申请和审核程序后，可以与公共数据主管部门或政府相关部门签订数据授权协议，开展特定范围内的数据开发和运营活动。

因此，公共数据的权利主张（通常只考虑经营权）主要基于授权协议这一核心机制。授权协议明确了数据持有方（通常为政府或公共机构）与数据开发利用方（授权运营单位）之间的权利和义务关系。通过这种授权机制，政府能够保持对数据的控制权和监督权，同时允许社会力量对公共数据进行加工、分析和增值开发。这种模式有助于实现数据的优化配置，提高公共数据的利用效率，以及创造更多的经济和社会价值。

3.4.3　可信数据活动

数据的确权、流通与利用过程极为复杂，企业在数据利用过程中不仅面临技术难题，还须综合考虑安全合规等多重因素。为了确保数据权属的合法性和数据活动的安全流转，一个有效的技术解决方案是构建数据要素平台。该平台不仅要在安全合规的前提下支持数据开发利用，还须为数据确权提供完整的技术支撑。如图 3-8 所示，基于数据三权分置框架，我们认为这样的数据要素平台应包含以下关键部分。

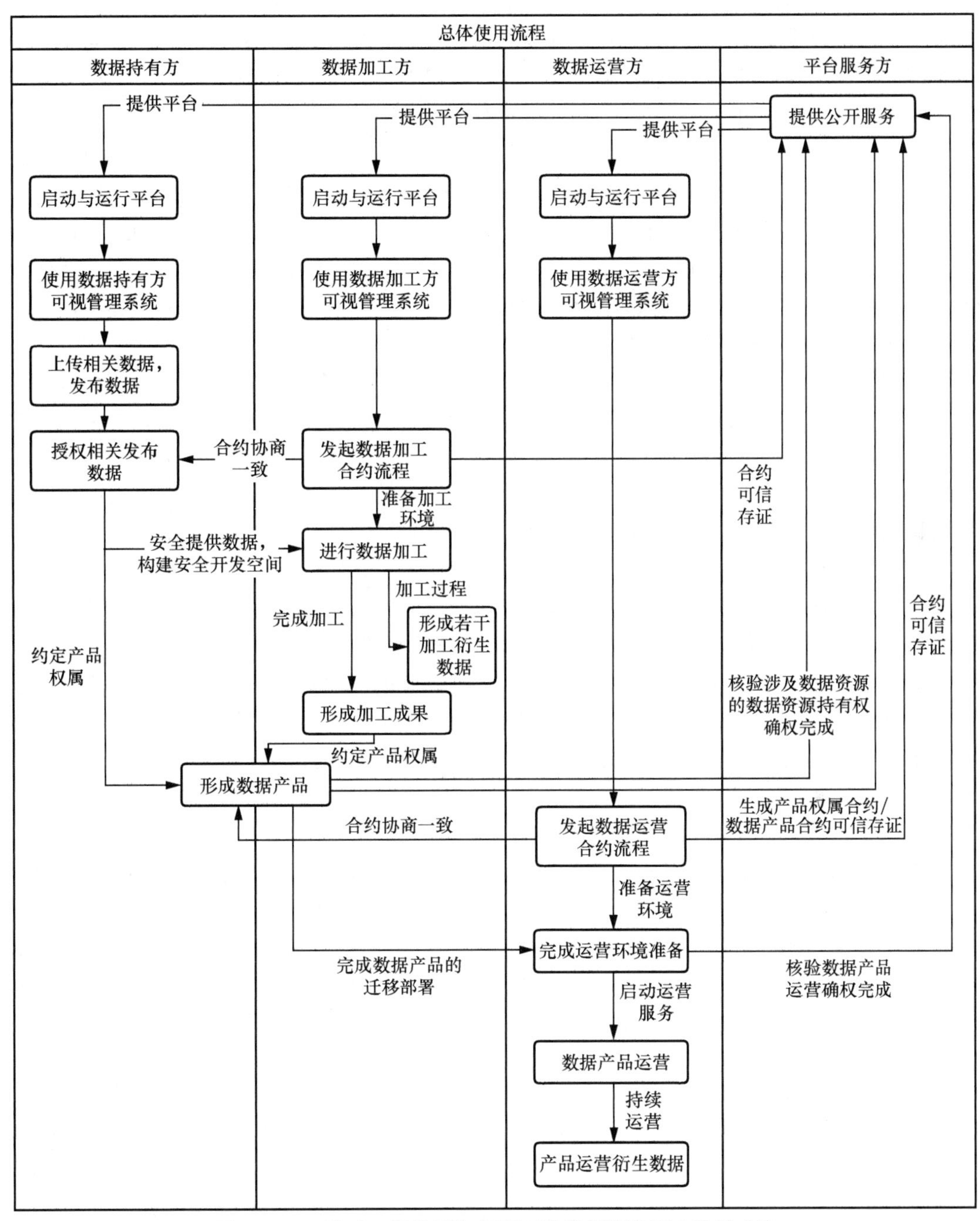

图 3-8 一种“三权分置”框架下的数据要素平台设计方案

1）加工合约与运营合约：平台需要通过加工合约与运营合约，明确数据持有方、加工方与运营方之间的数据使用、加工与交易等活动的法律关系及责任边界。这种合约机制确保各方权利和义务界定清晰，从而保障数据在流通过程中的合法性与合规性。通过规范的数据合约，不仅维护了数据的合规使用，还为各方合作提供了法律框架，避免了数据滥用或权属纠纷的发生。

2）数据产品定义：平台应具备准确定义和管理数据产品的功能。数据产品不仅仅是经过加工、脱敏、分析等过程形成的结果，还是具备明确的权属，从而可以交易和运营的实体。平台应支持灵活定义不同类型的数据产品，并确保这些产品的合法性与合规性。这种对数据产品的精准定义，可以有效促进数据资产的流通和交易，使数据加工方和运营方在数据产品中获得相应的权益保障。

3）可信存证：为确保数据权属的明确性与可追溯性，平台须提供可信存证功能。存证不仅包括对合约、交易等关键信息的可信记录，还涵盖数据从产生、流转、使用到加工的全过程记录。这一完整的记录链条为未来的纠纷解决和审计需求提供了必要的证据支持，确保数据操作的透明性与可追溯性，进而增强数据确权的可信度。

4）证书颁发与登记：平台应通过合规的审计流程对数据权属进行认证，确认某主体对特定数据的合法权益。认证完成后，通常会颁发“数据权益证书”以证明其资质。同时，平台还应具备确权凭证的登记功能，使相应的权属信息可供查询与验证。但需要注意的是，并非所有平台都具备颁发确权凭证的资质，因此多数平台只能提供确权证书的登记功能，具体的审查与确权过程仍需要由权威机构进行人工审核。平台的关键数据流通与利用过程应建立在确权完成的基础上，确保只有经过合法确权的数据才能进入开发、使用和交易等环节。

通过构建这样的数据要素平台，数据持有方和加工方能够在合规的基础上更方便地进行数据开发与利用。目前，许多公共数据授权运营平台已经采用了类似的设计思路。

尽管平台化的确权方案为数据权属的明确提供了一定的技术支持，但在实践中，数据确权仍面临一些挑战。比如，确权申请要准备的信息很多，审核也极耗费专家人力，不适合长期、动态的数据确权需求。再如，对于数据流通等行为产生的新数据，企业想要准备用于确权的材料面临较大的技术挑战。

具体来说，数据并非始终处于静态，在数据利用过程中，会不断有新数据产生；尤其是当多方数据共同利用时，确认新数据的权利就更加困难。例如，需要明确新数据与哪些原始数据有关联，不同原始数据在多大程度上影响了新数据，新数据又派生出了哪些数据。一个简单的想法是，如果我们能够剖析出某个时刻某个数据从无到有的全过程，那么我们总可以从法律层面论证其权利所属，而剖析过程就需要大量数据安全技术的协助。总体而言，为了完成上述过程，笔者认为有三类技术与其密切相关，它们分别是可信数字身份技术、数据安全增强技术和环境安全增强技术。

可信数字身份技术旨在确保数字身份与现实身份之间的一致性。在数据权属的确定过程中，权利人通常需要借助数字化手段来申请和验证其权利。这类技术为整个过程提供了必要的安全保障。典型的技术实现包括使用零信任安全模型和可信平台模块（Trusted Platform Module，TPM）等，这些技术通过严格的身份验证和设备安全性检查，保障了数字身份的真实性和不可篡改性。

数据安全增强技术由数据持有方在参与数据活动之前实施，通过主动对数据进行变换等方法，确保在数据参与复杂交互过程后，仍然能够对相关数据的权属进行鉴别与确认。典型的技术有数字水印、隐私计算等。

环境安全增强技术由计算环境的提供者在活动开始前准备，通过对环境进行加固、限制与细粒度观测等方式，确保数据的活动状态、变化过程和衍生情况可被追踪，并确保数据使用的透明性。典型的技术有数据库审计、区块链、机密计算等。

可信数字身份技术为数据确权锚定权利人；数据安全增强技术通过记录和追踪数据流动和变化，维护数据权属的透明度；环境安全增强技术则确保数据在一个安全和受控的环境中得以处理。这三类技术的互补作用，为解决动态数据权属边界不清的问题提供了坚实的技术支持，确保了数据活动的合法性和安全性，从而为数据要素平台的构建和确权问题的解决提供关键支持。

在介绍完数据确权的进展后，下面我们对现有数据要素流通的总体状况进行介绍。

3.5 数据要素安全流通

3.5.1 数据要素流通现状

在讨论数据要素安全流通体系之前，我们首先需要了解数据要素流通的现状。本书关注两个重要的角度：数据流通的模式，以及数据流通过程的参与方。前者决定了数据要素安全流通体系的前端表现，后者则是推动数据流通实际发展的利益主体。

1. 数据流通的模式

当前数据流通主要采用以下 3 种模式[15]。

1）数据开放：数据提供方无偿提供数据，需求方无须支付对价的数据单向流通模式。由于数据提供方无法通过数据开发直接获益，因此数据开放的对象通常为公共数据。

2）数据共享：参与主体互为数据供需方，不强调货币媒介参与的数据双向流通模式，但共享过程往往涉及复杂的相互博弈。单对单的数据共享无法形成规模效益，通常在政府或行业间构建共享体系以易于持续开展。

3）数据交易：数据提供方有偿提供数据，需求方通过货币等形式支付对价的数据单向流通模式。

数据流通的具体表现形式包括以下几种。

1）原始数据：直接提供未经处理的数据。

2）脱敏数据：对敏感数据进行处理，以隐藏个人信息或保密内容，确保隐私安全。

3）计算结果：不直接提供数据，而是提供数据分析或处理的结果。

4）应用程序接口（Application Programming Interface，API)：不直接提供数据，而是提供某种计算方法，由用户根据自定义的输入获得计算结果。

2. 数据流通过程的参与方

图 3-9 所示是中国信息通信研究院于 2023 年年底发布的数据要素产业图谱 1.0 版，它为我们提供了一幅清晰的产业生态图，描绘了数据要素流通过程中关键的参与者及其功能定位。

图 3-9　数据要素产业图谱 1.0 版

（1）数据要素价值驱动企业

这类企业将数据资源作为核心资产，致力于数据的生成、流通及其价值的最大化。具体来说，包括如下企业。

1）数据资源企业：虽然数据不是其主营业务，但这些企业在日常运营中积累了大量数据，并能够作为数据供应方输出数据产品。

2）数据产品开发企业：通过整合和加工内外部数据源，开发数据产品，并进行商业化运作。

3）数据标注企业：专注于提供数据标注服务，满足客户对精准数据集的需求。

4）数据运营企业：受数据持有方委托，负责数据的运营管理，创造数据增值。

5）数据交易服务企业：搭建平台，为数据的供应方和需求方提供撮合、交易和资金结算等服务。

（2）数据要素服务机构

这些机构提供专业的第三方服务，支持数据流通的健康发展，包括如下机构。

1）登记服务机构：全方位登记数据资产信息，包括数据权属、目录和资产等。

2）评估服务机构：对数据的质量、合规性、产品能力及价值等进行专业评估。

3）审计服务机构：提供数据审计服务，确保数据的真实性、完整性和准确性，帮助各组织实现数据的安全、合规和有效管理。

（3）数据要素技术厂商

数据要素技术厂商为数据要素的开发、流通及利用提供关键的技术支持和服务，具体包括如下厂商。

1）数据治理厂商：专注于数据治理领域，提供包括数据质量、标准、模型管理等在内的技术服务。

2）数据流通厂商：利用先进技术，如隐私计算、区块链，支持数据的共享和交易。

3）数据分析应用厂商：提供数据分析、可视化和业务应用平台等技术服务，助力企业洞察和决策。

4）数据存储与计算厂商：提供数据存储和计算平台，满足企业的数据处理需求。

5）数据安全厂商：专注于数据安全，提供包括风险监测和安全防护在内的全方位安全技术服务。

也可将上述企业简单分为提供原始数据的数据资源企业和为数据资源企业提供易用性、合规性与安全性服务的其他企业，如图 3-10 所示。

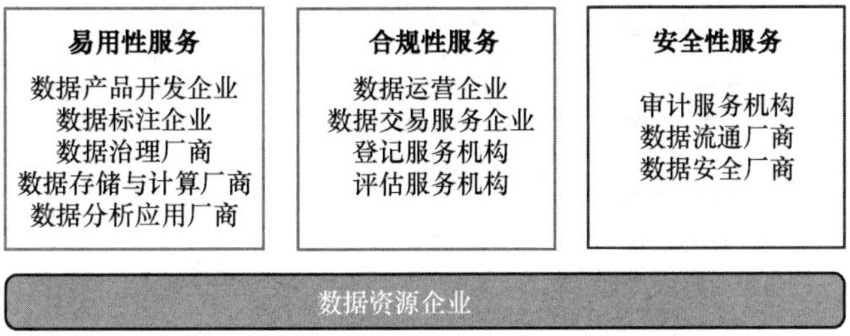

图 3-10 当前数据要素市场参与方的简单划分

通过上述详细分类和描述，我们可以看到，在数据要素流通安全管理中，每个实体都扮演着不可或缺的角色。为了确保数据流通的安全性，这些参与者之间需要建立紧密的合作关系，共同遵循行业标准和最佳实践，以促进整个数据生态系统的健康发展。

此外，除了各类企业单位，我国政府机关、国企等掌握了丰富的公共数据，也是当前数据要素发展中最不可忽视的力量之一。

3.5.2 数据要素安全流通框架

基于前文数据治理与数据要素流通发展现状，笔者认为数据要素安全流通防护体系的构建应当坚持如下五大核心原则。

1）合规性：严格遵循国家法律法规、行业标准和监管要求，确保数据流通全流程依法合规、安全可控。

2）全面性：立足数据全生命周期视角，从数据采集、传输、存储、处理、交换、销毁等各环节入手，充分考虑数据在端、边、管、云、网全阶段的流动，构建全链条、全方位的数据安全防护机制。

3）可控性：重点强化对数据流通过程的管控能力，通过严格的制度规范和先进的技术手段，实现对数据的精细化管理，做到风险可控。

4）可计量：建立科学完善的数据安全评估指标和量化机制，定期评估数据安全状况，持续改进和提升数据安全管理水平，确保对数据安全做到心中有数、胸有成竹。

5）协同性：充分发挥政企协同、多方参与的整体合力，在政府监管部门、行业协会、市场主体、社会公众等各方通力合作下，共建共享安全有序的数据流通生态。

在此基础上，参考部分现有工作[16]，典型的数据要素安全流通框架如图 3-11 所示。

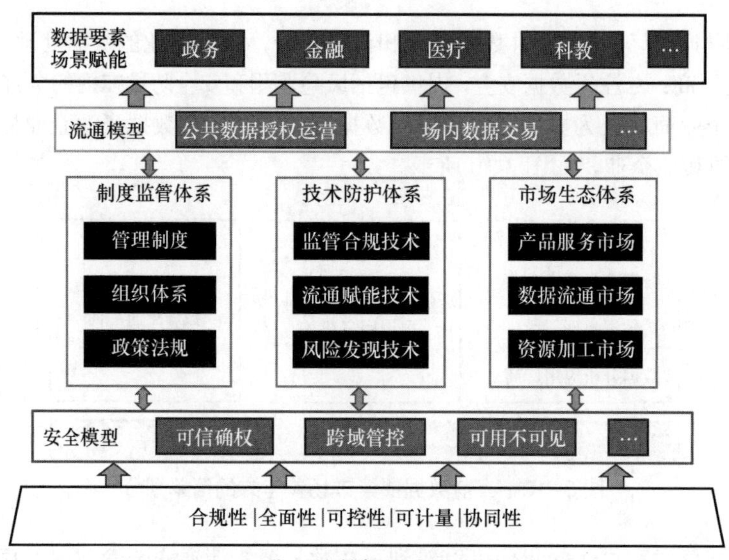

图 3-11　典型的数据要素安全流通框架

该框架遵循上述五大核心原则，以数据要素化的安全模型为基础，围绕制度、技术、市场“三位一体”的体系设计，通过流通模型的有序高效运作，充分释放数据价值，满足政务、金融、医疗等场景的数据应用需求。下面对该框架进行具体说明。

1. 形成安全模型

数据要素流通过程复杂，涉及多种主体、多个环节，安全风险错综复杂。因此，构建数据要素安全流通体系，除包含数据全生命周期安全的经典防护技术外，还要针对数据权属、数据使用、数据流向等关键问题，以密码学等理论为核心，设计一系列契合数据流通特点的创新型安全模型，明确参与主体的安全能力入场标准线。当前受到广泛关注的安全模型如下。

可信确权：旨在解决数据权属不清晰、难以验证的问题。当前主流方案包含分布式数字身份、数字水印、数字签名等。

跨域管控：旨在解决数据离开自身运维域后，失去管控能力的问题。当前主流方案包含可信执行环境、数据沙箱、各类功能加密技术等。

可用不可见：旨在解决数据在计算过程中处于明文等“可见”状态的问题。当前主流方案包含联邦学习、安全多方计算、同态加密、机密计算等。

随着数据要素市场的不断发展，安全模型也会持续扩充和演进，其实现方法也将与时俱进。科学合理的安全模型是数据安全有序流通的底层基石，需要在理论和实践、制度和技术等多个层面持续创新完善，以夯实数据要素市场健康发展的根基。只有构建了完善的安全模型，才能在保障数据安全的同时充分释放数据要素的价值，助力数字经济蓬勃发展。

2. 构建“三位一体”的制度-技术-市场体系

围绕数据流通各环节，从制度、技术、市场 3 个维度，构建全方位的管理运营防护体系。

制度监管体系重在顶层制度设计，通过构建健全的法律法规和标准规范，明确市场各方责任边界，规范行为准则，为数据要素的有序流通提供制度保障。

技术防护体系聚焦数据安全防护能力建设，运用密码学、区块链、大数据等前沿技术，提供贯穿数据全生命周期与“端、边、管、云、网”全状态下的风险感知、威胁防御、异常监测、事件处置等关键能力，全面筑牢技术防线。

市场生态体系关注流通运营机制优化，加强数据要素市场培育，加速资源加工与元件化，创新发展数据交易、数据银行等新业态，营造规范有序、富有活力的流通生态。

如图 3-12 所示，以上三大体系既各司其职，又相辅相成、协调配合，形成数据流通安全的“一张网”，共同织就数据要素安全流通的坚实防护，为要素成果安全产出保驾护航。

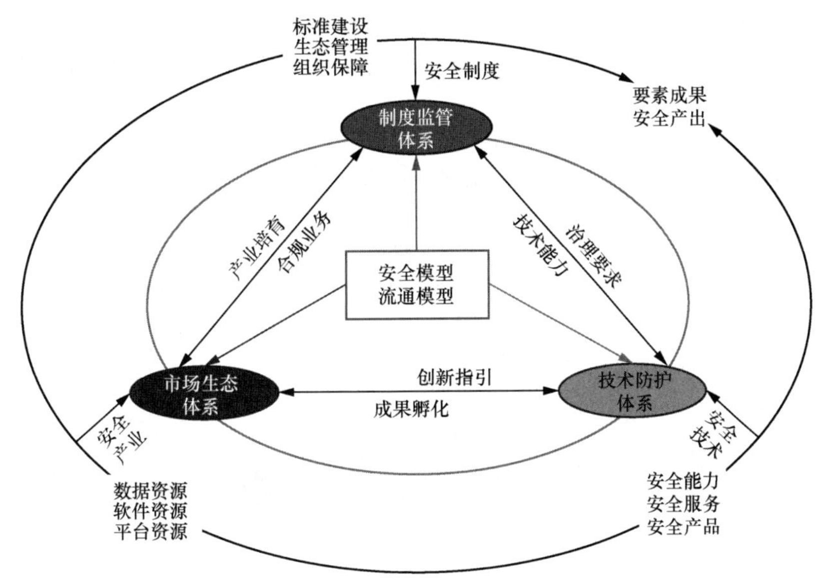

图 3-12 数据要素体系中各生态方之间的关系

3. 流通模型

数据要素市场繁荣发展的关键在于构建多元化、规模化、高可用的安全数据流通模型，以满足不同主体的数据需求。因此，在数据流通安全体系构建过程中，必须紧密结合数字经济发展需求，围绕数据流通应用的典型场景，积极探索规模化、市场化的创新型流通模型，助力数据要素乘性发展。

当前已被普遍寄予厚望的两种流通模型为“公共数据授权运营”与“场内数据交易”，下面分别对它们进行简要介绍。

（1）公共数据授权运营

“数据二十条”中按照公共数据、企业数据、个人数据的分类思路提出了“推进数据分类分级、确权授权使用和市场化流通交易”的要求，当前阶段，公共数据在规模化落地应用方面具备更为有利的条件，原因如下。

1）产生过程透明：公共数据是政府和公共部门在履职过程中通过法定程序向特定主体获取的数据，具有公共性、非隐私性、非独占性，因此在开发利用过程中争议较小，具备公益性。

2）管理职责明确：公共数据的持有主体是政府和公共部门，相较于企业数据的复杂股权归属，公共数据的管理主体明确且单一，确权授权路径更加清晰。

3）内容规模庞大：公共数据内容涉及全社会生产生活，相较于企业数据与个人数据，公共数据的规模体量更大，流动性更强，更能凸显与利用数据要素的规模效应。

当前典型的公共数据应用模式表现为“授权运营”。具体而言，国内各省市纷纷新成立或重组成立了一批地方性数据集团企业作为当地的公共数据授权运营主体，承担平台建设运营、数据加工处理、数据产品提供等各项工作。值得注意的是，很多数据集团企业由原本承担智慧城市建设的企业转型而来，可能具备一定的研发与集成能力，但持续运营的能力仍待时间检验。当前典型的公共数据授权运营过程如图3-13所示，其核心在于以数据不出域、数据可用不可见等为原则，进行充分的运营监管和可控的委托开发。

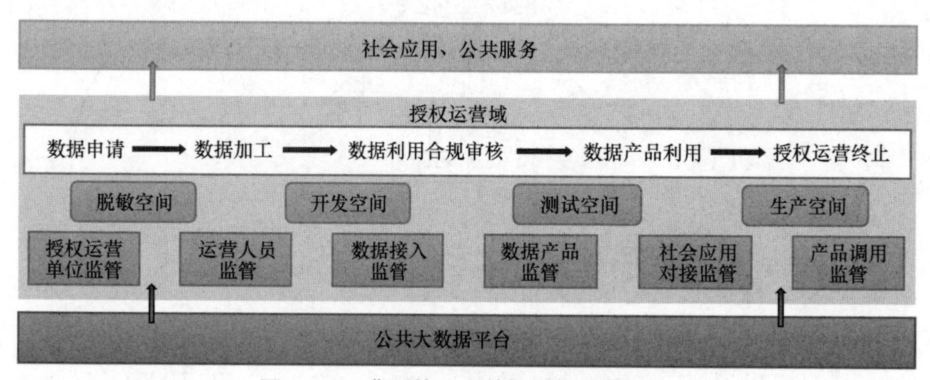

图3-13　典型的公共数据授权运营过程

作为流通模型的先行者，公共数据授权运营在现有实践中也存在诸多不足，如数据欠清洗、授权流程规范不明确、运营流程缺乏安全保障、运营收益分配机制无参照等，推进公共数据与社会数据的融合应用仍任重而道远。但随着国家对公共数据开发利用的相关顶层设计逐渐明细，公共数据领域的发展将有据可依、有章可循，在可见的将来必进入一个飞速发展期。

（2）场内数据交易

数据交易是数据要素流通的基本形式之一，主要分为场外数据交易和场内数据交易两种。场外数据交易是指大量机构收集多方数据，创新业务模式，打造竞争优势，满足数据需求，进行场外点对点式的数据交易，典型代表有企查查、万得等。出于历史原因，场外数据交易目前仍为我国主流数据交易模式。场内数据交易主要是在数据交易所或借助数据交易所进行数据交易，通过数据交易所，数据供需双方进行数据合规交易，其典型过程如图 3-14 所示。

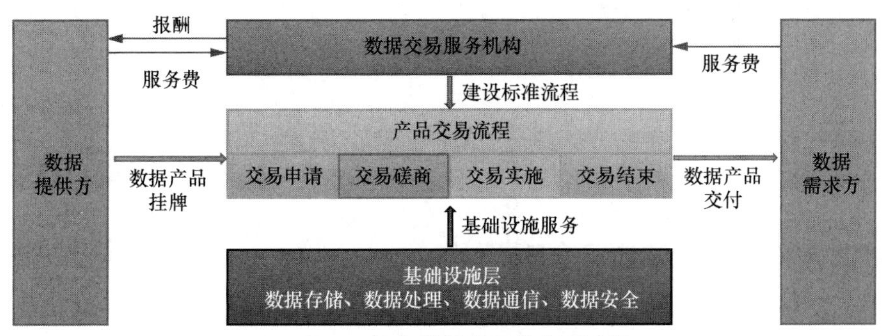

图 3-14 场内数据交易的典型过程

数据交易所通过制定数据交易流程及规章，能够更好地在数据交易环节做好风险控制，更利于企业合规、高效地获取外部数据以赋能数字化转型，并推动数据要素流通市场建设。主要的数据交易所均可提供数据质量评估、数据合规评估、数据资产评估等交易前服务，数据处理、数据应用等交易中服务，以及交易核验、仲裁纠纷等交易后服务。

2024 年 5 月，24 家数据交易机构在国家数据局的推动下联合发布《数据交易机构互认互通倡议》。按照该倡议，这些数据交易机构致力于推进：①数据产品“一地上架，全国互认”；②数据需求“一地提出，全国响应”；③数据交易“一套标准，全国共通”；④参与主体“一地注册，全国互信”。场内数据交易开始在全国范围内逐渐形成统一模式，推动构建统一开放、活跃高效的数据要素市场。

总之，流通模型创新要立足我国数据要素市场发展的阶段性特征，聚焦现实需求，在制度、管理、服务等方面系统发力，持续提升数据流通的多样性、便利性和规模性，为数据价值释放提供坚实支撑。

3.5.3 数据要素流通场景与新技术

随着数据要素流通的不断演进，数据在不同阶段的流通方式和安全要求也在持续变化。为了全面梳理数据流通过程中的技术演进，我们回顾数据要素流通过程，如图 3-15 所示，不难发现，数据从最初的内部流通逐步扩展到了跨物理环境和组织的复杂流通。

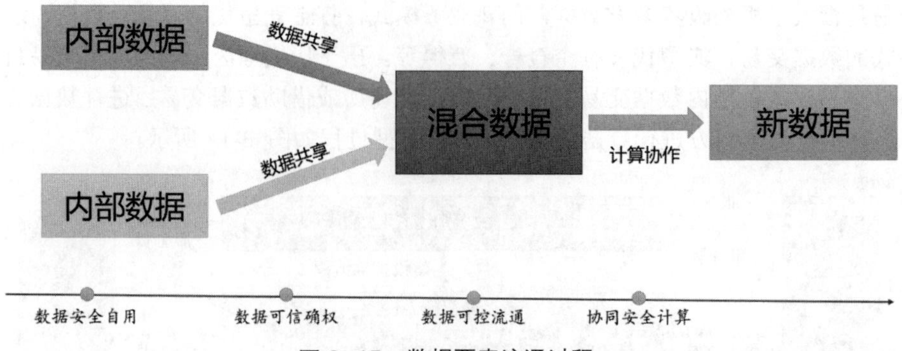

图 3-15　数据要素流通过程

1. 数据流通 1.0 与 2.0：数据安全自用阶段

在数据流通 1.0 阶段，数据流通主要限于内部系统和物理介质之间的数据交换，企业和组织专注于如何确保**数据安全自用**。这一时期，数据的使用和流通范围较为封闭，主要集中在企业内部或通过简单的工具进行数据交换。数据安全的核心需求是如何在内部环境中确保数据的机密性、完整性和可用性。随着技术的进步，数据流通进入 2.0 阶段，数据开始通过云平台在更大范围内流动，但仍以企业或组织自用为主，安全需求同样侧重于确保内部数据在多场景下的安全使用和存储。

2. 数据流通 3.0：数据跨域流通阶段

进入数据流通 3.0 阶段后，数据不再仅限于在单一组织内部流通，而是跨物理环境、跨组织甚至跨行业流通，并在此过程中不断生成新的数据。这一时期，数据成为重要的生产要素，我们不仅要在流通过程中保证数据安全，还需要确保数据权属明确，以防止数据被非法使用或滥用。因此在数据流通 3.0 阶段出现了一些新的安全场景需求，涵盖了**数据可信确权、数据可控流通**和**协同安全计算**。

3. 大语言模型技术的崛起：数据安全领域的新变革

近年来，大语言模型（简称大模型）技术发展迅速，其在数据安全领域的应用前景也逐渐显现。大模型在数据语义理解能力上表现出无与伦比的优势，能够深入理解数据中的语义关联和隐含信息，这给未来的自动化数据流通安全加固带来了重大变革。例如，大模型可以自动识别数据中的隐私信息，甚至在复杂的跨域流通中进行数据分类与保护。我们相信，大模型技术能够在各种数据安全场景中提供有力支持，而已有的数据安全技术也能为大模型的稳定运营提供安全基座。

因此，如图 3-16 所示，在后续章节中，我们将深入探讨五大数据流通场景下的新技术，包括**数据安全自用**、**数据可信确权**、**数据可控流通**、**协同安全计算**以及**大模型与数据安全**的结合。这些技术不仅涵盖了数据流通过程中的身份认证、确权授权、隐私保护、密态计算，还融入了大模型技术的创新应用，相信能为不同领域的读者提供帮助。

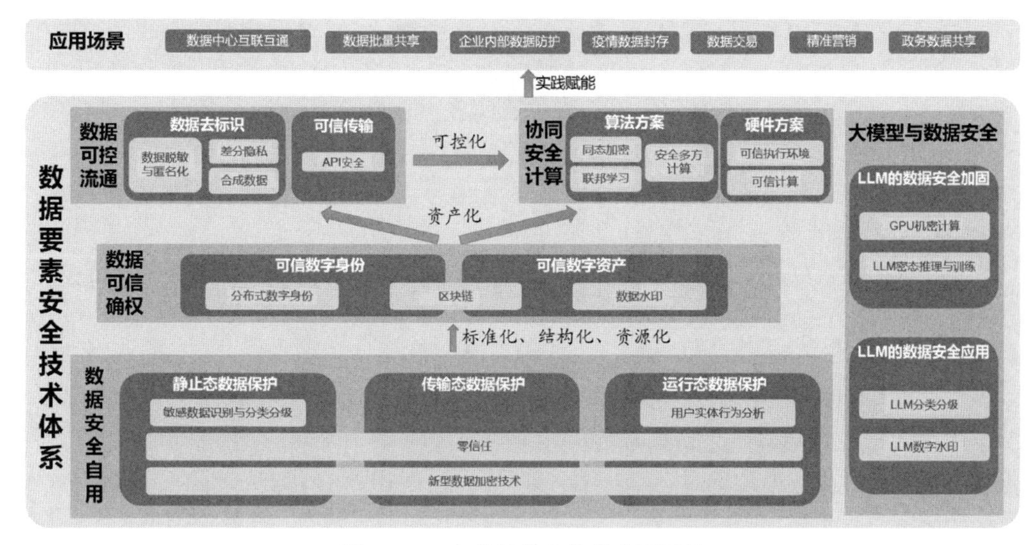

图 3-16 本书后续章节的主要结构

3.6 本章小结

本章系统阐述了数据作为新型生产要素的重要性，并对数据跨阶段、跨物理环境和跨管控域的流通特性进行了详细梳理。我们分析了数据流通中的安全挑战，并结合当前实际状况，全面介绍了数据安全治理体系、数据可信确权方案以及数据要素安全流通体系的构建与实施。相信这些内容能为读者理解数据流通过程中的重要安全技术奠定基础。

在接下来的技术洞察篇，我们将围绕不同的数据流通场景，深入探讨各类新兴且关键的技术。这些技术不仅在特定场景中发挥作用，还具备跨领域的兼容性和底层通用性。值得注意的是，数据安全实践的应用场景往往难以严格界定，且随着需求的变化，其性质也会随之演变。感兴趣的读者可广泛了解这些技术，以便在面对更复杂的安全挑战时，能够从更全面的视角进行应对和解决。

第二篇

技术洞察篇

第4章

“数据安全自用”场景的技术洞察

数字化浪潮席卷而来，数据已成为企业的核心资产之一。企业自身持有的数据，特别是敏感数据、企业服务中所存储和使用的个人数据，是业务发展的重要推动力。但从另一方面看，这些数据一旦泄露，就会产生严重的后果，如商誉受损、高额赔偿、负责人面临法律责任等。

数据安全自用，即企业在数据流通之前的内部治理和使用阶段所采取的安全措施，是整个数据安全体系的基础和起点。它涉及在企业域进行数据收集、存储、处理、分析等阶段的安全管理，旨在确保数据在企业内部使用过程中的机密性、完整性和可用性。

有效的数据安全自用技术应用不仅能够防范企业内外部威胁，降低数据泄露、篡改和丢失的风险，还能提升数据质量，为后续的数据共享和增值奠定坚实基础。因此，构建完善的数据安全自用体系，已成为现代企业数字化转型过程中不可或缺的关键环节。

4.1 场景需求分析

在数十年的安全技术发展中，数据安全自用场景已存在较多的技术积累。为了清晰全面地展示，如图4-1所示，本节从数据的3种状态（即静止态、传输态和运行态），对数据安全自用场景中的典型风险与技术进行梳理。

4.1.1 静止态数据

静止态指数据静止存储在各种介质中的状态。在该状态下，数据主要面临未授权访问、数据泄露、数据丢失与数据篡改等风险。现有的应对这些风险的技术手段主要如下。

访问控制：限制对数据的访问，确保只有授权用户能够读取或修改数据。典型方法包括基于角色的访问控制（Role-Based Access Control，RBAC），从而根据用户在组织中的角色为其分配访问权限；基于属性的访问控制（Attribute-Based Access Control，ABAC），从而根据用户属性、环境条件等动态决定访问权限；以及强制访问控制（Mandatory Access Control，MAC），从而基于预定义的安全策略控制用户对数据的访问。

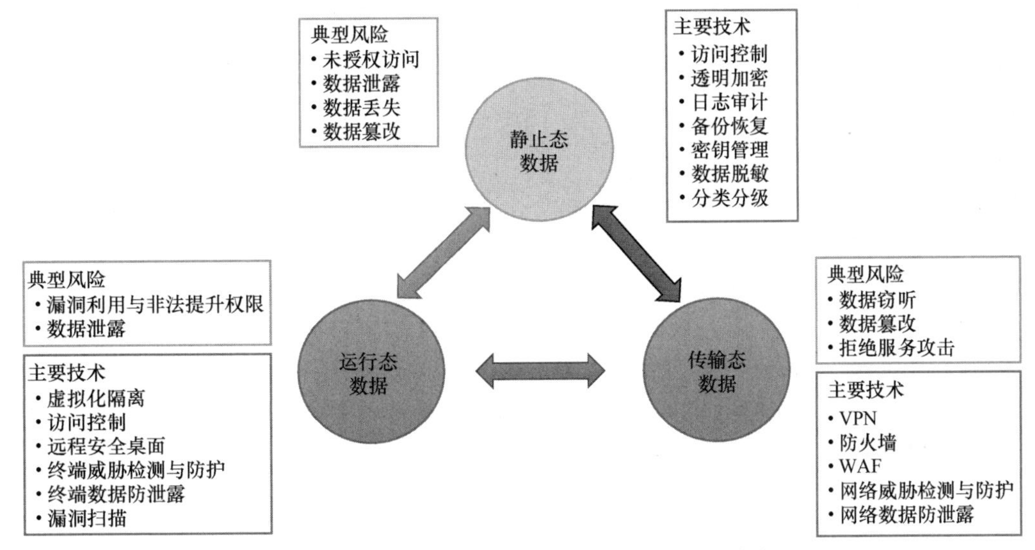

图 4-1 数据安全自用场景中的典型风险与技术

透明加密： 以一种对上层应用透明的方式完成加密，既保证落盘数据处于加密状态，也使得上层业务无需变动。透明加密有多个不同层次的实现方法，包括块设备层、文件驱动层、文件系统层、数据库层、应用系统开发套件层等。

日志审计： 记录所有对数据的访问和操作，用于事后追溯和分析。通常包括系统日志、应用日志、安全日志等，这些日志会被集中收集、存储和分析，以便及时发现异常行为和潜在的安全威胁。

备份恢复： 定期创建数据副本，以便数据丢失或损坏时能够恢复，包括全量备份、增量备份、差异备份等方式，同时还需要考虑异地备份和定期恢复测试，以确保备份的有效性。

密钥管理： 对用于加密的密钥进行全生命周期管理，包括密钥的生成、分发、存储、更新和销毁。良好的密钥管理是确保加密有效性的关键，通常使用专门的密钥管理系统（Key Management System，KMS）来完成这些任务。

数据脱敏： 对敏感数据进行变形或替换，在保留数据可用性的同时降低其敏感度。常用的脱敏技术包括屏蔽、替换、加密、概化等，可以在存储或提取数据时动态应用这些技术。

分类分级： 根据数据的敏感度和重要性对其进行分类分级，以便实施差异化的保护策略。这通常涉及制定数据分类标准、使用自动化工具进行数据发现和分类、为数据添加分类标签等步骤。

4.1.2 传输态数据

传输态指数据在网络中传输的状态。在该状态下，数据主要面临数据窃听、数据篡改和拒绝服务攻击等风险。现有的应对这些风险的技术手段主要如下。

虚拟专用网络（Virtual Private Network，VPN）：通过在公共网络上建立加密通道，确保数据在传输过程中的机密性和完整性。常见的 VPN 技术包括 IPSec VPN 和 SSL VPN，前者主要用于站点间的安全连接，后者更适合远程访问场景。

防火墙：控制进出网络的流量，阻止未经授权的访问和潜在的威胁。现代防火墙不仅能够基于 IP 地址和端口进行过滤，还能进行一定的应用层的识别和控制，如下一代防火墙（Next Generation FireWall，NGFW）。

网络应用防火墙（Web Application Firewall，WAF）：专门用于保护 Web 应用的安全设备或服务，能够防御 SQL 注入、跨站脚本等 Web 应用层攻击。WAF 可以部署在硬件设备上，或以软件或云服务形式，通过规则匹配和行为分析来识别和阻止恶意请求。

网络威胁检测与防护：实时监控网络流量，检测和阻止潜在的网络攻击。这类技术包括入侵检测系统和入侵防御系统，它们可以基于签名、异常或行为分析来识别威胁。

网络数据防泄露：防止敏感数据通过网络未经授权地传出组织。这类系统通常部署在网络出口，通过内容检查、上下文分析等技术来识别和阻止敏感数据的外传。

4.1.3　运行态数据

运行态指数据在被处理、分析或使用的状态。在该状态下，数据主要面临漏洞利用与非法提升权限、数据泄露等风险。现有的应对这些风险的技术手段主要如下。

虚拟化隔离：通过虚拟化技术将不同的应用和数据隔离，以减少相互影响和潜在的安全风险。实践中包括使用虚拟机、容器等技术，为不同的应用和数据提供独立的运行环境。

访问控制：在应用层面实施细粒度的访问控制，确保用户只能访问其权限范围内的数据。这通常涉及实施最小权限原则，以及使用动态授权技术来适应复杂的业务场景。

远程安全桌面：为远程办公场景提供安全的数据访问环境。这类技术包括虚拟桌面基础设施（Virtual Desktop Infrastructure，VDI）和远程桌面协议（Remote Desktop Protocol，RDP）等，旨在确保远程访问过程中数据的安全。

终端威胁检测与防护：实时监控和分析终端行为，检测和响应高级威胁。这类技术通常采用端点检测与响应（Endpoint Detection & Response，EDR）或扩展检测与响应（eXtended Detection & Response，XDR）系统，以提供全面的终端安全防护。

终端数据防泄露：防止敏感数据通过终端设备未经授权地外传。实践中包括对可移动存储设备的管理，应用白名单、屏幕水印等技术，以及对数据使用行为的监控和管控等。

漏洞扫描：定期检查系统中的安全漏洞，及时修复以减少攻击面。实践中包括对操作系统、应用程序、网络设备等进行全面的漏洞扫描和评估，并结合威胁情报优先处理高风险漏洞等。

4.1.4　小结

针对以上 3 种状态下的数据安全挑战，本章将重点探讨如下 4 项关键技术。

敏感数据识别与分类分级技术：这项技术主要作用于静止态数据。数据分类分级作为数据流通的起始步骤，其重要性在数据要素时代被提升到一个新的高度。本章将介绍数据分类分级的主流技术。

零信任纵深防御技术：这项技术可作用于数据的全部 3 种状态。零信任架构基于“永不信任、持续验证”的理念，将动态访问控制和持续验证能力提升到了一个新的高度，能够显著降低数据泄露风险并减少攻击面。本章将详细介绍其理念与主要技术。

用户和实体行为分析技术：这项技术主要针对运行态数据。通过对用户、设备和数据交互行为的实时分析，可以及时发现异常操作，预防数据泄露和滥用。本章将介绍用户和实体行为分析的核心原理、系统架构和关键技术，并讨论其在数据泄露检测等数据安全领域的应用。

新型数据加密技术：密码学作为安全技术的底层支撑，已被广泛应用于各项技术之中，本章将介绍多种以功能性为导向的新型数据加密技术。它们从实用角度出发，从不同维度简化并优化了现有的技术方案，并为未来安全技术的发展提供了新的可能性。

4.2 摸清家底：敏感数据识别与分类分级

数据安全加固方案并非“免费”的。无论是购买成本、人工成本还是运行成本，都可能阻碍实际业务的开展。因此，对所有数据一视同仁，均进行高成本的安全保护并不可取。数据分类分级成为数据安全治理的起始或前置步骤。

4.2.1 数据分类分级的目标

数据分类分级是一个有序且分明的过程，通常先进行分类再进行分级。分类主要是根据数据资源在行业中的属性或特征，依据一定的原则和方法对它们进行区分和归类，以建立规范化的分类体系和排列顺序。分级则是在分类的基础上，根据数据的重要程度对它们进行定级，这一过程主要为数据的开放和共享提供安全策略支持。由于数据分级依赖于分类结果，其定级结果通常不能单独通过算法模型直接产生，而需要基于已有的分类结果进行判定。

值得注意的是，目前尚无统一的标准和方法来设计数据安全分类分级模型和定义数据安全分类分级的类别。不同的地方和行业可以根据《数据安全法》的要求，制定各自的数据分类分级指南。这些指南不仅提供了必须遵守的规范和原则，还常常包括具体的分类和分级示例。实际的分类与分级工作往往会基于这些示例，并根据具体需要进行调整和扩展，形成可用的分类分级模板文件。

具体而言，通常先按照行业领域进行粗分，再进一步按照业务属性进行细分。例如，常见的行业数据包括工业数据、电信数据、金融数据、能源数据、卫生健康数据等。在确定它们所属的领域后，基于具体业务来源和使用目的，以及行业监管要求，可以灵活选择业务属性来逐级分类。

以金融行业为例，分类模板树示例如图 4-2 所示。

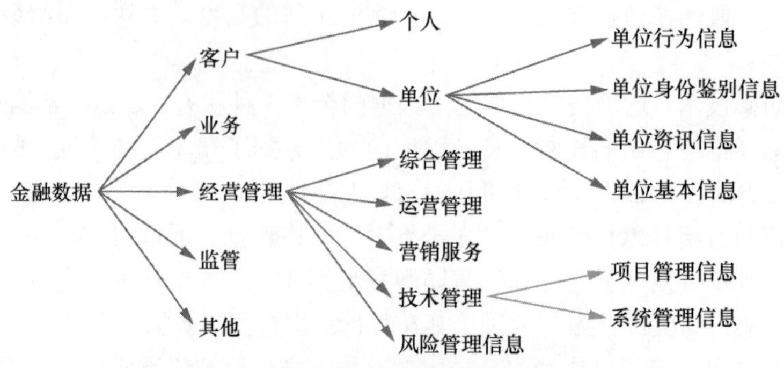

图 4-2　金融行业分类模板树（部分节点）示例

分级实践中，通常根据数据的特性，如价值、敏感程度、司法影响范围等进行分级。对于涉密数据，通常直接参考相关规定进行处理；对于非涉密数据，可结合业务情况与合规需求，根据数据安全在受到破坏后对组织造成的影响和损失进行分级，通常划分为三或四级。值得注意的是，由于表述习惯的差异，国外政策法规中通常不明确说明数据分级，而统一用数据分类来囊括。例如北约（“北大西洋公约组织”的简称）的《安全简报》将“北约限制”“北约机密”“北约秘密”“宇宙绝密”视为 4 种安全分类等级，而非表述为同一分类下的不同安全级别。但总体而言，使用“分类”和“分级”的概念更为贴切具体，不仅符合国内表达习惯，也能够涵盖国内外相关实践的内涵。

数据分类分级的最终目标在于识别关键数据，即一旦被泄露或篡改，就可能会严重影响国家安全、企业利益、个人隐私等的数据。识别出关键数据后，可以进一步在相关数据上设置安全加固策略。接下来，我们将介绍数据分类分级的具体过程以及所涉及的技术。

4.2.2　数据分类分级技术

下面首先介绍数据分类分级的总体流程，然后描述其中所涉及的技术及其演进路线。

1. 分类分级作业流程

在具体实践中，通常可以借助各类智能化工具来协助完成数据分类分级任务，而非完全由人工完成，其核心过程如图 4-3 所示。

首先需要参考行业标准、法律法规、场景需求等，预先形成一套分类分级规则模板（通常由工具提供厂商整理并内置）。这些规则定义了不同类别或级别的判定标准与管控要求。然后，数据分类分级工具会自动对目标数据资产进行全面扫描与分析，并结合内置的内容识别技术，自动提取与分类分级规则相关的特征。接下来，基于特征匹配情况，初步判定每项数据的类别与级别，形成数据分类分级结果。最后，需要人工进一步审核这些结果，并根据专业知识与经验做出必要的校正，以得到一套高质量的数据分类分级成果。

下面进一步对此过程中用到的技术及其演进路线进行介绍。

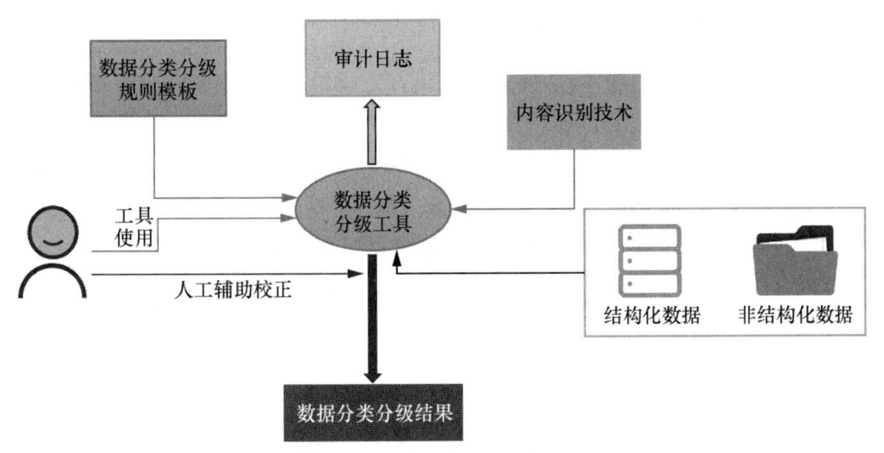

图 4-3　分类分级作业流程

2. 传统内容识别方案

传统内容识别的基本思路是，先人工定义一系列识别规则，再由系统对数据进行逐条匹配，进而判断其类别或级别。常见的内容识别技术如下。

正则表达式（Regular Expression）：使用特定语法描述文本模式的字符串，可用于检测文本中是否包含特定格式的内容，如电话号码、身份证号等。正则表达式规则明确、执行高效，但难以应对复杂、多变的匹配需求。

精确数据匹配（Exact Data Matching，EDM）：提取目标文本的哈希指纹特征，与预先构建的指纹库比对，若发现完全一致的指纹，则判定文本含有对应内容。EDM 的匹配准确率极高，但无法处理变形、近似匹配等情况。

近似数据匹配（Approximate Data Matching，ADM）：如图 4-4 所示，ADM 在 EDM 的基础上引入了相似度阈值，允许目标指纹与库中指纹存在一定差异，相关算法有模糊哈希算法、WinNowing 算法等。ADM 在保持较高匹配准确率的同时，能识别变形、局部修改等情况下的目标内容，但存在一定误判风险。

索引数据匹配（Indexed Data Matching，IDM）：针对大规模数据匹配需求，IDM 预先对特征库进行索引，以加速匹配过程。常见做法包括倒排索引、签名文件等。匹配时，首先提取目标数据的特征，然后在索引中快速查找相似特征，过滤出候选匹配项，最后通过 EDM 或 ADM 进行验证。IDM 兼顾了匹配效率与准确性，适合海量数据的实时处理场景，但索引构建和存储成本较高。

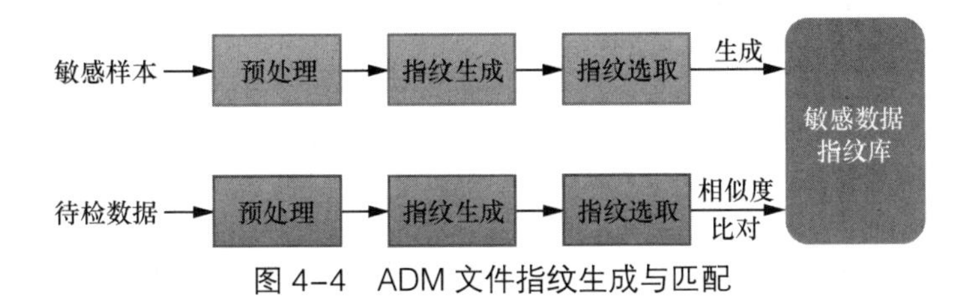

图 4-4　ADM 文件指纹生成与匹配

基于上述内容识别结果，再结合预定义的规则体系，即可实现数据的初步分类分级。规则通常以 IF-THEN 逻辑语句或决策树等形式表示分级判定标准。系统通过推理引擎对数据逐条进行规则匹配，得出其所属类别或级别。

基于规则的分类分级方法的决策过程清晰透明，可解释性强，实现简单，执行高效，适合处理规模较小、内容单一的结构化数据。但该方法的缺点也很明显：首先，其识别规则需要人工定义，工作量大、容易冲突、修正困难且难以覆盖所有情况；其次，规则本身的泛化能力较差，导致人工干预成本高；最后，该方法对非结构化数据（如图像、音视频等）的识别能力很弱。

3. 经典机器学习方案

为克服传统内容识别方案的局限，人们尝试利用机器学习技术，从历史数据中自动归纳、学习分类分级知识，代替人工规则。常见做法是将已标注的数据样本集划分为训练集和测试集，由机器学习算法（分类器）在训练集上学习样本特征到类别的映射关系，建立判别模型，然后用测试集评估模型性能，最后用模型对新数据进行预测，完成数据分类分级任务。

常用于数据分类分级的机器学习算法如下。

- K 近邻（K-Nearest Neighbor，KNN）算法：根据样本特征空间中的距离度量，将待分类样本的类别定为其 K 个最近邻样本所属的大多数类别。该算法思路直观，非参数化，适合小样本场景，但计算复杂度高，容易受噪声干扰。
- 支持向量机（Support Vector Machine，SVM）：在不同类别样本间寻找最大间隔超平面作为决策边界，具有良好的理论基础，分类泛化性能优异，但难以处理大规模数据。
- 深度神经网络（Deep Neural Network，DNN）：通过逐层叠加非线性变换，直接从原始数据中学习层次化、分布式的特征表示，无须复杂的人工特征工程。深度学习极大地提升了模型对图像、文本等非结构化数据的分类处理能力。

经典机器学习方案的优点是能够从数据中自动学习分类知识，较传统内容识别方案更智能、高效，判别模型具备一定的泛化能力，可较好地适应新数据。但其局限性也非常明显：首先，生成的分类分级规则可解释性较低且难以人工干预后处理；其次，该方案依赖大量高质量的标注数据以用于训练，前期人工标注成本高昂。

近年来，随着以 ChatGPT 为代表的大语言模型（Large Language Model，LLM）的崛起，自然语言处理领域迎来重大突破。现有实践表明，LLM 具备强大的理解、生成和推理能力，将预训练的 LLM 应用于下游任务，辅以少量任务相关的数据微调，即可实现卓越性能。这既能够极大简化任务流程，降低数据标注成本，也给数据分类分级问题带来了全新的解决方案。我们将在 8.3.1 节对基于 LLM 的分类分级方法进行详细介绍。

4.2.3　小结

数据分类分级作为数据治理的起始步骤，不仅是满足数据合规性的必要操作，更是提升企业信息化水平和运营能力的良方。企业在进行数据治理时，应面向业务发展现状与未来方向，采用最合适的技术路线，并与数据的后续利用规划形成合力，以达到最佳效果。随着技术的持续优化和相关工具的成熟，我们相信所有企业都能够以低成本迈出数据要素安全的第一步。

4.3 重塑身份与访问机制：零信任安全架构

回顾过去十几年，移动互联网和云计算的普及不仅极大地便利了人们的日常生活，也深刻地改变了现代企业的员工工作和业务运营模式。首先，员工远程办公逐渐成为常态；其次，企业也以云优先（Cloud First）部署业务，再留存少数企业侧（on-premise）的业务；最后，企业 IT 架构也在发生巨大的变化，以一个典型的中等规模企业为例，其网络结构已从传统的单一总部网络转变为总部加多个分支机构的复合网络。这些变化意味着企业数据中心已从单一中心演化为多中心互联，业务趋向于采用本地私有部署和公有云服务相结合的混合模式，网络结构也从完全私有转向混合型网络；同时访问主体包括自有员工和外包员工，访问位置和时间除了日间办公室，还可能是深夜员工家里，抑或是出差路途中等。

这事实上带来了巨大的数据安全挑战，因为网络位置不再能够视为数据可访问性的唯一依据，传统的“内网安全、外网不安全假设”逐渐模糊。例如，2017 年，联邦快递旗下的荷兰子公司 TNT Express 遭受网络攻击，大量敏感数据被加密或删除。这起事件导致 TNT Express 的全球业务陷入瘫痪长达数周，损失高达 3 亿美元。调查显示，攻击者很可能在其内部网络中通过横向移动和提升权限，渗透到了关键系统并实施破坏。

因此，传统的网络应用防火墙（WAF）和入侵防御系统（Intrusion Prevention System，IPS）等安全边界设备已不足以支持现有的业务模式，我们需要一种突破网络边界局限、聚焦数据本身安全属性的细粒度权限管控方法，而零信任就是当前业界最理想的“技术解”。

4.3.1 零信任的理念

笔者认为，“零信任”并非某种全新的技术，而是一种成熟的安全概念与架构，并随着各类安全技术、网络技术、运维技术的发展，在现代企业办公等网络边界安全场景中得以有效实施。

具体而言，零信任安全架构以最坏情况为假设，认为一切均不可信，并据此采用最为严格的动态持续认证和访问控制策略。

- 网络不可信：假设网络始终存在威胁，内网与外网无本质区别，可能已被侵入。例如，2010 年，Google 遭遇“极光行动”（Operation Aurora）网络攻击，黑客利用 IE 浏览器的漏洞，成功渗透 Google 内部网络，窃取了大量源代码和数据。这表明即便是 Google 这样的互联网巨头，其内部网络也并非固若金汤，同样面临来自外部的威胁。
- 设备不可信：网络中可能包括非企业管控的设备，未经检测的设备不可信。例如，2015 年，美国联邦人事管理局（OPM）遭遇数据泄露，多达 2100 万名政府雇员的敏感信息被窃取。

调查发现，攻击者通过一个承包商的未受保护的设备作为跳板，成功入侵了 OPM 的网络。这凸显了对非管控设备的盲目信任可能带来的风险。

- 系统不可信：系统漏洞是普遍存在的，随着时间的推移，总会出现未修复的漏洞，而且这些漏洞可以被利用。例如，2017 年，WannaCry 勒索软件席卷全球，影响了 150 多个国家的 30 多万台计算机。这些受感染的计算机大多运行着未打补丁的 Windows 操作系统，存在严重的 SMB（Server Message Block）漏洞。这表明即便是流行的商用系统，也可能潜藏着可利用弱点。
- 人员不可信：内部员工未必可靠，内部威胁同样需要警惕。例如，2016 年，美国联邦储备银行的一名员工因不满被解雇，利用其依然有效的登录凭据，窃取了 5 万多份敏感数据并公开泄露。这表明内部员工，尤其是那些即将离职或不满的员工，可能会出于报复等动机而故意泄露数据，需要高度警惕。

基于上述假设，零信任解决方案通常具有如下特征。

- 从不信任，始终验证：采用“默认拒绝”策略，任何资源访问前均须经过严格的身份验证和授权。此原则适用于所有用户和资源，无论其位置如何。同时，要求在任何网络环境下实施端到端加密，并从用户身份、认证强度、设备状态等多个信息维度进行信任评估。
- 精细化授权：授权依据身份和数据而非基于网络位置。每次访问都须基于每个连接进行重新认证和授权，仅在必要时提供适当权限，避免过度授权。
- 无感知服务：用户在切换网络或访问不同环境中的资源时不需要重新建立连接。所有信息收集和状态监控均在后台进行，在确保安全监控的同时，不干扰用户操作的流畅性。

2020 年 8 月，美国国家标准与技术研究院（NIST）发布了《零信任架构》标准，提出了实现零信任的 3 种典型实践方法（又称零信任三大技术）：身份管理与访问控制（Identity and Access Management，IAM）、软件定义边界（Software Defined Perimeters，SDP）和微隔离（Micro-Segmentation，MSG）。NIST 认为一个完整的零信任解决方案应涵盖以上 3 种实践方法的关键技术元素，然而在特定的实践场景中，则可能会更倾向于采用其中某一种方法，这并非表明其他方法不起作用，而是因为其他方法的实施可能需要对企业现有的业务流程进行显著的调整和改变。

图 4-5 展示了零信任三大技术的作用范围。

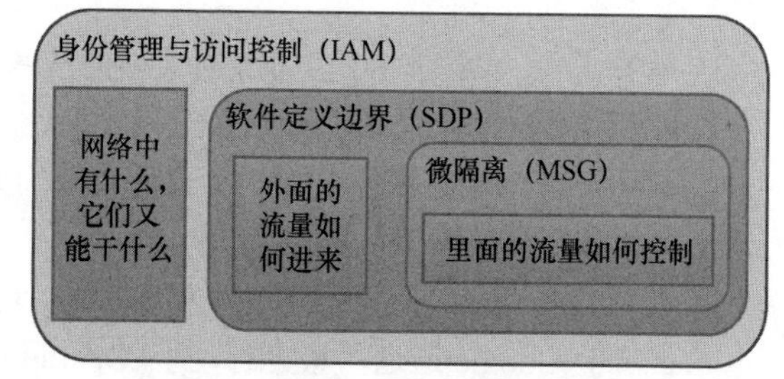

图 4–5　零信任三大技术的作用范围

- 身份管理与访问控制（IAM）：IAM 主要关注主体（如用户、服务或设备）对客体（如数据或资源）的访问授权，其通过确保只有经过验证和授权的个体才能访问敏感信息和关键系统来增强安全性。
- 软件定义边界（SDP）：SDP 主要用于南北向安全管理，即管理用户与服务器之间的交互。SDP 通过创建动态、适应性强的网络连接，对网络资源进行安全隔离，从而有效地控制访问权限。

- 微隔离（MSG）：MSG 主要用于加强东西向的安全，即服务器间的通信。它通过将服务器内部网络分割成更小的隔离区域来限制潜在的攻击面，确保敏感数据和关键服务的安全。

下面将分别对这三大技术进行更具体的介绍。

4.3.2 身份管理与访问控制

零信任安全模型的核心在于不再基于内外网的位置来判断用户的合法性，而是基于用户的身份进行鉴别，这些身份主体可以是人员、设备、应用程序或系统。在零信任架构中，保护的重点是那些要访问的资源，这些资源涵盖了各种可操作的实体，包括服务器、数据库、终端设备和应用程序接口等。评估某个身份主体是否具有访问特定资源的权限，是身份管理与访问控制（IAM）模块的核心任务。

IAM 并非一个新概念，对权限的控制需求自互联网诞生起就已存在。零信任 IAM 与传统 IAM 的能力对比如表 4-1 所示。

表 4-1 零信任 IAM 与传统 IAM 的能力对比

对比项	零信任 IAM	传统 IAM
身份主体对象	内部员工、商业合作伙伴、服务器和网络设备、物联网终端的身份和凭证	通常仅限于内部员工的数字身份和凭证
资源客体对象	内部或云上的应用系统、API、数据资源、网络设备等	主要为内部应用系统
身份认证	多维度联合认证	传统账号密码登录认证
单点登录	基于各类现代单点登录协议，增强了系统间的互操作性	依赖统一认证源或基于密码代填实现单点登录
访问控制	多层次、细粒度的统一访问控制，且实现了权限的动态调整	单一形式的访问控制，手动管理访问权限
审计风控	审计用户整体行为并进行持续的实时行为风险评估，为权限动态调整提供依据	仅对用户行为进行审计和报表展示

下面对零信任 IAM 的典型技术组件做更具体的介绍，并探讨它们是如何增强数据安全性的。

1. 身份认证

身份认证是判断用户合法性的关键步骤，也是保护敏感数据免受未授权访问的第一道防线。零信任身份认证的实现方式主要分为以下 4 类。

1）基于秘密知识的认证：典型方式为账号密码登录认证。其优点在于成本低且普遍适用；缺点在于安全性较低，因为用户倾向于设置简单易记且多平台共用的密码，如个人生日等信息，这些密码往往容易通过穷举破解或社会工程学攻击获取。

2）基于硬件凭证的认证：常见的实施方式是使用 USB Key 等硬件设备进行认证。其优点是提供了较高的安全性，因为硬件设备较难复制或篡改；缺点在于成本较高，且不是所有应用或场景都支持硬件设备认证，从而限制了其应用范围。

3）基于软件凭证的认证：典型方式包括短信验证码、扫码登录、一次性密码（One-Time Password，OTP）等。其优点是操作简便，快速部署，无须额外的硬件设备，这些优点使得这类方式得到了广泛应用；缺点在于，其安全性依赖于通信网络的安全性和用户设备的安全性，有时可能面临拦截和重放攻击的风险，且部分高安全场景中可能不允许携带手机等外部设备。

4）基于生物特征的认证：典型方式包括指纹识别、虹膜扫描和人脸识别等。其优点是提供了无须记忆、安全性高的认证方式，识别速度快且用户体验好；缺点在于实施成本高，需要特定的硬件支持，且在某些环境条件下（如光线不足或手指湿润时）可能影响认证精确度。

在零信任系统中，应当使用多因素认证等方式进行身份认证。一方面可以要求用户同时提供秘密知识、软硬件凭证等来实现纵深防御；另一方面对用户当前所登录的设备、历史与当前行为的风险程度进行动态核验，也是身份认证的重要一环。这种多层次的认证方法显著提高了数据访问的安全性，使得即便某一因素被攻破，整体系统仍能保持安全。具体策略可参考后文审计风控部分，其中详细讨论了如何通过持续的风险评估来保护数据安全。

2. 单点登录

单点登录（Single Sign On，SSO）是一种在多系统应用环境中极为重要的安全功能，对于保护分布式环境中的数据安全具有重要意义。SSO允许用户登录一次后，即可在其他所有系统中获得授权，而不需要重复登录。这不仅大大减轻了用户管理多个认证凭据的负担，也减少了系统管理员维护多个用户数据库的工作量，从而降低了凭证管理不当导致的数据泄露风险，在现代混合云办公体系下具有重要的意义。例如，一家跨国公司在不同地区使用多个云服务提供商，每个服务都要求单独的登录凭证。如果没有SSO，员工可能会为了方便而在多个平台使用相同或类似的密码，或者将密码记录在不安全的地方。这种做法极大增加了凭证被盗的风险，一旦攻击者获得一个系统的访问权限，就可能危及所有相关系统中的敏感数据。

在集成新的业务系统时，实现单点登录可能会面临不同的技术挑战。如果业务系统不支持登录改造，开发者通常会采用密码代填技术来提供用户的无缝登录体验。这种方法虽然能够实现单点登录的效果，但安全性不如直接集成单点登录协议。对于可以进行登录改造的系统，开发者通常会选择集成标准的单点登录协议。常用的单点登录协议如下。

CAS（Central Authentication Service）协议：CAS协议是一个专为Web应用设计的开源单点登录协议。它通过一个中央服务器处理认证并为其他服务提供票据，已被广泛应用于高等教育机构和企业，支持跨域认证。这种方法简化了用户认证流程，提高了用户体验，但仅适用于基于Web的应用。

SAML（Security Assertion Markup Language）协议：SAML是一个基于XML的开放标准，用于通过安全令牌交换身份验证和授权数据。它适用于需要在多个组织间共享登录信息的企业身份管理场景，特别适用于联合身份管理场景。SAML高度可扩展，支持复杂的授权机制，但其配置和实现相对复杂，且需要处理和保护大量的XML数据。

OpenID协议：OpenID允许用户使用一个单一的账号和密码登录多个网站。OpenID协议适合需要简化登录过程的服务，其使得用户可以通过一个账号访问多个服务。这减轻了用户记忆负担，但用户对数据共享的控制较少，安全性依赖于 OpenID 提供者。

深入探讨上述每一种协议的技术细节超出了本书的范围，希望深入了解的读者可进一步通过查阅公开的协议规范和标准等进行学习。

3. 访问控制

访问控制是 IAM 中保护数据安全的核心组件之一。在零信任模型中，权限并非固定不变的，它随着用户所处环境的变化而动态调整，这种灵活性极大增强了数据访问的安全性。通常，用户执行请求过程时，权限核验的总体流程如图 4-6 所示。

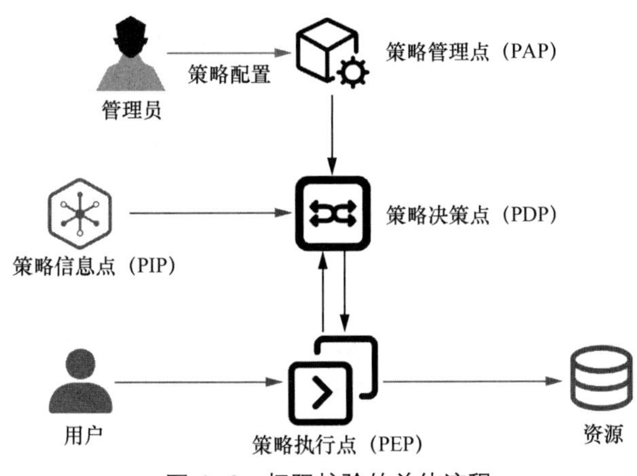

图 4-6　权限核验的总体流程

其中的典型组件介绍如下。

1）策略管理点（Policy Administration Point，PAP）：管理员在此处配置用户的授权策略。

2）策略信息点（Policy Information Point，PIP）：存储、管理用户资源信息，汇聚相关信息后，向 PDP 提供与用户、设备、资源相关的属性信息，作为策略判定的依据。

3）策略决策点（Policy Decision Point，PDP）：接收策略执行点发送的请求，寻找与请求相关的主体身份与课题资源，匹配所有相关的策略；然后进行策略计算，得出策略动作，将策略动作下发到策略执行点执行。

4）策略执行点（Policy Execution Point，PEP）：用户在访问资源前必须先通过 PEP。PEP 可能是某类零信任安全网关，也可能是业务系统本身等，视实际访问业务的实现原理而定。

上述过程的核心在于合理地表达权限策略，以便于计算、传递、解析和执行，这事实上依赖于当前业务系统所用授权策略的设计方式。常见的策略类型如下。

- 基于角色的访问控制（Role-Based Access Control，RBAC）：根据用户所属的角色，给用户授予访问资源的权限。

- 基于属性的访问控制（Attribute-Based Access Control，ABAC）：根据用户、资源、环境的属性是否满足条件，决定用户在具体环境条件下能否访问某资源。
- 基于任务的访问控制（Task-Based Access Control，TBAC）：只有参与了某种任务的用户才能访问该任务所对应的资源。

在实际业务系统中，通常需要根据不同模块的特点灵活地使用不同的授权模型。同时，设计产品时应尽量避免将不同的授权模型应用于同一资源实体，因为这会造成权限混乱。

4. 审计风控

IAM 系统会将用户在业务系统中的登录和访问行为完整地记录下来，并进一步对关键操作时间进行收集、存储和查询，以便进行安全分析、合规审计、资源跟踪与问题定位等。相较于传统 IAM，零信任 IAM 通常具备更全面的用户审计维度、更先进的风险分析方法，以及更准确的信任评估结果。下面我们对这 3 个方面进行具体说明。

（1）更全面的用户审计维度

零信任 IAM 的审计维度为组织提供了一个更精细和全面的安全监控体系，使其能够在面对日益复杂的安全威胁时，更有效地识别和响应潜在的风险和攻击，具体包括如下审计。

1）用户行为审计：审计内容包括用户的操作行为、访问对象、操作习惯及访问习惯，全方位记录用户与系统的互动。

2）访问环境审计：考虑网络环境（互联网、VPN、内网、特定 IP 地址）和地理环境（境外、异地、办公室、住宅区），以确保访问的合法性和安全性。

3）访问时间审计：监控包括异常时间段访问、某时间段内的访问频率、非工作时间登录和短时间内的异地登录等行为，以识别潜在的安全威胁。

4）威胁情报审计：包括风险 IP 分析、涉嫌欺诈的手机号分析、账户泄露后的撞库行为分析、密码泄露分析，以及对身份仿冒行为的审查等。

5）设备访问审计：跟踪设备 ID、监测非常用或未经授权的设备访问、检测同一设备上多个账号的使用情况，以防止设备成为攻击的载体。

6）异常行为审计：审查包括对敏感应用的异常操作、连续多次的登录失败、访问上下文的异常变化、同一 IP 地址下多账号登录等在内的不寻常行为。

（2）更先进的风险分析方法

随着流量可观测性技术与机器学习等技术的进步，零信任 IAM 支持更多的风险分析方法，具体如下。

1）阈值检测：如果某个指标超过阈值，如连续认证失败、异地登录、异常旅行速度、异常高频操作等，则认为发生了异常。

2）规则匹配：通过流量内容特征识别风险，如请求方法异常、请求内容语义异常、header 字段异常等，当出现相关异常时，可能表明攻击者正在探测业务系统内部的运行机制。

（3）更准确的信任评估结果

传统 IAM 使用的评估方式就是在用户访问资源前，考查用户的各项属性是否符合要求，比如前文提及的基于权限策略的评估方式。在零信任 IAM 系统中，信任评估不仅包含传统的权限策略评估，还引入了一种更综合的评分方法。该方法通过综合考量多个因素为每个用户打分，并据此划分信任等级。基于这些信任等级，系统可通过匹配主体和客体的信任等级来控制访问权限。典型的评估策略涉及如下算法。

1）主体信任评估算法：根据用户的身份认证、设备状态、近期风险事件、环境可信度等进行评估，对于不同的因素可以根据实际需求设置权重。对于特殊情况，可通过设置具有有效期的白名单来临时提高用户的信任等级。

2）客体信任评估算法：用户只有在信任分高于客体时，才被允许访问客体，因此客体的信任分其实代表了对主体可信程度的要求。影响客体信任评估最主要的因素是企业对客体的分类分级，如相关数据是否包含个人隐私、是否包含公司核心资产、是否涉及机密等。对应用资源的信任评估则需要考虑应用的覆盖用户数、每日访问次数、是否存在未修复漏洞等。

零信任 IAM 系统的优点在于提供了一种动态调整访问权限的方法，相较于传统 IAM 系统能更灵活地处理复杂和变化的安全需求。当用户的信任分下降时，系统可以自动限制其访问范围，从而在不完全阻断用户的情况下减少潜在的安全风险，这不仅提高了系统的便捷性和灵活性，还容易通过引入人工审核来恢复或调整用户的信任等级，增强系统的整体容错能力。

近年来，业界进一步提出了身份威胁检测与响应（Identity Threat Detection and Response，ITDR）这一技术方向。作为零信任架构的新组件，ITDR 专注于身份基础设施的安全防护。ITDR 的总体思路与前文所讲的类似，但在如下方面做了进一步增强。

1）实时监控：持续监控系统和应用程序中的认证活动，第一时间检测可疑行为并及时阻断潜在违规行为。

2）高级分析：运用机器学习等先进技术分析认证数据，识别可能预示潜在威胁的模式，如不寻常的登录尝试、凭证滥用等。

3）威胁情报集成：整合外部威胁情报，以了解新出现的威胁和漏洞，提高系统识别和响应新供给向量的能力。

4）事件调查：提供详细调查身份相关事件的工具，包括追踪攻击的来源、了解被泄露凭证的范围，并确定受影响的系统等。

4.3.3 软件定义边界

软件定义边界（SDP）体现了零信任原则在网络层面的实践，其通过引入精细的控制机制来管理系统的网络级访问和权限授予。SDP 创建了一个以端点为中心的虚拟网络，这个网络深度细分并覆盖所有现有的物理和虚拟网络结构。它基于“只允许明确批准的连接”，并采取“默认拒绝”策略来阻止未授权的数据流。

SDP 架构提供动态灵活的网络安全边界，能在公开或不安全的网络环境中有效隔离应用和服务。通过设置隔离的、按需配置的可信逻辑层，SDP 缓解了来自企业内外的网络攻击。具体而言，SDP 的目标包含：①部署动态的软件定义边界，以灵活应对不断变化的安全需求；②隐藏网络和敏感资源，以减少潜在的攻击面；③阻止未经授权的访问，确保企业服务的安全；④采用以身份为核心的访问策略模型，强化访问控制和用户验证。

1. 总体结构

根据云安全联盟（Cloud Security Alliance，CSA）于 2022 年发布的《软件定义边界（SDP）标准规范 2.0》，SDP 的典型架构由 SDP 连接发起主机（Initiating Host，IH，或称 SDP 客户端）、SDP 控制器、SDP 连接接受主机（Accepting Host，AH，或称 SDP 网关）三部分组成，如图 4-7 所示。

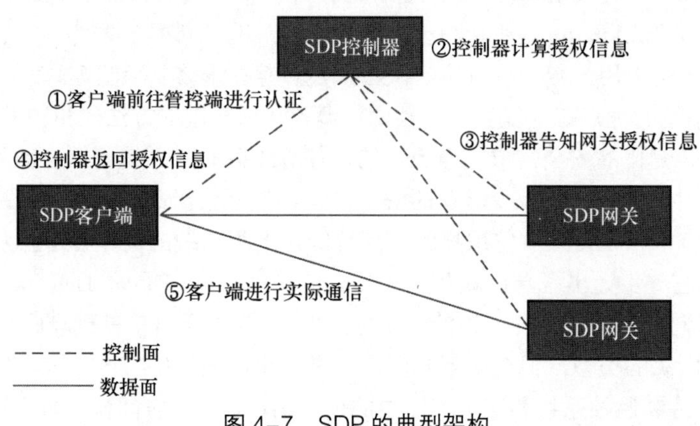

图 4-7 SDP 的典型架构

SDP 控制器负责策略的定义、验证和决策。它维护着关于哪些身份（例如用户和用户组）可以通过哪些设备访问企业架构中的服务（无论是本地服务还是云服务）。SDP 控制器决定哪些 SDP 客户端可以与哪些 SDP 网关进行通信。为了进行用户身份验证，SDP 控制器可以使用内部用户数据库或者连接到第三方的 IAM 服务。

SDP 客户端通常安装在用户的设备上，形式多样，可能是类似于 VPN 的桌面应用程序，也可能是浏览器插件或其他类型的客户端软件。在某些情况下，用户也可能通过一个零信任 Web 门户进行连接，而无须传统意义上的客户端。

SDP 网关用于隐藏与保护企业资源（或服务），以及实施基于身份的访问控制等。SDP 网关可以与目标服务在同一主机中，也可以以独立服务形式运行在其他主机上。受 SDP 网关保护的服务并不仅限于 Web 应用程序，也可以是任何基于 TCP 或 UDP 的应用程序，如 SSH、数据库管理工具或其他胖客户端访问的专有应用程序。

SDP 网关是 SDP 技术在安全能力数据面上的具体体现，然而 SDP 网关的具体能力需求尚未有明确的结论。下面我们介绍几类现有方案中常被考虑的 SDP 网关能力，如图 4-8 所示。

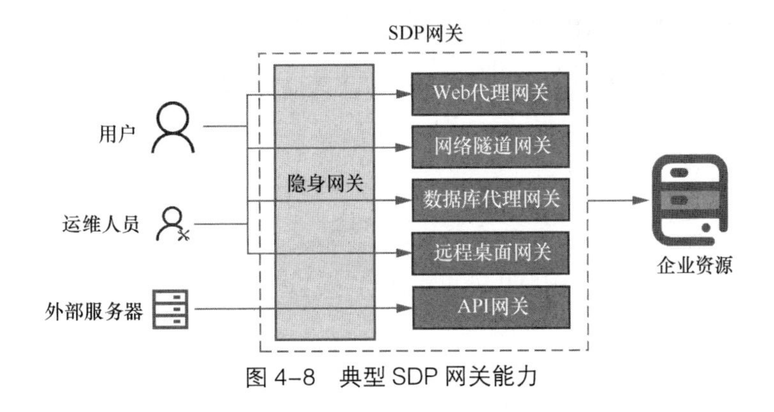

图 4-8 典型 SDP 网关能力

2. 隐身网关

在网络安全领域，最重要的攻击面之一是暴露的端口。传统的安全模式通常要求端口开放，并依靠业务系统的权限验证来进行身份核验。例如，数据库的端口可能是公开的，但访问它需要私密的账号和密码。然而，零信任理念提倡在网络层面实施基于身份的访问控制，这意味着只有经过授权的用户才能看到并连接到受保护的服务器。对未授权用户来说，这些服务器就像不存在一样。

SDP 框架提出了基于单包授权（Single Packet Authorization，SPA）的 SDP 端口敲门技术，旨在隐藏业务访问的真实端口，构建“隐身网关”。

具体来说，SDP 端口敲门的细节如下。

1）SDP 网关和 SPA 模块：SDP 网关默认关闭所有端口，并拒绝所有连接尝试，以实现网络资源的隐身功能。SDP 网关中集成了 SPA 模块，其类似于一个动态的防火墙。在没有收到有效的敲门包之前，SPA 模块的默认规则是拒绝一切连接。

2）敲门机制：当合法的用户需要访问特定的网络服务时，其 SDP 客户端首先需要向 SDP 控制器发送一个敲门包。这个敲门包包含了用户的身份信息、目标访问端口和其他必要的认证信息（如时间戳、随机数等），并且使用预先颁发的证书做了加密。

3）身份验证和动态授权：SDP 控制器在接收到敲门包后，就会解析包中的信息，并进行身份验证以及访问权限的检查。如果用户的身份和访问请求被验证为合法，SDP 控制器就会指示 SDP 网关动态地在 SPA 模块的防火墙中添加一条规则，以允许该用户访问指定的端口。

4）端口的隐身与接收敲门包：SDP 控制器会在一个预定义的 UDP 端口（例如 60001 端口）上监听敲门包。这个特殊端口仅用于接收敲门包，不对外进行任何响应，这样可以确保普通的端口扫描工具无法探测到任何开放的端口，从而维持网络资源的隐身状态。

SPA 需要用户安装客户端，因为 SDP 端口“敲门”流程较为特殊，通常无法通过浏览器执行。但由于终端产品的运维与开发较为困难，且容易受到用户的排斥，因而存在一种折中的方案，无须安装客户端也能实现一定的隐身效果：用户在某零信任平台的 Web 门户网页上登录；登录后，零信任平台会通知安全网关，添加一条对该用户开放所需端口的防火墙规则；零信任平台在后台运行相应的定时回收任务，定期检查用户的会话是否存在，如果用户较长时间无操作，则清除该用户的端口开放规则。隐身网关是 SDP 有别于传统 VPN 方案的重要特征，几乎所有 SDP 厂商都提供了相关能力。

3. Web 代理网关

B/S（浏览器/服务器）架构已经是现代企业软件产品的主流形式，在此情况下，网络的零信任保护可以直接基于 Web 代理，比如基于 Nginx、Envoy 等开源工具扩展实现。主流 SDP 厂商均内置了 Web 代理，它通常包含如下功能。

（1）请求转发

- 流量导入：将用户的 DNS 请求解析至 Web 代理网关的 IP 地址，从而拦截所有针对目标域名的请求。
- 域名解析：Web 代理网关解析 HTTP/HTTPS 请求中的域名信息，确定请求的目的地。
- 请求路由：根据预定义的规则，将合法的请求转发到对应的后端服务器，并将服务器响应返回给用户。

（2）身份获取与验证

- 身份提取：从 HTTP/HTTPS 请求（通常是 cookie 或者头部的 token）中提取用户身份信息。
- 身份验证：将提取的用户身份信息发送至 SDP 管控端，由管控平台进行对比和判断。
- 缓存策略：为了减少验证过程中的网络延迟，可采用缓存策略，暂存需要频繁验证的用户身份信息。

（3）请求控制

- 放行或拦截：根据 SDP 管控平台的验证结果，决定是将请求转发至真实的后端服务器，还是重定向至错误页面或进行其他处理。

4. 网络隧道网关

Web 代理网关通常无法支持 C/S（客户端/服务器）架构业务系统的访问。在 C/S 架构中，网络隧道网关提供了一种有效的方式来保证数据传输的安全性和可靠性。它主要基于 IPSec、TLS、WireGuard 等安全传输协议构建，旨在确保在所有客户端到服务器的通信过程中身份得到验证，并且数据在传输过程中得到加密保护。网络隧道网关通常与隐身网关结合，形成产品以替代传统 VPN 产品，使用时用户须安装对应的 SDP 客户端，其主要功能如下。

（1）流量拦截与转发

- 虚拟网卡：客户端配置虚拟网卡，以拦截设备上的所有网络流量。
- 路由表设置：修改路由表，确保所有出站流量都通过虚拟网卡路由至网络隧道网关。
- 流量转发：通过虚拟网卡接收到的数据包，经过加密后转发至网络隧道网关。

（2）身份验证与权限控制

- 身份校验：客户端在连接网关时进行身份验证，常见的方法包括用户名密码、数字证书等。
- 权限验证：网关根据验证结果及相关策略，决定是否允许流量通过及访问哪些资源。

（3）网络连接稳定性优化

- 隧道保活：定期发送保活包，确保隧道连接持续有效，防止网络闲置导致的连接断开。
- 断线重连：在连接丢失时自动重试连接，提高网络连接的稳定性和可靠性。

5. 数据库代理网关

数据库是最重要的资源类型之一，其特殊性在于不同的数据库引擎都有自身专属的报文协议规范，因而通用安全技术虽然能在网络层对流量有所保护，但无法深入数据层面进行细粒度与定制化的保护。比如，通常只能通过密码代填的方式对数据库 root 密码进行保护，而无法从真正意义上限制 root 用户的权限，也无法进行动态脱敏等细粒度的安全增强。数据库代理是解决此类问题的最佳方案，典型数据库代理网关的核心功能包括流量截获与解析、安全控制与请求改写、性能与透明性和强化安全措施。

（1）流量截获与解析

- 截获数据流：数据库代理网关位于客户端和数据库服务器之间，因而能够截获所有进出的数据库请求和响应。
- 协议解析：解析各种数据库特定的协议，如 MySQL、PostgreSQL 等，以提取请求中的关键信息（如 SQL 命令、用户名和工作数据库）。

（2）安全控制与请求改写

- 访问控制：根据预定义的安全策略，如基于角色的访问控制，限制对敏感数据的访问。
- 上行 SQL 重写：动态改写 SQL 查询，以实现细粒度的功能，如 SQL 注入防护、查询限制、高危 SQL 限制等。
- 下行数据改写：在数据返回客户端前，实时对返回数据进行合适的处理，如脱敏隐藏个人信息中的部分数据等。

（3）性能与透明性

- 无缝集成：对数据库客户端和应用程序透明，不需要修改现有的数据库和应用程序代码。
- 性能优化：虽然引入了额外的处理层，但现代数据库代理网关能够通过优化算法最小化对数据库响应时间的影响。

（4）强化安全措施

- 审计与监控：记录所有经过代理网关的数据库活动，为安全审计提供详尽的日志。
- 异常检测：实时监控异常或潜在的恶意数据库活动，及时响应安全威胁。

遗憾的是，主流的零信任平台通常不直接支持这些功能，而是出于营收与成本等方面的考量，通过与堡垒机形成方案组合的形式来实现支持，使用中免不了产生一定的割裂感。

6. 远程桌面网关

很多应用服务具有高度定制化的业务需求，难以从网络流量维度进行通用的深层次安全防护，而对每一种业务进行特定的代理控制也并不现实。远程桌面网关是一个允许用户通过受控和安全的方式远程访问内部网络资源的中间层，它能够在增强安全性的同时不破坏原有业务的运行与使用。基于不同情境，有多种可供使用的远程桌面协议，具体如下。

- RDP：由微软开发的专有协议，通常用于 Windows 远程桌面连接。它提供了丰富的功能，包括远程桌面、文件传输和打印重定向等，可以支持高分辨率图形显示，不过它的性能和体验与服务器性能和网络带宽密切相关。
- VNC：一种开放的远程访问协议，通常用于 Linux 和 UNIX 系统。它允许用户远程控制图形桌面，并且有多个实现版本，如 TightVNC、UltraVNC 和 RealVNC 等。
- NoVNC：VNC 的一种现代实现，旨在利用 HTML5 WebSockets 技术提供基于浏览器的远程桌面访问功能，具有便捷和跨平台的特点。
- KasmVNC：VNC 的另一种现代实现，具有更丰富的 VNC 服务端可配置项（如水印、遮掩、分屏等），且能够基于容器提供服务，具有极强的分布式扩展能力。

以上各种协议下的远程桌面网关通常具备如下安全能力。

- 防复制：限制客户端的剪贴板共享、文件传输等操作，防止未经授权地复制或泄露数据。
- 访问控制：可进一步构建策略来控制用户对目标主机的访问权限，包括时间段、IP 范围、可用功能等。例如，通过 RemoteAPP 等，限制用户只能访问特定的软件界面；通过不同的 VNC 密码，对不同用户进行读写能力控制；部分协议支持进一步添加水印、遮挡等。
- 审计与监控：所有经过远程桌面网关的数据使用行为都能够被转发录制，所有键盘操作可被记录，从而能够为审计和合规提供详细的日志。
- 会话隔离：不同用户间能够进行一定程度的会话隔离，每个会话都有独立的身份验证和授权流程。

目前，国内部分零信任平台通过产品联动提供了远程桌面网关能力，但使用的远程访问协议通常较为传统，无法支持更细粒度的权限控制。

7. API 网关

用户通常通过手动单击页面的方式进行业务访问，但当需要提供自动化服务时，通常由代码调用服务公开的 API 来完成。虽然 Web 代理网关等在保护用户通过浏览器访问 Web 服务时非常有效，但它们主要针对人机交互设计，无法充分处理服务器代码调用 API 的复杂性。相较于传统网关，API 网关具有如下特征。

- 专门的 API 管理：API 需要特定的管理机制，包括速率限制、服务合成及 API 版本管理等。
- 细粒度的安全控制：传统网关的安全机制无法满足 API 安全需求，API 网关提供了从身份验证到权限控制、请求验证等更细粒度的安全策略。
- 自动化服务支持：API 网关优化了自动化工具和服务之间的交互，这些工具和服务通过 API 而非用户界面进行交互。

API 网关的核心能力如下。

（1）身份验证与安全过滤

- 身份验证：API 网关通过检查 HTTP/HTTPS 请求头中的身份认证信息（如 API 密钥、令牌等）来验证第三方服务器的身份，这对于自动化服务至关重要。

- 权限控制：API 网关根据安全策略控制 API 访问权限，确保只有授权用户或系统能访问敏感数据和操作。
- 安全过滤：对传入的 API 请求进行内容检查，以防止 SQL 注入、XSS 攻击等网络安全威胁。

（2）流量管理与优化

- 流量控制：通过实施请求限制和配额，API 网关能有效管理访问频率，防止服务过载。
- API 聚合：将多个服务调用合并，从而减少了网络请求的数量，并优化了数据处理过程。

（3）监控与日志

- 实时监控：监控 API 的性能和使用情况，快速识别并解决问题。
- 详细日志记录：为审计和后续分析提供必要的信息，帮助维护系统的透明度和可追溯性。

SDP 在结合了隐身网关和各种面向数据场景的访问控制能力后，便能够以细粒度的策略实现基于身份的访问控制。这种架构可以更精确地定义用户的访问权限。而传统的 VPN 产品则存在较大安全隐患，恶意攻击者一旦连接成功，就有可能获得对内网所有资源的访问权限。因此，在现代企业的安全实践中，SDP 正逐步取代传统的 VPN，成为更安全的访问控制解决方案。

4.3.4 微隔离

IAM 负责校验主客体的身份，SDP 则确保只有经过身份验证的主体才能以特定方式访问客体。然而，没有任何机制是完美的，漏洞始终存在，零信任意味着不会假定当前服务器是安全的。如果不法人员已经攻击了一个服务器，那他就可以利用这个服务器作为跳板，进一步攻击网络中的其他服务器。微隔离技术就是用于阻止这种来自内部的横向攻击。微隔离通过服务器间的访问控制，阻断勒索病毒在内部网络中的蔓延，降低不法人员的攻击面。

微隔离的理念本身并不新颖，但在大型数据中心实施微隔离面临典型的安全与可用性之间的权衡。数据中心内部服务之间的通信复杂且涉及多个部门，如果控制过于细致，就会大幅增加管理的复杂性。IT 部门在部署微隔离时必须详细了解数据流，掌握系统间的通信机制，包括使用的端口、协议和通信方向。如果在未充分理解这些数据流的情况下贸然进行隔离，可能会阻断正常业务的运行。

微隔离的实践应用得益于近年来 SDN（Software Defined Network，软件定义网络）、容器等底层虚拟化技术的进步，它们使得原本依赖于防火墙和路由规则的问题可以通过软件定义方式，更加灵活与自适应地解决。此外，如终端访问隔离（Endpoint Access Isolation，EAI）等新兴技术旨在细粒度地限制用户设备对敏感数据和应用程序的访问能力。通过内部的隔离环境独立提供服务，正逐渐成为未来发展的方向。

1. 微隔离实现方式

2017 年，Gartner 总结了现代数据中心内部隔离的 4 种方式，分别为云自身控制（Native Cloud Control）、第三方防火墙（Third-Party Firewall）、代理模式和混合模式。

- 云自身控制：利用云基础架构实现微隔离指的是利用云自身虚拟化架构的内在技术来完成隔离，这在虚拟化平台、IaaS、Hypervisor 或基础设施中比较常见。该方式的主要优点是不需要进行额外的部署，隔离能力和基础设施是紧密耦合的；缺点在于控制能力只能在自身平台上使用，无法移植，并且无法适用于混合环境的数据中心。
- 第三方防火墙：利用现有的、通常是虚拟化的防火墙进行网络控制。其优势在于传统网络运维人员熟悉该流程，且功能较丰富，能够实现入侵检测、防病毒等网络安全服务商提供的高级功能等；缺点在于防火墙本身部署在虚拟机上，性能损耗较高且缺少对底层资源的控制。
- 代理模式：代理模式需要每个服务器的操作系统都安装一个 Agent 客户端，这个 Agent 客户端调用主机自身的防火墙或内核自定义防火墙来进行服务器间的访问控制。Agent 客户端统一由零信任管控平台管理。代理模式的优点在于可以覆盖几乎所有环境，包括物理环境、任何底层架构的私有云、公有云和容器环境；缺点是需要安装代理，可能存在客户端不兼容、资源占用以及功能局限于访问控制等问题。
- 混合模式：混合模式一般指的是将不同模式进行组合使用，比如将本地控件和第三方控件进行组合使用——使用第三方控件进行内部的“南北通信”（在 Web 服务器和应用服务器之间），而使用本地控件进行“东西连接”（在数据服务器之间）。

为了帮助读者更好地理解微隔离的实际应用，下面我们将重点介绍当前在虚拟化环境和容器环境中常用的具体微隔离技术。这两类环境在现代 IT 基础设施中占据主导地位，已被广泛应用于公有云、私有云和混合云架构中。由于云服务具有高度动态和面向海量不同用户的特点，微隔离在这些场景中的应用尤为关键。

2. 云环境中的典型微隔离技术

在虚拟化环境中，“云自身控制”通常指利用云服务提供商的内置虚拟化功能来实现微隔离。这些技术常用于虚拟机及其相关的网络架构，以下是 3 种常见的实现方式。

（1）虚拟局域网（Virtual Local Area Network，VLAN）

特点：通过在物理网络设备上创建隔离的虚拟网络，VLAN 实现了逻辑网络的分割。VLAN 中的虚拟机只能与同一 VLAN 中的其他虚拟机通信。

实现：VLAN 通过在以太网帧中插入标签，帮助交换机和路由器确定数据包的传输路径，实现网络流量的隔离。

（2）虚拟防火墙和安全组

特点：虚拟防火墙和安全组提供基于软件的流量监控。安全组允许定义精细的入站和出站规则。

实现：管理员可以基于 IP 地址、端口号和协议配置安全组的规则，控制虚拟机或虚拟网络接口的网络流量。

（3）SDN

特点：SDN 将网络的控制层从物理设备分离，转由软件控制器管理网络流量与策略。这种方式使得网络更加灵活，可根据虚拟机和应用的需求动态调整网络。

实现：SDN 控制器通过下发流表到交换机，管理数据流的走向，从而实现集中化和自动化的网络管理。

3. 容器环境中的典型微隔离技术

随着容器化技术的广泛应用，微隔离技术在容器环境中开始扮演至关重要的角色。容器环境中的微隔离通常依赖于 Kubernetes 等编排平台以及相关网络插件的支持。容器环境中的典型微隔离技术如下。

（1）Kubernetes 网络策略

特点：Kubernetes 原生的网络策略提供了对 Pod 间通信的访问控制。通过定义规则，用户能够控制哪些 Pod 可以相互通信。

实现：Kubernetes 网络策略基于 Kubernetes API 层面定义，须结合 CNI（Container Network Interface）插件（如 Calico）执行。

（2）CNI 高级网络管理

特点：CNI 插件为容器提供网络连接，并管理其网络配置。高级插件（如 Weave 和 Cilium）则提供更高级的隔离和安全功能，如流量加密和基于身份的流量管理。

实现：通过 BGP（Border Gateway Protocol）等自定义路由方式或基于 eBPF 等内核态流量转发技术，CNI 插件支持高效的数据包过滤与路由，并能够关联 Kubernetes 标签以进行复杂的安全策略管理。

（3）服务网格

特点：服务网格（Service Mesh）通过 Sidecar 代理管理服务间的通信，提供安全通信、流量管理和监控等高级功能。

实现：Sidecar 代理拦截进出 Pod 的所有流量，执行安全策略和路由规则。控制平面会自动注入和集中管理这些代理，并提供动态更新和可观测性。

由于零信任体系框架较为复杂，成熟的零信任产品通常多为商业产品，而非开源工具。下面我们针对现有零信任产品中原生支持较少的桌面代理网关，介绍一个成熟且易于集成的开源工具。

4.3.5 开源项目介绍：Guacamole

Guacamole 是一个用于连接远程桌面（支持 RDP、SSH、VNC 等协议）的开源项目，相较于传统的 VNC 工具，其仅需要借助现代浏览器（须支持 HTML5），而无须任何其他桌面型客户端，极大降低了用户的使用成本并提升了跨平台能力。本小节将简要介绍其核心实现原理，并探讨如何在企业中快速集成该项目以增强零信任安全能力。

1. 组件构成

Guacamole 项目由两个子项目组成，如图 4-9 所示，其组件总体包含如下 3 个部分。

Guacd 模块（Guacamole-server 子项目）：这是 Guacamole 项目的核心组件，包含约 20 万行 C 语言代码。Guacd 模块一方面需要以服务端形式对接 Guacamole-client 子项目，另一方面又要以客户端形式对接实际要访问的远程桌面环境。从服务端视角，Guacd 模块通过“Guacamole 协议”形式的报文使得用户的浏览器能够正确显示和操作远程桌面，同时接收用户浏览器事件报文；从客户端视角，Guacd 模型则负责将用户浏览器事件报文翻译成 RDP/VNC 等远程桌面协议支持的数据格式，并将返回的内容整理成可被“Guacamole 协议”传输的数据。

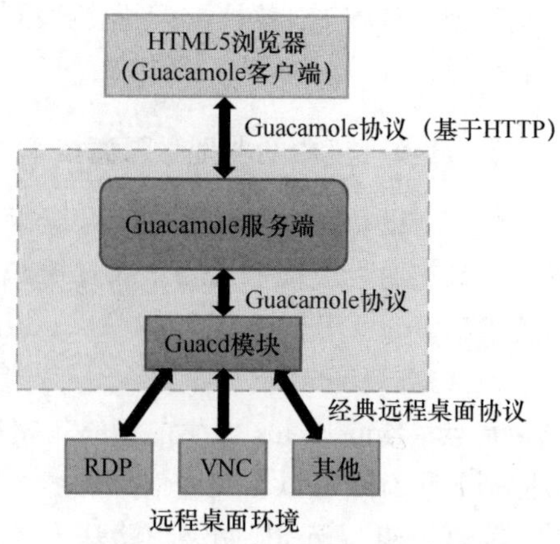

图 4-9　Guacamole 实现架构

Guacamole 服务端（Guacamole-client 子项目后端）：其官方版本是用 Java 实现的。该组件最大的作用是作为中间人传递 Guacamole 客户端和 Guacd 模块之间通信的消息；同时作为消息转发器，该组件也适合进行自定义权限增加，如自定义用户身份认证逻辑等。

Guacamole 客户端（Guacamole-client 子项目前端）：该组件与用户直接交互。其通过 Guacamole-common-js 组件，一方面基于 Guacamole 服务端传递的消息实现实时浏览器远程桌面绘制；另一方面捕获用户的键盘和鼠标操作等，生成对应的 Guacamole 协议形式的指令，并通过 Guacamole 服务端最终传递给 Guacd 模块。

2. Guacamole 协议

基于 Guacamole 协议的组件间总体交互过程如图 4-10 所示。

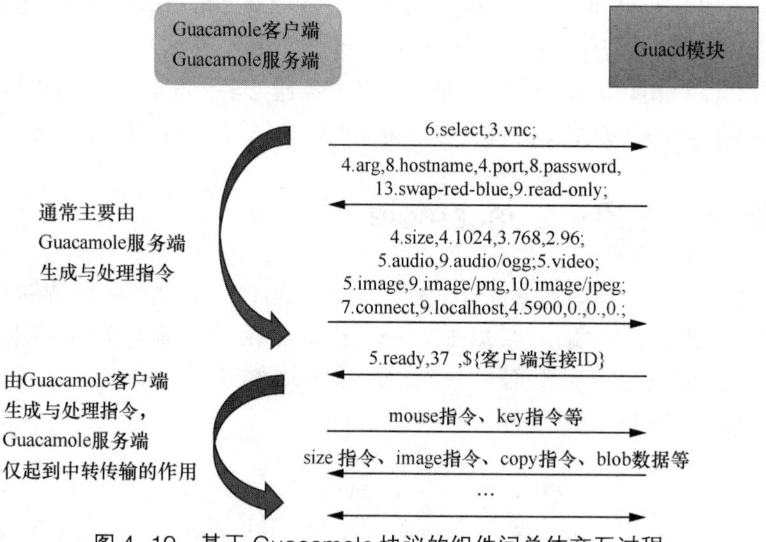

图 4-10　基于 Guacamole 协议的组件间总体交互过程

Guacamole 协议由指令组成，其中的每一条指令都是一个列表，列表元素间用逗号分隔，指令以分号结尾。指令的第一个元素是指令操作码，其余元素都是该指令的参数。例如，指令“OPCODE,ARG1,ATG2,…;”中的每一个由逗号隔开的元素都有一个正整数的长度前缀，由点号分隔。

在连接建立阶段，通常由 Guacamole 服务端根据所要连接的远程环境的实际情况，自行完成协议指令的构造，直至接收到 Guacd 模块传回的 ready 指令，才进入连接维持阶段。

在连接维持阶段，Guacamole 服务端维持两个长期通道（通常基于 WebSocket 协议），并作为中间人传递 Guacamole 客户端派发的用户指令与 Guacd 模块回传的数据内容。Guacamole 客户端派发的指令为用户行为事件，如鼠标单击、键盘按键等事件；Guacd 模块回传的内容通常为绘图指令，如设置指定图层的大小、将图像数据从指定图层或缓冲区的指定矩阵复制到另一个指定图层或缓冲区的其他位置等，图像信息数据以 Base64 编码形式存放在 blob 块中。

Guacamole 协议的结构使得数据能够被流式传输，同时也可以被 JavaScript 轻松解析。Guacamole 协议还允许指令在接收时就进行解析，且每个指令元素中的长度前缀意味着解析器无须逐字符遍历。

对于 Guacamole 的部署和使用，读者可参考网络公开资料；通过简单的容器部署即可完成构建，本节不再赘述。

3. 零信任集成

Guacamole 的架构设计为企业集成零信任能力提供了良好的基础。如前所述，Guacamole 将复杂的远程协议处理逻辑封装在了 Guacd 模块中，guacamole-common-js 等前端组件负责与浏览器交互，中间的 Guacamole 服务端则作为连接器将二者衔接起来。因此，企业可以通过自行实现定制化的 Guacamole 服务端，灵活地嵌入符合自身安全策略的用户认证与权限控制逻辑，从而将 Guacamole 与企业内部的零信任体系有机结合起来。

企业在自行实现 Guacamole 服务端时，通常需要考虑如下几点。

1）资产管理无缝衔接：一方面，应充分利用企业现有的 IT 资产管理系统，从中自动获取必要的连接信息，避免在 Guacamole 中维护不必要的副本；另一方面，在进行远程桌面访问时，应能自适应地完成文件资产的虚拟挂载，确保用户可以方便地访问所需数据。

2）身份认证统一纳管：Guacamole 前端应与企业现有的统一身份平台集成，引导用户使用企业统一的身份凭证进行登录。同时，基于从认证平台获得的用户身份信息（如用户名和角色），动态展示可访问的远程桌面环境列表等信息。

3）最小权限访问控制：结合前端防复制及文件远程挂载等技术，在 Guacamole 服务端实现细粒度的安全控制，如防止复制和下载、增加水印等。同时，应充分利用 RemoteApp 等技术，最小化用户界面以减少潜在的安全风险。

4）行为可审计、可回溯：详细记录用户通过 Guacamole 访问远程桌面的每一项操作，如登录登出时间、执行的命令、使用的录屏功能、上传下载的文件名等。所有相关日志应统一收集到日志审计平台，以便进行合规审查和违规追责。

此外，由于 Guacamole 最终提供了 Web 访问，因此也可以通过引入零信任网关等快速地将其融入企业现有的零信任架构之中。如图 4-11 所示，美国知名网络基础设施公司 Cloudflare 能够为 Guacamole 提供对外端口的公网映射服务，并在其云端基础设施中自动集成成熟的零信任机制，进一步增强远程访问的安全性。这种结合不仅提升了系统的安全性，还能够降低企业在零信任环境中实施远程访问部署的难度。

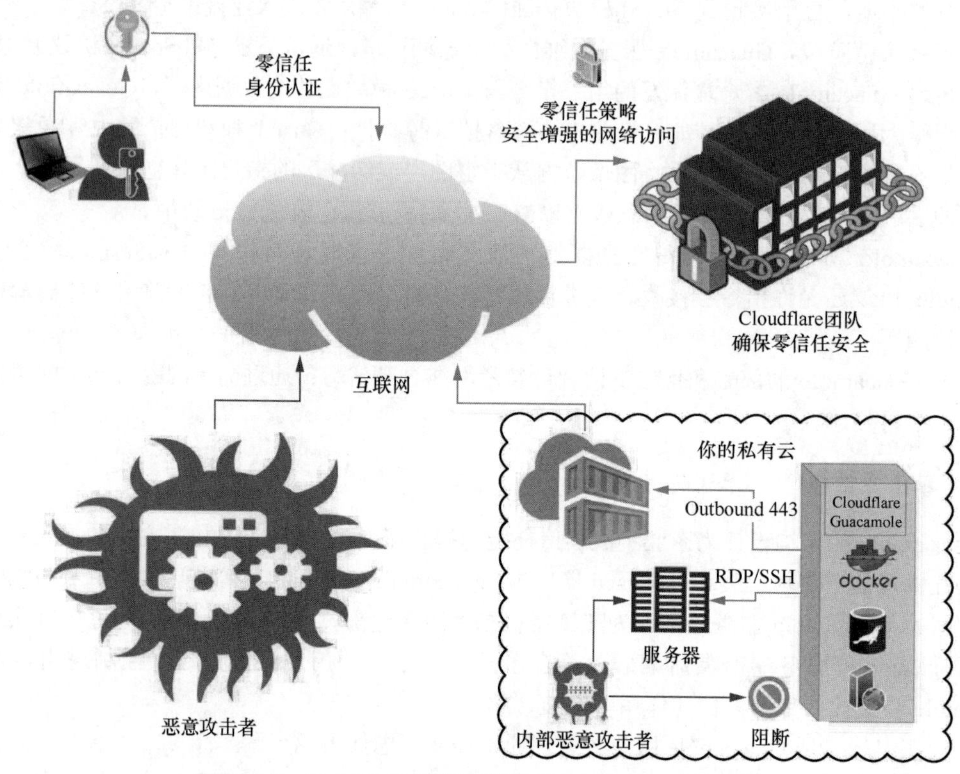

图 4-11　Cloudflare 零信任设施与 Guacamole 的集成

以上措施能够帮助企业构建一个统一且安全的可视化资产访问平台，有效克服传统通过 VPN 等外部工具直接连接企业资产所带来的审计难题。通过这种集成化的接入方式，企业不仅能够实现对远程访问行为的精细管理和全面审计，还能显著提升用户的操作便利性，最终使企业零信任解决方案更加鲁棒和完备。

4.3.6　小结

本节对零信任的 IAM、SDP、MSG 三大策略及其典型技术进行了介绍。这三大策略环环相扣，为企业数据构建了一个层层设卡、纵深防御的大门。虽然攻防不对等的本质仍然存在，但可以预见，零信任在零误报、高实时、主动预警等方面仍会随着各类技术，尤其是生成式人工智能技术的飞跃发展而持续演进，在确保数据安全的同时最小化对用户体验的影响，最终实现安全与便捷的完美统一，使我们的现代企业办公环境兼得“高安全”与“零感知”。

4.4 监测针对数据的内部威胁：用户和实体行为分析

4.4.1 用户和实体行为分析概述

用户和实体行为分析（User and Entity Behavior Analytics，UEBA）是一种通过分析用户和其他实体在IT环境中的行为来检测潜在安全威胁的技术。UEBA是Gartner于2015年首次提出的术语[42]，是用户行为分析（User Behavior Analytics，UBA）的演变。UBA仅关注用户行为模式，而UEBA不仅仅关注用户行为，还关注设备、应用程序和其他实体是否存在可能指示安全威胁或攻击的异常行为或可疑活动。随着网络攻击的复杂性和隐蔽性不断增加，传统的基于规则和签名的检测方法已不足以应对现代网络威胁。UEBA 通过分析用户行为模式来检测未知威胁和内部威胁，能够弥补传统方法的不足。在数据安全场景中，UEBA 主要用于通过识别并检测内部有关数据或数据访问主体的异常威胁行为，来判断是否发生数据泄露事件，并对威胁事件做出响应，实现对数据的安全防护。比如当企业内部员工不慎点击钓鱼邮件中的链接导致员工账号被盗或主机权限被盗用时，攻击者就有可能使用盗用的员工账号或主机权限访问企业内网的敏感数据。当这种攻击行为发生时，UEBA 就会监控到该员工账号或主机行为与该员工的日常行为差异较大，并据此断定该账号或主机发生了异常行为，从而及时做出告警并关闭该账号或主机对敏感数据的访问权限，实现快速响应处理。

4.4.2 UEBA 架构与核心技术

UEBA 的基本原理是，首先采集大量用户或实体行为模式信息，并使用统计分析方法对这些信息进行分析处理，建立行为模式基线作为正常行为的参考标准，这些信息大多来自日志文件、网络流量、系统事件、用户活动记录等。接下来基于模式基线，采用统计分析或机器学习的方法来识别用户或实体行为模式的变化和异常，最终生成异常行为告警信息或异常行为报告。总的来说，UEBA 是一个完整的系统，涉及算法、工程等检测部分，以及用户实体风险评分排序、调查等用户交互和反馈。从架构上来看，UEBA 系统一般包含 3 个层次，分别是数据中心层、算法分析层和场景应用层，如图 4-12 所示。其中，算法分析层一般在大数据计算平台之上运行实时分析引擎、统计分析引擎、关联分析引擎、机器学习引擎等。

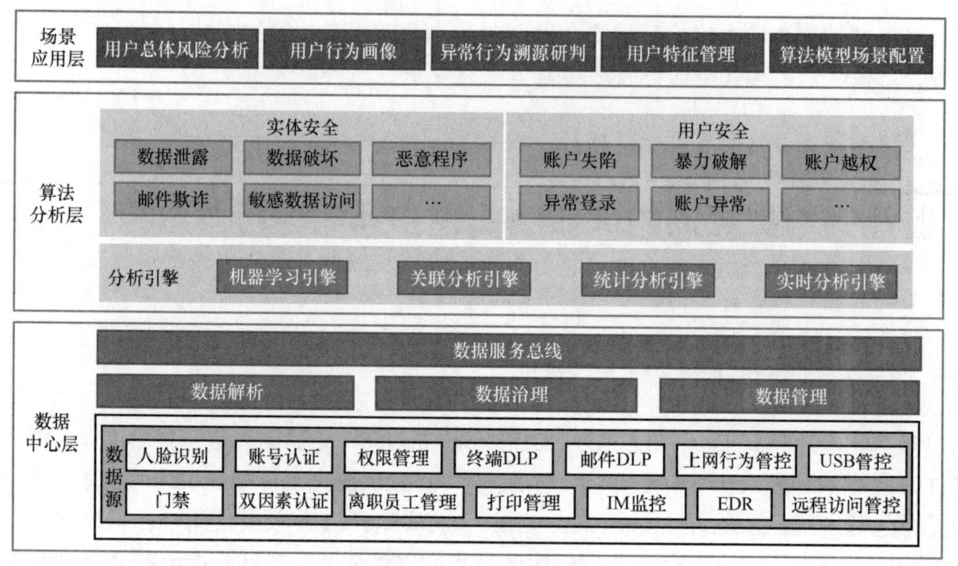

图 4-12 UEBA 系统架构

从技术上讲，UEBA 的核心技术在于行为分析，具体包含阈值分析、时序分析、机器学习等技术。阈值分析主要是基于统计方法做异常检测。对一段时间内的数据进行统计，然后和阈值做比较，如果超出阈值，则判定为异常。时序分析是一种针对动态数据处理的统计方法，该方法基于随机过程理论和数理统计学方法，研究随机数据序列所遵从的统计规律，以用于解决实际问题。时序分析在 UEBA 中用于分析用户行为随时间的变化情况，旨在检测出异常的时间点和趋势。机器学习则通过对大量历史数据持续不断地学习，来检测和识别异常或恶意行为，机器学习对数据安全未知威胁的检测具有显著优势。UEBA 可应用逻辑斯谛（Logistic）回归、SVM、K 均值聚类、DBSCAN 密度聚类、随机森林等算法。

4.4.3 UEBA 在数据安全领域的应用

UEBA 在数据安全领域的典型应用是针对数据泄露的异常检测。以敏感数据为中心，通过采集用户实体对数据操作的相关维度信息，并通过数据分析与学习过程，建立多维度实体的行为基线，利用机器学习算法和预定义规则找出严重偏离该基线的异常行为，及时发现内部用户、合作伙伴窃取数据等违规行为。在该场景中，通常采用 5W1H 模型进行 UEBA 分析与建模：Who（何人）、When（何时）、Where（何地）、What（何事）、Why（原因）、How（行为方式）。通过这 6 个维度的实体行为分析，可及时发现数据泄露与异常操作行为。

4.4.4 小结

本节简单介绍了用户和实体行为分析技术。UEBA 在数据安全领域具有重要的应用价值：在数据泄露防护场景中，UEBA 通过分析用户和其他实体的行为，能够有效检测人员或实体对敏感数据的异常访问，并对此做出快速响应，及时中断这种异常行为，最大程度地避免数据泄露事件的发生。随着技术的不断进步和市场需求的增加，UEBA 的能力将会更加强大，其对数据泄露的防护能力也会进一步提升。

4.5 数据安全防护的基石：新型加密技术

加密技术是密码学的核心议题，也是数据安全防护的基石。在数据安全领域，绝大多数防护手段在不同程度上依赖于加密技术，例如常用的 VPN 软件底层依赖多种加密技术来进行数据传输加密、密钥安全管理、可靠身份认证等。可以说，加密技术构筑了数据安全的最后一道防线。特别是在数据要素时代，随着数据跨域流动日益频繁，加密技术成为保护出域数据的关键手段，其重要性不言而喻。

从技术分类来看，加密方式主要分为两大类：对称加密和非对称加密（也称公钥加密）。在对称加密中，加密和解密通常使用相同的密钥；而在公钥加密中，加密密钥（公钥）和解密密钥（私钥）是不同的。在大多数实际应用中，考虑到效率因素，原始数据的加密通常采用对称加密方式；公钥加密则常用于密钥交换、数字签名等更高级的密码学功能，或在混合加密系统中用于加密对称密钥。

自 1976 年公钥密码学诞生以来，密码学研究在多个维度取得了显著进展。本节出于实用性考量，重点介绍加密技术在**安全性**、**效率**和**功能性**这 3 个关键维度的发展。如图 4-13 所示，这 3 个维度代表了现代加密技术的主要发展方向，反映了它们在应对新型安全威胁、适应资源受限环境和满足复杂应用需求方面的进步。

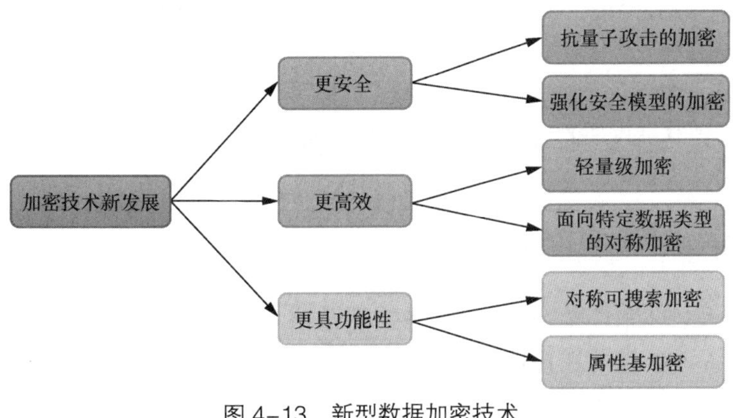

图 4-13 新型数据加密技术

4.5.1　更安全的加密算法

随着信息技术的快速发展和计算能力的不断提升，传统加密算法在安全性上面临着越来越严峻的挑战。一方面，量子计算的进步对现有的多数加密系统构成了潜在的威胁；另一方面，复杂的应用环境和新型攻击手段也要求我们重新审视和强化现有的安全模型。在这一背景下，密码学家提出了一系列旨在提供更高安全性的加密算法，主要包括抗量子攻击的加密算法和强化安全模型的加密算法。

1. 抗量子攻击的加密算法

量子计算的快速发展给现有的密码学安全体系带来了重大挑战。随着量子计算机逐步实现“量子霸权”（quantum supremacy），其强大的计算能力将对目前广泛使用的加密算法构成严重威胁。量子霸权是指量子计算机在某些特定任务上展现出明显优于经典计算机的性能优势，从而实现了传统计算机无法企及的计算能力。这一概念最早由著名理论物理学家John Preskill于2012年提出。他指出，一旦量子计算机能够完成传统计算机难以处理的任务，那就开启了全新计算时代的大门，我们将进入“量子霸权”时代。

2019年，Google宣布其53位量子处理器Sycamore在随机线路采样问题上达到量子霸权；2023年，我国科研团队成功构建当时最先进的量子计算原型机“九章三号”，实现了对255个光子的操纵能力，引发广泛关注。实现量子霸权的关键在于量子计算的独特优势，如量子叠加、量子纠缠等。借助这些特性，量子计算机能够同时探索指数级规模的状态空间，在诸如大数分解、组合优化等问题上展现出非凡的计算效率。

量子计算的发展对现有的许多加密算法（如RSA算法、Diffie-Hellman算法、椭圆曲线算法等）构成了严重威胁，如表4-2所示，而现有几乎所有的数据系统都依赖于这些加密算法的保护。1994年，Peter Shor提出了著名的Shor算法，该算法能够在量子计算机上高效地解决大数分解和离散对数问题，这意味着RSA、ECC等公钥密码体制面临失效风险。Shor算法揭示了量子计算机能够以多项式时间解决大数分解问题，给经典密码学敲响了警钟。1996年，Grover算法被提出，其能够以$\sqrt{n}$的复杂度搜索n个元素，进而将对称加密的安全比特强度降低到原来的一半。因此，开发能够抵抗量子计算机攻击的加密算法变得至关重要。

表4-2　量子计算对现有密码算法的影响

密码体制	密码算法	密钥/输出长度	安全强度		量子算法
			传统计算	量子计算	
公钥密码	RSA-1024	1024位	80位	0位	Shor算法：破解
	RSA-2048	2048位	112位	0位	
	ECC-256	256位	128位	0位	
	ECC-384	384位	192位	0位	
	SM2	256位	128位	0位	

续表

密码体制	密码算法	密钥/输出长度	安全强度		量子算法
			传统计算	量子计算	
对称密码	AES-128	128 位	128 位	64 位	Grover 算法：安全性减半
	SM4	128 位	128 位	64 位	
	AES-256	256 位	256 位	128 位	
杂凑密码	SHA-256	256 位	128 位	64 位	Grover 算法：安全性减半
	SM3	256 位	128 位	64 位	

面对量子计算带来的安全挑战，密码学界提出了“密码敏捷性”（Crypto-Agility）的概念，即系统和协议要能够灵活适应和升级到新的密码原语。这意味着密码系统和协议要能够及时升级到量子安全的加密算法，以确保系统的长期安全。在此背景下，后量子密码（Postquantum Cryptography）应运而生。后量子密码旨在开发能够抵御量子计算机攻击的新型加密算法，以维护信息系统的长期安全。

对于对称加密，后量子密码设计通常采用如下策略[17]。

1）增加密钥长度：比如将 AES 的密钥长度增加到 256 位，以抵消 Grover 算法带来的安全性减半风险。

2）引入新的密码原语：基于量子随机数发生器、量子密钥分发等技术构建量子安全的伪随机函数（Pseudo Random Function，PRF）和伪随机置换（Pseudo Random Permutation，PRP）等技术。

3）优化分组密码结构：设计特殊的轮函数和密钥扩展算法，如避免使用 XOR 和模加等群操作，改用非线性的 AND 或模乘操作等，以增强抗量子攻击能力。

对于公钥加密，后量子密码设计则聚焦于以下几个方向[18]。

1）格密码：格密码基于格（Lattice）上的困难问题，如最短向量问题（Shortest Vector Problem，SVP）、最近向量问题（Closest Vector Problem，CVP）等。格是 n 维欧几里得空间中离散点的集合，具有周期性结构。最短向量问题是指在给定格的基向量下，找到格中的非零最短向量。最近向量问题是指给定格外的一点，找到格中离该点最近的点。解决这些问题在量子计算下仍被认为是困难的，因此格密码具有良好的抗量子攻击能力。常见的格密码方案包括 NTRU、Ring-LWE 等。

2）编码密码：编码密码基于纠错码的译码困难性，代表方案如 McEliece 加密。编码密码将线性纠错码的生成矩阵作为公钥，私钥则包含易于译码的阵列排列。加密时将明文嵌入错误向量，利用公钥进行编码。私钥持有者可以轻松译码并去除错误，得到明文。编码密码的安全性基于隐藏的码结构，在量子计算下难以破解。纠错码的复杂性，如高纠错能力的 Goppa 码，则进一步增强了编码密码的抗量子攻击能力。

3）多元公钥密码：多元公钥密码基于求解多元二次方程组的困难性。生成密钥时随机选取易求逆的仿射变换作为私钥，对含有陷门的中心映射做混淆，生成公钥。加密时将明文代入公钥多项式，加密得到密文向量。私钥拥有者利用仿射变换的可逆性，结合中心映射的陷门，恢复明文。求解随机的多元二次方程组在经典计算和量子计算下都是 NP（Non-deterministic Polynomial）困难的，这赋予了多元公钥密码抵抗量子攻击的能力。

4）哈希密码：哈希（散列）密码基于哈希函数的单向性和抗碰撞性。单向性确保从哈希值无法还原原像，抗碰撞性则确保找到相同哈希值的两个原像是困难的。哈希密码可用于密钥交换，如双方分别选取随机数，计算其哈希值并交换，再对收到的哈希值和自身随机数的连接进行散列运算，得到共享密钥。量子计算虽然可以加速碰撞搜索，但若选用输出足够长的哈希函数，如 SHA-3 函数，则依然可以保证安全性。后量子哈希函数也在研究中，旨在提供直接抵抗量子攻击的哈希方案。

总的来说，后量子加密算法通过引入新的数学困难问题和创新的密码设计，为后量子时代的信息安全提供了可靠的解决方案。NIST 正在牵头开展后量子密码标准化进程，以选择和规范量子安全的公钥加密和数字签名算法，这对于推动后量子密码的产业化应用至关重要。我国政府也对后量子密码研究项目给予了政策和资金支持，2022 年中央经济工作会议首次明确提出加快量子计算等前沿技术的研发和应用推广，2024 年的“网络空间安全治理”重点专项将“抗量子计算密码迁移关键技术”列为揭榜挂帅项目。虽然后量子密码学仍面临着密钥尺寸相对较大、效率有待进一步提升等挑战，但随着学术界研究的不断深入，以及标准化工作的稳步推进，这些问题有望在不久的将来得到解决。

2. 强化安全模型的加密算法

公钥加密安全性的发展体现了现代密码学的一个重要思想：以可证明安全为目标，在特定的安全模型下论证攻击者无法攻破。然而，随着网络攻击手段的不断演进，传统的加密安全模型在某些高级威胁场景下显得不足。例如，在某些实际应用中，攻击者可能获得部分密钥信息，或者能够诱导系统加密与密钥相关的消息。这些情况都超出了传统安全模型的假设范围。因此，密码学家们提出了一系列新的安全模型和相应的加密方案，以应对这些更复杂的攻击场景。

（1）传统安全要求

选择明文攻击（Chosen-Plaintext Attack，CPA）安全：CPA 安全保证敌手难以从挑战密文中获得关于明文的任何信息。即使敌手可以选择任意明文进行加密，并观察其密文，也仍然无法从密文中推断出明文的任何信息。例如，想象一个加密的即时通信应用。即使攻击者可以发送任意消息并观察加密后的结果，也仍然无法从这些加密消息中推断出其他用户的通信内容。

选择密文攻击（Chosen-Ciphertext Attack，CCA）安全：CCA 安全进一步增强了安全性，允许敌手访问解密预言机。CCA 安全可进一步分为如下两个层次。

- 非适应性 CCA 安全（CCA1）：敌手可以在获得挑战密文之前访问解密预言机，对任意密文进行解密查询，但在获得挑战密文后不能再进行解密查询。例如，攻击者可以在收到目标加密邮件之前，尝试解密其他邮件。但在收到目标加密邮件后，就不能再解密其他邮件了。
- 适应性 CCA 安全（CCA2）：敌手可以在获得挑战密文之后继续访问解密预言机，对任意密文（挑战密文除外）进行解密查询。CCA2 安全性更强，已成为公钥加密的金标准。例如，攻击者甚至可以在收到目标加密邮件后，继续尝试解密其他邮件（目标加密邮件除外）。即便如此，他们也仍然无法破解目标加密邮件的内容。

近年来，密码学研究者在 CCA2 的基础上，又进一步对各类实际场景中的安全威胁进行细化[19]，增强了公钥密码的能力。

（2）新型安全要求

选择打开攻击安全：旨在抵御密文的“选择性打开”，即允许攻击者获得特定密文所对应的随机数。通过提高非延展性，确保即使部分内部信息泄露，攻击者也仍然无法利用这些信息进行有效攻击。例如，在一个加密聊天应用中，即使攻击者获得了某条加密消息的随机数，也仍然无法破解消息内容或伪造新的有效消息。

消息依赖密钥（Key-Dependent Message，KDM）安全：旨在解决加密消息与密钥相关时可能出现的安全隐患。通常，加密方案假设消息和密钥是独立的，但在某些实际应用中，消息可能依赖于密钥，比如在密钥管理系统中，密钥本身或与密钥相关的信息可能需要加密保护。KDM 安全性确保即使消息包含密钥或依赖于密钥，加密系统也能维持安全性，不会泄露任何关于密钥的信息。

密文篡改安全：旨在抵御恶意篡改密文攻击，确保攻击者即使修改了密文，也无法从修改后的密文中获得有效信息或诱骗解密方执行错误操作。例如，在一个加密的文件共享系统中，即使攻击者修改了加密文件，接收者也要么无法打开文件，要么只能看到明显被破坏的内容，而不会看到攻击者意图插入的恶意信息。

连续非延展性：旨在防范连续篡改攻击。即使攻击者能在多次尝试中获得篡改后的密文解密结果，也仍然无法从中提取有效信息或进一步危害系统安全。例如，在一个加密的在线支付系统中，攻击者无法通过反复修改加密的交易信息并观察系统反应来推断原始交易内容或成功地篡改交易金额。

泄露弹性安全：旨在抵御私钥部分泄露攻击。在私钥部分信息泄露的情况下，确保攻击者无法利用泄露的信息进行有效攻击，保证系统的整体安全性。例如，在一个加密云存储服务中，即使服务提供商的部分私钥信息泄露，攻击者也无法利用这些信息来解密用户的文件或冒充服务提供商。

强化安全模型的加密算法能够应对更复杂的攻击场景，提供更强的安全保证。它们考虑了实际应用中可能出现的各种安全威胁，使得加密系统在面对高级持续性威胁（APT）等复杂攻击时仍能保持安全。但强化安全模型的加密算法通常会带来一定的性能开销，如何在安全性和效率之间取得平衡是一个值得持续研究的主题。

4.5.2 更高效的加密算法

随着物联网、移动计算和边缘计算等新兴技术的兴起，加密算法的效率问题变得越来越重要。一方面，大量资源受限的设备需要进行数据加密，但经典的加密算法往往过于复杂，难以在这些设备上高效实现。另一方面，某些特定类型的数据（如图像、视频）具有特殊的结构和巨大的数据量，使用通用加密算法可能会带来显著的性能开销。为了应对这些挑战，研究者们提出了一系列旨在提高加密效率的新方法。

1. 轻量级加密算法

随着物联网、RFID（射频识别）、传感器网络等新兴技术的发展，许多节点设备需要数据加密保护，以避免终端设备直接被攻击造成数据篡改与泄露。然而，这些设备通常运算能力弱、存储空间小、能耗有限，无法承担传统加密算法（如 AES 算法）的计算开销。于是，轻量级加密算法应运而生。

轻量级密码的要求如下。

- 安全性足够高：尽管追求轻量化实现，但安全性仍是首要考虑因素。
- 硬件实现开销低：需要尽量减小芯片面积以及降低 RAM 和 ROM 的占用。
- 能耗开销低：尽量减少计算量，降低能耗。
- 灵活性好：适应硬件和软件实现，并支持不同的安全参数。

现有轻量级加密算法的典型设计思路如下。

- 简化传统分组密码结构[20]：如减少轮数、降低分支数、简化轮函数等，代表算法有 PRESENT 等。
- 采用全新密码结构：如 LS-Designs 结构、FX 结构等，旨在增强小轮数下的数据混淆与扩散效果或避免使用复杂的原子计算操作，代表算法有 PICCOLO、TWINE、DESL/DESX 等。
- 利用特殊数学性质：如 NLFSR（Non-Linear Feedback Shift Register，非线性反馈移位寄存器）结构等，其数学性质使得它们能够在极小的状态下实现足够的混淆和扩散，代表算法有 KATAN/KTANTAN、PHOTON 等。
- 基于硬件友好计算原语[21]：选择在硬件和软件上都能高效实现的基本运算，如模加法、循环移位、异或等，通过精心设计运算的组合方式来平衡效率和安全性。常见的结构有 ARX（Addition-Rotation-XOR），代表算法有 SPECK、LEA、Chaskey 等。

自 2016 年以来，NIST 一直在评估轻量级加密算法，并于 2023 年认定 Ascon 算法为最优方案，该算法基于 Sponge 操作模式并综合运用了多种轻量级密码设计技巧。总体而言，轻量级加密算法仍处于发展阶段，还需要在实现开销和安全性之间进行权衡以进一步开展研究。

2. 面向特定数据类型的对称加密算法

经典对称加密算法主要针对通用数据类型（如字符串、比特流）设计。然而，随着信息技术的发展，一些特殊类型的数据，如图像、视频、3D 模型、基因序列等开始大量涌现。这些数据通常具有巨大的数据量和特殊的数据结构，虽然通用对称加密算法也能够对其进行加密，但在部分场景中可能存在效率、存储等问题，面向特定数据类型的对称加密算法应运而生。

图像加密：利用数字图像的特点（如空间相关性、数据量巨大、低信噪比等）对加密方案进行改进和优化。例如，基于 Baker 置换的图像加密算法通过对图像进行分块置换来实现加密。混沌系统的图像加密算法则利用混沌的敏感依赖和伪随机性，同时对图像像素位置和灰度值进行扰动，从而既提高了安全性，又保持了较高的效率和较小的数据膨胀。对于如 JPEG 等主流格式的图像，还可以从其编码方式入手进行加密[22]，以进一步降低解码相关开销。

视频加密：数字视频不仅数据量大，还有特殊的编码结构（如帧内编码、帧间编码、运动矢量等）。早期的视频加密算法多采用对视频比特流直接加密的方式，造成了较大的性能损耗。后来，研究者们利用视频的编码结构进行加密，比如对帧内编码部分进行选择性加密，而对运动矢量进行加扰等。轻量级视频加密算法通过对视频帧之间的预测残差进行简单的异或运算来实现加密，在几乎不增加计算和传输开销的情况下，获得了不错的安全性。

针对 3D 模型、地理空间数据、基因测序数据等特殊类型数据的对称加密研究也在陆续展开。例如，3D 模型加密方案通过置乱顶点坐标和扰乱多边形连接关系实现加密。GIS 数据加密方案则利用空间填充曲线、Hilbert 曲线等工具，在确保空间关系不被破坏的情况下实现加密。

面向特定数据类型的对称加密算法是传统对称加密算法与各类数据处理技术交叉融合的结果。随着大数据、人工智能、物联网等新兴技术的发展，将产生越来越多的特定实体数据，对称加密也必将迎来更多的机遇和挑战。

4.5.3　更具功能性的加密算法

随着数据应用场景的日益复杂化，经典的加密算法所能保障的“密文数据完全不可用”的能力已经无法满足许多新兴应用的需求。例如，在云计算环境中，用户希望在保护数据隐私的同时还能对加密数据进行搜索或复杂的计算；在物联网场景中，则需要根据设备的属性或数据的特征来实现细粒度的访问控制。为了满足这些新的需求，密码学家们提出了一系列具有特殊功能的加密算法，大大拓展了加密技术的应用边界。

1. 对称可搜索加密

随着云计算、外包存储等新模式的兴起，用户越来越多地将数据托管到第三方服务器上。为了保护数据隐私，这些数据通常需要加密存储。然而，传统的加密方式会导致数据失去可检索性，用户无法在不解密的情况下对密文数据进行搜索查询。为了解决加密与搜索之间的矛盾，对称可搜索加密技术应运而生。相较于公钥类方案，对称可搜索加密（Symmetric Searchable Encryption，SSE）方案具有计算效率高、使用简单等优势，在实际应用中占据主导地位。

典型的对称可搜索加密系统如图 4-14 所示。对称可搜索加密方案涉及三方：数据所有者、云服务器和用户。数据所有者将加密后的数据外包到云服务器，同时生成加密的索引。当用户需要搜索数据时，便对搜索关键词进行加密，生成密文 token，并将密文 token 发送给云服务器。云服务器使用密文 token 在密文索引中进行匹配，找出包含指定关键词的文档，并将匹配的密文文档返回给用户。在上述整个过程中，云服务器无法获知明文数据内容和关键词信息。

图 4-14　典型的对称可搜索加密系统

SSE 中的典型安全需求如下。

- 数据与索引安全：确保云服务器无法从加密数据和密文索引中获取任何明文信息。这通常通过语义安全的对称加密算法来实现，以保证即使在选择明文攻击下，敌手也无法区分密文所对应的明文。
- 查询安全：不仅要保证敌手无法从密文 token 查询中推测出查询的明文内容，也不能泄露查询模式（比如对同一关键词的多次查询）给云服务器，否则可能导致统计分析攻击。常见的解决方法是使用不经意 RAM（Oblivious RAM）技术，确保每次访问在服务器看来都是一个随机的地址序列。
- 前向安全：对于新插入的文档，它们的关键词不能被此前的查询获取。即使敌手可以获取历史查询 token，也无法搜索到新文档。这可以通过在插入新文档时更新加密密钥和索引来实现。
- 后向安全：历史文档的更新和删除不会影响新的搜索。即使某个关键词的文档集合发生了变化，使用新密文 token 搜索的结果也应该反映这种变化。这需要我们在更新索引时采取一些特殊的措施。

典型的 SSE 方案如下[23]。

- 基础方案：早期的 SSE 方案采用了伪随机函数或哈希算法等，旨在模糊关键词语义以进行随机化处理。当用户进行关键词检索时，也对查询关键词进行相同的处理，并与文件（索引）的关键词进行相似度匹配，若结果满足某种格式，则说明匹配成功，返回相应的文件。后来的 SSE 方案进一步引入了布隆过滤器、树结构等高级索引技术，以改进搜索性能。
- 动态 SSE 方案：动态 SSE 方案支持文档的动态添加和删除。这需要在保证前向安全的同时，有效地更新索引结构。例如使用可变长度加密方案，在更新文档时生成新的密文；或者使用层次化索引结构，将新旧文档隔离存储，从而高效支持动态操作。
- 多关键词 SSE 方案：多关键词 SSE 方案允许使用多个关键词进行联合搜索，从而提高查全率。这可以通过将不同关键词的索引项组合到一起来实现，例如利用关键词配对构造二元组索引，或使用双线性映射技术将关键词映射到同一空间再组合。但多关键词搜索通常会带来更高的计算和存储开销。

SSE 可预期的发展方向如下。

- 实用性改进：现有的 SSE 方案仍存在检索性能不高、客户端存储开销大、功能受限等问题，如何设计实用高效的 SSE 方案是目前面临的主要挑战。此外，将可搜索加密与数据库等重要存储组件进行更紧密的结合，也是一个值得关注的应用研究方向。
- 安全性增强：进一步降低数据泄露风险，抵御更强的攻击者，如恶意攻击者、文件注入攻击者等。对于动态 SSE 方案等，则还有诸如前向隐私、后向隐私等更多维度的安全需求。
- 进行功能扩展：进一步支持更丰富的检索功能，如模糊匹配、相似度搜索等；并进一步支持更复杂的查询，如布尔查询、范围查询等。

总之，由于搜索是最典型的数据处理需求之一，可搜索加密在众多功能加密技术中得到了最广泛的关注和分析，已具备现实可用性。未来，除底层的安全与性能优化外，将其与众多现实业务相结合，形成开箱即用的中间件，可能是更值得实践者关注的方向。在 4.5.4 节，我们将介绍一个结合了 SSE 与数据库的开源代理工具。

2. 属性基加密

在许多应用场景中，需要根据用户的属性或数据的特征来控制对数据的访问。当业务上云后，其访问控制权限也需要云服务商提供。然而，当访问权限完全交由云服务商控制时，一旦云服务商被漏洞利用者攻陷，或者云服务商的运维人员等高权限人员恶意窃取数据，就会导致严重的数据泄露事件。传统的加密方式难以实现细粒度的访问控制，而属性基加密（Attribute-Based Encryption，ABE）正是为了解决这一问题而诞生的，它将加密与访问控制策略相结合，实现了更灵活的数据保护机制。典型的 ABE 应用架构如图 4-15 所示。

- 可信第三方：一个受信任的实体，其主要工作是产生系统公开参数和系统主密钥，以及根据系统主密钥和系统公开参数产生用户私钥等。
- 数据拥有者：制定数据的访问控制策略，并将它们嵌入加密数据，发送给服务方进行数据共享。
- 用户：从可信第三方得到自己的私钥，解密从服务方获得的密文。若自己的私钥满足密文的访问控制策略，则解密成功，否则只能得到乱码。

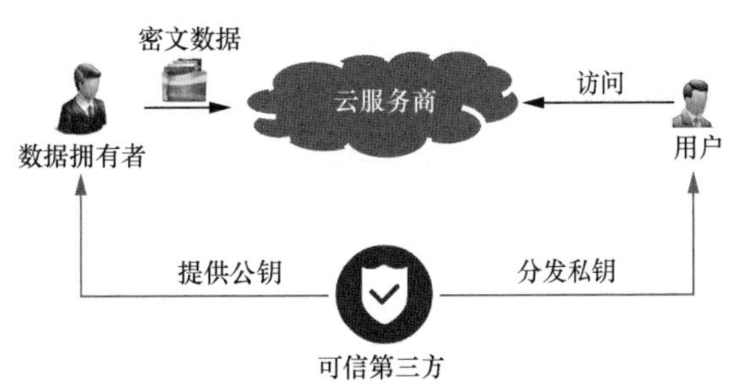

图 4-15　典型的 ABE 应用架构

- 云服务商：数据的实际存储方，为系统中的数据拥有者和数据使用者服务。数据拥有者在此存储加密后的数据，数据使用者在此下载加密后的数据。在某些情况下，云服务商还提供用户权限回收服务。

属性基加密主要有两种方式：密钥策略属性基加密（KP-ABE）和密文策略属性基加密（CP-ABE）。在 KP-ABE 中，密文与一组属性相关联，用户的私钥包含访问策略。这种方式适合数据拥有者不完全信任密钥颁发机构的场景。而在 CP-ABE 中，密文本身包含访问策略，用户的私钥与其属性集合相关联。CP-ABE 使得数据拥有者可以直接定义访问策略，因而更能满足直观的访问控制需求。

为了适应不同的应用需求，属性基加密还支持多种功能扩展。例如，多授权机构扩展允许系统中存在多个独立的属性授权机构，提高了系统的灵活性和可扩展性；属性撤销机制使得用户的属性可以动态更新，及时响应用户身份变化；隐私保护扩展可以隐藏访问策略中的敏感属性信息，防止隐私泄露。

属性基加密在云存储、社交网络、物联网等前沿应用中得到了广泛关注，随着相关理论不断成熟与数据要素的持续发展，属性基加密有望在跨域的细粒度授权和访问控制技术方面引领潮流。

除上述两种知名的功能性加密方案外，本书后续章节还将进一步介绍同态加密、安全多方计算等表达能力更强的密码学技术。其中同态加密允许在不解密数据的情况下对加密数据进行计算，安全多方计算则使多个参与者能够在不泄露各自私有数据的情况下共同计算一个任务的结果，对此感兴趣的读者可以阅读 7.2 节和 7.4 节。

4.5.4　开源项目介绍：Acra

Acra 是由 Cossack 实验室推出的一个开源数据库安全套件，其主体是用 Go 语言开发的，有企业版和社区版两个版本，开源协议为 Apache-2。Acra 社区版具有如下核心能力。

支持透明加密与可搜索加密：Acra 社区版支持以 SDK 形式或者代理服务器形式（如图 4-16 所示），自动地完成入库加密与出库解密。当从数据库引擎直接访问时，只能得到密文数据；而当通过 SDK 或代理服务器端口进行访问时，则能够正确获得数据。由于与数据库引擎解耦，因此在无须重构数据库组件的情况下即可动态增强安全能力，容易与现有基础设施集成。此外，Acra 社区版支持选择性加密，即仅对部分表字段进行加密，在安全性与性能之间实现了良好的折中。当用户触发 SQL 对加密字段执行匹配检索操作（如执行 where 语句）时，Acra 社区版会基于对称可搜索加密技术完成密文数据的快速匹配。

支持数据匿名化：支持对敏感数据进行完全或部分掩码，或将敏感数据替换为令牌，以便在不暴露原始数据的情况下使用数据。

支持数据库防火墙：在网络层，支持基于 IP 地址的过滤；在传输层，可通过 TLS 证书进行限制；在应用层，支持分析 SQL 语句本身，以及基于正则匹配等方式对指定的语句类型或字段等进行 SQL 阻断。

支持数据库入侵检测：类似蜜罐技术，提出了“毒记录”（Poison Record）的概念，即在数据库中插入一个正常业务无法访问的数据，一旦该数据被实际访问，就向运维人员发出告警等。

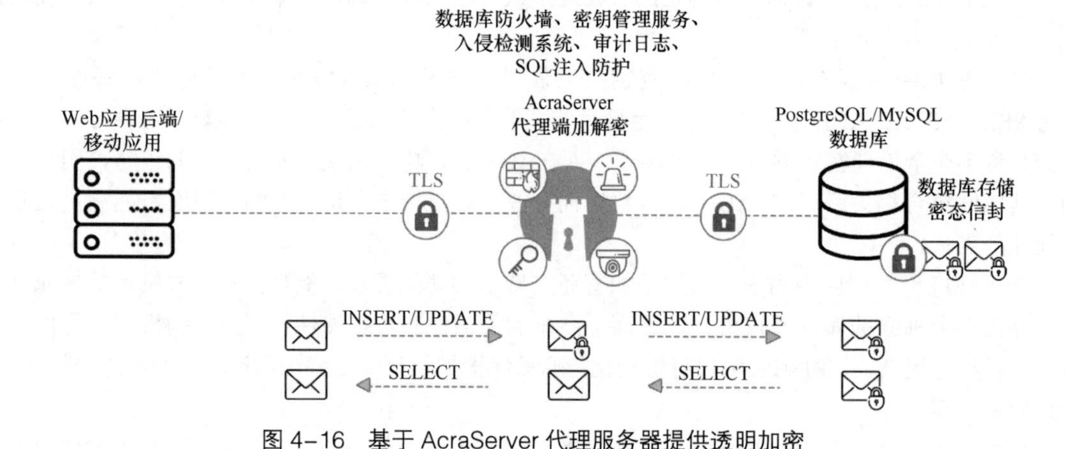

图 4-16　基于 AcraServer 代理服务器提供透明加密

此外，Acra 还提供了大量 SDK 工具，可供 Python、Go、Java 等多种主流编程语言调用，并原生适配了多个监控和日志系统。当前，Acra 适配 MySQL v5.7+、PostgreSQL v9.4+等数据库引擎。

下面我们主要对基于 AcraServer 代理服务器的数据透明加密与可搜索加密进行介绍。

1. 环境搭建

Acra 为几个重要组件提供了封装好的容器镜像，在数据透明加密实验中需要准备的镜像如下。

```
# 密钥生成工具，用于生成对称加密等所需密钥
docker pull cossacklabs/acra-keymaker
# 代理服务器
docker pull cossacklabs/acra-server
# 数据库引擎，此处使用 MySQL
docker pull mysql:8
```

与大多数密钥管理工具相同，acra-keymaker 需要基于一份主密钥为不同用户生成不同密钥。为了方便起见，主密钥可借助 SSL 工具随机生成，并存放于环境变量中。

```
export ACRA_MASTER_KEY=$ (openssl rand -base64 32)
```

由于 acra-keymaker 生成的密钥供 acra-server 实际加密时使用，因此需要借助本地磁盘来存放这些密钥。

```
mkdir acra-keys
# acra-server 对文件目录权限存在要求
chmod 700 acra-keys
```

想要开启透明加密，就需要告知代理服务器哪些数据库的哪些字段需要加密。Acra 项目通过 yaml 文件接收用户的各类配置，此处配置如下。

```
schemas:
  - table: test_table    # 表名与列信息
    columns:
      - id
      - username
      - password
      - email
    encrypted:      # 需要加密列名
      - column: password
      - column: email
        searchable: true # 配置为可进行可搜索加密，支持精确查找
        # searchable_prefix: 3  # Acra 企业版支持模糊查找，此处可配置前缀位数
```

然后即可基于如下 docker-compose 文件启动服务，此处启动了用于实际存放数据的 MySQL 数据库引擎，以及用于生成密钥的 acra-keymaker 和数据库代理组件 acra-server。特别地，MySQL 数据库引擎通过 3306 端口对外提供服务，Acra 代理服务器则通过 9393 端口向外提供服务；当用户通过 9393 端口访问数据库时，数据由 Acra 代理服务器对用户请求（即上行报文）和数据库回传数据（即下行报文）进行合适的处理后提供。

```
version: '3'

services:
```

```
    mysql:
      image: mysql:8
      environment:
        MYSQL_DATABASE: acra
        MYSQL_USER: acra_user
        MYSQL_PASSWORD: acra_pass
        MYSQL_ROOT_PASSWORD: root_password
      ports:
        - "3306:3306"
      networks:
        - acra-network

    acra-keymaker:
      image: cossacklabs/acra-keymaker:0.93.0
      volumes:
        - ./acra-keys:/keys
      environment:
        ACRA_MASTER_KEY: ${ACRA_MASTER_KEY}
      command: >-
        --client_id=client1
        --generate_acrawriter_keys
        --generate_symmetric_storage_key
        --generate_hmac_key
        --keystore=v1
        --keys_output_dir=/keys
      networks:
        - acra-network

    acra-server:
      image: cossacklabs/acra-server
      depends_on:
        - acra-keymaker
        - mysql
      environment:
        ACRA_MASTER_KEY: ${ACRA_MASTER_KEY}
      volumes: //必须与实际路径相同
        - ./acra-keys:/keys
        - ./configs:/config
      command: >
        --db_host=mysql
        --db_port=3306
        --client_id=client1
        --postgresql_enable=false
        --mysql_enable=true
        --keys_dir=/keys
        --incoming_connection_string=tcp://0.0.0.0:9393
        --encryptor_config_file=/config/encryptor_config.yaml // 必须与前文配置的 yaml
                                                              // 文件的名称相同
      ports:
        - "9393:9393"
      networks:
        - acra-network

networks:
  acra-network:
```

```
    driver: bridge
```

2. 使用透明加密与可搜索加密

读者可通过任意开发工具（如 navicat）或开发语言（如 Java）进行 3306 与 9393 端口的连接，并创建前文 yaml 文件中的 test_table。请注意，由于最终会对 password 与 email 字段进行加密，因此在创建这两个字段时请优先选择 varbinary 或 blob 等对字段长度无限制的类型。

然后，用户可在 9393 端口执行数据库 SQL 插入操作：

```
INSERT INTO "test_table" ("id", "username", "password", "email") VALUES (1, 'r
oot', 'root', 'root@163.com')
```

接下来在 3306 端口执行如下查询：

```
SELECT password, email FROM "test_table" where id = 1
# password结果为
\x2525259a0000000000000f0222222228a00000000000000000537004c00000101400c00000010000
0002000000067c7fff0d2da2a2b8a89c8587b7e5fe497149fd61acb692316afb11a76f8cdfd16361d3d831b
50bd57ffb703bc41aaf070d4a09769d0867c45bae17b000101400c0000001000000004000000050275c440ce
1226e0138347777e9bcc944ac017a3154220610877225c9acccca
# email结果为
  \x252525a2000000000000000f02222222292000000000000000000537004c00000101400c000000100
00000200000004f96d7d47e29821651f6b50279c6f18766a11fb5acf8e31ee11cc4d3c7c656348788f5f8ae
89e749277b58c933b731e8968e0ba8f6dad5185532c8c7000101400c000000100000000c0000008aeac5aa6
d09256b019a4e54aac5885a3824cf01fb9f6008245d8290b97891964b38bb60c62c9325
```

可以发现，站在数据库引擎的视角，结果已经处于加密状态。若在 9393 端口执行同样的查询，则可正确获取明文值（或其十六进制编码）。

当需要对密文列进行查询时，在 9393 端口直接执行如下查询：

```
SELECT * FROM 'test_table' where email = 'root@163.com'
```

即可找到对应的数据。此时 acra-server 代理实际使用了基于 hmac 的可搜索加密技术。但是，如果未在前述配置中开启可搜索加密，或在 3306 端口执行上述查询，则无法找到正确结果。

综上所述，我们在业务应用侧和数据库引擎侧均无感知的情况下完成了对数据库的加密。将加密能力与数据库引擎解耦，能够有效避免恶意的数据库管理员或攻入数据库引擎的攻击者窃取敏感数据。而只要将 AcraServer 与企业内部 KMS 等高级硬件安全管理设施相结合，便能够轻松地为企业数据提供更好的安全保障。

4.5.5 小结

本节从实用性角度出发，对加密技术的一些重要新发展进行了介绍。这些新的加密方法从不同角度提升了数据保护能力，为各类数据应用场景提供了更安全、高效、灵活的解决方案。它们不仅增强了传统加密的安全性，还拓展了加密的功能边界，使得在保护隐私的同时能够进行更丰富的数据操作。随着信息技术的持续发展，数据加密技术也将不断创新，以应对新的安全挑战和应用需求。未来，我们可能会看到更多适用于云计算、人工智能等新兴技术的加密方法，它们将进一步推动数据安全与隐私保护的发展。

4.6　本章小结

本章围绕着“数据安全自用”这一核心场景，系统介绍了企业内部数据安全治理所需的几类关键技术。通过深入剖析敏感数据智能识别与分类分级、零信任安全架构、用户行为智能分析以及新兴数据加密技术，我们看到了先进加密技术在提升数据安全防护能力、降低数据安全运营成本等方面的巨大潜力。借助这些技术，企业可以更从容地应对日益复杂的数据安全风险，为数字化转型提供坚实的技术支撑。不过，我们也要清醒地认识到，单纯依靠技术并不能解决所有问题；要真正实现高水平的数据安全自用，还必须配套完善的管理制度和流程，并持续提升员工的安全意识。

在数据要素时代，高质量的内部数据治理不仅是企业自身稳健运营的需要，更是通向可信数据流通的必由之路。第 5 章将进一步拓展视野，探讨当数据离开企业内部运维域之后，如何利用区块链、数字水印等新兴技术，实现对数据权属的可信认定，推动形成规范有序的数据要素市场。

第5章

“数据可信确权”场景的技术洞察

数据确权是指在数字经济领域，从法律制度层面明确从事数据处理活动的法律主体的权利内容，如数据资源持有权、数据加工使用权和数据产品经营权等，进而保证数据要素流通的合法性。但数据与实物不同，数据具有可复制和易传播的特点，容易出现数据盗用、版权纠纷等问题。因此，数据持有者等法律主体须采用一定的手段来明确其权利内容，并能够证明其权利真实可信，确保其不易被篡改、伪造与盗用，实现数据可信确权。本章将探寻数据可信确权场景需求，对该场景下常用的技术手段进行介绍，并分析如何在该场景中使用相应技术来实现数据的可信确权。

5.1 场景需求分析

在现代社会，数据资产已经成为企业和组织最重要的资产之一。在数据流转与使用过程中，若缺乏有效技术手段来明确数据的持有权或使用权，可能会出现数据滥用、盗用、伪造及版权纠纷等问题，给企业或组织带来不必要的麻烦，进而导致它们不愿意推动数据要素的流转、使用与价值创造。因此，采用数据可信确权手段，明确参与者在不同阶段的权利，可以有效避免数据流通与使用过程中产生的一系列纠纷。

在数据权限划分上，“数据二十条”以解决市场主体遇到的实际问题为导向，创造性地提出建立数据资源持有权、数据加工使用权和数据产品经营权“三权分置”的数据产权制度框架。对此，数据可信确权的意义不再仅仅局限于解决数据流通与使用过程中产生的纠纷，其更重要的作用是在满足“数据二十条”的条件下，推动数据要素的流通和再利用，激励“数据要素×”对各行各业的推动作用。

数据可信确权分为“确权”与“可信”两部分。其中，“确权”即通过管理手段，明确不同参与主体的权限，“可信”则是指通过技术手段来确保某参与主体的所有权限是真实可信、不可伪造的。因此，数据可信确权需要技术与管理手段并举，且在技术层面更关注如何采用可证明的技术手段来保证权限可信。对此，本章将介绍区块链、去中心化身份、数字水印等技术，并说明这些技术如何用于数据可信确权。

5.2　帮助各方建立权益共识：区块链

5.2.1　区块链概述

区块链是一种共享的、不可更改的数字账本，作用是在去中心化的网络中记录和监控资产。资产既包括房屋、汽车、现金和土地等有形物品，也包括专利、版权和品牌等无形知识产权。几乎任何有价值的物品都可以在区块链网络上进行追踪和交换，这些活动都在区块链上留存，成为可信的证据。这些数据存储在不可更改的分类账本上，只有网络中获得授权的成员才能访问。区块链中的参与者能够以统一的视角看到全局账本，监控订单、付款、账户和生产等各个方面，从而实现对交易细节自始至终的完全可见性。由于该账本是不可更改的，因此区块链上的各方可以建立权益共识。

5.2.2　区块链中的区块与节点

区块链由一组节点组成，这些节点协同工作，同步区块链数据，处理交易请求，并就这些交易的有效性达成共识。以比特币为例，比特币网络中有两类不同的节点。其中一类是完整节点，这些节点根据比特币协议规则验证交易和区块，它们对比特币网络的正常运行至关重要。另一类是监听节点或超级节点，这些节点是公开可见和可访问的完整节点，它们能够与连接到它们的所有节点进行通信。它们还向其他节点提供区块链数据，因而也可以作为节点之间的通信桥梁。图5-1展示了比特币的验证过程。

每一次数据交易都会被记录并存储为一个数据块（也就是区块），一个节点只有得到共识后才能把这个数据块记录到账本中。以工作量证明（Proof of Work，PoW）为例，除了交易时间和记录本身等重要信息，每个区块还包含一个特殊谜题的解法，这个谜题需要投入很大的计算资源才能解开。计算出结果后通知其他节点，其他节点成功验算后达成共识。也就是说，PoW通过工作量（解数学难题）让所有节点认可该节点将区块添加到链上。

之所以称为区块链，是因为区块是按照特定顺序排列的，第一个区块是创世区块，新生成的区块则被添加到当前链的末端。

每个区块都包含一个称为哈希值的唯一标识符，该标识符会引用上一个区块。这意味着如果有人想修改区块链上的记录，就必须修改其之后的每一个区块，但考虑到区块链是分布式存储的，想要篡改所有这些节点几乎是不可能的。

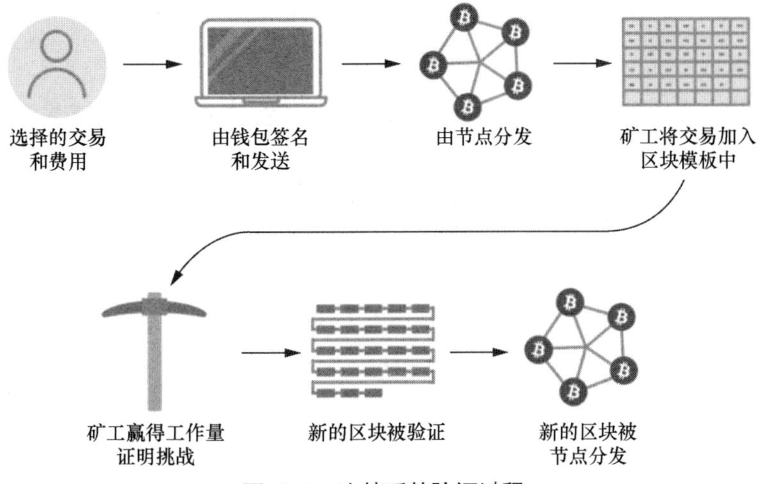

图 5-1　比特币的验证过程

因此，去中心化的区块链结构可有效防止黑客篡改链上数据，保证了上链数据的完整性。此外，区块链并不存储在一个地方，而是分布在所有区块链节点中，从而避免了单点失效，保证了数据可用性。

5.2.3　区块链的类型

区块链是由区块链网络中的节点连接而成的，这些节点通过在前一个区块上添加新的区块来执行交易。虽然底层技术相同，但在不同场景下，这些节点的结构和管理它们的路径是不同的。区块链网络可根据节点的用途以不同方式构建。不同场景需要不同级别的访问、处理速度、安全性和隐私性。

以比特币为例，它是一种安全、无国界的区块链系统。该系统是开放的，通过 PoW 验证其他节点。与之形成对比的是私人网络，私人网络和相关区块链数据只对本地网络内的认可用户开放。

根据结构或管理方式，区块链主要分为公有链、私有链、混合链和联盟链。每种区块链都有各自独特的优缺点，这在很大程度上决定了其理想用途。下面将详细介绍不同的区块链及其关键组成部分。

1. 公有链

顾名思义，公有链向公众开放。这种类型的区块链充分体现了区块链系统的主要属性之一——去中心化。在这种分布式账本系统中，点对点网络的每个成员都拥有一份不可更改的账本副本。任何有互联网连接的人都可以加入公有链网络，成为一个节点。所有节点都有平等的访问权，这使得它们能够充分参与创建和验证区块。因此，公有链中的参与节点必须解决困难问题，以验证交易。公有链通常开放源代码，这意味着任何人都可以检查交易，发现问题并提出可能的修复建议。公有链主要用于加密代币挖矿和交换，它使用 PoW 或 PoS 共识机制来确保交易安全。

2. 私有链

私有链是一种在受限环境中运行并由某一实体控制的区块链。虽然分布式网络仍是点对点连接的，但私有链只对少数节点开放，而不对公众开放。在这样一个受限制的网络中，只有经区块链控制实体批准的网络节点才能参与。此外，参与的节点在网络中执行的功能也不相同。私有链往往是闭源的，因而存在数据篡改和其他相关安全问题的可能性。私有链的主要优势在于能有效地保护信息安全。因此，希望利用区块链技术提供高级安全和访问控制，但同时又不希望将信息暴露在公众视线下的公司往往选择私有链。这些公司会将私有链用于内部审计、资产管理、内部投票等。私有链的例子包括 Corda 和 Hyperledger。

3. 混合链

混合链融合了公有链和私有链的特点，由一个中心化实体进行管理，除了公共系统，还有一个基于权限的私有系统。这将限制数据的访问，同时让中心化实体可以控制向公众开放的特定数据。混合链是私有的，交易和记录不会公开。不过在必要时，经批准的用户可以通过智能合约系统对它们进行验证。此外，控制混合链的私有实体不能改变或更改区块链上的交易。那些服务于大众的行业通常更倾向于选择混合链。在这些行业，数据透明度非常重要，但访问必须受到监管。

4. 联盟链

联盟链介于公有链和私有链之间，由多个组织或机构共同参与维护。联盟链消除了像私有链那样只由一个实体控制的问题。联盟链中的验证器节点负责发起、接收和验证区块链网络上的交易。这种管理区块链交易的系统常用于银行和金融服务业。多家银行可以共同组成一个联盟链，由参与方决定由哪些节点验证交易。

5.2.4 基于区块链的新型数字资产：NFT

非同质化代币（Non-Fungible Token，NFT）已成为数字资产领域的一股革命性力量，受到创作者、收藏者和投资者的关注。这种独特的数字资产由区块链技术驱动，在数据确权领域有着潜在的应用。

NFT 是一种在区块链上存储和管理的新型数字资产。每个 NFT 都与众不同，无法复制，因此是独一无二的。与比特币或以太坊等加密货币不同，NFT 代表特定数字内容或资产的所有权，如艺术品、收藏品、虚拟房产、音乐、视频或任何其他形式的数字资产。

为了了解 NFT，我们首先要弄清楚什么是“Fungible”。像比特币这样的加密代币是可互换（Fungible）的，这意味着每个单位都是相同的，可以与任何其他相同面值的单位互换。相比之下，NFT 是不可兑换的，这意味着每个代币都是独一无二的，不能进行等价交换。每个 NFT 代表特定资产的所有权，没有两个 NFT 是完全相同的。因此，NFT 在数据确权中可用于版权保护与确权。

通过去中心化和公开可验证的方式，NFT 还可用于管理知识产权，如专利、商标和许可证。创造者和权利持有者可以使用 NFT 来证明所有权并管理其知识产权的许可和分发。NFT 可提供安全、不可更改的所有权和交易历史记录，从而降低版权侵权、盗版和未经授权使用知识产权的风险。

那么 NFT 究竟是如何产生和工作的呢？我们把创建 NFT 的过程称为“造币”（minting）。这包括将数字文件（如图像、音频、视频等）上传到 NFT 平台，并创建一个代表该文件的区块链条目。在造币过程中，嵌入创建者的身份、所有权历史和其他相关元数据等信息。每个 NFT 还会被分配一个与区块链地址直接相关的唯一标识符。除此之外，每个 NFT 都包含有关其来源和历史的信息，可在区块链上进行验证。这样就可以确定数字资产的真实性和所有权，而无须第三方验证。我们将在第 10 章介绍 NFT 的一些典型案例。

5.2.5 开源项目介绍：Hyperledger Fabric

1. 项目简介

Hyperledger Fabric（后文简称 Fabric）是一个开源的企业级许可分布式账本平台，专为在企业环境中使用而设计。与其他流行的分布式账本或区块链平台相比，Fabric 是首个支持使用 Java、Go 和 Node.js 等通用编程语言编写智能合约的分布式账本平台。这意味着大多数企业没有必要再学习新的编程语言或特定领域语言（Domain-Specific Language，DSL）。

Fabric 采用模块化架构设计，具体包含如下模块。

1）可插拔的排序服务：为交易顺序达成共识，然后向同行广播区块。

2）可插拔的成员服务提供商：负责将网络中的实体与加密身份关联起来。

3）可选的点对点 gossip 服务：将排序服务输出的区块传播给其他方。

4）智能合约：运行在 Fabric 网络节点上的业务逻辑，负责定义网络中交易的规则和逻辑。智能合约是一种程序，用于直接与账本数据进行交互。它会通过执行一些业务规则来验证、修改或查询账本中的状态。

2. 环境搭建

为了快速体验 Fabric，推荐使用 Docker 的形式进行部署。

```
# 准备工作目录，以 Go 语言为例
mkdir -p $HOME/go/src/github.com/<your_github_userid>
cd $HOME/go/src/github.com/<your_github_userid>
# 下载安装脚本
curl -sSLO https://raw.githubusercontent.com/hyperledger/fabric/main/scripts/instal
l-fabric.sh && chmod +x install-fabric.sh
# 执行安装脚本
./install-fabric.sh docker samples binary
```

3. 部署并使用 Fabric

为了快速体验 Fabric，这里使用官方的测试用例 fabric-samples 来部署一个用于测试的 Fabric 网络，其中包含两个 peer 节点和一个 Raft 排序节点。

```
cd fabric-samples/test-network
./network.sh up
# 由于我们使用 Docker 进行部署，因此应该可以看到 3 个节点（容器）
docker ps -a
# 与 Fabric 网络交互的每个节点和用户都需要隶属于一个组织才能参与网络。测试网络包含两个 peer 组织
# （Org1 和 Org2）和一个排序组织，这个排序组织负责维护网络的排序服务
# 网络中的每个 peer 节点都隶属于一个组织。在测试网络中，每个组织各运行一个 peer 网络，即
# peer0.org1.example.com 和 peer0.org2.example.com
```

每个 Fabric 网络还包含一个排序服务。虽然 peer 方会验证交易并将交易区块添加到区块链的分布式账本中，但它们既不决定交易的顺序，也不会将交易纳入新的区块中。在分布式网络中，peer 节点之间可能相距甚远，无法就交易创建的时间达成共识。就交易顺序达成共识是一个成本高昂的过程，会给 peer 方带来开销。这个排序服务允许 peer 节点专注于验证交易并将其提交到分布式账本中。Raft 排序节点收到客户认可的交易后，会就交易顺序达成共识，随后将其添加到区块中。随后，这些区块被分发到 peer 节点，由 peer 节点将区块添加到分布式账本中。

接下来创建 Fabric 通信通道，通道是特定网络成员之间的私有通信层。只有受邀加入通道的组织才能使用通道，其他网络成员看不到通道。

```
./network.sh createChannel
```

创建通道后，就可以开始使用智能合约与账本进行交互。智能合约包含管理区块链上资产的业务逻辑。应用程序可以调用智能合约在区块链账本上创建、更改和转移资产。应用程序还可以查询智能合约，读取账本中的数据。为确保交易有效，使用智能合约创建的交易通常需要多个组织签名，才能提交到通道账本中。要对交易进行签名，每个组织都需要调用并执行智能合约，然后对交易输出进行签名。如果输出是合法的且得到足够多组织的签名，就可以将交易提交到账本中。

在 Fabric 中，智能合约以链码（chaincode）的形式被部署在网络上。链码被安装在一个 peer 节点上，然后被部署到一个通道中，在那里链码可以用来认可交易并与区块链账本交互。在将链码部署到通道之前，通道成员需要就链码定义达成一致。当所需数量的组织达成一致时，链码定义就可以提交给通道，链码也就可以使用了。

```
# 使用 deployCC 命令在 peer0.org1.example.com 和 peer0.org2.example.com 上安装资产传输的链码，
  然后在指定的通道中部署链码
/network.sh deployCC -ccn basic -ccp ../asset-transfer-basic/chaincode-go -ccl go
```

在数据确权场景中，我们往往需要将日志、数据的哈希值等关键信息上链，以防止它们被篡改。下面我们以 Go 语言为例，编写一个链码用于接收日志哈希值并存储在账本中。

我们首先定义智能合约以及日志哈希值的数据结构。在日志上链过程中，由于日志的格式各种各样，大小也各不相同，因此我们只记录日志的哈希值以及时间戳。

```
package main
```

```
import (
    "encoding/json"
    "fmt"
    "github.com/hyperledger/fabric-contract-api-go/contractapi"
)

// 定义智能合约
type LogContract struct {
    contractapi.Contract
}

//定义日志哈希值的数据结构
type LogEntry struct {
    Hash string `json:"hash"`
    Timestamp string `json:"timestamp"`
}
```

定义好必要的数据结构后，接下来编写函数进行日志上链以及日志查询。在日志上链函数SubmitLogHash中，ctx.GetStub()会返回一个Stub接口，这个接口提供了对账本进行读写操作的能力。Stub（存根）是链码与Hyperledger Fabric区块链交互的接口。PutState(key，value)则是Stub接口中的一个方法，用于将数据写入账本。具体来说，就是将指定的key和value存储到账本的状态数据库（State DB）中。这里需要注意的是，Hyperledger Fabric的链码账本只能存储二进制数据（字节数组）。因此，我们需要将复杂的结构数据序列化（转换）成可存储的二进制格式，而JSON是常用的序列化格式之一。json.Marshal()会将logEntry转换为JSON字符串，之后再进一步转换为字节数组，这样就能通过PutState方法将数据存入账本了。类似地，QueryLogHash函数则用于根据日志的id查询日志。

```
// 提交日志哈希
func (lc *LogContract) SubmitLogHash(ctx contractapi.TransactionContextInterface,
logID string, hash string, timestamp string) error {
    logEntry := LogEntry{
        Hash:      hash,
        Timestamp: timestamp,
    }
    logEntryBytes, _ := json.Marshal(logEntry)
    return ctx.GetStub().PutState(logID, logEntryBytes)
}

// 查询日志哈希
func (lc *LogContract) QueryLogHash(ctx contractapi.TransactionContextInterface,
logID string) (*LogEntry, error) {
    logEntryBytes, err := ctx.GetStub().GetState(logID)
    if err != nil {
        return nil, fmt.Errorf("failed to read log hash: %v", err)
    }
    if logEntryBytes == nil {
        return nil, fmt.Errorf("log hash not found for ID %s", logID)
    }

    logEntry := new(LogEntry)
```

```
        _ = json.Unmarshal (logEntryBytes,  logEntry)
        return logEntry,  nil
    }

    func main () {
        chaincode,  err := contractapi.NewChaincode (new (LogContract))
        if err != nil {
            fmt.Printf ("Error creating chaincode: %s",  err)
            return
        }

        if err := chaincode.Start ();  err != nil {
            fmt.Printf ("Error starting chaincode: %s",  err)
        }
    }
```

在编写完智能合约的代码后，我们可以通过 peer chaincode install 和 peer chaincode instantiate 命令来安装和实例化链码。最后，我们可以通过 CLI/SDK 或 RESTful API 的形式触发日志上链。

```
    peer chaincode invoke -o orderer.example.com:7050 --tls true --cafile $ORDERER_CA -C
mychannel -n logcontract -c '{"Args":["CreateLog",  "log1",  "This is a sample log message"]}'
```

5.3　建立全局可信的唯一身份：去中心化身份

5.3.1　去中心化身份概述

在当今社会，我们主要使用手机号、身份证号、电子邮件、用户名等凭证访问网站、应用程序和服务，而目前大部分的后台选择使用自有或商用的身份认证服务，由单一认证服务提供的身份标识称为中心化的身份标识。中心化的身份标识存在以下几个问题。

- 对于个人用户，数据可能会在用户不知情的情况下被收集、存储并与其他方共享。
- 对于组织，从这些身份标识收集到的数据通常存储在集中存储系统中，很容易受到大规模数据泄露的影响。
- 对于开发者，他们通常依赖谷歌和微信等第三方平台对用户进行身份验证，从而降低了用户的隐私保护程度。

去中心化标识符（Decentralized IDentifier，DID）是一种唯一的标识符，这种标识符使个人和组织能够建立在互联网上独立于中心化机构的身份。与电子邮件或电话号码等传统标识符不同，去中心化标识符完全由用户控制，不受外部实体支配。有了 DID，个人就可以管理自己的数字身份，从而拥有对自己在网上分享信息以及与各种服务交互方式的更多控制权。此外，用户还可以有选择地向受信任方披露特定信息，从而提高隐私性和安全性。

DID 的主要特点如下。

- 完全由用户（个人或组织）创建和管理，不依赖任何第三方。
- 允许所有者安全地证明其控制权。
- 不包含任何个人数据或钱包信息。

DID 利用数字签名等加密技术确保这些身份的真实性和完整性。密码学技术为我们在整个生命周期内管理身份数据提供了一个安全、可验证的框架。例如，求职者可以使用 DID 安全地出示可验证的证书（如文凭或认证），而不必分享整个简历。这种选择性披露在提供必要证书的同时也保护了个人信息。

5.3.2 可验证的数字凭证系统

我们经常使用护照或身份证等实体凭证来证明身份，这些凭证通常是当面或离线使用的。但对于数据要素相关的凭证，如何以加密安全、尊重隐私和可验证的方式证明自己的身份呢？

可验证凭证是纸质和数字凭证的数字加密安全版本，人们可以向需要验证凭证的机构出示这些凭证。从概念上讲，可验证凭证与 X509 证书类似，在 X509 证书中，由 CA（Certificate Authority，认证中心，又称签发者）证明一个具有特定属性（如主体名称）的公钥。可验证凭证的主体通常通过 DID 来识别。与 DID 文档和传统的数字证书相比，可验证凭证是个人的，由凭证持有者安全存储（比如存储在数字钱包中）。凭证持有者可以控制共享凭证的时间和环境，并且可以在不涉及权威机构的情况下共享凭证。用户可以选择共享特定信息，而不是显示整个证书，这就是被称为“选择性披露”的隐私保护功能。例如，某人可以证明自己拥有大学学位，而无须显示学位本身的任何细节。这就是所谓的匿名证书。这便实现了自我控制身份，也称自我主权身份。

在可验证凭证生态系统中，参与方有签发者、持有者和验证者，如图 5-2 所示。当签发者向某人发放可验证凭证时，其公开 DID 就会被附加到该凭证上。由于 DID 和签发者的公钥存储在区块链上，因此只要有一方想验证凭证的真实性，就可以在区块链上检查 DID，看看是否真的是签发者签署了凭证，而无须联系签发者。

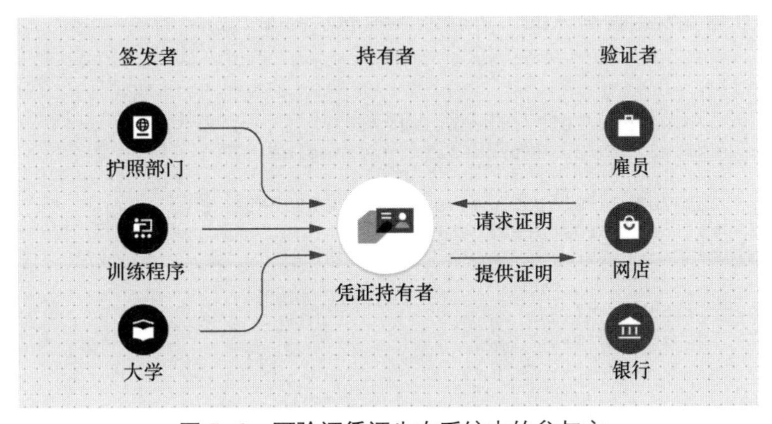

图 5-2 可验证凭证生态系统中的参与方

下面展示的可验证凭证是由某个机构为主体“did:example:user123”签发的 ID 为“did:example:issuer”的虚构身份证凭证。该凭证包含主体的姓名和出生日期，有效期为 5 年——2022-01-01 至 2026-12-31。

```
{
  "@context": [
    "https://www.w3.org/2018/credentials/v1",
    "https://example.com/contexts/customCredential.jsonld",
    "https://w3id.org/security/suites/ed25519-2020/v1"
  ],
  "id": "urn:uuid:6f0d2081-9e05-4c8a-bb75-5730591ffe52",
  "type": ["IDCardCredential"],
  "issuer": "did:example:issuer",
  "issuanceDate": "2022-01-01T00:00:00Z",
  "validUntil": "2026-12-31T23:59:59Z"
  "credentialSubject": {
   "id": "did:example:user123",
   "familyName": "User",
   "firstName": "Test",
   "dateOfBirth": "1970-01-01"
  }
  "proof": {
   "type": "Ed25519Signature2020",
   "created": "2022-11-28T08:39:17Z",
   "verificationMethod": "did:example:issuer#key-1",
   "proofPurpose": "assertionMethod",
   "proofValue":   "..."
  }
}
```

收到请求后，凭证持有者不会出示可验证凭证本身，但会提供可验证展示（verifiable presentation）。可验证展示包含一个或多个可验证凭证或衍生凭证，以及持有人证明。这样持有者就可以在一个步骤中出示多个凭证，或零知识证明更进一步的隐私保护。在这种情况下，可验证展示可以包含派生数据而不是原始声明。例如，可验证展示可以包括主体年满 18 岁的声明，但不透露凭证中的出生日期。此外，可验证展示还包括持有人证明，以使验证者能够确认所展示的凭证不仅有效，而且是签发给持有人的。可验证展示的示例如下。

```
{
  "@context": [
    "https://www.w3.org/2018/credentials/v1",
    "https://www.w3.org/2018/credentials/examples/v1"
  ],
  "id": "urn:uuid:b2b3af01-2d02-46a6-b8bb-a32b87d63e6d",
  "type": ["VerifiablePresentation"],
  "verifiableCredential": [
    {
      "credentialSubject": {
       "id": "did:example:user123",
        …
      }
      "proof": {
        "verificationMethod": "did:example:issuer#key-1",
```

```
        …
      }
    }
  ],
  "proof": [
    {
      "verificationMethod": "did:example:user123#key-1",
      …
    }
  ]
}
```

5.3.3 去中心化身份在数据要素确权中的应用

DID应用越来越多，以下展示了若干DID应用帮助企业提高运营效率，并让个人完全拥有和控制自己凭证和数字身份的示例。

1. 在医疗服务中进行身份确权

在线健康数据管理提供商（如互联网医疗企业）集成了DID和可验证凭证技术，使医疗服务提供商（如医院、诊所或体检机构等）能够以安全的方式共享患者数据，同时符合隐私法规并获得患者同意。举个例子，假设患者获得了在健康平台上注册的DID。每次患者去做血液检查时，结果都会作为可验证凭证发布，并与其DID相关联。而每当患者接受治疗时，包含其进展详情的报告就会作为可验证凭证发布。如果患者同意相关医疗服务提供者查看这些不同的数据，那么患者的家庭医生、治疗专家和药房就可以随时查看他们的可验证凭证，从而了解患者的详细情况。

2. DID辅助跨平台身份鉴权

日常生活中，我们经常遇到无法用一个账号在不同平台登录的问题。这种现象的背后主要有两个原因：一方面，互联网平台对用户的重要数据进行封闭管理，导致这些数据难以在其他平台上共享；另一方面，各个平台的身份验证和评估标准各不相同。比如，政府网站可能要求用户提供身份证信息，而某些生活类应用则只需要用户提供手机号码或社交媒体账号。这种差异化要求使得用户需要在不同平台上管理多个账号。

但有了DID，用户只需要一个信用凭证就能登录各类平台，并且不需要担心个人信息泄露。这是因为在DID中，用户的账号信息是统一的且由用户自主管理，不再依赖于集中化的身份验证或认证中心。DID可以作为一种信任系统，帮助用户实现“一证通行”。通过DID，用户只需要一个统一的登录凭证，便能够在不同平台上进行数据确权和授权。基于区块链的分布式技术，用户的信息被存储在区块链的节点中，不可篡改或删除，并可用于第三方平台的身份验证。

5.3.4　开源项目介绍：DIDKit

DIDKit 是一个功能强大的工具包，旨在帮助开发者构建和管理去中心化身份。它是 SpruceKit 生态系统的一部分，专注于实现和管理符合 W3C 标准的可验证凭证和去中心化标识符。通过使用 DIDKit，开发者可以轻松地创建、签署、验证和管理数字身份和凭证，确保身份数据的安全性和隐私性。

要在 GNU/Linux、macOS 或 Windows+WSL 上安装 DIDKit 命令行程序，首先就要安装 Cargo。

```
cargo install didkit-cli
```

这将把二进制的 DIDKit 添加到 Cargo 安装文件（通常是~/.cargo/bin）中，为了方便使用，也可以把它添加到系统变量 PATH 中。

为了签发可验证凭证，我们需要一个签名密钥。我们将使用这个密钥，通过 did-key DID 方法生成一个 DID。DIDKit 可以使用 generate-ed25519-key 子命令生成签名密钥，以创建 JWK 格式的 ed25519 私钥。现有的 JWK 也可以通过文件路径来加载。

```
didkit generate-ed25519-key > issuer_key.jwk
issuer_did=$ (didkit key-to-did key -k issuer_key.jwk)
echo $issuer_did
```

得到的 did-key 如下：

```
did:key:z6MkkJeivgHKSW1RuW3eKSWNxsdur3wq93yKWuwph2fKXWGW
```

准备好签名密钥并知道其作为 did-key 的表示形式后，指定要签名的可验证凭据的 JSON：

```
cat > unsigned-vc.json <<EOF
{
    "@context": "https://www.w3.org/2018/credentials/v1",
    "id": "urn:uuid:`uuidgen`",
    "type": ["VerifiableCredential"],
    "issuer": "${issuer_did}",
    "issuanceDate": "$ (date -u +%FT%TZ) ",
    "credentialSubject": {
        "id": "did:example:my-data-subject-identifier"
    }
}
EOF
```

@context 属性表明这个 JSON 是一个 W3C 可验证凭证。id 属性是这个凭证的标识符。type 属性则将这个凭证识别为基本数据模型。issuer 属性包含签发者的 URI（即之前生成的 did-key），issuanceDate 属性表示签发时间（当前 UTC 时间），credentialSubject 属性包含实际的声明。

使用 DIDKit CLI 签署可验证凭证，并指定签名密钥的路径、验证方法（-v）、证明目的（-p）和未签名的凭证。验证方法指的是如何解析签名并检查其有效性。证明目的指的是签名的范围和意图，在本例中，我们将使用 assertionMethod 的证明目的值来验证凭证的真实性。

```
vm=$(didkit key-to-verification-method key --key-path issuer_key.jwk)
didkit vc-issue-credential --key-path issuer_key.jwk \
                           -v "${vm}" -p assertionMethod \
                           <unsigned-vc.json > signed-vc.json
cat signed-vc.json
```

这将生成一个已签名的凭证，如下所示：


```
{"@context":"https://www.w3.org/2018/credentials/v1", "id":"urn:uuid:685d780f-f14a
-4303-a892-aaf3c085ad6c","type":["VerifiableCredential"],"credentialSubject":{"id":"did:
example:my-data-subject-identifier"}, "issuer":"did:key:z6MkkJeivgHKSW1RuW3eKSWNxsdur3
wq93yKWuwph2fKXWGW", "issuanceDate":"2024-10-08T02:43:06Z", "proof":{"type":"Ed25519Sig
nature2018", "proofPurpose":"assertionMethod", "verificationMethod":"did:key:z6MkkJeivg
HKSW1RuW3eKSWNxsdur3wq93yKWuwph2fKXWGW#z6MkkJeivgHKSW1RuW3eKSWNxsdur3wq93yKWuwph2fKXWGW
", "created":"2024-10-08T02:43:42.046394474Z", "jws":"eyJhbGciOiJFZERTQSIsImNyaXQiOlsiY
jY0Il0sImI2NCI6ZmFsc2V9..bEdoA-5a2WuGG7rXM81EaYubxbxXg-h2hWyLLU2bSuJck75fCVmN5x4J6wbaEN
V3QrkbXfo8utbC3BCEX_D0Bg"}}
```


验证已签名的凭证：

```
didkit vc-verify-credential < signed-vc.json
```

正常情况下不会出现任何检查失败、警告或错误消息，输出如下：

```
{"checks":["proof"], "warnings":[], "errors":[]}
```

为了验证不合法的凭证，修改 signed-vc.json 的内容，然后再次验证，结果验证失败，输出如下：

```
{"checks":["proof"], "warnings":[], "errors":["Invalid last symbol 97, offset 85."]}
```

5.3.5 小结

当前，我们主要使用电子邮件、用户名和密码等集中式身份标识访问网站和应用程序。但是，这些身份标识对个人、组织和开发者来说存在很多问题，包括数据在不知情的情况下被收集并分享给其他方、数据被跟踪以及缺乏对数据的控制。幸运的是，去中心化身份可以解决所有这些问题。DID 在可验证凭证生态系统中发挥着关键作用，对于组织机构，它们可以高效签发防欺诈证书并即时验证证书；对于个人，用户拥有数据的完全所有权和控制权，同时还能防止数据被跟踪。通过实现去中心化的身份管理，DID 在数据要素和数据确权方面提供了新的解决方案，促进了数字资产的安全流通和有效管理。

5.4 追溯与明确数据的权属：数字水印

数字水印（Digital Watermark）是一种能够在数字内容中嵌入特定的标志信息，从而标识数据来源或其所属对象的技术手段，我们将嵌入的标志信息称为水印。现如今，数字水印技术已被广泛应用于版权保护、数据溯源、数据完整性保护等场景中，以明确数据所属对象，并防止数据被非法滥用。

5.4.1　数字水印概述

日常生活中，我们见到最多的是针对图像、文件、视频以及音频等内容嵌入的水印，它们用于还原并展示数据的来源，实现版权保护。此外，在数据要素安全领域，数据拥有者也会采用数字水印技术，为关系数据库中的数据添加水印，实现数据确权、溯源以及完整性校验。

数字水印的实现包括 3 个主要步骤：水印生成、水印嵌入和水印提取，如图 5-3 所示。

水印生成是指根据用户需求，通过一定的算法，生成能够包含用户身份标识的水印信息。水印嵌入是指将水印信息添加到所要保护的数据中。由于在嵌入过程中添加水印必然使得原始数据发生变化，因此如何在添加水印的同时保证原始数据的可用性并降低其失真率，便成了数字水印技术的主要研究方向之一。此外，若要将数字水印用于版权保护、数据溯源等，则需要保证嵌入的水印内容不容易被破坏，即提升数字水印的鲁棒性，这是数字水印技术的另一主要研究方向。水印提取则是指从已嵌入水印的信息中提取出原始的水印标识，并根据提取出来的水印内容的完整性与真实性验证数据的完整性和合法性。

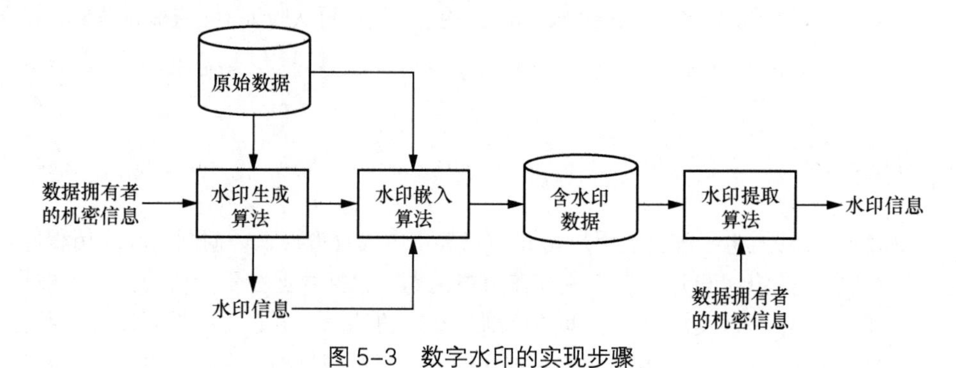

图 5-3　数字水印的实现步骤

5.4.2　数字水印的分类与性质

数字水印可根据不同需求与技术来划分类型，既可根据水印的可见性分为可见水印与不可见水印，又可根据水印的鲁棒性分为脆弱性水印和鲁棒性水印。而鲁棒性水印又可以根据水印载体类型分为数值型水印和字符型水印。

可见水印直接嵌在数据表面，肉眼可见，主要用于图片、视频和文档等，视觉上能让人看到水印信息，从而明确数据所属主体。可见水印可用于保护数据的版权信息以及数据溯源。不可见水印则相反，人难以用肉眼看到数据中所嵌入的水印信息，但计算机可以通过水印提取算法提取出水印信息。不可见水印一般用于图像、视频、数据库等多种类型的数据中，不但可以用于数据溯源与版权保护，还可以实现数据完整性校验。

根据被攻击者破坏的难易程度（即水印的鲁棒性），我们可以将数字水印分为脆弱性水印与鲁棒性水印。脆弱性水印是指水印极易因数据的变化而发生变化，哪怕数据仅仅发生了十分微小的变动，也会导致水印被破坏。这种水印大多用于为数据提供完整性保护，人们可根据水印是否被破坏来判断数据是否被篡改。鲁棒性水印则相反，这种水印一般不容易被破坏，即使数据发生一定程度的变化，也能够提取出所嵌入的水印信息。鲁棒性水印大多用于数据确权、版权保护、数据溯源等，当发生数据泄露、数据盗用、数据版权纠纷等情况时，能够通过数字水印来确定泄露源或明确数据所属，实现快速响应处理。

一般对不可见水印的主要性质要求有鲁棒性、安全性、隐蔽性等。其中，鲁棒性是指嵌入水印的数据在遭受攻击后，水印不会被破坏，依旧能够从受到攻击的数据中提取出水印信息；安全性则是指嵌入的水印不容易遭受伪造或篡改，攻击者难以确定水印位置并提取出水印信息；隐蔽性是指数据嵌入水印后能够保证数据可用，从而不影响数据使用方正常使用数据。

5.4.3 主流数字水印技术

水印载体类型繁多，包括但不限于图像数据、数据库数据、音频数据、文档数据等，这些数据具有较大差异，对数据可用性的要求也各不相同。因此，数字水印技术也会因针对不同类型的数据而有所不同，本小节主要介绍适用于图像数据与数据库数据的主流数字水印技术。

对于图像水印，一般针对空间域或变换域实现水印嵌入。最具代表性的基于空间域的水印嵌入技术是最低有效位（Least Significant Bit，LSB）嵌入技术，其基本思想是将水印信息嵌入图像像素值的最低有效位。一般工作流程为，先将水印信息转为二进制格式，再选取图像像素值的最低有效位（对于彩色图像，可以选择不同 RGB 分量的最低位进行嵌入），最后将嵌入位置的比特替换为水印数据的相应比特，替换完成后恢复图像，即完成水印信息的嵌入。LSB 嵌入技术的优点在于简单易实现，计算开销较小，同时对图像质量影响较小，人眼难以察觉图像的变化，能够保证水印的隐蔽性与原始数据的可用性。但 LSB 嵌入技术的缺点也较为明显，由于算法简单，因此容易被攻击者检测和攻击，通过置空图像像素值的最低有效位即可去除水印，因而鲁棒性也较差。

基于变换域的水印嵌入技术有基于离散小波变换（Discrete Wavelet Transform，DWT）的水印嵌入、基于离散余弦变换（Discrete Cosine Transform，DCT）的水印嵌入以及基于离散傅里叶变换（Discrete Fourier Transform，DFT）的水印嵌入。DWT、DCT 和 DFT 都是常用的数字信号处理技术，在图像处理领域，它们可以将图像从空间域转换为频域表示。简单来说，就是用另一种形式来表达原始图像的像素内容，且这种变化是可逆的，这种变化更有利于图像的存储、传输与处理。以基于 DWT 的水印嵌入技术为例，DWT 可以将图像分解成不同分辨率的子带，如低低（LL）、低高（LH）、高低（HL）和高高（HH）子带。低频子带含有大部分图像能量，高频子带包含细节信息。一般选择在低频子带中嵌入水印，这样可以保证水印在图像压缩、噪声添加等操作下具有较好的鲁棒性。

此外，为了提高水印的隐蔽性和抗攻击能力，还可以采用扩频的思想，将水印信号通过伪随机序列进行扩频调制，从而将水印分散在整个图像中，进一步提高水印的鲁棒性。

数据库水印与图像水印有所不同，数据库数据一般为字符、时间或数值类型内容，因此对这类数据插入水印须考虑数据失真或数据可用性问题。常见的用于数据库水印的技术有 LSB、量化指数调制（Quantization Index Modulation，QIM）、嵌入零宽字符等。在数据库数据中使用 LSB 的核心思想与前面介绍的在图像中使用 LSB 的核心思想一样，也是通过修改水印载体数据的最低有效位来实现水印嵌入。与图像数据不同的是，数据库数据的最低有效位的变动会导致数据精度发生改变。因此，此类水印适用于在满足数据精度不受影响的情况下，对数值型与时间型数据中不影响数据精度的位添加水印信息。比如当时间型数据要求年、月、日不发生变动时，将水印添加到秒级数据的位可以有效保证数据的可用性。这里举一个简单例子，假设我们要对一个浮点类型的数据嵌入水印，假设数据值为 23.1。此时如果数据精度要求为取小数点后一位，那么我们可以在该数据小数点后的第二位嵌入水印，此时水印位的取值可以为 0～9 的任意值。假设水印生成算法为计算该数据对应主键与数据拥有者机密信息的哈希值后除以 10 取余数，则可使用该算法计算出该数据的水印值，假设结果为 4，此时嵌入水印后的数据值为 23.14，从而实现了水印嵌入。

QIM 的核心思想是将原始数据根据设定的步长量化到相邻的区域中，步长和扰动可根据所能接受的误差范围进行设置。这种技术仅适用于数值型数据，虽然会对单个数据造成损失，但如果数据分布均匀，理论上最后所有损失加起来为 0。因此，如果对添加水印后的数据做一些统计分析，则可以得到与对原始数据做分析相似的结果。这种技术的优势在于鲁棒性更强，但仅能保证可接受误差范围内的数据可用性。

嵌入零宽字符则通过将水印信息映射为不可见字符，然后插入数据的末尾来实现水印嵌入。原始数据没有发生变化，嵌入水印的数据在视觉上也没有发生变化，但实际上数据长度发生了变化，计算机在处理数据时可能会受到影响。假设我们采用与 LSB 例子中类似的水印生成算法计算出了水印值，并映射成零宽字符“U+200F”，将这个字符嵌入原始数据“hello”的后面，即可实现水印嵌入。对于嵌入后的数据，我们在网页等地方看到的依旧是“hello”，但对于计算机来说，这个值变成了“hello U+200F”。这种技术的鲁棒性较差，可通过数据清洗去除数据中的不可见字符，这样水印也就被去除了。

此外，对于数据库水印，还可以采用在数据表中插入伪行或伪列来实现水印嵌入。这种方法的基本思想是将水印信息映射为匹配原始数据表属性的伪造数据行（简称伪行）或伪造数据列（简称伪列），并将包含水印信息的伪行或伪列插入数据表来实现水印嵌入。这种方法要求插入的伪行或伪列必须与原始数据在形式上高度相似，人或计算机难以区分原始数据与伪行或伪列，进而保障水印的鲁棒性，如图 5-4 所示。此外，插入伪行或伪列不会使原始数据发生变动，也不会影响原始数据的可用性。这种方法适用于在数据库中查询数据的场景，但会影响数据的统计特性。

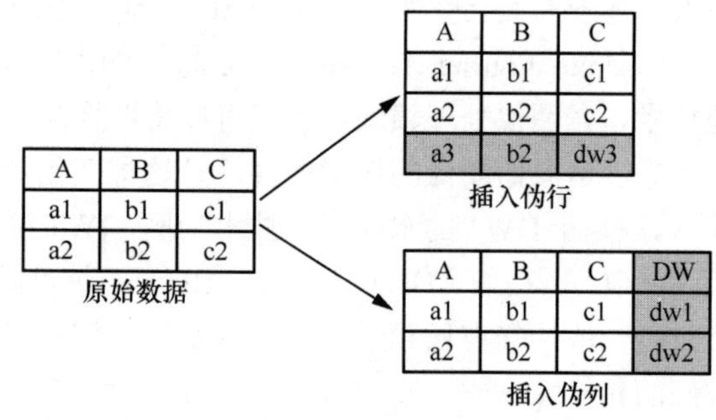

图 5-4　通过插入伪行或伪列来实现水印嵌入

5.4.4 小结

本节介绍了数字水印技术的应用场景、分类与性质、当前主流的数字水印技术等内容。数字水印作为一种有效的数字版权保护和数据安全保障手段，正在发挥越来越重要的作用。在数据确权场景中，拥有数据资源所有权的主体可结合自身身份信息与数据使用主体的身份信息，在分发的数据中嵌入水印信息。当发生数据泄露、滥用、版权纠纷时，数据的所属主体可通过提取争议数据中的水印信息，明确数据所有权与数据使用主体，进而实现数据溯源，明确版权，完成数据可信确权。随着信息技术的发展和数据安全需求的增加，数字水印技术的应用将更加广阔。未来，随着技术的不断进步，数字水印将进一步提升其隐蔽性、鲁棒性和应用灵活性，为数字时代的数据安全保驾护航。

5.5 本章小结

本章从“数据可信确权”这一场景出发，分析了数据资产所面临的易复制、易伪造和易盗用等问题。我们介绍了区块链技术，该技术为数据确权提供了一个去中心化的、安全且透明的账本系统。通过区块链，每个数据的所有权和交易记录都会被加密存储在链上，形成不可篡改的历史记录，从而保证数据在使用或流通过程中的可信性。我们还介绍了去中心化身份技术，利用该技术，数据所有者可通过自主管理的数字身份系统来证明和管理数据的所有权。在这种系统中，用户不必依赖第三方机构，就可以通过分布式网络直接认证数据的归属权，确保身份的唯一性和私密性。我们最后介绍了数字水印技术，该技术为数据增加了隐形的所有权标识，使得数据在共享或传播过程中，所有权信息也不会丢失。通过这些技术的结合，我们可以为数据可信确权构建一个安全、透明和防篡改的生态系统，有效保障数据所有者的合法权益。

第6章

“数据可控流通”场景的技术洞察

随着数据要素越来越多地参与到社会生产活动中，数据从一方流转到另一方，不仅变成更高维度的信息、知识和智能，还产生了越来越大的社会和经济价值。因而，我们可以得出一个结论：数据流通会促进数据价值的增加。

传统的数据流通往往是将数据作为载体进行简单的传输，或者调用数据服务提供方提供的对应 API 接口来实现。然而这些数据流通方式已经面临越来越多的挑战。

不断完善的法律法规，对数据的流通提出了更高的要求，如《数据安全法》和《个人信息保护法》对敏感数据和个人数据的保护和使用都进行了严格规定，并建立了数据安全审查制度，数据处理者如处理不当则将面临处罚。

此外，传统数据流通方式，除可能不满足合规需求外，也无法满足数据要素应用的需求。因为简单的数据传输或应用接口调用无法对数据的使用情况或流转路径进行控制，也就无法保证数据提供方的利益，数据使用方同样也面临这种风险（比如提交查询请求时，请求本身也可能包含敏感数据）。因而，数据要素应用的各方可能都不愿共享自己的数据，这样数据的流通就变得困难。

6.1 场景需求分析

事实上，几乎所有的应用和业务场景会与数据或多或少有所关联。在高频访问、处理和计算的复杂环境中，如何保障敏感信息和个人数据的安全性和隐私性是关键性问题。在数据共享场景中，如果可以直接访问和下载用户个人信息的原始数据，就存在隐私泄露的风险。为了避免风险，可对所有数据项逐一进行加密。但这引入一个问题——数据的密文杂乱无章，已经失去了测试和验证价值。在数据共享场景中，经过安全处理的数据需要满足以下 3 个需求。

- 数据机密性：对于个人信息，则称为隐私机密性，应确保潜在的攻击者无法获取关键信息。

- 数据可用性：保证处理后的数据在某些业务场景中仍然保持某些统计特性或可分辨性。
- 数据完整性：保证数据无法篡改，或篡改后能及时发现。

数据机密性与数据可用性看上去相互矛盾，那么是否可以在数据可用性和数据机密性之间找到平衡呢？本章介绍的数据脱敏和匿名化、差分隐私、合成数据和 API 安全技术就可以解决这个“看似矛盾”的问题。

6.2 降低敏感数据风险：数据脱敏与风险评估

6.2.1 数据脱敏概述

数据脱敏（data masking）也称数据漂白，指对敏感数据通过替换、失真等变换降低数据的敏感度，同时保留一定的统计特征以保证数据的可用性。数据脱敏由于具有处理高效且应用灵活等特点，因而是目前工业界处理敏感类数据时广泛采用的一种技术，该技术在互联网、金融等行业也有广泛的应用。

业界有一系列的方法/策略可以用于数据脱敏，表 6-1 列举了一些典型的数据脱敏方法/策略。

表 6-1 一些典型的数据脱敏方法/策略

数据脱敏方法/策略	描述	示例
取整	对数值或日期数据取整	13:25:15→13:00:00
量化	通过量化间距调整数据失真程度	27→30
屏蔽	屏蔽部分数据，如电话、身份证号码	152****1234
截断	截断数据尾部	010-88886666→010
唯一替换	使用替换表对敏感数据进行替换	231→1、20→2、231→1
哈希	将输入映射为固定长度的字符串	8→a17d、28 →1c4a
重排	对数据库的某一列进行重排	22,31,27→31,27,22
FPE 加密	明文和密文格式不变	15266661234→15173459527

具体使用哪种数据脱敏方法/策略，需要根据业务场景，如数据的使用目的以及脱敏级别等去选择和调整。其中，保留格式加密（Format-Preserving Encryption，FPE）是一种特殊的加密方式，其输出的密文格式与明文相同。比如联通手机号 15266661234，进行 FPE 加密后输出的仍然是联通手机号，只不过号码变成了 15173459527。

在个人信息保护领域，数据脱敏、去标识化（de-identification）、匿名化（anonymization）、假名化（pseudonymization）等概念常常交替出现，给读者造成许多不便。简单来说，数据脱敏偏向于数据安全，它的范围更大；而“去标识化”“匿名化”与“假名化”则是数据脱敏的重要手段，它们更偏向于隐私保护，隐私保护是在数据安全基础之上对个人敏感信息的安全防护。“去标识化”“匿名化”“假名化”之间没有本质的区别，但各国的法律法规对它们的定义却有细微的区别。

6.2.2 假名化、去标识化与匿名化技术

假名化指的是使用假名或代码（如编号、别名）来替代真实的个人身份信息。这种技术仍然允许数据和个人之间存在关联，但这种关联只能通过额外的信息（如加密密钥）来恢复，且只有授权人员或系统才能访问这些额外信息。图6-1展示了各国法律对假名化的定义。

GDPR Art.4(5)	假名化指处理个人信息的过程，使个人信息在不提供额外信息的情况下，无法归属于特定的主体；条件是此类信息应该单独保存，从技术上和组织形式上确保个人信息无法被定位到某个自然人
CCPA 1798.140.(r)	假名化指处理个人信息的过程，使在不依赖额外信息的情况下，推测出的个人信息无法定位到某个人；额外信息应该分开存储，从技术和组织上确保个人信息无法定位到某个人
《信息安全技术 个人信息去标识化指南》附录A.4.1	假名化技术是一种使用假名替换直接标识（或其他敏感标识符）的去标识化技术。假名化技术为每一个人信息主体创建唯一的标识符，以取代原来的直接标识或敏感标识符
ISO/IEC 29100:2011(E) 2.24	用于处理个人身份信息的程序，用别名取代身份信息
ISO/TS 25237: 2008 3.39	特定类型的匿名化，既消除数据主体间关联，又在数据主体有关的一组特征和（一个或多个）假名之间建立联系

图6-1　各国法律对假名化的定义

假名化可以通过加密、令牌化、带密钥的哈希函数等方式来实现。注意，假名化的一个显著特点是可逆，即可以通过特定的额外信息（如加密密钥或映射表）还原。假名化的数据仍然被视为个人数据，数据的存储仍然需要满足相关的法律法规要求。

去标识化技术的要求则更高，根据 GB/T 35273—2020《信息安全技术 个人信息安全规范》的 3.15 条款，去标识化是通过对个人信息的技术处理，使其在不借助额外信息的情况下，无法识别或者关联个人信息主体的过程。去标识化可以部分可逆或不可逆，这取决于具体方法和实施细节。如果结合足够的外部信息或数据，则部分去标识化的数据仍然有可能重新识别个体。图 6-2 给出了不同法律法规对去标识化的说明，可以发现，我国限定了重识别时“不借助额外信息”，而 CCPA 需要考虑到结合其他额外可能获得的信息综合评估重识别的可能性。

HIPAA 164.514	通过去标识化处理来保护健康信息，确保这些信息无法直接追溯至特定个人。被认定为非可单独识别的健康信息的条件是：当信息被接收者单独使用，或与其他合理可用的信息结合使用时，识别特定个人的可能性极低
CCPA 1798	去标识化是指数据不能直接或间接地合理识别、关联、描述特定的消费者
ISO/TS 25237: 2008	假名化是去标识化的一个子类。在进行去标识化处理后，个人信息控制者通常保留着可用于重识别个人信息主体的信息
FIPPA 49.1(2)	去标识化指的是移除下述信息： ● 可以定位到个人的信息 ● 可以与其他信息结合使用，在合理预见的情况下，可能用于识别个人身份的信息
《信息安全技术 个人信息安全规范》3.15	通过对个人信息的技术处理，使其在不借助额外信息的情况下，无法识别或者关联个人信息主体的过程。去标识化建立在个体基础之上，保留了个体颗粒度，采用假名、加密、哈希函数等技术手段替代对个人信息的标识

图 6-2　不同法律法规对去标识化的说明

匿名化技术的要求则更高，旨在修改或删除数据集中的敏感信息，以确保个人无法被识别，即使结合其他数据源，也无法还原个人身份。一旦数据被匿名化，理论上就无法再通过任何手段将其还原为可以识别特定个体的信息。在 GDPR 中，匿名化后的数据不再被视为个人数据，因为它们已经无法再与特定个人相关联。图 6-3 给出了不同法律法规对匿名化的定义。

在匿名化的实现上，主要包括泛化、抑制、置换等操作。其中泛化的应用最为广泛，泛化是指用模糊/抽象/概括的值代替精确值，使得多个数据是相同的。例如年龄 26、29 被泛化为“25～30”，地址朝阳区、海淀区被泛化为北京市，这样攻击者就无法精确地获得数据主体的精确信息了；抑制是指将数据使用“*”代替，以隐藏和遮蔽数据值，使得攻击者无法获得这部分信息；置换则是指将数据表中属性值的位置打乱，从而使得数据主体与属性信息不对应。

GDPR Recital 26	经过假名化处理的个人数据（如果结合其他数据）仍然有合理地识别到具体自然人的可能性，属于GDPR定义的个人数据。 而已经匿名化的数据将无法识别数据主体，因此不属于GDPR定义的个人数据
ISO/TS 25237:2008(E)	匿名化移除了数据主体和定位数据集间的关系 注：匿名化是去标识化的子类，与假名化不同的是，匿名化不提供一种机制，使得信息能够在多个数据记录或信息系统中追溯到同一个个体
ISO/IEC 29100:2011(E)	对个人身份信息进行不可逆转的更改，使其无法再被直接或间接识别，须考虑到所有可能合理使用的重识别方法
《网络安全法》第42条	网络运营者不得泄露、篡改、毁损其收集的个人信息;未经被收集者同意，不得向他人提供个人信息。但是，经过处理无法识别特定个人且不能复原的除外
《信息安全技术 个人信息安全规范》3.14	通过对个人信息的技术处理，使得个人信息主体无法被识别或者关联，且处理后的信息不能被复原的过程。个人信息经匿名化处理后所得的信息不属于个人信息

图6-3 不同法律法规对匿名化的定义

表6-2对3种主流脱敏技术做了对比，不难发现，假名化、去标识化和匿名化在隐私保护的力度上逐步增强。

表6-2 3种主流脱敏技术的对比

属性	假名化	去标识化	匿名化
定义	使用假名替代身份信息，保留部分关联性	移除或模糊直接和间接标识符	完全去除个人关联，无法还原
可逆性	可逆，通过映射表或密钥可恢复身份	部分可逆，结合外部数据有可能恢复	不可逆，无法恢复
隐私保护力度	中等，仍保留部分识别性	介于中等和高之间，存在小概率被识别的情况	高，无法通过任何方式来识别
适用场景	想要保留数据与个人的关联性，但需要防止直接识别	需要降低识别风险但又想要保留一定的数据价值	不再需要与个体关联，以确保隐私
法律地位	仍视为个人数据，受GDPR等法规保护	仍有识别风险，并且可能仍受隐私法规的约束	不再视为个人数据，不受隐私法规的约束

6.2.3 数据脱敏风险及效果评估

6.2.2 节介绍了数据脱敏相关技术，然而通过一些攻击案例和研究发现，这种方式的“匿名”处理是不充分的，仍然存在个体隐私泄露的风险。由于数据开放和共享范围不同，因此潜在的攻击者不同，他们的背景知识、攻击能力和攻击动机也是不同的。通常，脱敏数据集仍然存在信息泄露的相关风险。攻击者通过一种攻击或者攻击组合，就可以从脱敏数据集中分析和推断出一些相关的隐私和敏感信息。接下来我们通过两个案例来说明这种风险。

如图 6-4 所示，第一个案例是，美国马萨诸塞州发布了医疗患者信息数据库 DB1，其中去掉了患者的姓名和地址信息，仅保留患者的{邮编，生日，性别，…}信息。另有一个可获得的数据库 DB2，其中存储了该州选民的登记表，包括选民的{邮编，生日，性别，姓名，住址，…}这些详细个人信息。只需要对这两个数据库的同属性段{邮编，生日，性别}进行链接和匹配，攻击者就可以恢复出大部分选民的医疗健康信息，从而导致选民的医疗隐私数据被泄露。匿名化技术可以实现个人信息记录的匿名处理，理想情况下无法识别到具体的“自然人”。

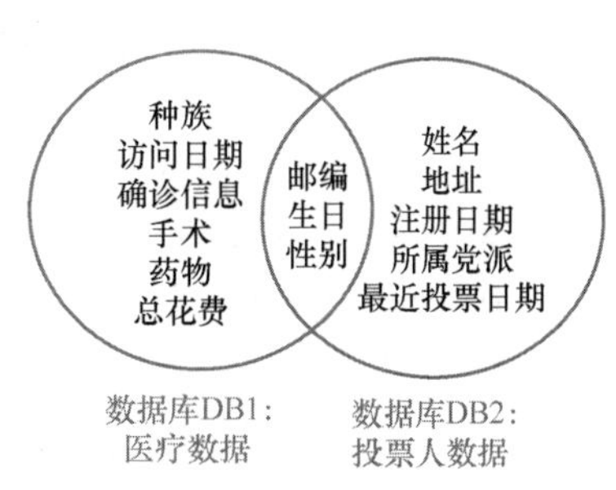

图 6-4 马萨诸塞州匿名化示例

第二个案例是，2006 年 8 月，AOL（美国在线）公司公布了 2006 年 3 月 1 日至 5 月 31 日这 3 个月用户的真实搜索记录日志，其中包括约 1900 万条搜索记录、1080 万个不一样的搜索词，以及超 65 万个经过匿名化处理的用户 ID（先将用户注册信息删除，再用随机 ID 代替用户真实 ID）。虽然用户搜索的日志信息是经过匿名处理的，然而根据从某个用户 ID（随机 ID）所做的一系列历史搜索行为和相关信息，仍然有较大可能性分析和关联出用户的真实身份。《纽约时报》记者根据搜索数据的地址和姓名等信息，发现了编号为 4417749 的一位 62 岁的老太太家里养了三条狗，以及这位老太太患有某种疾病等隐私。记者曝光该事件后，引起美国公众对 AOL 公司隐私保护措施的诸多顾虑，并最终导致 AOL 首席技术官引咎辞职。

根据攻击者的目的和攻击能力，有 3 类常见的隐私攻击场景，我们形象地将它们分别称为检察官攻击、记者攻击和营销者攻击。进行检察官攻击的攻击者具有背景知识，了解攻击目标一定在公开数据集中，比如攻击者了解自己的朋友在发布的数据集中，其目的是挑选出他的朋友，并获得敏感信息（比如财产消费、医疗健康等信息）；进行记者攻击的攻击者为了达到曝光的目的，需要尽量寻找公开数据库（比如选举身份登记表），进行匹配关联并多次向媒体炫耀，使得牵涉其中的企业名誉扫地和难堪；攻击者进行营销者攻击的目的是营销，也就是对自己的用户进行多维度的关联与画像，只需要保持较高识别概率的匹配关联即可，而不需要证明这是唯一识别出的与脱敏数据集对应的数据主体。

目前，数据脱敏的效果评估技术主要分为 3 类：基于人工抽查的定性判定方法、基于模型参数的评估技术和通用的评估技术。其中，基于人工抽查的定性判定方法指的是按照标准流程和表格进行专家检查和判定，然而，这种方法的成本十分昂贵；基于模型参数的评估技术通常与隐私保护模型有关，包括 K-匿名（K-Anonymity）、L-多样性（L-Diversity）和差分隐私（Differential Privacy）模型等。通用的评估技术与数据脱敏方法和隐私保护模型无关，在学术上通常称为“重标识攻击风险的度量”。对于重标识攻击风险的度量，最简单的评估方法是使用唯一性指标进行度量，如果单个属性或者多个属性组合的值在表中是唯一的，那么就可以识别目标个人的身份。根据 Latanya Sweeney 的研究，在美国，使用邮编、性别、出生日期等信息，有 81%的概率可以唯一识别出对应的美国公民[41]。

6.2.4 开源项目介绍：Presidio

Presidio 是一个由微软开发的开源项目，旨在帮助企业和开发人员检测、识别和模糊化个人可识别信息（Personally Identifiable Information，PII）。Presidio 主要用来保障数据隐私，特别是在处理个人身份信息时。Presidio 提供了开箱即用的 PII 检测和去识别化功能，并且具有高度的可定制性和扩展性。

Presidio 由两个模块组成，图 6-5 展示了 Presidio 的工作流。

Presidio analyzer：旨在识别文本中的 PII，其拥有多个识别器，每个识别器都能检测特定的 PII 实体。这些识别器利用了正则表达式、拒绝列表、校验和、基于规则的逻辑、命名实体识别模型（Named Entity Recognition Model）以及周围词语的上下文。

Presidio anonymizer：它拥有多个运算符，每个运算符都可以通过不同的方式对 PII 实体进行匿名化。此外，它还可用于对已匿名化的实体进行去匿名化（例如解密已加密的实体）。

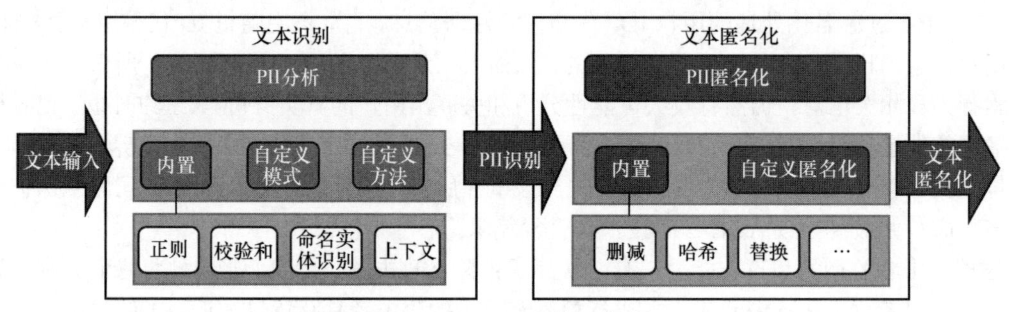

图 6-5　Presidio 的工作流

接下来讲解如何快速上手 Presidio。

Presidio 的安装很简单：

```
!pip install presidio_analyzer presidio_anonymizer
!python -m spacy download en_core_web_lg
```

首先设置 Presidio analyzer：加载 NLP 模块（默认为 spaCy 模型），然后调用分析器以获取“PHONE_NUMBER ”实体类型的分析结果。

```
from presidio_analyzer import AnalyzerEngine, PatternRecognizer
from presidio_anonymizer import AnonymizerEngine
from presidio_anonymizer.entities import OperatorConfig
import json
from pprint import pprint

text_to_anonymize = "His name is Mr. Jones and his phone number is 212-555-5555"
analyzer = AnalyzerEngine()
analyzer_results = analyzer.analyze(text=text_to_anonymize, entities=["PHONE_NUMBER"],
                                    language='en')

print(analyzer_results)
```

结果如下：

```
[type: PHONE_NUMBER, start: 46, end: 58, score: 0.75]
```

除了使用内置的分析器，Presidio 还允许自定义分析器。下面创建两个 PatternRecognizer 类型的分析器，以识别所分析文本中的标题和代词。PatternRecognizer 是使用正则表达式或拒绝列表的 PII 实体识别器。

```
titles_recognizer = PatternRecognizer(supported_entity="TITLE",
                                      deny_list=["Mr.","Mrs.","Miss"])

pronoun_recognizer = PatternRecognizer(supported_entity="PRONOUN",
                                       deny_list=["he", "He", "his", "His", "she", "She",
                                       "hers", "Hers"])

analyzer.registry.add_recognizer(titles_recognizer)
analyzer.registry.add_recognizer(pronoun_recognizer)

analyzer_results = analyzer.analyze(text=text_to_anonymize,
                            entities=["TITLE", "PRONOUN"],
                            language="en")
print(analyzer_results)
analyzer_results = analyzer.analyze(text=text_to_anonymize, language='en')

analyzer_results
```

结果如下：

```
[type: PRONOUN, start: 0, end: 3, score: 1.0, type: TITLE, start: 12, end: 15, score:
1.0, type: PRONOUN, start: 26, end: 29, score: 1.0]
```

识别出 PII 后，我们将对这些敏感信息进行脱敏。使用 Presidio anonymizer 对 Presidio analyzer 的结果进行遍历分析，并对识别出来的文本进行匿名化处理。

Presidio anonymizer 提供了 5 种类型的匿名器——替换、编辑、掩码、哈希和加密，默认为替换。

```
anonymizer = AnonymizerEngine()

anonymized_results = anonymizer.anonymize(
    text=text_to_anonymize,
    analyzer_results=analyzer_results,
```

```
    operators={"DEFAULT": OperatorConfig("replace", {"new_value": ""}),
               "PHONE_NUMBER": OperatorConfig("mask", {"type": "mask", "masking_char" : "*",
                "chars_to_mask" : 12, "from_end" : True}),
                        "TITLE": OperatorConfig("redact", {})}
)

print(f"text: {anonymized_results.text}")
print("detailed response:")

pprint(json.loads(anonymized_results.to_json()))
```

匿名化后的结果如下：

```
text: <PRONOUN> name is  Jones and <PRONOUN> phone number is 212-555-5555
detailed response:
{'items': [{'end': 38,
            'entity_type': 'PRONOUN',
            'operator': 'replace',
            'start': 29,
            'text': '<PRONOUN>'},
           {'end': 18,
            'entity_type': 'TITLE',
            'operator': 'redact',
            'start': 18,
            'text': ''},
           {'end': 9,
            'entity_type': 'PRONOUN',
            'operator': 'replace',
            'start': 0,
            'text': '<PRONOUN>'}],
 'text': '<PRONOUN> name is  Jones and <PRONOUN> phone number is 212-555-5555'}
```

6.2.5　小结

本节介绍了数据脱敏相关技术，并对容易混淆的几个概念——“假名化”“去标识化”“匿名化”进行了澄清。尽管经过脱敏的数据在一定程度上保护了用户的隐私，但它们仍有可能被重标识。对于数据脱敏，第一步就是识别出敏感数据，近年来兴起的机器学习与大模型技术可以帮助我们快速、准确地识别出敏感数据。关于大模型在数据分类分级中的应用，我们将在第 8 章进行介绍。

6.3　精确平衡隐私与价值：差分隐私

K-匿名等传统隐私保护手段虽然能够在一定程度上抵抗攻击，但并未提供一种严谨的、形式化的隐私量化方案。换言之，我们无法有效评估通过 K-匿名等方法究竟能在多大程度上保障隐私数据的安全。为了更好地平衡数据利用和隐私保护，我们需要一种可证明安全的隐私框架，用以量化和管理在数据挖掘、统计分析等过程中不断累积的隐私风险。在这样的背景下，差分隐私技术应运而生，并迅速成为社会各界普遍认可的隐私保护“金标准”。

6.3.1 差分隐私概述

差分隐私的直观效果如图 6-6 所示。假设攻击者了解数据集 D 与 D' 中除差异数据外的全部数据，并从数据集中基于某种问询机制获得了信息 O，但其仍无法判别 O 是来自数据集 D 还是 D'，此时便可认为差异的那条数据记录受到了有效的隐私保护。

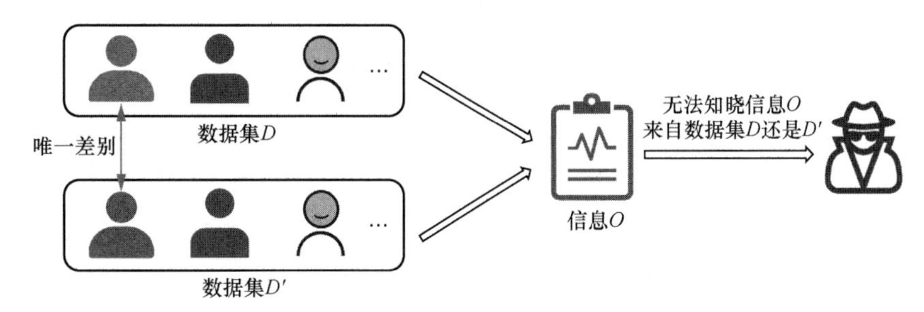

图 6-6 差分隐私的直观效果

如图 6-7 所示，形式化地，差分隐私具有如下定义：一个算法 A 满足 ε-差分隐私，当且仅当

$$\exp(-\varepsilon)\leqslant\frac{\Pr\left[A(D)=O\right]}{\Pr\left[A(D')=O\right]}\leqslant\exp(\varepsilon)$$

对任意“相邻”数据集 D 和 D' 及任意输出 O 都成立时。其中 ε 称为隐私预算。

差分隐私是一种隐私保护的定义和要求而非具体的算法。它为隐私保护算法设定了明确的目标，但并不限制算法的具体设计。这为算法的优化提供了广阔的空间，研究者可以在满足差分隐私要求的前提下，从算法精度、计算效率等角度出发进行算法的迭代优化。同时，差分隐私也具有很强的灵活性，我们可以方便地对隐私算法进行替换，只要新算法满足相同的隐私预算，就能延续原有的隐私保障承诺。

差分隐私主要适用于群体数据分析场景。通过掩盖个人数据，差分隐私可以有效排除确定个人信息的可能性，保护个人隐私不受侵犯。但与此同时，相关算法仍须保证对实际问询具备统计意义上的准确性，以确保能够相对精确地挖掘出样本或总体的普遍特征。

引入适度的统计噪声是差分隐私不可或缺的一部分。任何具有实际意义的确定性算法都无法满足差分隐私的要求，因为对于这类算法，攻击者总能通过比对仅相差一条记录的两个数据集的输出结果，推断出目标记录存在与否，从而造成隐私泄露。因此，符合差分隐私的算法必然具有一定的随机性，其结果也不可避免地存在噪声。

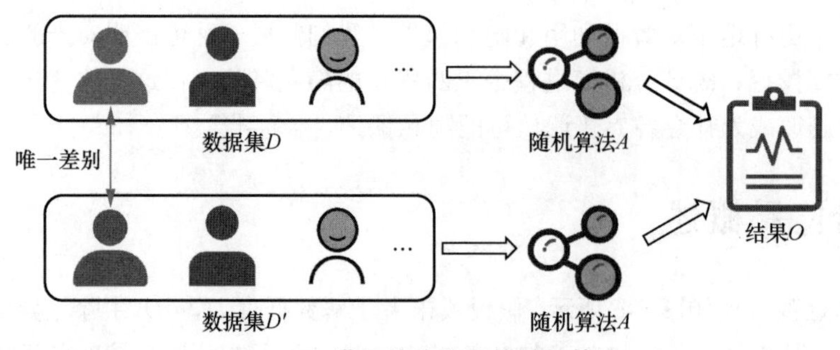

图 6-7　满足差分隐私的随机算法

差分隐私的一大优势在于，其能够有效管理累积的隐私风险。基于严谨的理论框架，差分隐私具备串行和并行的可组合性质。这意味着如果多次（k 次）在相同数据上应用满足 ε-差分隐私的算法，则总隐私消耗的上限为$k\varepsilon$；而即便将数据划分为互不相交的子集并分别应用差分隐私算法，总隐私消耗也不会超过单次的ε。与已有的隐私保护框架相比，差分隐私实现了对多次数据发布所带来的累积隐私风险的显式量化。

此外，差分隐私提供的隐私保护具有面向未来的鲁棒性。由于差分隐私对攻击者的背景知识、计算能力和攻击策略没有任何限制性假设，因此即使面对拥有无限计算资源和额外信息的攻击者，差分隐私算法的隐私保障强度也不会受到丝毫削弱。

值得一提的是，与现代密码学的设计理念类似，差分隐私将算法的隐私性质与其内部构造分离，这意味着差分隐私算法的隐私保护效果无须依赖参数和步骤的保密。只要用于生成随机噪声的种子得到妥善保管，即使算法的全部细节都向公众公开，其隐私保护的承诺也可以得到严格保障。

6.3.2　典型的差分隐私算法

1. 差分隐私的两种模型

如前所述，差分隐私是一种面向群体数据分析的隐私保护方案，因此需要汇聚大量个体数据方可发挥作用。根据对数据汇聚者信任程度的不同，差分隐私可进一步划分为中心差分隐私（Central Differential Privacy，CDP）和本地差分隐私（Local Differential Privacy，LDP）[24]。

如图 6-8 所示，中心差分隐私模型假设数据汇聚者是可信的，个体用户将原始数据提供给可信的数据管理方后，隐私保护的重点是防范对外发布的统计分析结果遭受恶意攻击。国家统计局开展的人口普查活动就是中心差分隐私的一个典型应用场景。在人口普查中，公民个人将自己的原始数据提供给国家统计局，信任其能够妥善保管和处理这些隐私信息。国家统计局在发布人口普查的统计分析结果时，会采用差分隐私等技术，对结果进行适当处理，确保公开的统计信息不会泄露个人隐私。

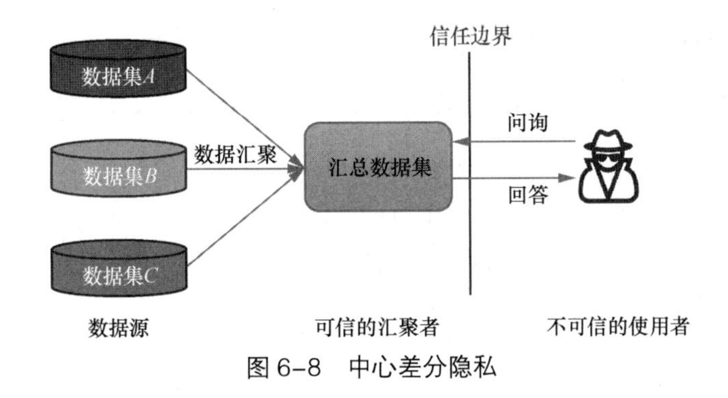

图 6-8 中心差分隐私

相比之下，如图 6-9 所示，本地差分隐私模型并不信任数据汇聚者本身，要求数据拥有者在本地对原始数据进行差分隐私处理后再提交。这一模式下汇总的数据集已经包含了隐私噪声。街头问卷调查是本地差分隐私的一个常见应用场景：受访者并不了解与信任调查者，因而在提交答案之前，会先对数据进行处理，如添加噪声等，以保护自己的隐私；这样即便调查者或其他人获得了原始调查数据，也难以准确推断出个人隐私信息。

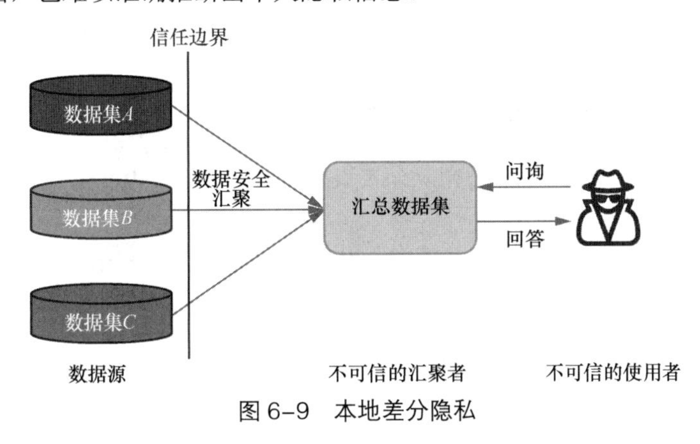

图 6-9 本地差分隐私

接下来我们将详细介绍两种经典的差分隐私算法：中心差分隐私模型中的加性扰动，以及本地差分隐私模型中的随机应答。

2. 加性扰动

在进行信息发布时，一种最常见的隐私保护方法是只提供计数值，而不提供具体信息。例如，告知某地 10 岁以下有多少人，但不告知具体人员的姓名等，也称计数问询。加性扰动（Additive Noise，AN）就是针对计数问询等数值统计场景的一种差分隐私算法。

简单来说，加性扰动通过添加显式的噪声将确定性的统计算法转换为随机算法，进而实现差分隐私。这里的核心问题有两个：其一，需要添加多大强度的噪声才能满足差分隐私要求？其二，噪声应当服从何种概率分布？

针对噪声强度的选取，差分隐私引入了全局敏感度（Global Sensitivity，GS）的概念，其刻画了输入数据的变化对查询结果造成的最大影响。

全局敏感度分析：任意查询 $q:\mathrm{MSets}(\mathbb{X})\to\mathbb{R}$ 的全局敏感度为 $\mathrm{GS}(q)=\max\limits_{X\simeq X'}\left|q(X)-q(X')\right|$。

全局敏感度给出了一个上界，即为了掩盖任何个人的共享，加性扰动必须引入多大程度的不确定性。显然，不同类型的查询 q 会产生不同的全局敏感度。如下是3种典型查询的全局敏感度。

1）计数查询：统计数据集中满足特定条件的记录总数，此时GS恒为1。

2）求和查询：计算指定数值属性在所有记录上的总和，此时GS为该数值属性的取值范围，即最大值减最小值。如果属性本身无上下界，则求和查询的全局敏感度也将无界。

3）均值查询：计算指定数值属性的平均值。由于均值可分解为求和与计数之商，利用差分隐私的串行组合性质，可知均值查询的全局敏感度等于求和查询与计数查询的全局敏感度之和。

针对噪声分布的选取，由差分隐私的定义可知，差分隐私要求输入数据的变化对输出分布的改变不超过 e^{ε} 倍，因此服从指数族分布的噪声更适合。一种代表性的噪声选择是拉普拉斯分布 $\mathrm{Lap}(\mu,b)$，该分布由位置参数 μ 和尺度参数 b 唯一确定，其概率密度函数为 $f(x|\mu,b)=\dfrac{1}{2b}\exp\left(-\dfrac{|x-\mu|}{b}\right)$。

一种基于拉普拉斯机制的加性扰动算法如算法6-1所示。

算法6-1　一种基于拉普拉斯机制的加性扰动算法

输入： 数据集 $X\in\mathrm{MSets}(\mathbb{X})$，查询 $q:\mathrm{MSets}(\mathbb{X})\to\mathbb{R}$，隐私参数 $\varepsilon>0$

输出： $y\in\mathbb{R}$

步骤：

计算全局敏感度 $\mathrm{GS}(q)$；

生成随机变量 $w\sim\mathrm{Lap}(0,b)$，其中 $b\geqslant\dfrac{\mathrm{GS}(q)}{\varepsilon}$；

计算 $y=q(X)+w$。

简单来讲，以上过程的实质就是评估出对某个发布算法而言，掩盖任意单一个体输入信息的最大难度，然后相应地给结果加上合适的遮掩。可以证明，上述加性扰动机制满足 ε-差分隐私。

3. 随机应答

在问卷反馈、在线调查等场景中，最常见的就是提供“是”/“否”等选项供应答者进行答案勾选，随机应答（Randomized Response，RR）即对布尔类型隐私数据实施保护的一类差分隐私算法。

举个简单的例子，对于某个问题，应答者可以回答“是”或“否”。当基于随机应答策略时，应答者隐蔽地投掷一枚硬币，如果硬币正面向上，则如实回答问题；如果硬币反面向上，则再投掷一次，若第二次投掷的结果是正面向上，则回答“是”，否则回答“否”。上述过程就是一个满足 $\log(3)$-差分隐私的算法。

形式化地讲，基于随机应答机制的差分隐私算法如算法 6-2 所示。

算法 6-2 基于随机应答机制的差分隐私算法

输入：数据集 $X \in \mathbb{X}$ **，谓词** $\varphi: \mathbb{X} \to \{0,1\}$ **，隐私参数** $\varepsilon > 0$

输出： $y \in \{0,1\}$

步骤：

假设概率： $p = \dfrac{e^{\varepsilon}}{e^{\varepsilon}+1}$

以概率 p 返回 $\varphi(x)$ ，以概率 $1-p$ 返回 $1-\varphi(x)$ 。

可以证明，上述随机应答机制满足 ε-差分隐私。

当统计人数足够多时，使用该方法可以得到一个可用的结果。如上面投掷硬币的例子，有一半的受访者给出的是正确的答案；而在虚假的结果中，有约一半为“是”，约一半为“否”；而总人数是确定的，因此可以算出有多少虚假的“是”，进而得到真实的“是”的数量。可以容易地看出，只要多一倍的采访人数，就可以得到与原本采访人数均如实回答相近准确率的调查结果，而额外所需的样本量则可认为是实现隐私保护所需付出的代价。

6.3.3 差分隐私变体

标准的差分隐私具有简洁而优雅的定义，然而其实质上假定攻击者了解样本库中几乎所有的样本，以及在最坏情况下都要保证隐私要求，这给设计高精度的差分隐私算法带来了巨大的挑战。为了进一步拓展差分隐私的适用边界，研究者提出了多个差分隐私变体，为进行隐私保护和数据利用之间的权衡提供了更多选择。

1）近似差分隐私[25]：在差分隐私原始定义的基础上引入了附加的容错因子 δ ，适度放宽了隐私保护强度，并在此基础上实现了更高的统计精度。

2）瑞丽差分隐私[26]：在原始的差分隐私框架中，在进行串行组合时直接将隐私预算相加，这事实上有些过于悲观。瑞丽差分隐私基于可调节的瑞丽散度描述隐私预算，能够提供更紧的隐私预算边界，大大改善了机器学习等场景中隐私消耗的计算结果。

3）个性化差分隐私[27]：考虑到不同个体对隐私的敏感程度存在差异，允许个体自主设置隐私保护级别。个体可以通过调整隐私预算参数 ε ，在隐私保护和数据利用之间进行个性化权衡。

6.3.4 开源项目介绍：OpenDP

本小节对差分隐私知名开源项目 OpenDP 进行简要介绍，该项目由微软公司与哈佛大学合作研发。截至本书成稿时，该项目由如下3个组件组成。

1）opendp库：项目的核心，其提供了若干符合差分隐私定义的模块化的统计算法集合，使用的主要开发语言为Rust与Python，并提供了Python与R的调用接口，便于用户使用。

2）smartnoise-sdk：提供了面向表格数据与关系数据库的安全增强工具，能够在用户无须修改SQL调用的基础上对其结果添加差分隐私扰动。

3）dpcreator：一个基于opendp库与Django的可视化差分隐私工具，允许用户以可视化方式在浏览器中进行差分隐私模块的可插拔组合与效果展示。

下面我们对opendp库与smartnoise-sdk的实现原理和使用方法进行简要介绍。

1. 组件分析

opendp库实现了多种差分隐私能力，主要包含如下三部分。

1）差分隐私机制：实现了高斯机制、简单几何机制、指数机制、拉普拉斯机制、极值机制、随机响应机制等。

2）统计工具：支持计数、直方图、平均值、分位数、求和、方差/协方差、主成分分析等实用统计方法。

3）实用程序：提供强制转换、数字化、过滤器、钳位、填补等实用调用方法。

此外，opendp库通过绑定机制，将能力以API形式对外提供，目前已经提供了适用于Python、R、Rust三种语言的API。

smartnoise-sdk主要包含两部分：一部分为smartnoise-sql，旨在执行隐私保护的SQL查询；另一部分为smartnoise-synth，旨在基于差分隐私机制进行数据合成。两者的底层差分隐私实现均基于opendp库，这里主要介绍前者。

smartnoise-sql通过截获并解析用户的原始SQL，自动对SQL进行合适的重写，以确保返回的结果中包含适配的噪声。smartnoise-sql支持与PostgreSQL、SQL Server、Spark、Pandas（SQLite）、PrestoDB、BigQuery等多种数据库的对接。

2. 使用方法

环境准备：由于opendp库提供了良好的Python接口，因此可直接在Python环境中使用opendp库。可基于Docker准备运行环境，其Dockerfile脚本如下。

```
# 准备Python环境
FROM python:3.12.2-slim
# 安装pip依赖包，smartnoise-sql中已经包含了opendp库的环境
RUN pip3 install smartnoise-sql==1.0.4 psycopg2 -i https://pypi.tuna.tsinghua.edu.c
n/simple
# 设置工作目录
WORKDIR /app
```

样例1：学生成绩保护

假设一所大学的教务处想要分析学生的考试成绩，以便了解学生的整体学习情况。然而，教

务处也意识到需要保护学生的隐私。此时差分隐私技术就成了一个很好的选择。让我们看看如何使用 opendp 库来实现这个目标。

首先，我们需要导入必要的模块并设置一些基本参数。

```
from opendp.transformations import *
from opendp.domains import option_domain, atom_domain
from opendp.mod import enable_features
from opendp.measurements import then_laplace
from opendp.mod import binary_search_param
from opendp.accuracy import laplacian_scale_to_accuracy

enable_features('contrib')          # 启用一些功能

# 设置基本参数
num_tests = 3                       # 每个学生参加 3 次考试
num_students = 50                   # 假设学生人数是公开的
size = num_students * num_tests     # 总共 150 个成绩
bounds = (0., 100.)                 # 考试分数范围
constant = 70.                      # 用于填充缺失值的常数
```

接下来，我们需要创建一个转换函数，用于处理原始数据。

```
# 创建转换函数
transformation = (
    make_split_dataframe(',', col_names=['Student', 'Score']) >>
                                                    # 将 CSV 数据分割成列
    make_select_column(key='Score', TOA=str) >>     # 选择 Score 列
    then_cast(TOA=float) >>                         # 将分数转换为浮点数
    then_impute_constant(constant=constant) >>      # 用常数填充缺失值
    then_clamp(bounds) >>                           # 将分数限制在指定范围内
    then_resize(size, constant=constant) >>         # 调整数据集大小
    then_mean()                                     # 计算平均值
)
```

最后，让我们创建一个模拟的敏感数据集，并比较使用和不使用差分隐私的结果。

```
# 一个模拟的敏感数据集
mock_sensitive_dataset = "\n".join(["Alice,95", "Bob,85", "Charlie,90"] * 49 +
                                   ["David,88", "Eva,92", "Frank,87"])

# 不使用差分隐私的结果
non_dp_result = transformation(mock_sensitive_dataset)
print(f"不使用差分隐私的平均分: {non_dp_result:.2f}")

# 使用差分隐私的结果
def get_dp_result(budget):

    make_chain = lambda s: transformation >> then_laplace(s)  # 将转换与拉普拉斯机制链
                                                              # 接起来
    scale = binary_search_param(make_chain, d_in=num_tests, d_out=budget)  # 搜索合适的
                                                                           # 噪声尺度
    measurement = make_chain(scale)

    assert measurement.check(num_tests, budget)  # 验证隐私保证
```

```
    dp_result = measurement(mock_sensitive_dataset)

    alpha = 0.05
    accuracy = laplacian_scale_to_accuracy(scale, alpha) # 计算准确率

    return dp_result, accuracy, scale

# 比较不同隐私预算的结果
budgets = [0.1, 1.0, 10.0]

for budget in budgets:
    dp_result, accuracy, scale = get_dp_result(budget)
    print(f"\n使用差分隐私(预算 ε = {budget})的结果:")
    print(f"估计平均分: {dp_result:.2f}")
    print(f"95%置信区间: [{dp_result-accuracy:.2f}, {dp_result+accuracy:.2f}]")
    print(f"拉普拉斯噪声尺度: {scale:.4f}")
```

通过这个例子，我们得到了一些非常有趣的结果。下面让我们来仔细分析一下。

首先，不使用差分隐私时，我们得到的平均分是 89.98 分。这个结果非常精确，但正如我们之前所讨论的，这可能会泄露个人信息。

而当使用差分隐私时，结果变得更加有趣。

当隐私预算 ε 为 0.1 时，我们看到结果有很大的波动。估计平均分为 110.91 分，与真实值相差较大，而且 95%置信区间非常宽（51.00～170.83）。这种高度的不确定性提供了很强的隐私保护，但结果的实用性受到显著的影响。在这种设置下，我们只能得到一个非常粗略的估计。

当 ε 增加到 1.0 时，结果明显得到改善。估计平均分为 85.87 分，更接近真实值，置信区间也缩小到了 79.88～91.86。这提供了一个不错的平衡点，既保护了隐私，又保持了相当程度的准确性。

当 ε 进一步增加到 10.0 时，结果几乎与不使用差分隐私的结果相同。估计平均分为 90.05 分，非常接近真实值，置信区间也相当窄（89.45～90.65）。这提供了高度的准确性，但隐私保护相对较弱。

这些结果清楚地展示了隐私预算 ε 是如何影响结果的准确性和隐私保护程度的。较小的 ε 值虽然能够提供更强的隐私保护，但也会引入更多的噪声；较大的 ε 值虽然可以产生更准确的结果，但隐私保护较弱。

在实际应用中，教务处需要根据具体需求和隐私政策来选择合适的 ε 值。例如，如果认为学生成绩是高度敏感的信息，则可能选择 ε=1.0 这样的中等设置，这样既能得到有意义的结果，又能提供合理的隐私保护。而如果需要更精确的结果，并且认为略微降低隐私保护是可以接受的，则可能会选择更高的 ε 值。

最后，值得注意的是，即使在高隐私保护设置（ε=0.1）下，也仍然能够得到一些有用的信息。虽然具体的平均分估计可能不准确，但我们至少可以推断出分数可能在中等偏上的范围内。

样例 2：SQL 差分统计查询

在前面的例子中，我们规避了数据源如何获取的问题，直接在代码中引入了输入信息。而在真实世界里，数据通常存放在结构化的数据库中。幸运的是，smartnoise-sdk 为这种情况提供了原生的支持。下面我们仍以成绩查询为例，使用 smartnoise-sdk 从外部获取数据。这里使用 csv 与 yaml

文件来模拟数据库，并以注释形式提供使用 PostgreSQL 数据库时对应的代码。

首先准备两个文件：grades.csv 和 grades.yaml。grades.csv 文件内容如下所示。

```
student_id,course,grade
1,Math,85
2,Math,92
3,Math,78
1,Physics,90
2,Physics,88
3,Physics,75
```

grades.yaml 文件内容如下所示。

```
Grades:
  Grades:
    Grades:
      row_privacy: True
      rows: 27 # 此处与 grades.csv 文件中的实际数据行数相同
      student_id:
        type: int
        lower: 1
        upper: 1000
      course:
        type: string
      grade:
        type: int
        lower: 0
        upper: 100
```

接下来编写如下代码。

```
import snsql
from snsql import Privacy
import pandas as pd
# import psycopg2  # 如果使用 PostgreSQL 数据库，则取消此行注释

# 定义不同隐私级别
privacy_levels = {
    "高隐私": Privacy(epsilon=2.0, delta=0.01),  # 较小的 ε 值，提供更高的隐私保护
    "中隐私": Privacy(epsilon=10.0, delta=0.01), # 中等的 ε 值，以平衡隐私和准确性
    "低隐私": Privacy(epsilon=20.0, delta=0.01) # 较大的 ε 值，提供更高的准确性，但隐私保护较弱
}

# 读取 csv 文件
grades_df = pd.read_csv('grades.csv')
# 对应的 PostgreSQL 连接代码
# pumsdb = psycopg2.connect(user='postgres', host='localhost', database='grades')

# 读取元数据
meta_path = 'grades.yaml'

# 创建 reader 对象（csv 版本）
reader = snsql.from_df(grades_df, privacy=privacy_levels["中隐私"], metadata=
meta_path)
# 对应的 PostgreSQL 版本
```

```
# reader = snsql.from_connection(pumsdb, privacy=privacy_levels["中隐私"], metadata=
meta_path)

# 定义查询
query = 'SELECT course, AVG(grade) AS avg_grade FROM Grades.Grades GROUP BY course'

# 显示原始统计信息
print("原始数据统计:")
print(grades_df.groupby('course')['grade'].mean())

# 对每个隐私级别执行查询
for level, privacy in privacy_levels.items():
    reader.privacy = privacy  # 更新隐私设置
    result = reader.execute(query)
    print(f"\n{level} - 课程平均成绩:")
    print(pd.DataFrame(result[1:], columns=result[0]))
    print(f"隐私开销: {reader.odometer.spent}")

# 若使用 PostgreSQL 数据库，则关闭数据库连接
# pumsdb.close()
```

执行上述代码，我们可以得到如下查询结果。

```
原始数据统计:
course
Chemistry    85.555556
Math         83.777778
Physics      83.333333
Name: grade, dtype: float64

高隐私 - 课程平均成绩:
      course   avg_grade
0  Chemistry   87.995324
1       Math  106.906191
2    Physics   96.885782
隐私开销: (np.float64(6.0), np.float64(0.014950000000000019))

中隐私 - 课程平均成绩:
      course  avg_grade
0  Chemistry  85.576027
1       Math  84.305831
2    Physics  84.354892
隐私开销: (np.float64(30.0), np.float64(0.014950000000000019))

低隐私 - 课程平均成绩:
      course  avg_grade
0  Chemistry  84.480313
1       Math  86.009247
2    Physics  83.077696
隐私开销: (np.float64(60.0), np.float64(0.014950000000000019))
```

与前一个样例类似，我们可以清楚地看到在不同隐私级别下，对学生成绩的保护效果存在显著差异。基于 smartnoise-sql，教育机构可以在几乎不修改原有数据查询代码的情况下，轻松实现差分隐私保护。这种方法具有极高的实用性和灵活性，并为数据管理人员提供了诸多便利。

- 快速集成：只需要更改少量代码，就能将现有的数据查询系统升级为支持差分隐私的版本。
- 灵活调整：只需要简单地调整隐私参数，就可以在数据可用性和隐私保护强度之间找到最佳平衡点。
- 兼容多种数据源：无论是使用 csv 文件还是使用复杂的数据库系统，都可以应用相同的查询逻辑。
- 保持一致性：查询语句保持不变，确保与原有系统的兼容性，降低了迁移和学习成本。
- 实时监控隐私开销：系统会自动计算并显示每次查询的隐私开销，帮助管理者更好地控制总的隐私预算。

相信随着安全保护工具的逐渐成熟，越来越多的现有系统将在性能升级之外进一步实现隐私保护升级！

6.3.5 小结

差分隐私作为一种严谨的隐私保护框架，有效平衡了数据利用与隐私保护之间的张力，当前已在云计算、边缘计算、机器学习等众多重要且前沿的领域落地，为大数据时代的隐私保护立下了量化标准。

尽管差分隐私取得了长足进步，但它并非完美无瑕。差分隐私对数据可用性和统计效用产生了负面影响，尤其是在高维数据、复杂语义特征、低频事件等场合下。此外，隐私预算、敏感度等关键参数的选择在一定程度上依赖经验和先验知识。面向图数据、时空数据等非结构化数据的差分隐私扩展尚待进一步突破。

未来，差分隐私的研究需要着眼于日益复杂的数据处理需求，包括对普通数据处理、高维数据处理、复杂统计分析任务的支持，以及如何用更小的数据代价换取更高的数据效用。相信通过学术界和工业界的共同努力，差分隐私必将为满足个人信息保护下的数据服务应用开辟更加广阔的前景。

6.4 模仿真实世界的数据：合成数据

6.4.1 合成数据概述

机器学习和人工智能应用需要收集、标注和维护大量数据集，这既费钱又费时。除此之外，日益严格的隐私合规和数据安全法律法规使得访问和使用真实世界的数据集越来越困难。与算力和算法相比，算据（计算所需的数据）的匮乏是人工智能应用快速发展的最大障碍。

因此，越来越多的企业开始转向合成数据（Synthetic Data），即使用机器学习算法来生成数据，为敏感和高风险的真实世界数据提供一个有效且经济实惠的替代方案。随着生成式人工智能的发展，生成合成数据变得越来越容易。

2023 年 5 月 21 日，欧盟理事会批准了《人工智能法案》，该法案进一步强调了对合成数据重要性的认可，其中的第 10 条和第 54 条以及其他人工智能相关条款都明确提到了“合成数据”。数据隐私和安全要求往往限制了对真实世界数据集的访问。由于合成数据与真实数据不具有一对一的相关性，因此在开展分析项目时，合成数据可用于训练机器学习模型、测试软件和应用程序以及填补数据集的空白。合成数据对金融、医疗保健和保险行业至关重要，因为这些行业的数据隐私和安全要求限制了对真实世界数据集的访问。

6.4.2　创建合成数据的常用技术

合成数据是通过程序创建的，主要分为 3 个技术分支：基于机器学习的模型、基于代理的模型和手工方法。

1. 基于机器学习的模型

使用基于机器学习的模型创建合成数据有好几种不同的方法，具体使用哪一种取决于用例和数据要求。

- 生成对抗网络（Generative Adversarial Network，GAN）：合成数据的生成由两个神经网络来实现，一个用于生成新的合成数据，另一个用于对数据质量进行评估和分类。这种方法已被广泛用于生成合成时间序列、图像和文本数据。
- VAE（Variational Auto-Encoder，变分自编码器）：使用一个生成对抗网络和一个额外的编码器来生成合成数据，这些数据高度逼真，在结构、特征和特性上与真实数据相似。
- 高斯 Copula：使用统计学方法生成具有所需特征（如符合正态分布）的真实合成数据。
- 基于 Transformer 的模型：此类模型，如 OpenAI 的 GPT 模型，擅长捕捉数据中错综复杂的模式和依赖关系。通过在大型数据集上进行训练，它们可以学习底层结构，并生成与原始分布非常相似的合成数据。基于 Transformer 的模型已被广泛应用于自然语言处理任务，同时也被应用于计算机视觉、语音识别、图像合成、音乐生成和视频序列生成等。

2. 基于代理的模型

基于代理的模型模拟系统中单个代理（实体）的行为以生成合成数据。这些模型尤其适用于单个实体的行为可以代表整体行为的情况。以下是几个典型的例子。

- 交通模拟：在交通研究中，基于代理的模型可用于模拟单个车辆在城市道路上的行驶。每辆车都被视为一个代理，具有特定的加速、减速和变道规则。这种方法可以生成合成的交通流量数据，有助于测试和优化交通系统。

- 流行病学模拟：基于代理的模型常用于流行病学中传染病的传播模拟。模型中的每个人都代表一个代理，这个代理与其他代理的相互作用（如接触率、感染概率）决定了疾病的传播速度。
- 市场模拟：在金融领域，基于代理的模型可以模拟金融市场中个体交易员的行为。每个交易员代理可能有不同的策略和风险偏好。通过模拟他们的互动和交易决策，模型可以生成合成的金融市场数据，用于测试交易算法和风险管理策略。

3. 手工方法

手工方法涉及生成合成数据的规则和算法。当基础数据分布已被充分理解，并可使用特定数学或统计模型表示时，通常使用手工方法。下面是几个典型的例子。

- 基于规则的数据生成方法：合成数据是根据一组预定义的规则和条件创建的。假设有一个包含客户信息的销售交易数据集，要生成合成数据，可以定义规则“为每个客户创建新的交易，随机设置购买金额和日期，确保购买日期在原始数据的合理范围内”。
- 参数模型方法：参数模型是数据分布的数学表示，合成数据是从这些模型中抽样生成的。
- 随机抽样方法：合成数据是从现有数据中随机抽样生成的。例如，如果有一个年龄数据集，则可以从这个数据集中随机抽取年龄以生成合成数据。
- 线性插值方法：假设有一个包含时间序列数据点的数据集，可以使用线性插值方法在现有数据点之间生成合成数据点，从而创建更平滑的时间序列。

综上，每种方法都有优点，有些方法甚至可以结合使用，以优化特定用例合成数据的生成，最佳方法取决于企业的需求和数据要求。

6.4.3 合成数据的优势

合成数据使企业能够利用复杂的数据，而不会像真实数据那样增加风险和产生隐私问题。此外，合成数据的生成速度比真实数据的更快，也更准确，是开发工作流程的理想选择。使用合成数据的其他一些主要优势如下。

- 可以更好地控制数据集的质量和格式。
- 能降低数据管理和分析的相关成本。
- 更高质量的数据集可提高机器学习算法的性能。
- 能加快开发流程和减少项目的周转时间。
- 能提高敏感数据（如医疗记录或财务数据）的隐私性和安全性。

6.4.4 合成数据的典型应用场景

合成数据能准确模拟真实世界的数据。它们既可以模拟开发和测试流程中产生的数据，也可以用于提高机器学习算法的质量。合成数据的典型应用场景如下。

1. 合成数据用于隐私合规下的数据分析

如今，企业数据越来越多，其商业价值也日益得到认可。云服务提供商（Cloud Service Provider，CSP）提供了有效的数据分析工具，如谷歌分析（Google Analytics），以便从企业内部数据中提取价值。但是，企业必须遵守相关的数据保护和隐私法规。用合成数据保护隐私，公共和私营机构可以在不破坏数据与CSP之间隔离的情况下提取数据价值。

2. 合成数据用于机器学习降本增效

高级分析是指利用大数据和机器学习技术来洞察复杂系统并做出预测。数据科学家在使用机器学习时，会遇到数据集有限或质量不高的问题，而合成数据有助于填补这些空白并提高结果的准确性。无论是用于预测建模还是用于财务风险管理，合成数据都能显著提升分析系统的性能和结果。此外，合成数据还能帮助企业降低与数据管理、分析和存储相关的成本。

3. 合成数据用于软件开发和测试

随着软件开发方法的不断变化和发展，获取真实数据集的需求日益增长。合成数据可帮助开发人员在获得真实数据之前了解系统或程序的功能、逻辑和流程，以及帮助测试和调试新功能、优化性能、改善用户体验以及创建真实的测试用例。此外，合成数据还能帮助开发人员更快地排除故障，缩短完成开发工作所需的时间。

4. 合成数据用于信息安全

随着数据安全相关法律的不断完善，企业对将真实世界的数据集用于机器学习模型或敏感应用而感到担忧。合成数据是帮助企业解决这些问题的强大工具，可用于运行训练算法并创建符合隐私法规的应用程序。合成数据还能为机器学习模型的训练提供真实的数据集，从而帮助安全团队检测、预防和应对威胁及恶意攻击。合成数据保留了真实世界数据的重要统计属性，消除了容易被逆向工程和滥用的可识别特征，因此可用于识别和预防欺诈活动、勒索软件攻击和其他网络安全威胁。

6.4.5 开源项目介绍：Synthetic Data Vault

尽管合成数据是近年来才出现的新技术，但开源社区上已经有不少合成数据项目。以下对已有的开源合成数据项目进行了梳理。

- Gretel Synthetics：由Gretel.ai提供的一个用于生成合成数据的开源工具。它主要用于创建高质量的合成数据集，以帮助用户在保护隐私的前提下进行数据分析和机器学习模型训练。它支持生成多种类型的数据，如结构化数据（表格数据）、文本数据等。
- Synthetic Data Vault（SDV）：SDV是一个Python库，其使用机器学习算法来学习真实数据中的模式。SDV提供多种模型，从经典统计方法（GaussianCopula）到深度学习方法（CTGAN），可生成单表、多连表或顺序表的数据。

- ydata-synthetic：ydata-synthetic 是一个开源软件，其主要目标是向用户介绍合成数据生成模型。

我们以比较知名的 SDV 为例，介绍合成数据的核心功能以及可以实现的效果。我们将使用 GaussianCopula 算法，这是一种快速、可定制且透明的数据合成算法。

我们将使用 SDV 库中提供的样例数据集，该样例数据集模拟了入住酒店的旅客的信息。guest_email 是主键，用于唯一地标识每一行。

```
from sdv.datasets.demo import download_demo

real_data, metadata = download_demo(
    modality='single_table',
    dataset_name='fake_hotel_guests'
)
```

图 6-10 展示了样例数据。

	guest_email	has_rewards	room_type	amenities_fee	checkin_date	checkout_date	room_rate	billing_address	credit_card_number
0	michaelsanders@shaw.net	False	BASIC	37.89	27 Dec 2020	29 Dec 2020	131.23	49380 Rivers Street\nSpencerville, AK 68265	4075084747483975747
1	randy49@brown.biz	False	BASIC	24.37	30 Dec 2020	02 Jan 2021	114.43	88394 Boyle Meadows\nConleyberg, TN 22063	180072822063468
2	webermelissa@neal.com	True	DELUXE	0.00	17 Sep 2020	18 Sep 2020	368.33	0323 Lisa Station Apt. 208\nPort Thomas, LA 82585	38983476971380
3	gsims@terry.com	False	BASIC	NaN	28 Dec 2020	31 Dec 2020	115.61	77 Massachusetts Ave\nCambridge, MA 02139	4969551998845740
4	misty33@smith.biz	False	BASIC	16.45	05 Apr 2020	NaN	122.41	1234 Corporate Drive\nBoston, MA 02116	3558512986488983

图 6-10 样例数据

第 1 步：创建一个 SDV 合成器。SDV 合成器是一个可以用来创建合成数据的对象。它从真实数据中学习一些模式，并通过复制这些模式来生成合成数据。

```
from sdv.single_table import GaussianCopulaSynthesizer

synthesizer = GaussianCopulaSynthesizer(metadata)
synthesizer.fit(real_data)
```

第 2 步：生成合成数据。使用 sample 方法生成指定行数的数据。生成的合成数据如图 6-11 所示，从中可以发现，所生成的合成数据的格式与原始数据极为相似。

```
synthetic_data = synthesizer.sample(num_rows=500)
synthetic_data.head()
```

第 3 步：评估真实数据与合成数据。SDV 具有评估合成数据的内置功能。我们可以运行 SDV 诊断程序，确保数据有效。SDV 诊断程序会执行一些基本检查，从而确保主键唯一、连续的数值型数据在真实数据的最大值和最小值之间，以及离散型数据来自真实数据的集合（即不能凭空编造出离散型数据，如性别）。

	guest_email	has_rewards	room_type	amenities_fee	checkin_date	checkout_date	room_rate	billing_address	credit_card_number
0	dsullivan@example.net	True	BASIC	2.34	26 Mar 2020	11 Apr 2020	119.53	90469 Karla Knolls Apt. 781\nSusanberg, CA 70033	5161033759518983
1	steven59@example.org	False	DELUXE	NaN	02 Jul 2020	14 Sep 2020	174.70	6108 Carla Ports Apt. 116\nPort Evan, MI 71694	4133047413145475690
2	brandon15@example.net	False	BASIC	22.08	30 Mar 2020	17 Mar 2020	148.34	86709 Jeremy Manors Apt. 786\nPort Garychester...	4977328103788
3	humphreyjennifer@example.net	False	BASIC	8.18	03 May 2020	22 May 2020	177.51	8906 Bobby Trail\nEast Sandra, NY 43986	3524946844839485
4	joshuabrown@example.net	False	SUITE	7.69	13 Jan 2020	10 Jan 2020	187.93	732 Dennis Lane\nPort Nicholasstad, DE 49786	4446905799576890978

图 6-11 使用 SDV 生成的合成数据

```
from sdv.evaluation.single_table import run_diagnostic

diagnostic = run_diagnostic(
    real_data=real_data,
    synthetic_data=synthetic_data,
    metadata=metadata
)
```

我们可以通过比较数据间的统计信息来评估合成数据的质量。根据得分，就统计相似度而言，合成数据与真实数据的相似度约为88%。

```
from sdv.evaluation.single_table import evaluate_quality

quality_report = evaluate_quality(
    real_data,
    synthetic_data,
    metadata
)
Generating report …

(1/2) Evaluating Column Shapes: |███████████| 9/9 [00:00<00:00, 494.09it/s]| Column Shapes
Score: 89.11%

(2/2) Evaluating Column Pair Trends: |███████████| 36/36[00:00<00:00, 58.26it/s] Column Pair
 Trends Score: 88.3%

Overall Score (Average): 88.7%
```

6.4.6 小结

合成数据是通过计算机生成的虚拟数据，通常用于替代或补充真实数据。合成数据具有隐私保护、降低数据获取成本等众多优势，在机器学习、医疗领域有着广泛的应用场景。随着生成对抗网络、变分自编码器、大模型等技术的发展，合成数据的质量和多样性将显著提升。大模型，尤其是生成式预训练模型，如GPT、DALL·E、Stable Diffusion等，可以高质量地生成文本、图像、语音等多模态数据。

随着大模型生成能力的增强，合成数据的质量将越来越接近真实数据；相对应地，合成数据可以更广泛地应用于各个领域的大模型训练，形成自我增强的闭环。

6.5 防护数据流通的应用：API安全

API是一种软件接口，旨在为其他软件提供服务。在计算机发展的早期，API主要用于单一系统中进程间的功能调用。随着互联网的发展，API从单一系统内进程间或软硬件间的调用扩展到互联网上不同应用间的调用，API 的具体使用方式也从编程语言调用软件库扩展到 Web 应用通过 Web API 调用开放服务。比如开发人员可以调用 Google 翻译 API 为自己的应用添加翻译功能等。在数据可控流通的大多数场景中，各参与方通过网络建立连接，其应用通过以 REST API 或 SOAP API 为主的 Web API 实现相互调用而具备了数据流通的能力。在本节中，我们主要针对 Web API 这一场景阐述 API 安全风险、API 安全防护主要技术手段以及 API 安全在数据可控流通中的应用。

6.5.1　API 安全概述

API 是内部应用程序与外部系统交互的桥梁，在数据要素流通过程中，各参与方可能需要通过互相调用 API 来完成合作关系建立、身份认证、功能调用、数据传输等。而在此过程中，如果 API 存在缺陷或漏洞，则可能导致数据泄露。比如，假设 API 的功能是向某个授权对象的请求返回指定的数据信息，此时若 API 在身份鉴别方面存在漏洞并被攻击者利用，则攻击者通过未授权身份的请求就能够获得正确的数据信息，导致数据泄露事件的发生。API 安全旨在保护 API 免受攻击，从功能上看，API 可以算是数据流通的“关隘”。因此，保障 API 安全在数据安全流通过程中有着举足轻重的地位。

2023 年，安全组织 OWSAP（Open Worldwide Application Security Project）在其发布的“十大 API 安全风险”报告[43]中提出了如下十大 API 安全风险。

- 对象级授权失效：当客户端的授权未经过正确验证即可访问特定对象标识符时，就会产生对象级授权失效漏洞，攻击者可操纵请求中的对象标识符以获得对敏感数据的未经授权访问。
- 身份验证失效：若 API 的身份验证机制存在漏洞，攻击者就会破坏身份验证机制或冒充其他身份以窃取敏感数据。
- 对象属性级授权失效：对象属性级授权失效是一种安全漏洞，它会导致 API 端点不必要地公开很多数据属性。攻击者可利用该漏洞挖掘敏感数据或获取未授权权限。
- 无限制的资源消耗：许多 API 不限制客户端交互或资源消耗。攻击者可能会产生大量的 API 调用，形成拒绝服务攻击，破坏服务的正常使用。
- 功能级授权失效：当错误地实施 API 端点的访问控制模式时，将会出现功能级授权失效漏洞。攻击者可能将合法的 API 调用发送到他们本应该无法访问的端点，获取未授权的数据。
- 无限制的敏感业务流访问：API 可能会暴露业务流程，攻击者可利用业务流程实施攻击行为。
- 服务端请求伪造：攻击者可能诱导服务端应用程序向其选定的任意域发出 HTTPS 请求。比如攻击者可能诱骗服务器对内部资源发出请求，从而绕过防火墙并获得对内部服务的访问权限，这可能会导致数据泄露或远程代码执行。
- 安全配置错误：安全配置错误是指安全控制措施设置有误，从而导致系统容易受到攻击。这可能包括不安全的默认配置、不完整或临时的配置、开放式云存储、配置错误的 HTTP/HTTPS 标头或包含敏感信息的详细错误消息。
- 资产管理不当：企业一般会对已知 API 进行保护与管理，但可能会疏忽对弃用、遗留、旧版 API 的管理与保护，而这可能导致它们被攻击者利用，以及敏感信息泄露。

- 不安全的 API 使用：该风险涉及在未实施适当安全措施的情况下使用第三方 API。企业逐渐依靠第三方 API 来扩展服务和功能，因此通常情况下企业会默认这些 API 是可信的。攻击者可能通过对第三方 API 进行攻击，间接窃取企业敏感数据。

可以看出，大多数 API 风险缘于存在漏洞、暴露信息过多、鉴权不足与管理不当，因此对于 API 的安全防护也基本围绕这几方面展开。

6.5.2 API 安全防护的主要技术手段

API 安全设计须遵循 5A 原则，这里的 5A 分别指 Authentication（身份认证）、Authorization（授权）、Access control（访问控制）、Auditable（可审计性）和 Asset protection（资产保护）。安全人员在设计 API 时，须从这 5 个方面综合考量安全设计的合理性。其中，身份认证旨在解决“你是谁”的问题，通过身份认证可以判断向 API 服务发送请求的客户端身份，并判断是否允许该客户端请求。授权旨在解决“你能访问什么”的问题，即通过身份认证之后，客户端被授予可以访问哪些 API 以及可以获取哪些数据的权限。在此过程中，可以使用 OAuth 2.0/OpenID Connect（OIDC）、JWT（JSON Web Token）等方式施行身份认证。OAuth 2.0 是一种用于访问授权的行业标准协议，旨在为互联网用户提供将其在某个网站的信息授权给其他第三方应用或网站访问的服务，但是不需要将网站的账号和密码提供给第三方应用或网站。比如我们可以使用微信账号直接登录开源中国（OSCHINA），而无须将微信账号的密码告诉开源中国服务端。OAuth 2.0 主要定义了资源的授权，OIDC 则是基于 OAuth 2.0 的身份认证协议，其更加注重身份认证。JWT 是一种用于双方之间传递安全信息的简洁的、URL 安全的表述性声明规范，作为一种开放标准，它定义了一种简洁的方法，用于通信双方之间以 Json 对象的形式安全地传递信息。JWT 使用公钥算法对传递的信息进行签名，保证了信息的可信度。在设计 API 时，可基于上述技术手段，增强 API 的身份认证能力。先验证客户端请求是否包含合法真实的身份信息，再根据判断结果授予其相应的访问权限，返回其访问权限内的数据与 API，权限外的数据与 API 则不允许访问。

访问控制发生在授权之后，其实质是为了保障授权的正确性，避免某客户端在权限正确的情况下访问到其权限以外的内容。从技术上，访问控制一般分为基于角色的访问控制（Role-Based Access Control，RBAC）、基于属性的访问控制（Attribute-Based Access Control，ABAC）和基于策略的访问控制（Policy-Based Access Control，PBAC）。RBAC 一般基于不同用户角色划分操作权限，常见的有在一个系统中划分管理员、审计员、普通用户等权限；ABAC 一般根据用户属性或请求上下文来决定权限，如根据用户 IP 地址、所在位置、请求时间等信息来决定权限；PBAC 则大多基于策略引擎来动态评估当前请求是否符合预定义的安全策略。总的来说，访问控制须遵循最小暴露原则，仅为授权对象提供必需的信息，以减少无关内容的暴露，尽可能降低暴露面。这就要求 API 对客户端请求必须有能够鉴权的能力，在此过程中还要甄别权限的真实性与完整性。此外，除了对正常的请求需要实施访问控制，API 还需要对恶意请求进行访问控制以抵御各类攻击行为，比如限制 API 调用速率、调用配额、设置 IP 白名单/黑名单等，以防止 API 被滥用、DDoS

攻击以及其他未知恶意攻击等。

可审计性则能确保所有 API 请求和响应都可以被记录，并能为后续安全分析、问题排查和合规审计提供数据支持。比如当某 API 被滥用时，可根据记录信息定位滥用者 IP，进而追溯滥用者身份，并做相应处理。最简单的审计手段是通过日志记录来追踪每个 API 的使用情况，日志内容可包括但不限于时间、调用者身份、请求参数和响应内容等。此外，还可以使用 API 网关或 SIEM（Security Information and Event Management）系统来监控和管理 API 访问情况，并能够分析、检测与应对相关威胁。

资产保护指的是保护 API 和后端资源不受攻击、滥用或数据泄露。我们在访问控制中提到的限速、限制配额、减小暴露面等方式也属于资产保护的一部分。对于 Web API 来说，可以采用 WAF（Web Application Firewall）等工具来过滤恶意流量和常见攻击，如 SQL 注入、XSS 攻击等。建议使用漏洞扫描工具定期扫描 API 中存在的漏洞，及时修复已知风险。对于废弃、过期、低版本 API，则做及时下线或安全加固等处理。对于 API 请求中所包含的敏感数据，如个人身份信息、密码、资金等，应采用加密手段实现密态传输，并且要避免在 API 响应中返回不必要的敏感信息，减少数据暴露的风险。

总的来说，为确保 API 安全，设计、技术与管理缺一不可。全面考虑 API 可能遭受的攻击面，选择正确的技术手段以提供安全加固能力，并在执行过程中严格遵循安全管理策略，才是保护 API 安全的关键。

6.5.3 API 安全在数据要素安全中的应用

一般来说，数据流通大多基于两种形式，一种是直接对数据本身进行传输，另一种则是请求方通过调用数据方的 API 来获取目标数据。在第一种形式下，可使用 SFTP 或 SCP 等加密传输协议实现对数据的安全传输。而在传输之前，需要通过部分 API 完成身份认证、授权、访问控制等。比如代码开发人员在 Gitee 等代码托管平台提交或下拉代码时，需要通过代码托管平台的 API 输入自身平台账号和密码，或在代码托管平台上上传公钥文件等以完成身份认证。只有当代码托管平台验证登录身份合法且对所请求的代码仓库具有访问权限时，才会允许代码的上传与下载，也就是将代码作为数据进行传输。第二种形式则要求数据方提供的 API 服务具有更高的安全能力，其不但要求服务端能够通过 API 鉴别请求者的身份及其所拥有的权限，更要在后续的 API 访问过程中能够确保请求者只能获取其权限范围内的数据，并对 API 调用情况进行审计。比如当开发者使用 Google 地图请求某一具体地点的地图信息时，Google 地图仅返回对应地点的信息而不泄露除此地点外的其他信息，Google 地图还将记录该用户对 Google 地图的调用情况，并审计其请求是否为正常合法的请求。

除了传输私有数据与请求开放数据的个体用户，数据交易平台也将成为未来数据流通的主要阵地，这对数据交易平台的 API 安全建设提出了更高的要求。数据交易平台将为广大用户与企业开放大量 API 以供使用，其 API 能力将会更加丰富与完善，可能面临的风险相应地也会进一步增加，并有可能导致数据滥用、数据泄露等事件的发生。因此，API 安全亦是确保数据可控流通的关键。要确保数据流通安全，API 安全建设与治理将是我们无法回避的重点工作。

6.5.4 小结

本节对 API 安全进行了简单介绍，并说明了 API 安全在数据可控流通中的重要性。从技术上看，API 安全并没有涉及过多新兴技术，我们仍使用加密、认证、审计等传统手段来保障 API 的安全。总的来说，API 安全更多地需要我们从设计与治理方面入手，全方位衡量 API 可能面临的安全风险，并选取适合的技术来实现安全加固以及进行定期维护。这对 API 服务提供方提出了更高的要求。关于 API 安全建设的更多相关内容，推荐读者阅读《API 安全技术与实战》[44]《API 安全发展白皮书（2023）》[45]。对于数据可控流通这一场景来说，只要数据流通过程无法脱离 API 的使用，API 安全就永远是保障数据可控流通的重点工作。

6.6 本章小结

“数据可控流通”的关键在于“可控”，如何确保数据在流转过程中“可控”呢？只有亲自处理所要流转的敏感数据，我们对数据的“可控”才会深有感触并建立信心。本章介绍了使用数据脱敏、差分隐私、合成数据以及 API 安全等技术来保障数据流转过程中的可控。数据脱敏技术通过对敏感信息进行部分或完全的掩盖处理，使得数据在流转时能够避免暴露个人隐私或敏感信息，从而在不影响数据整体功能的情况下实现数据的合规使用。差分隐私技术进一步增强了数据保护能力，能提供数学上的隐私保证，特别适用于数据分析和大规模数据共享场景。以上两种技术本质上都是对原始数据做扰动，而合成数据则是生成全新的与真实数据相似的人工数据集，其保留真实数据集的统计特性和结构，从而在不直接使用真实数据的情况下提供类似的分析价值。API 安全提供了“安全门户”，旨在确保数据在系统间流动时，避免被非法访问或篡改。“数据可控流通”技术在保障数据价值最大化的同时，也将数据隐私和安全置于核心位置。它通过多层次的安全和隐私保护措施，实现了数据在合法、合规、安全前提下的高效流转。这种技术的应用能够大幅提升数据流转过程中的信任度和透明度，为数据驱动的业务场景提供有力支撑。

第7章

"协同安全计算"场景的技术洞察

协同计算（Cooperative Computing）是指不同地域、不同所属组织的群体或个人通过协作方式共同完成某项计算任务。在协同计算场景中，各参与方须根据角色的不同提供算据、算力、算法等计算所需资源，因而可能存在各参与方之间数据流转与数据出域使用的情况。为避免在协同计算过程中出现数据泄露、数据滥用等数据安全事件，各参与方须采用一定技术手段来保障协同计算过程中的数据流转安全与数据使用安全，实现协同安全计算。本章将探寻协同安全计算场景的需求，对相关技术手段进行介绍，并分析如何在该场景中运用相应技术来确保数据要素的协同计算安全。

7.1 场景需求分析

随着《"数据要素×"三年行动计划（2024—2026年）》的正式颁布，国家与产业界已将加速数据流通、深化数据转化、优化数据处理作为核心任务，致力于全面激活数据潜能，促进数据价值的创新创造与高效交换，从而构建数据驱动的发展新生态。在这个过程中，协同计算是实现数据价值交换与创造的重要技术手段。通过协同计算，可以促进不同数据持有方实现数据交换与流转，补齐各方数据短板，使各方数据发挥其价值，共同创造更有价值的新数据，进而推动我国数字产业发展。

然而，在推动"数据要素×"发展的同时，我们面临的数据安全问题也不容忽视。数据在流转过程中可能会出域，流转到不可信的第三方，甚至在跨国业务场景下出境，进而导致数据泄露、数据滥用、版权纠纷等。比如，某一生信单位拥有大量生信数据，当一些科研机构或高校希望租用这些数据用于科研时，该生信单位虽有意愿对外租赁，但又不希望科研机构或高校在使用这些数据时复制或留存数据明文。在这样的背景下，生信单位可以使用协同安全计算技术，实现其数据在被使用的同时又不泄露敏感内容。

此外，《数据安全法》《数据出境安全评估办法》等法律法规的出台，也对数据流通提出了具体的合规性要求。如何在保障数据机密性、完整性不被破坏且合法合规的前提下，实现数据要素流转与价值创造，已成为产学两界的研究重点。因此，研究与应用协同安全计算相关技术，保证数据要素能够在安全、可控、合规的情况下实现流转与使用，将成为未来重要的研究趋势。最终实现在推动数据要素发展的同时，保障数据安全，避免数据泄露等数据安全事件的发生。

在实际应用中，使用者可以根据具体场景对数据使用的方式、性能开销、成本、易用性等多方面的约束条件，选择合适的协同安全计算技术，实现安全可靠的多方协作数据价值创造。

7.2　在密文域中计算：同态加密

同态加密（Homomorphic Encryption）是密码学中的一种特殊加密技术，它允许在不解密数据的情况下对加密数据执行特定的计算操作。简单来说，同态加密能够使得加密的数据直接参与计算，并且计算结果仍然是加密的，运算者全程看不到明文，但用户获得密文结果并解密后，就可以得到与直接计算明文数据相同的结果。

7.2.1　同态加密概述

同态加密具有可以执行密文计算的特殊性质，因此被广泛应用于隐私计算等安全多方协同计算领域。计算时，各方的原始数据不出域，出域的均为密文数据，各方收到其他方发送的密文后直接计算出密文结果，最终通过解密密文结果的方式获取明文的计算结果。这就实现了在保护数据隐私不泄露的情况下进行数据流通与使用，进而释放数据价值。同态加密分为半同态加密（Partially Homomorphic Encryption，PHE）和全同态加密（Fully Homomorphic Encryption，FHE）两大类。其中半同态加密是指算法仅支持某一种类型的运算（如加法或乘法），但不能同时支持这两种运算。全同态加密则支持任意的加法和乘法运算。

同态加密的概念可追溯至 20 世纪 70 年代，Revist 等人在论文中首次提出了这一概念。对于半同态加密，RSA 算法可视为第一个实用的半同态加密算法，它允许对加密数据执行乘法操作，即实现了乘法同态。而全同态加密的真正突破发生在 2009 年，当时 IBM 的研究员 Craig Gentry 提出了第一个可行的全同态加密方案[46]。随后大量研究人员对 Gentry 的方案进行不断优化与改进，提出了各种优化方案，其中具有代表性的有 BGV（Brakerski-Gentry-Vaikuntanathan）[47]、BFV（Brakerski-Fan-Vercauteren）[48]、CKKS（Cheon-Kim-Kim-Song）[49]等。

随着技术理论与实践的不断发展，国际上也开始制定同态加密技术的相关标准。2018 年，同态加密标准化开放联盟发布了全同态加密标准草案。2019 年 5 月，ISO 发布了同态加密标准（ISO/IEC 18033-6:2019），该标准仅涉及半同态加密。可以看出，同态加密的标准化仍在不断发展与完善。

7.2.2 同态加密的关键技术

同态加密的核心在于代数理论，半同态与全同态均来自代数中半同态映射与全同态映射概念。本小节介绍同态加密的数学基础知识，并介绍主流的半同态加密算法与全同态加密算法。

1. 同态加密的数学表示

在代数系统中，若一个代数结构到另一个代数结构的映射保留了原有结构的某个运算关系，则称这个映射为同态映射。用公式可以表达为：存在映射 $f: A \to B$，对于 A 中任意元素 x 和 y 满足 $f(x \bullet y) = f(x) * f(y)$，这意味着映射 f 保留了 A 的“•”运算与 B 的“*”运算。实际上，这种“•”运算关系一般为加法运算或乘法运算。若这个映射仅支持加法或乘法运算中的一种而不能同时支持这两种运算，则称该映射为半同态映射。同理，若该映射能够同时支持这两种运算，则称其为全同态映射。

此时若将同态映射及其逆映射分别作为加密算法与解密算法，则可以实现同态加密。比如假设加密算法为 E，解密算法为 D，两个要参与计算的数据分别为 m 和 n，要执行的运算为“•”。若直接执行 $m \bullet n$ 运算，则虽然可以直接得到结果，但 m 和 n 中的敏感内容可能会泄露给对方。此时可以通过同态加密，将 m 和 n 加密后再执行运算，$E(m) * E(n) = E(m \bullet n)$，即可实现密文计算。计算结束后，再使用解密算法 D 进行解密，即可得到明文计算结果，即 $D(E(m \bullet n)) = m \bullet n$。

2. 主流半同态加密算法

半同态加密算法可以进一步细分为加法同态加密算法与乘法同态加密算法。其中主流加法同态加密算法为 Paillier 算法，该算法由 Pascal Paillier 于 1999 年提出，是目前应用较为成熟的同态加密算法，已被广泛应用于联邦学习、电子投票等场景中。该算法基于复合剩余类的困难性，具有显著的加法同态特性。

Paillier 算法的密钥生成步骤如下：首先选择大素数 p 和 q，计算 $n = pq$ 和 $\lambda = \mathrm{lcm}(p-1, q-1)$，其中 lcm 为最小公倍数；接下来选择 $g \in \mathbb{Z}_{n^2}^*$，计算 $\mu = \left(L\left(g^{\lambda} \bmod n^2\right)\right)^{-1} \bmod n$，其中 $L(x) = \dfrac{x-1}{n}$；最后得到公钥为 (n, g)，私钥为 (λ, μ)。

加密过程如下：令明文 $m \in \mathbb{Z}_n$，选择随机数 $r \in \mathbb{Z}_n^*$，计算密文 $c = g^m r^n \bmod n^2$。

解密过程如下：计算明文 $m = L\left(c^{\lambda} \bmod n^2\right) \mu \bmod n$。

Paillier 加密算法的显著特征是具有加法同态性，即在加密状态下，可以直接对密文进行加法运算，对应的解密结果是明文的加法结果。具体表现如下：给定两个密文 $c_1 = E(m_1)$ 和 $c_2 = E(m_2)$，

满足 $c_1 \cdot c_2 \bmod n^2 = E(m_1) \cdot E(m_2) = E(m_1 + m_2)$。

Paillier 加密算法的安全性依赖于大整数分解的困难性和复合剩余类问题的高计算难度。虽然理论上这些问题是计算上困难的，但实际应用中仍然需要选择足够大的素数 p 和 q 以确保安全性。

至于半同态乘法算法，目前主流的有 RSA 算法与 ElGamal 算法，两者也是常用的公钥密码算法。以 RSA 算法为例，其密钥生成过程不再赘述，对于公钥（n,e）、私钥（n,d）以及明文 m，其加密算法为 $c = m^e \bmod n$，解密算法为 $m = c^d \bmod n$。此时若给定两个密文 $c_1 = E(m_1)$ 和 $c_2 = E(m_2)$，则满足 $c_1 \cdot c_2 \bmod n = m_1^e m_2^e = (m_1 m_2)^e \bmod n = E(m_1 \cdot m_2)$。可以看出，密文乘积解密后为明文乘积结果。与 Paillier 算法类似，RSA 算法同态加密的安全性依赖于大整数分解的困难性。为确保安全性，应选择足够大的素数 p 和 q 以防止因密钥过小而被攻击。

此外，还存在一类特殊的半同态加密，称为有限次同态加密，其特点为允许对密文进行一定次数的加法和乘法运算，但在计算次数上有限制。这方面具有代表性的算法为 Boneh-Goh-Nissim 加密，它支持有限次的加法运算和一次乘法运算。

3. 主流全同态加密算法

第一代全同态加密方案采用了电路模型、格理论与噪声刷新技术，实现了可以在加密数据上执行任意计算的全同态加密，解决了此前仅能支持有限计算的技术限制。该方案的核心思想是，基于理想格构造公钥和私钥，将明文嵌入一个特定的格结构中，并通过添加噪声进行加密，解密时通过私钥操作去除噪声，恢复明文。在这个方案中，每次对密文进行运算时，噪声都会增加。如果噪声超过一定的阈值，解密结果将不再正确。因此，如何有效管理和控制噪声增长是全同态加密面临的关键挑战。为了无限制地进行计算，Gentry 引入了噪声刷新技术，首先，在计算过程中定期对密文进行重新加密，以减少噪声。其次，通过特定的算法，将高噪声的密文转换为低噪声的等效密文，从而允许继续进行计算。该方案不仅证明了全同态加密的可行性，还为后续的研究奠定了基础。然而，该方案在计算复杂度与性能上依旧不足，其他研究人员针对它做了大量改进与优化工作。

第二代全同态加密方案的典型代表有 BGV 方案与 BFV 方案等。以 BGV 方案为例，其核心思想为，基于一个模数和环多项式构造公钥和私钥，在加密计算过程中，通过巧妙的噪声管理和优化，支持任意次的加法和乘法运算。其加密过程为，对明文进行编码，并添加一个小的噪声项，再用公钥对编码后的明文加密，生成密文。在加密状态下，通过特定的算法实现加法和乘法运算，每次运算虽然会增加密文中的噪声，但在可控范围内。对最终的密文进行解密，去除噪声，可恢复原始明文。在该方案中，其核心技术称为模切换，具体做法是在每次运算后，将密文的模数从一个较大的值切换至一个较小的值，从而降低噪声增长的速度。此外，该方案还采用密文压缩技术，这不仅减少了密文的存储和传输开销，同时也有助于噪声管理。通过去除密文中的冗余信息，可以提高加密计算的效率。BGV 方案通过其创新的噪声管理技术，为全同态加密技术的发展奠定了重要基础，推动了数据隐私保护和安全计算的实际应用。

第三代全同态加密方案的典型代表是 GSW（Gentry-Sahai-Waters）方案，它是由 Craig Gentry、

Amit Sahai 和 Brent Waters 在 2013 年提出的。该方案基于 LWE（Learning With Errors）问题，通过创新的矩阵编码方法，实现了高效的同态运算和噪声管理。GSW 方案的核心思想是利用矩阵编码来表示密文和执行同态运算。与传统的全同态加密方案相比，GSW 方案在噪声增长和运算效率方面具有显著优势。具体来说，GSW 方案基于模数和矩阵维度生成公钥-私钥对，然后将明文编码为一个矩阵并使用公钥矩阵对明文矩阵进行加密，生成密文矩阵。在加密状态下，通过矩阵加法和矩阵乘法实现同态加法和同态乘法，每次运算也会增加密文中的噪声，但在可控范围内。最后使用私钥向量对最终的密文矩阵进行解密，去除噪声，恢复原始明文。可以看出，GSW 方案采用矩阵和向量操作来管理和减少噪声，同时支持加法和乘法的高效计算，为全同态加密技术的发展提供了重要的理论基础并展现巨大的实际应用潜力。

第四代全同态加密方案的典型代表是由 Jung Hee Cheon、Andrey Kim、Miran Kim 和 Yongsoo Song 在 2017 年提出的 CKKS 方案。该方案为支持近似算术运算而设计，在处理浮点数和小数点计算方面表现出色，适用于隐私保护的机器学习和数据分析。CKKS 方案的核心思想是通过将明文数据编码为复数向量，并使用加密技术对这些向量进行同态运算，来实现高效的加法和乘法运算。该方案的公钥-私钥对生成方式与 BGV 方案一致，但在明文处理方面变为将明文数据编码为复数向量，并将这些向量表示为多项式，再使用公钥对编码后的多项式进行加密，生成密文。在加密状态下，通过多项式加法和乘法实现同态加法和同态乘法，此时允许一定的计算误差，以提高计算效率和速度。最后使用私钥对最终的密文进行解密，恢复原始的复数向量，并将复数向量解码为明文数据。与传统的全同态加密方案不同，CKKS 方案允许一定的计算误差，因此更适合处理近似计算问题。

7.2.3 开源项目介绍

目前主流的同态加密开源项目有 IBM 公司推出的 HElib、微软主导的 SEAL、国内原语科技主导的 HEhub、蚂蚁集团推出的隐语 HEU 等。其中，前 3 个开源项目均致力于实现基于 BGV 方案与 CKKS 方案的全同态加密算法，隐语 HEU 还处于开发阶段，目前仅能够实现以 Paillier 方案为主的半同态加密算法。本小节将分别介绍隐语 HEU 和 HElib 项目，并演示分别使用这两个项目完成半同态加密运算与全同态加密运算。

1. 隐语 HEU

隐语 HEU（后文简称 HEU）是隐语项目的一个子项目，它实现并集成了业界主流的同态加密算法。另外，HEU 还抽象出了统一接入层，以向下屏蔽不同算法的细节，并向上提供一致的编程接口。由于同态加密算法较多，算法间差异较大，HEU 将主流算法分为 3 类，每一类都对应一种工作模式，同种工作模式下不同的算法遵循相同的接口，如表 7-1 所示。遗憾的是，目前仅半同态加密算法可用，接下来我们将给出半同态加密算法的使用示例。

表 7-1　HEU 工作模式

工作模式	密算类型	密算次数	同态加密算法	计算速度	密文大小
PHEU	加法	无限制	Paillier	快	小
LHEU	加法、乘法	有限次	BGV、CKKS	快	最小
FHEU	加法、乘法、比较、多路选择等	无限制	TFHE	非常慢	最大

HEU 主要服务于 Python 开发者，其安装包已发布至 PyPi，我们可以使用包管理工具轻松完成 HEU 的安装。

```
pip install sf-heu
```

HEU 所操作的对象有 3 种，分别为原文、明文与密文（如图 7-1 所示）。其中原文为 Python 原生的整数、浮点数等；明文则是对原文编码后的结果，一定为整数；密文则是加密后的结果。

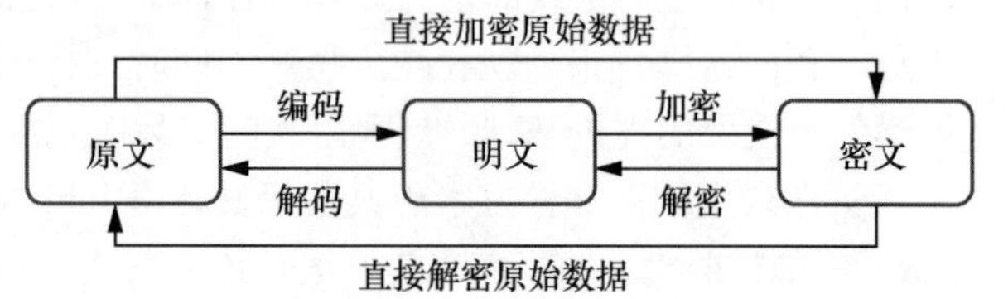

图 7-1　HEU 所操作的 3 种对象之间的转换

以使用 ZPaillier 为例，我们设置 ZPaillier 中 n 的长度为 2048 位。这里测试对 3 和 5 执行同态加密后再执行加法运算，并将结果解密，代码如下所示。其中 encryptor 与 decryptor 提供加密与解密接口，evaluator 则提供了密文运算能力。

```
1. from heu import phe
2.
3. # 初始化
4. kit = phe.setup(phe.SchemaType.ZPaillier, 2048)
5. encryptor = kit.encryptor()
6. evaluator = kit.evaluator()
7. decryptor = kit.decryptor()
8.
9. # 以密文的形式计算 3+5
10. c1 = encryptor.encrypt_raw(3)
11. c2 = encryptor.encrypt_raw(5)
12. print("c1 密文: ", c1)
13. print("c2 密文: ", c2)
14.
15. evaluator.add_inplace(c1, c2)
16. print("\n 加密后的密文结果: ", c1)
17.
18. # 解密计算结果后得出 8
19. m1 = decryptor.decrypt_raw(c1)
20. print("\n 解密后的明文结果: ", m1)
```

上述代码的输出结果如图 7-2 所示。

HEU 提供了如下 5 种编码器。

- phe.IntegerEncoder：编码 128 位以内的整数。
- phe.FloatEncoder：编码双精度浮点数。
- phe.BigintEncoder：编码高精度整数，支持任意精度。

图 7-2 HEU 半同态加密效果

- phe.BatchIntegerEncoder：将两个整数原文编码到一个明文中。
- phe.BatchFloatEncoder：将两个浮点数原文编码到一个明文中。

HEU 还提供了矩阵化运算接口，可以对矩阵进行同态加密计算，其主要功能位于 heu.numpy 模块中。heu.numpy 模块提供了.array()接口，用于识别并转换原文矩阵，完成转换后可使用 evaluator 执行明文和密文运算。下面演示了利用同态加密计算矩阵加法的效果。

```
1. from heu import phe
2. from heu import numpy as hnp
3.
4. kit = hnp.setup(phe.SchemaType.ZPaillier, 2048)
5. encryptor = kit.encryptor()
6. decryptor = kit.decryptor()
7. evaluator = kit.evaluator()
8.
9. # 加密，用 kit.array()对矩阵进行编码
10. ct_arr1 = encryptor.encrypt(kit.array([1, 2, 3, 4]))
11. ct_arr2 = encryptor.encrypt(kit.array([5, 6, 7, 8]))
12.
13. # 矩阵加法计算
14. c1 = evaluator.add(ct_arr1, ct_arr2)
15. m1 = decryptor.decrypt(c1)
16.
17. print("\n 矩阵加法密文：", c1)
18. print("\n 矩阵加法明文：", m1)
```

计算效果如图 7-3 所示。

HEU 支持的半同态加密算法以 Paillier 簇算法为主，此外也支持 ElGamal 等其他半同态加密算法。对于全同态加密算法，隐语团队也在计划逐步集成 SEAL、HELib 等开源项目以提供 BGF、CKKS 等算法能力。对于 Python 开发者来说，HEU 是一个简单易上手且未来可期的同态加密库。

2. HElib

HElib 是 IBM 公司开发的全同态加密库，该库基于 C++语言实现，底层依赖于 NTL 数论运算库和 GMP 多精度运算库，目前该项目中可用的同态加密方案为 BGV 与 CKKS 方案。接下来我们简单介绍如何使用该库。

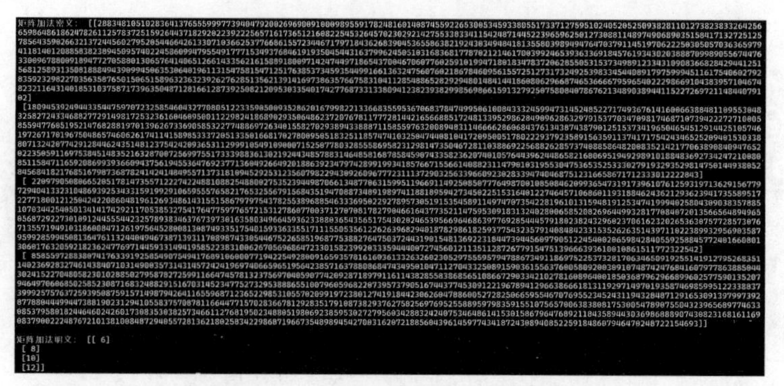

图 7-3　矩阵加法同态加密效果

对于 HElib 的安装，IBM 给出了包构建与库构建两种方式。这里我们展示 IBM 推荐的包构建方式，这种方式的好处在于，HElib 所依赖的 NTL 数据运算库与 GMP 多精度运算库能够自动获取并编译。从项目仓库拉取源码后，首先创建与 src 目录同级的构造目录 build。然后执行 cmake 配置步骤，指定采用包构建方式，并指定安装位置，如/home/user1/helib_install。接下来执行编译，将输出重定位到 helib_pack 目录。最后执行安装步骤，便可将 helib_pack 目录中的内容安装至指定位置。

```
1. # 创建构造目录
2. cd HElib
3. mkdir build
4. cd build
5.
6. # 配置编译参数
7. cmake -DPACKAGE_BUILD=ON -DCMAKE_INSTALL_PREFIX=/home/user1/helib_install ..
8.
9. # 编译与安装
10. make
11. make install
```

下面的代码演示了如何使用 BGV 算法实现同态加法运算。

```
1. #include <helib/helib.h>
2. #include <iostream>
3. #include <vector>
4.
5. int main() {
6.     // 初始化 BGV 算法的参数
7.     unsigned long m = 4096;  // 模数，必须是 2 的幂次方
8.     unsigned long p = 4999;  // 素数模数
9.     unsigned long r = 1;     // 位宽
10.     unsigned long L = 16;    // 计算深度
11.
12.     // 创建 BGV 上下文并设置加密参数
13.     helib::Context context = helib::ContextBuilder<helib::BGV>()
14.                                  .m(m)
15.                                  .p(p)
16.                                  .r(r)
17.                                  .bits(L)
```

```
18.                                  .build();
19.
20.     // 创建密钥生成器并生成公钥和私钥
21.     helib::SecKey secretKey(context);
22.     secretKey.GenSecKey();
23.     const helib::PubKey& publicKey = secretKey;
24.
25.     // 创建加密方案
26.     const helib::EncryptedArray& ea = context.getEA();
27.     long nslots = ea.size();
28.
29.     // 明文数据
30.     long value1 = 5;
31.     long value2 = 3;
32.     std::vector<long> plaintext1(nslots, value1);
33.     std::vector<long> plaintext2(nslots, value2);
34.
35.     // 加密两个整数
36.     helib::Ctxt encryptedValue1(publicKey);
37.     helib::Ctxt encryptedValue2(publicKey);
38.     ea.encrypt(encryptedValue1, publicKey, plaintext1);
39.     ea.encrypt(encryptedValue2, publicKey, plaintext2);
40.
41.     // 同态加法
42.     helib::Ctxt encryptedSum = encryptedValue1;
43.     encryptedSum += encryptedValue2;
44.
45.     // 同态乘法
46.     helib::Ctxt encryptedProduct = encryptedValue1;
47.     encryptedProduct *= encryptedValue2;
48.
49.     // 解密结果
50.     std::vector<long> decryptedSum, decryptedProduct;
51.     ea.decrypt(encryptedSum, secretKey, decryptedSum);
52.     ea.decrypt(encryptedProduct, secretKey, decryptedProduct);
53.
54.     // 输出结果
55.     std::cout << "同态加密的原始值: " << value1 << " 和 " << value2 << std::endl;
56.     std::cout << "同态加法结果: " << decryptedSum[0] << std::endl;
57.     std::cout << "同态乘法结果: " << decryptedProduct[0] << std::endl;
58.
59.     return 0;
60. }
```

上述代码编译后，运行效果如图 7-4 所示。

```
同态加密的原始值: 5 和 3
同态加法结果: 8
同态乘法结果: 15
```

图 7-4　BGV 算法效果

```
1. # 编译
2. g++ bgv.cpp -o bgv -I/home/user1/helib_install/helib_pack/include -L/home/user1/helib_install/helib_pack/lib -lhelib -lntl -lgmp -lm
3.
4. # 设置环境变量
5. export LD_LIBRARY_PATH=/home/user1/helib_install/helib_pack/lib:$LD_LIBRARY_PATH
6.
7. # 运行
8. ./bgv
```

下面的代码演示了如何使用CKKS算法实现同态乘法运算。

```
1.  #include <helib/helib.h>
2. #include <iostream>
3. #include <cmath> // 用于 fabs 函数
4.
5. int main() {
6.     // 1. CKKS 参数设置
7.     unsigned long m = 32768;
8.     unsigned long bits = 119;
9.     unsigned long r = 20;
10.
11.     // 2. CKKS 加密参数初始化
12.     helib::Context context = helib::ContextBuilder<helib::CKKS>()
13.                                  .m(m)
14.                                  .bits(bits)
15.                                  .precision(r)
16.                                  .c(2)
17.                                  .build();
18.
19.     std::cout << "成功创建加密上下文，相关参数已设置。\n";
20.
21.     // 3. 密钥生成
22.     helib::SecKey secretKey(context);
23.     secretKey.GenSecKey();
24.     helib::addSome1DMatrices(secretKey);
25.     const helib::PubKey& publicKey = secretKey;
26.
27.     // 4. 原始明文及加密
28.     std::vector<double> plaintext1 = {3.5, 2.7, -1.3, 4.8};
29.     std::vector<double> plaintext2 = {1.0, 2.0, 3.0, 4.0};
30.
31.     std::cout << "原始明文 1: ";
32.     for (double val : plaintext1) std::cout << val << " ";
33.     std::cout << "\n";
34.
35.     std::cout << "原始明文 2: ";
36.     for (double val : plaintext2) std::cout << val << " ";
37.     std::cout << "\n";
38.
39.     // 加密两个明文数组
40.     helib::PtxtArray ptxt1(context, plaintext1);
41.     helib::Ctxt ctxt1(publicKey);
42.     ptxt1.encrypt(ctxt1);
43.
44.     helib::PtxtArray ptxt2(context, plaintext2);
45.     helib::Ctxt ctxt2(publicKey);
46.     ptxt2.encrypt(ctxt2);
47.
48.     // 5. 同态加法
49.     helib::Ctxt ctxt_sum = ctxt1;
50.     ctxt_sum += ctxt2;
51.
52.     // 解密同态加法后的密态结果
53.     helib::PtxtArray decrypted_sum(context);
```

```
54.     decrypted_sum.decrypt(ctxt_sum, secretKey);
55.
56.     std::vector<std::complex<double>> result_sum;
57.     decrypted_sum.store(result_sum);
58.
59.     std::cout << "同态加密后的加法解密结果（噪声过滤后）: ";
60.     double threshold = 1e-4;
61.     for (const auto& val : result_sum) {
62.         double real_val = val.real();
63.         // 仅输出绝对值大于阈值的结果
64.         if (std::fabs(real_val) > threshold) {
65.             std::cout << real_val << " ";
66.         }
67.     }
68.     std::cout << "\n";
69.
70.     // 6. 同态乘法
71.     helib::Ctxt ctxt_mul = ctxt1;
72.     ctxt_mul *= ctxt2;
73.
74.     // 解密同态乘法后的密态结果
75.     helib::PtxtArray decrypted_mul(context);
76.     decrypted_mul.decrypt(ctxt_mul, secretKey);
77.
78.     std::vector<std::complex<double>> result_mul;
79.     decrypted_mul.store(result_mul);
80.
81.     std::cout << "同态加密后的乘法解密结果（噪声过滤后）: ";
82.     for (const auto& val : result_mul) {
83.         double real_val = val.real();
84.         // 仅输出绝对值大于阈值的结果
85.         if (std::fabs(real_val) > threshold) {
86.             std::cout << real_val << " ";
87.         }
88.     }
89.     std::cout << "\n";
90.
91.     return 0;
92. }
```

上述代码编译后，运行效果如图 7-5 所示。

```
成功创建加密上下文，相关参数已设置。
原始明文1: 3.5 2.7 -1.3 4.8
原始明文2: 1 2 3 4
同态加密后的加法解密结果（噪声过滤后）: 4.5 4.7 1.7 8.8
同态加密后的乘法解密结果（噪声过滤后）: 3.50001 5.4 -3.9 19.2
```

图 7-5 CKKS 算法效果

此外，在部分 Intel 处理器上，HElib 还支持使用 Intel 同态加密加速库（Homomorphic Encryption Acceleration Library，HEXL）来为 HElib 的计算加速。要让 HElib 使用 HEXL，我们需要将 HElib 构建为静态库，并在编译配置时使用参数-DHEXL_DIR=<install-location-for-hexl>指定 HEXL 的安装位置。

7.2.4 小结

本节介绍了同态加密的基本概念与主流算法。同态加密技术为数据隐私保护和安全计算提供了革命性的解决方案。在 12.1 节中，我们将介绍同态加密在荷兰中央统计局项目中的应用案例，展示同态加密的实用价值。此外，同态加密也被用于在人工智能领域实现隐私保护，8.2 节会介绍同态加密如何为大模型提供隐私保护。在接下来介绍的联邦学习过程中，同态加密则提供了敏感数据加密计算能力。

尽管同态加密具有强大的密文计算能力，但计算效率低、密文长度过大、算法复杂等缺陷仍在一定程度上制约了同态加密的使用。对此研究人员也在探索通过优化算法、使用 GPU 或 FPGA 加速计算、压缩密文等方式来改善同态加密的使用体验。随着持续地研究和创新，我们可以期待同态加密技术得到进一步推广，为数据安全和隐私保护开辟新的广阔前景。

7.3　确保敏感数据不出域的联合建模：联邦学习

7.3.1　联邦学习概述

联邦学习又称联邦机器学习（Federated Machine Learning，简称 FL 或 FedML），是近年来数据安全领域十分活跃的一个研究热点。

联邦学习是一种具有隐私和敏感数据保护能力的分布式机器学习技术。在联邦学习技术的应用中有两个或两个以上的参与方，各参与方之间不直接共享原始数据，而是通过安全的算法协议实现“数据不出本地域”的联合机器学习建模、训练以及模型预测。

联邦学习的概念最早由 Google 公司于 2016 年提出，原本用于解决大规模 Android 终端协同分布式机器学习和所涉及的用户隐私问题。作为一种新兴技术，它有机融合了机器学习、分布式通信以及密码学与隐私保护理论。

随着全球隐私法规监管的强化，以及数据利用需求变得旺盛，联邦学习的概念自提出以来，在学术界和工业界获得了广泛的关注，被认为是当前解决数据利用与数据安全合规性（隐私保护）之间矛盾的最有效的技术途径之一。经过研究与发展，目前它不仅可应用于原有的 B2C（Business to Customer）场景——如用户移动设备的隐私数据采集与协同训练，还被推广到了 B2B（Business to Business）场景——企业组织间的敏感数据共享与机器学习。

7.3.2　联邦学习的分类

随着研究的不断深入，出现了多种联邦学习算法。根据算法框架与数据集，联邦学习可以分为 3 类：横向联邦学习（Horizontal Federated Learning，HFL）、纵向联邦学习（Vertical Federated Learning，VFL）和联邦迁移学习（Federated Transfer Learning，FTL）。

横向联邦学习：在 HFL 算法框架中，各个参与方使用的数据集样本的维度大部分是重叠的，但各方所提供的数据集样本 ID 是不同的，协作训练过程相当于对各方收集的数据样本进行横向“累加”，并通过“虚拟的”样本扩展（通过安全算法协议）提高训练数据样本规模，从而改进机器学习模型的性能。

纵向联邦学习：在 VFL 算法框架中，参与方的数据集情况正好与 HFL 相反，协作训练过程相当于对各方收集的数据样本按照 ID 进行纵向的“连接”，并通过进行“虚拟的”样本维度的关联与扩展，来增强训练模型的预测性能。

联邦迁移学习：在 FTL 算法框架中，各参与方使用的数据集样本具有很大的差异，在协作训练过程中，需要利用迁移学习能力进行标签的预测与回归。

表 7-2 对联邦学习的算法种类做了总结。在以上 3 种联邦学习框架中，通过安全协议和分布式机器学习设计，可实现线性回归、逻辑斯谛回归、决策树、随机森林和深度学习等联邦学习算法与模型。

表 7-2　联邦学习的算法种类

框架类别	参与方之间数据集的关系		达到的效果
	样本空间	特征空间	
横向联邦学习	不同	相同	增加样本的规模，改进模型性能
纵向联邦学习	相同	不同	扩展样本的维度，改进模型性能
联邦迁移学习	不同	不同	利用迁移学习克服数据或标签的不足，改进模型性能

在企业间联合机器学习建模场景中，横向联邦学习适合应用于多家企业业务较为类似，但用户群体不同的场景；而纵向联邦学习适合应用于多家企业业务不同，但用户群体有大部分重合的场景。图 7-6 给出了这两种算法框架的应用示例。

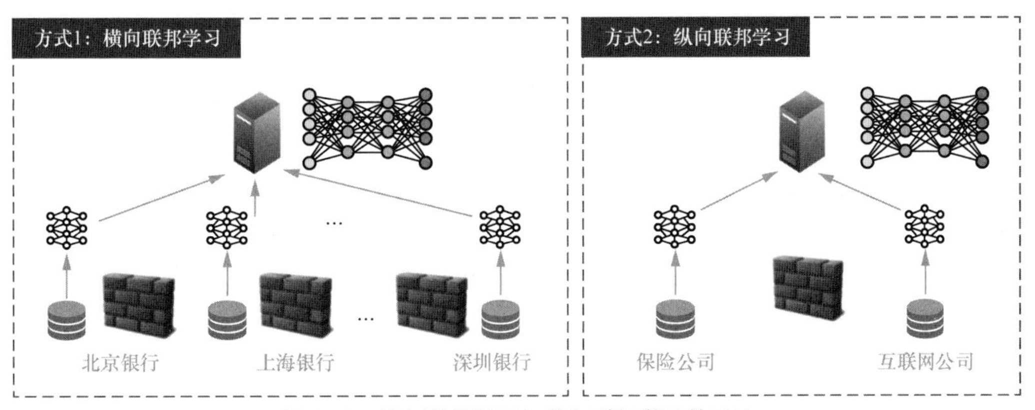

图 7-6　横向联邦学习与纵向联邦学习的对比

联邦学习的核心思想是在保证参与方的“数据不出本地域”的情形下，实现多方的数据共享与联合建模。“数据不出本地域”的设计机制满足了参与方的隐私保护需求。如图 7-7 所示，具体主要通过以下过程来实现：首先对本地原始数据进行特征化和参数化，从而保证了原始数据第一层面的“不可见”；然后对处理后的结果通过差分隐私、同态加密或安全多方计算（包括秘密共享、不经意传输、混淆电路）等技术进行加密或者扰动处理；最后将加密或扰动处理后的结果发送给服务器进行模型聚合和学习，使得参数和中间结果不可逆，从而保证了原始数据第二层面的“不可见”。

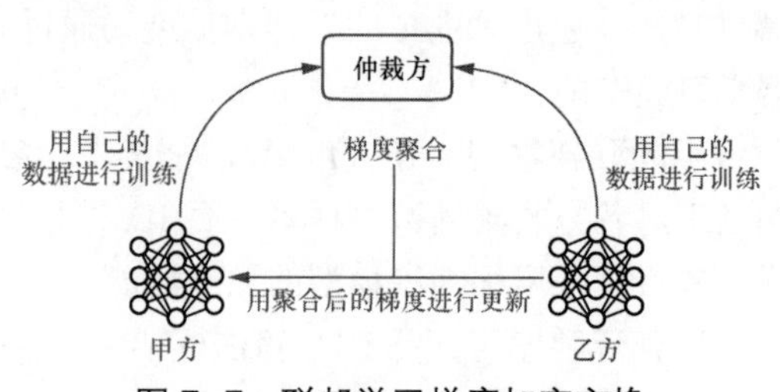

图 7-7　联邦学习梯度加密交换

7.3.3　联邦学习中的安全风险

联邦学习实现了带有隐私保护的联合机器学习，但最近学术界的研究成果表明，联邦学习可能存在鲁棒性和隐私方面的安全风险。比如恶意的服务器或参与方尝试在训练过程中推断隐私信息，再比如恶意的服务器或参与方通过篡改模型进行“投毒”。

1. 联邦学习中的隐私泄露

虽然联邦学习可以防止参与者直接共享其私人数据，但一系列研究表明，在联邦学习中交换梯度也会将参与者的私人敏感信息泄露给被动或主动的攻击者。例如，联邦学习模型参数的梯度可能会将参与者训练数据中的特征泄露给敌手。之所以会导致隐私泄露，是因为梯度来自参与者的私人训练数据，而模型可视为其所训练的数据集的高级统计信息。在深度学习中，每一层的梯度由该层的特征和下一层的误差计算得出（即反向传播）。对于顺序全连接层，权重梯度是当前层的特征与后一层误差的内积。同样，对于卷积层，权重梯度是该层特征的卷积和该层之后误差的内积。因此，通过观察梯度，攻击者可以推断出大量私人信息，例如可以重建具有某类特征的类代表样本（类代表推理攻击）、推断特定样本是否存在于联邦学习某参与方的本地数据集（成员推理攻击）和推断特定属性是否在其所对应的训练集中（属性推理攻击）。攻击者甚至可以从共享梯度中推断出标签，并恢复原始训练样本。联邦学习中的隐私窃取攻击分为如下 4 类。

- 成员推理攻击：通过模型输出或训练数据的统计特征，攻击者可以尝试确定某个特定的训练数据是否已经用于训练模型。这种攻击方法称为成员推理攻击，可以用来推断某个个体是不是训练数据的一部分。
- 属性推理攻击：属性推理攻击试图从模型的输出中推断出训练数据的某些敏感属性，如年龄、性别、职业等。
- 类代表推理攻击：类代表推理攻击试图从模型的输出中推断出某个特定类别的代表性数据，例如从模型的输出中推断出某个类别的样本的平均特征向量。

- 输入与标签推理攻击：这种攻击方法试图从模型的输出中推断出模型的训练数据，包括输入和标签。攻击者可以通过观察模型输出和其他信息，如模型架构和数据分布，来推断模型的训练数据。

笔者在联邦学习开源框架 FATE 上复现了类代表推理攻击：假设 B 是攻击者，B 的目标是从 A 那里窃取自己数据中不存在的类代表。如图 7-8 所示，A（Host）和 B（Guest）参与训练的数据中都含有 1～9 类数据。A 有自己独特的数据，即 0 类数据；而 B 没有 0 类数据。在与 A 进行联邦学习训练之后，B 能够知道“0”类数据在视觉上是什么样子的。

联邦学习的共有模型是一个天然的判别器（Discriminator），它由 A、B 两方共同训练所得。因为有双方数据的贡献，所以理论上“它知道一个真实的 0 类会是什么样子”。如图 7-9 所示，攻击流程可以总结为如下 4 个步骤。

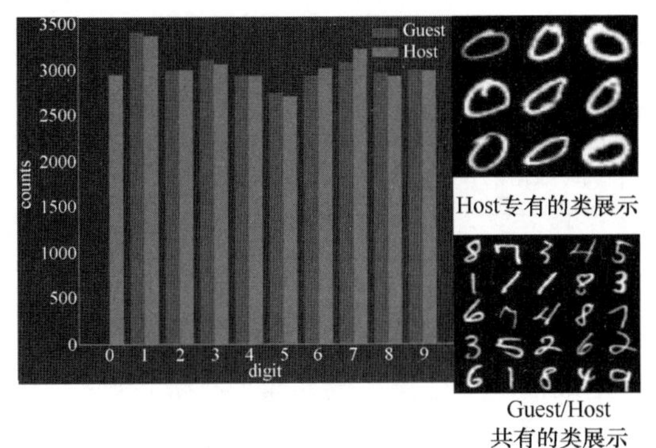

图 7-8 联邦学习中的隐私泄露

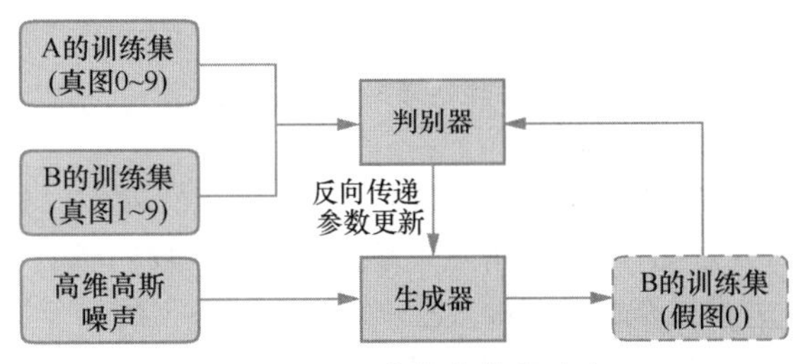

图 7-9 类代表推理攻击

1）B 在本地搭建一个生成器（Generator），它的输入是一段随机噪声，输出是一张图片。这张图片会经过判别器，得到各个类别的判断概率。判别器会根据这些概率反向传递给生成器，并不断更新生成器，直至它能够生成一张被判别器“自信地”判断为属于某一类别（例如“0”类）的图片。

2）生成器生成的图片会被传送给共有模型，这个共有模型是一个多分类判别器，其输出是一个 10 维的向量。

3）将这个 10 维的向量通过 softmax 函数转换成概率分布，取第一列（即“0”类）的概率，这个概率将作为判断图片生成质量的依据，用于计算二值交叉熵。

4）将二值交叉熵的误差反向传递给生成器进行训练，待生成器训练好之后，就可以利用生成的图片与真实图片共同训练判别器，实现一个对抗的过程。我们可以将生成的图片并入本轮训练集中进行训练。

2. 联邦学习中的投毒攻击

联邦学习的原理是，多方共同训练一个机器学习模型，但训练数据集分散在多个客户端设备上。每个客户端设备都为其本地训练数据集（简称训练集）维护一个“本地模型”。此外，服务提供商还有一个主设备（如云服务器），负责维护一个“全局模型”。如图 7-10 所示，在投毒攻击中，攻击者可以操控几个客户端设备，其目的是操纵机器学习的训练阶段，使学习到的模型在测试示例上有较高的错误率，从而使模型无法使用，并最终导致拒绝服务攻击。

训练过程牵涉训练数据集和学习过程，它们都可能受到投毒攻击，分别称为“数据投毒”和“模型投毒”，如图 7-11 所示。对于数据投毒，攻击者只需要在训练数据集中注入一些“脏数据”；而对于模型投毒，攻击者需要修改模型的参数。

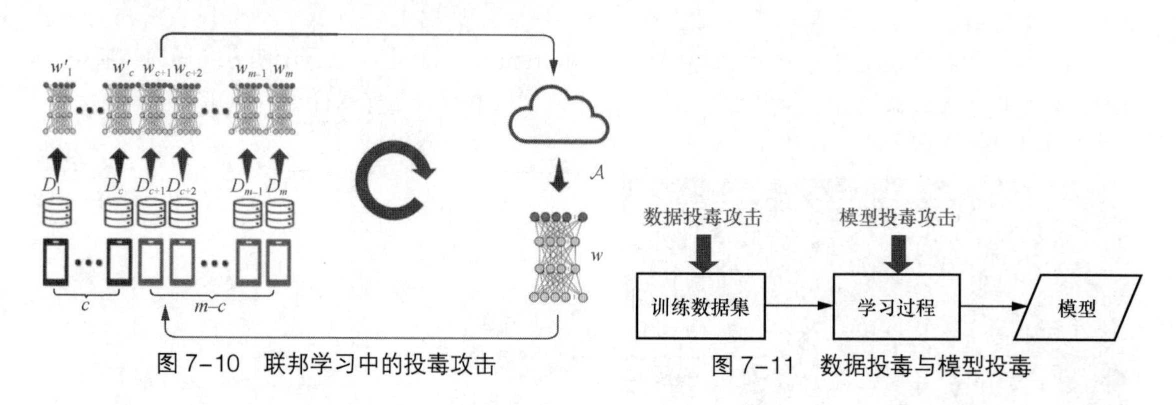

图 7-10　联邦学习中的投毒攻击

图 7-11　数据投毒与模型投毒

对于数据投毒，最直观的方法就是“翻转标签”；而对于模型投毒，最大的挑战就是如何恶意篡改模型，以使攻击效果最大化。假设攻击者的目标是最大限度地偏离全局模型参数，则模型变化方向是全局模型参数在不受攻击情况下的相反方向。图 7-12 和图 7-13 分别展示了没有攻击和存在模型投毒攻击时的模型变化方向。

图 7-12　没有攻击时的模型变化方向

图 7-13　存在模型投毒攻击时的模型变化方向

为了检测和防御投毒攻击，有两种策略可供参考：基于错误率的投毒检测和基于损失函数的投毒检测。

基于错误率的投毒检测旨在计算每个局部模型对验证数据集错误率的影响，并删除对错误率有较大负面影响的局部模型。具体来说，对于每个局部模型，当包含该局部模型时，使用聚合规则计算全局模型 A；当不包含该局部模型时，使用聚合规则计算全局模型 B。计算全局模型 A 和 B 在验证数据集上的误差率，分别记为 EA 和 EB。将 EA－EB 定义为局部模型的误差率影响。误差率影响越大，表明在更新全局模型时如果包含本地模型，则本地模型会更明显地增加误差率。因此，可以通过剔除 c 个对全局模型的错误率有较大影响的本地模型来更新全局模型。

与上述策略类似，基于损失函数的投毒检测则基于损失函数（而不是错误率）来对投毒攻击进行检测。

笔者在联邦学习开源框架 FATE 上复现了投毒攻击与检测防御，如图 7-14 所示，模型投毒可以大大降低准确率，从而达到拒绝服务攻击的目的。我们也设计了对应的检测方案，旨在通过巡检，根据损失函数或错误率对投毒攻击进行检测，如图 7-15 所示。

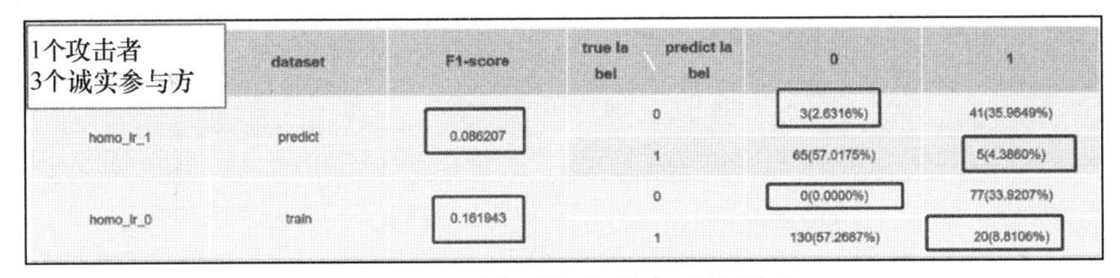

1个攻击者 3个诚实参与方	dataset	F1-score	true label \ predict label	0	1
homo_lr_1	predict	0.086207	0	3(2.6316%)	41(35.9649%)
			1	65(57.0175%)	5(4.3860%)
homo_lr_0	train	0.161943	0	0(0.0000%)	77(33.9207%)
			1	130(57.2687%)	20(8.8106%)

图 7-14 模型投毒所造成的影响

图 7-15 联邦学习投毒检测

7.3.4 开源项目介绍：FATE

目前市面上有许多联邦学习框架，每个框架都有自己的重点和功能。有些框架更专注于研究目的，而另一些框架则以创建业务就绪产品为目标。国内外主流的联邦学习开源框架如下。

NVFlare：NVFlare 提供了与安全和治理相关的功能。此外，NVFlare 还能轻松使用来自 MONAI 和 Hugging Face 的模型，并使机器学习工程师能够轻松基于现有的机器学习框架工作流（如 PyTorch、RAPIDS、NeMo、TensorFlow）进行开发。

Flower：Flower 起源于牛津大学的一个研究项目，现由德国一家分布式人工智能公司管理。Flower 与框架无关，这意味着几乎所有机器学习模型可以使用 Flower 轻松迁移到联邦学习中。

PySyft：PySyft 是 OpenMined 项目的一个开源 FL 框架，旨在通过差分隐私和安全多方计算来确保隐私。PySyft 必须与 PyGrid 配合使用，PyGrid 是大规模管理和部署 PySyft 的应用程序接口。

FATE：FATE是微众银行开发的联邦学习框架，于2019年2月首次发布，也是首批工业级联邦学习框架之一。FATE包含大量模块，涉及预处理、不同的机器学习算法（如梯度提升决策树）、联合统计等。FATE还包含一些相关联的软件，其中，FATEBoard支持实时可视化，FATEServing用于实现模型服务，KubeFATE则允许通过Docker Compose和Kubernetes部署FATE。

下面我们以FATE为例，讲解基本的联邦学习框架使用流程。

快速体验FATE和进行开发最方便的是单机部署。这里以单机部署为例进行演示，集群部署可参考KubeFATE项目。除了部署的流程不一样，其余的使用体验与单机部署一致。

```
# 准备Python3.10以上的Python环境
conda create -n fate_env python=3.10
conda activate fate_envy
# 安装FATE、FATE-Flow和FATE-Client
pip install fate_client[fate,fate_flow]==2.2.0
# 初始化
fate_flow init --ip 127.0.0.1 --port 9380 --home $HOME_DIR
pipeline init --ip 127.0.0.1 --port 9380
fate_flow start
fate_flow status # 确保fate_flow服务已启动
```

除了直接安装外，单机版的FATE还支持Docker部署。

```
docker pull ccr.ccs.tencentyun.com/federatedai/standalone_fate:${version}
docker tag ccr.ccs.tencentyun.com/federatedai/standalone_fate:${version} federatedai/
standalone_fate:${version}
docker run -it --name standalone_fate -p 8080:8080 federatedai/standalone_fate:${version}
```

下面让我们以横向神经网络为例，介绍FATE的使用方法。

首先准备数据集breast_homo_guest.csv和breast_homo_host.csv。

```
from fate.ml.nn.homo.fedavg import FedAVGClient, FedAVGServer
from fate.ml.nn.homo.fedavg import FedAVGArguments, TrainingArguments
import torch as t
import pandas as pd
from fate.arch import Context fate_flow start
```

然后进行基础的配置与模型定义。

```
# FATE-2.0 使用上下文对象来配置运行环境，包括参与方party设置（guest、host和party ID）。我们
# 可以通过调用create_context函数来创建上下文对象
def create_ctx(party, session_id='test_fate'):
    parties = [("guest", "9999"), ("host", "10000"), ("arbiter", "10000")]
    if party == "guest":
        local_party = ("guest", "9999")
    elif party == "host":
        local_party = ("host", "10000")
    else:
        local_party = ("arbiter", "10000")
    from fate.arch.context import create_context
    context = create_context(local_party, parties=parties, federation_session_id=
    session_id)
    return context
# 在开始训练之前，与 PyTorch 的做法类似，我们的初始步骤包括定义模型结构、准备数据、选择损失函数和
# 实例化优化器
```

```
def get_tabular_task_setting(ctx: Context):

    from fate.ml.nn.dataset.table import TableDataset
    # 准备数据
    if ctx.is_on_guest:
        ds = TableDataset(to_tensor=True)
        ds.load("./breast_homo_guest.csv")
    else:
        ds = TableDataset(to_tensor=True)
        ds.load("./breast_homo_host.csv")
    # 设置模型
    model = t.nn.Sequential(
        t.nn.Linear(30, 16),
        t.nn.ReLU(),
        t.nn.Linear(16, 1),
        t.nn.Sigmoid()
    )
    # 设置损失
    loss = t.nn.BCELoss()
    # prepare optimizer
    optimizer = t.optim.Adam(model.parameters(), lr=0.01)
    args = TrainingArguments(
        num_train_epochs=4,
        per_device_train_batch_size=256
    )
    fed_arg = FedAVGArguments(
        aggregate_strategy='epoch',
        aggregate_freq=1
    )

    return ds, model, optimizer, loss, args, fed_arg
```

准备好模型后，在进行联邦学习训练之前，最好先进行本地单机模型的测试。使用 create_ctx 函数创建 FATE 联邦学习任务所需的上下文对象，在这个例子中有 guest（party id 是 9999）、host 和 arbiter（party id 是 10000）。FATE 根据 party id 来判断哪一方在执行联邦学习任务。由于我们是在模拟单方的机器学习，因此只需要硬编码，指定以 guest 身份进行本地模型的训练即可。

```
from fate.ml.nn.homo.fedavg import FedAVGClient, FedAVGServer
from fate.ml.nn.homo.fedavg import FedAVGArguments, TrainingArguments
import torch as t
import pandas as pd
from fate.arch import Context


def create_ctx(party, session_id='test_fate'):
    parties = [("guest", "9999"), ("host", "10000"), ("arbiter", "10000")]
    if party == "guest":
        local_party = ("guest", "9999")
    elif party == "host":
        local_party = ("host", "10000")
    else:
        local_party = ("arbiter", "10000")
```

```
        from fate.arch.context import create_context
        context = create_context(local_party, parties=parties, federation_session_id=
session_id)
        return context

    def get_setting(ctx: Context):

        from fate.ml.nn.dataset.table import TableDataset
        # 准备数据
        if ctx.is_on_guest:
            ds = TableDataset(to_tensor=True)
            ds.load("./breast_homo_guest.csv")
        else:
            ds = TableDataset(to_tensor=True)
            ds.load("./breast_homo_host.csv")
        # 设置模型
        model = t.nn.Sequential(
            t.nn.Linear(30, 16),
            t.nn.ReLU(),
            t.nn.Linear(16, 1),
            t.nn.Sigmoid()
        )
        # 设置损失
        loss = t.nn.BCELoss()
        # 设置优化器
        optimizer = t.optim.Adam(model.parameters(), lr=0.01)
        args = TrainingArguments(
            num_train_epochs=4,
            per_device_train_batch_size=256
        )
        fed_arg = FedAVGArguments(
            aggregate_strategy='epoch',
            aggregate_freq=1
        )

        return ds, model, optimizer, loss, args, fed_arg

    # 以guest身份进行本地模型的训练
    ctx = create_ctx('guest')
    dataset, model, optimizer, loss_func, args, fed_args = get_setting(ctx)
    print('data' + '*' * 10)
    print(dataset[0])
    print('model' + '*' * 10)
    print(model)

    trainer = FedAVGClient(
        ctx=ctx,
        model=model,
        train_set=dataset,
        optimizer=optimizer,
        loss_fn=loss_func,
        training_args=args,
        fed_args=fed_args
    )
```

```
trainer.set_local_mode()
trainer.train()

# compute auc here
from sklearn.metrics import roc_auc_score
pred = trainer.predict(dataset)
auc = roc_auc_score(pred.label_ids, pred.predictions)
print(auc)
```

在本地模型的训练中，我们发现 trainer 其实是 FedAVGClient。而在真正的多方联邦学习中，arbiter 承担模型聚合的任务，因此我们需要定义模型聚合 FedAVGServer。我们指定了聚合的相关参数：每一个 epoch 聚合一次。与本地测试的单方模型所不同的是，我们没有“硬编码”指定当前的参与方，而是根据上下文对象动态判断。

```
from fate.ml.nn.homo.fedavg import FedAVGArguments, FedAVGClient, FedAVGServer,
TrainingArguments
from fate.arch import Context
import torch as t
from fate.arch.launchers.multiprocess_launcher import launch


def get_setting(ctx: Context):

    from fate.ml.nn.dataset.table import TableDataset
    # 准备数据
    if ctx.is_on_guest:
        ds = TableDataset(to_tensor=True)
        ds.load("./breast_homo_guest.csv")
    else:
        ds = TableDataset(to_tensor=True)
        ds.load("./breast_homo_host.csv")
    # 设置模型
    model = t.nn.Sequential(
        t.nn.Linear(30, 16),
        t.nn.ReLU(),
        t.nn.Linear(16, 1),
        t.nn.Sigmoid()
    )
    # 设置损失
    loss = t.nn.BCELoss()
    # 设置优化器
    optimizer = t.optim.Adam(model.parameters(), lr=0.01)
    args = TrainingArguments(
        num_train_epochs=4,
        per_device_train_batch_size=256
    )
    fed_arg = FedAVGArguments(
        aggregate_strategy='epoch',
        aggregate_freq=1
    )

    return ds, model, optimizer, loss, args, fed_arg
```

```
def train(ctx: Context,
          dataset = None,
          model = None,
          optimizer = None,
          loss_func = None,
          args: TrainingArguments = None,
          fed_args: FedAVGArguments = None
          ):

    if ctx.is_on_guest or ctx.is_on_host:
        trainer = FedAVGClient(ctx=ctx,
                               model=model,
                               train_set=dataset,
                               optimizer=optimizer,
                               loss_fn=loss_func,
                               training_args=args,
                               fed_args=fed_args
                               )
    else:
        trainer = FedAVGServer(ctx)

    trainer.train()
    return trainer
def run(ctx: Context):

    if ctx.is_on_arbiter:
        train(ctx)
    else:
        train(ctx, *get_tabular_task_setting(ctx))

if __name__ == '__main__':
    launch(run))
```

得到的结果如下。

```
[22:44:09] INFO     [ Main ] ========================================================
multiprocess_launcher.py:277
           INFO     [ Main ] federation id: 20241008224409-c693f3 multiprocess_launcher.
py:278
           INFO     [ Main ] parties: ['guest:9999', 'host:10000', 'arbiter:10000']
multiprocess_launcher.py:279
           INFO     [ Main ] data dir: None  multiprocess_launcher.py:280
           INFO     [ Main ] ========================================================
multiprocess_launcher.py:281
           INFO     [ Main ] disabled tracing _trace.py:46
           INFO     [ Main ] waiting for all processes to exit multiprocess_launcher.
py:220
[22:44:17] INFO     [Rank:2] disabled tracing _trace.py:46
[22:44:18] INFO     [Rank:0] disabled tracing _trace.py:46
           INFO     [Rank:0] sample id column not found, generate sample id from 0
to 227 table.py:154
           INFO     [Rank:0] use "y" as label column table.py:164
           WARNING  [Rank:0] Detected kernel version 5.4.0, which is below the
recommended minimum of 5.5.0; this can cause the process  logging.py:61
```

```
                    to hang. It is recommended to upgrade the kernel to the minimum
version or higher.
    …
    日志信息省略
    …

    INFO [ Main ] rank 0 exited successfully, waiting for other ranks({1}) to exit
multiprocess_launcher.py:189
               INFO     [ Main ] rank 1 exited successfully, waiting for other ranks(set())
to exit multiprocess_launcher.py:189
               INFO     [ Main ] all processes exited multiprocess_launcher.py:222
               INFO     [ Main ] cleaning up multiprocess_launcher.py:223
    [22:44:31] INFO     [ Main ] done multiprocess_launcher.py:225
```

7.3.5 小结

近年来在工业界联邦学习是一大热点，国内外多家企业对其展开了探索，并且实现了一些商业落地案例。例如谷歌公司将联邦学习应用在 Android 手机的新闻推荐上，并推出了 TensorFlow Federated 联邦学习开源框架；苹果公司将联邦学习应用于 iOS 13 跨设备 QuickType 键盘"Hey Siri"的人声分类器应用；英特尔公司将 TEE（Trusted Execution Environment，可信执行环境）与联邦学习做了结合；国内的微众银行则将联邦学习应用于保险定价、图像检测等领域，并开源了 FATE 联邦学习框架。总的来说，联邦学习仍然处于初步发展阶段，正面临诸多挑战，例如如何解决参与方诚信的问题、如何为联邦学习框架设计有效的激励机制，以及如何设计更高效的通信机制等。未来我们需要探索更多联邦学习的应用场景。

7.4 从百万富翁问题到通用计算：安全多方计算

随着数据要素时代的到来，业务开展所需的数据源不再仅为一方。在多方共同提供数据的情况下，如何保证多个互不信任的参与方能够安全正确地协同计算，是一个关键技术问题。联邦学习利用机器学习固有的容错特性，在一定程度上缓解了原始数据的泄露风险，但其缺乏严谨的安全性证明。更重要的是，它无法适用于机器学习之外的其他计算任务。相比之下，本节介绍的安全多方计算（secure Multi-Party Computation，MPC）技术能够在不泄露任何参与方私有数据的前提下，实现密码学可证安全的通用密文计算。

MPC 起源于姚期智先生提出的"百万富翁问题"：设想两位百万富翁想知道谁更富有，但他们又都不愿意透露自己的具体财富。这本质上是一个在不泄露私有数据的前提下进行数值比较的问题。随着技术的发展，密文计算的类型早已超越简单的数值比较，参与方的数量也不再局限于两方。这使得 MPC 技术逐渐成为实用密码学中最具挑战性的领域之一。为避免内容晦涩难懂，本节将尽量避免使用复杂的密码学术语，而更多地从原理与动机上介绍 MPC 技术的核心思路。

7.4.1 安全多方计算概述

1. 定义

简单而言，MPC 过程可定义为：参与方 $\{P_1,P_2,\cdots,P_n\}$ 共同执行协议，计算 $f(x_1,x_2,\cdots,x_n)=(y_1,y_2,\cdots,y_n)$。其中，$f$ 为预设的计算任务，对于任意的 $i\in\{1,\cdots,n\}$，x_i 为 P_i 的私有输入，在计算完成后，P_i 仅获得输出结果 y_i。

在实践中，安全多方计算通常表现为两种模式，如图 7-16 所示。

端到端多方计算：数据提供方均具备足够的计算资源和网络资源，并希望参与计算过程。参与方可在各自的计算设备上安装计算节点，进行任务协商、数据拆分等工作，并维持网络连接，完成安全计算任务。

外包多方计算：数据提供方将自身的输入拆分并上传到两个或多个云服务器，在云服务器间进行实际的安全多方计算，并最终将计算结果返回给相关的数据使用方。数据提供方上传完数据后即可脱机，后续计算与通信均由云服务器管理。这种模式也可用于单个数据提供方托管复杂计算任务等场景。

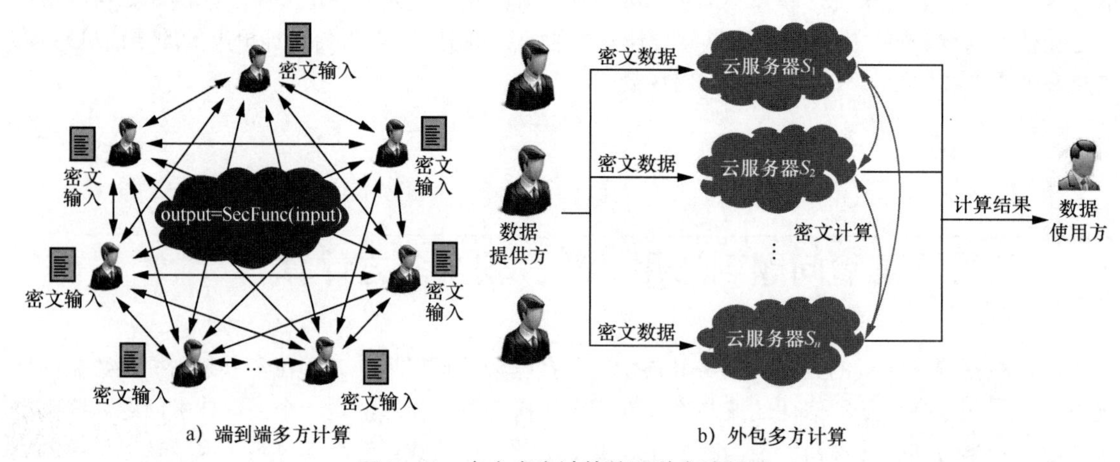

图 7-16　安全多方计算的两种实践模式

出于对 MPC 计算效率的考量，根据获取实际数据的时间点，典型 MPC 通常包含如下两个主要阶段。

离线阶段：在这一阶段，参与方进行预处理工作，包括生成共享密钥、分发加密组件与随机数等，这些操作并不依赖参与方的具体输入。预处理的目的是为在线阶段的计算准备好必要的基础设施和数据环境。

在线阶段：在线阶段开始于所有参与方的私有数据被输入系统中。在这一阶段，实际的密文计算任务已完成，最终生成每个参与方所需的计算结果。由于在离线阶段已经完成了大量预计算任务，因此我们在该阶段可以更轻量、高效地处理复杂的计算任务。

下面对 MPC 中的安全证明方式进行简要介绍。

2. 理想/现实范式

要在密码学意义上完成可证安全，就需要从理论上论述某个具体的协议具有一些典型的安全特性，具体如下。

- 隐私性：除了自己的输入和输出，任何参与方不能获取其他额外信息。
- 正确性：所有参与方在协议正常执行后应获得正确的输出。
- 输入独立性：参与方必须独立选择其输入。
- 输出可达性：攻击者不能阻止诚实参与方获得正确的输出。
- 公平性：只有当诚实参与方获得他们的输出时，攻击者才能获得输出。

然而，在涉及多方的场景中，直接列举这些特性进行验证是烦琐且易错的。因此，MPC 中的安全证明通常采用理想/现实范式[28]。

理想世界：假设存在一个绝对可靠的权威机构，负责接收所有参与方的输入，并正确无误地计算和分发结果。

现实世界：没有权威机构，参与方通过实际的 MPC 协议进行计算并获取结果。

对于每一个参与方来说，其在理想世界中的私有输入和所获得的结果能够形成一个“视图”，而其在现实世界中的私有输入、得到的中间值和所得到的结果也能够形成一个“视图”。简单来说，理想/现实范式这一证明方法会对现实世界和理想世界中攻击者的“视图”进行对比，如果二者不可区分，则认为现实世界中的攻击可以在理想世界中进行模拟；而理想世界是安全的，从而可以进一步认为 MPC 协议在现实世界中也是安全的。

7.4.2 核心原语与典型应用

虽然 MPC 协议在具体场景中通常须适配性设计，但都会基于如下三种底层密码学原语构建：不经意传输（Oblivious Transfer，OT）、混淆电路（Garbled Circuit，GC）和秘密共享（Secret Sharing，SS）。下面分别介绍这 3 种密码学原语的基本思想及发展脉络。

1. 不经意传输

不经意传输（OT）协议是一种旨在保证双方信息隐私性的密码学协议。该协议涉及两个参与方——信息的持有方（即发送方）S 和接收方 R。最基本的 OT 协议称为 Base OT 协议，如图 7-17 所示。

图 7-17 Base OT 协议

在 Base OT 协议中，发送方持有两条信息，而接收方可以秘密选择获取其中一条信息，且发送方无法得知接收方的选择；同时，接收方也无法获知发送方的另一条信息。值得注意的是，OT 协议属于非对称加密范畴，仅使用对称加密方法构造 OT 协议等价于解 P=NP 难题。

Base OT 协议的实现方案有很多，一个较简洁的实现方案是基于 Diffie-Hellman 密钥交换[29]。简单来说，接收方根据要接收哪条信息，确定向发送方提供 g^b 还是 g^{ab}，其中 g 为双方知晓的大质数底数，a 与 b 分别由接收方和发送方生成。然后由发送方对这两条信息做不同的处理，确保接收方想要的那一条（虽然发送方不知道是哪条）对应的中间信息是由 g^{ab} 密钥所加密的，而接收方无法获知另一条中间信息的密钥。

在 Base OT 协议的基础上，为满足各类应用需求，OT 协议取得了长足发展[30]。当前主要的 OT 协议类型如下。

1）n 选 1 OT 协议：接收方从 n 条信息中秘密选出 1 条想要的信息。

2）n 选 k OT 协议：接收方从 n 条信息中秘密选出 k 条想要的信息。

3）ROT（随机 OT）协议：接收方的两条信息本身也是随机生成的而不是真实的信息。该协议通常用于离线阶段，以确保我们在在线阶段只需要进行简单的异或运算即可完成实际信息的不经意传输。

4）COT（相关 OT）协议：发送方提供一个相关函数，用于随机生成两条信息，这两条信息满足特定的相关性；COT 的开销相较于 Base OT 更低，已被广泛用于混淆电路与秘密共享的基础协议构造中。

Base OT 协议只能用于单次数据安全选择，而真实世界的任务通常涉及海量数值的选择，这就给计算效率带来了显著的挑战。因此，研究者进一步提出了 OT 扩展协议，参与双方只需要将少量的 κ（安全参数）个基于非对称加密构造的 OT 实例与对称加密原语（如伪随机数生成器、伪随机函数等）结合，即可产生 $m\left(m \gg \kappa\right)$ 个 OT 实例的密码学协议。知名的 OT 扩展协议如下。

1）IKNP 类协议：计算量小，通过 PRG 实现 OT 协议扩展；通信量大，与输出长度成线性关系。

2）PCG 类协议：基于 dual-LPN 假设，通信量小，达到亚线性通信复杂度；计算量较大，需要一次性计算所有输出。

通常认为，当计算几百或几千个 OT 实例或者处在局域网环境中时，IKNP 类协议效率更高；而当 OT 实例规模更大、网络延迟更高时，PCG 类协议效率更高。

虽然 OT 在理论上可实现任意 MPC 协议，然而受限于其表现力，当基于 OT 构建实际计算问题的 MPC 协议时，通常还需要结合其他相关领域的技术。相比之下，混淆电路与秘密共享能够提供更具直观性的协议构建框架。但值得注意的是，从 OT 出发进行定制化的协议构造，往往可以获得更高的效率。

2. 混淆电路

混淆电路（GC）由我国姚期智院士提出，其核心是通过使用随机密钥来掩盖逻辑门电路的真实输入输出，为参与方的输入和中间计算结果提供隐私保护。与 OT 不同，GC 从计算电路层面描述了计算任务，显著接近并模拟了真实的计算过程，大幅降低了协议设计的难度。

以两方 GC 为例，参与实体包含电路生成方（garbler）和电路求值方（evaluator），后文简称生成方和求值方。其中，生成方持有输入 $a \in X$，求值方持有输入 $b \in Y$，计算目标是求函数 $f(a,b)$ 的值。下面我们以最简单的（比特）异或函数 f_{xor} 为例来对其过程进行说明。

由于 f_{xor} 的输入仅为 0 或 1，生成方可以枚举全部的 4 种可能输入对 (a,b)，然后构造出函数 f_{xor} 的真值表 T，其中每行的条目为 $T_{x,y} = f_{\text{xor}}(a,b)$。求值方只需要使用输入 x 和 y 来查找 T 中的响应条目 $T_{x,y}$，即可得到 $f_{\text{xor}}(x,y)$ 的输出。

那么 GC 如何对上述过程实施保护呢？GC 以真值表为基础构造混淆表（Garbled Table），从而使表中条目的真实值可用但不可见。具体来说，分为以下 4 步。

第 1 步：生成方生成加密真值表

生成方对电路中的每条线路进行标注。对于每条线路 W_i，生成方生成两个长度为 k 的字符串 X_i^0、X_i^1。这两个字符串对应逻辑上的 0 和 1。

然后，生成方将对逻辑门电路的真值表 $T_{x,y}$ 进行替换，过程如图 7-18 所示。

最后，生成方将得到的加密真值表打乱，发送给求值方。打乱后的加密真值表也常称为混淆表。

第 2 步：求值方获得密文输入

一方面，生成方会将自身输入所对应的字符串发送给求值方。例如，如果生成方的输入是 0，就将 X_x^0 发送给求值方。求值方由于并不知晓实际对应的逻辑值（即无法从 X_x^0 推断出 0），因此也就无法窥探生成方的真实输入。另一方面，求值方可通过 OT 协议从生成方获取其自身输入所对应的字符串，而不会泄露其输入的实际逻辑值。

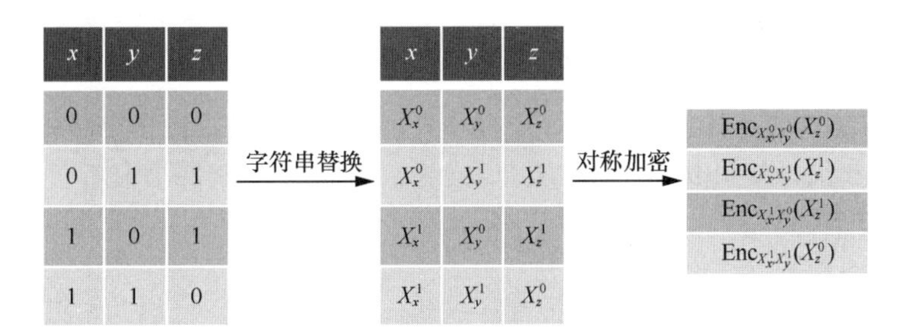

图 7-18　加密真值表的生成过程

第 3 步：求值方进行密文电路求值

求值方已经获得全部输入所对应的字符串，此时便可以根据混淆表进行解密。如果能正确解密（比如解密出字符串末尾有若干 0），则对应的值即为电路输出值。由于这里仅以单步异或运算为例，因此我们此时已得到最终结果。对于更复杂的任务，此时仅获得某个中间门电路的结果，还需要根据下一个混淆表继续进行解密，直至获得最终结果。

第 4 步：求值方公开结果

求值方公开最终获得的结果字符串，生成方获得后告知求值方对应的逻辑值，双方完成密文计算。

上述过程为混淆电路的最朴素过程，在近 40 年的发展中，这一密码学原语有如下重要优化[31]。

point-and-permute：在线路标签中附加公开的选择比特信息，使得计算者在根据逻辑门的混淆表进行解密时，可以预先知道自己需要对哪一个密文进行解密，而不是都解密一次，直至找到正确的解密行，从而显著降低了求值方的计算量。该方法也解耦了正确行和随机标签的内容间的联系，为后续优化打下了基础。

Free-XOR：生成方在生成混淆电路的线路标签时，只生成输入线路的标签和非异或门的门输出线路的标签，并且对于这些标签，必须让 0 标签和 1 标签之间的距离具有相同的偏移量 Δ，即 $X_i^0 \oplus X_i^1 = \Delta$。在这种约束下，异或门的门输出标签可以直接由其门输入标签异或而得，即 $v_c = v_a \oplus v_b$，从而有 $X_c^0 = X_a^0 \oplus X_b^0$，$X_c^1 = X_c^0 \oplus \Delta$，其核心就在于这种偏移量的自动传递性。此时，对密文的异或运算计算代价等同于明文，因此称这样的运算是“免费”的。

GRR3：混淆表中的密文并不一定是要加密操作的结果，而是可以设置为固定值。比如，通过将输出线路的加密标签设置为合适的值，确保混淆表的第一行设置为全零，此时计算方不需要获得网络传输，就可以知晓该行的内容，只需要将 3 条密文传输给计算方即可，计算方无法有效区分剩下的 3 条密文所对应的明文是 0 还是 1。

Half-Gates：核心思路是将与门表示为两个半门的异或结果，每个半门都是与门，且参与方知道某个半门的一个输入。通过这样的方式，每个半门的混淆表只有两个，且仍可以分别基于 GRR3 策略降为一个，最终做到每个与门只需要生成两条密文即可。

Three-Halves：该技术同时考虑到了 0/1 标签对之间的固定偏移量 Δ。通过采用标签分片技术，将标签值和偏移量都切分为两个分段以达到升维的效果，进而构造出更多的可冗余项，并最终做到只需要 3 个分段的加密序列即可完成信息的推导，与门的传输量被进一步降低至大约 1.5 条密文。

除了两方 GC，学术界同样对多方 GC 进行了大量探索。然而，由于电路编码的内在困难性，此类协议通常缺乏扩展性与可复用性，业界采用较少。通常认为，混淆电路在密文比较等基础运算中具有较强的性能优势。

3. 秘密共享

秘密共享是另一种具有强大表达能力的 MPC 技术。与 GC 不同，秘密共享的核心思路是针对不同的基础运算任务（比如加减乘除），构造出输入与输出都处于相同秘密状态（比如都是真实值的一个加法分片）下的协议，进而可以像搭积木一样组合基础秘密共享运算协议，直至将一个更复杂的真实任务组合完成。

秘密共享最初并非为 MPC 技术所设计，而是为密钥管理任务所构建，如 Shamir 秘密共享。它能做到将一个秘密值 s 切分成 n 个分享值，由不同的参与方保存，并确保当且仅当不少于 t 个参与方拿出他们的分享值时才能恢复出原始的秘密值，这也常称为(t,n)门限秘密共享，其底层通常是基于拉格朗日插值法构建的。

在安全多方计算实践中，通常并不直接使用 Shamir 秘密共享的构建方案，而是采用更简单的加法秘密共享：对秘密值 s 生成 n 个随机值，确保所有随机值之和为 s。我们很容易证明这是一类

(n,n)门限秘密共享，因而具有最好的抗合谋能力。

以两方秘密共享计算为例，P_1与P_2各拥有两个值a和b的一个加法分享值，即P_1拥有a_1和b_1，P_2拥有a_2和b_2，我们希望计算完成后分别获得z_1和z_2，并确保$z_1+z_2=f(a,b)$，其中f不妨假定为加减乘除等基础运算。

加减：类似于 Free-XOR，对于加法秘密共享而言，加减运算是"免费的"。具体来说，由于$(a_1 \pm b_1)+(a_2 \pm b_2)=(a_1+a_2)\pm(b_1+b_2)=a \pm b$，因此$P_1$与$P_2$分别在本地将自己拥有的分享值进行加减运算即可，而不需要进行任何交互。

乘：加法秘密共享无法在不进行交互的情况下完成密文乘法。业界通常基于 Beaver 三元组技术来完成仅需一轮交互的密文乘法，其核心依赖于如下公式：

$$(x-a)(y-b)=xy-a(y-b)-b(x-a)-ab$$

具体来说，秘密共享技术需要在离线阶段获得一对三元组(a,b,c)，且有$c=ab$，两方各自持有三元组的分享值。在在线阶段，两方分别执行如下操作。

P_i计算$e_i=x_i-a_i$，$f_i=y_i-b_i$。

P_i彼此传输e_i与f_i，恢复出e和f。

P_i计算$z_i=c_i+b_i e+a_i f$。

P_1额外计算$z_1=z_1+ef$。

该协议的关键在于使用一对额外的乘法值隐藏交互时恢复的内容，从而使得双方无法推导出原始秘密。离线阶段的三元组生成也是 MPC 领域的重要问题，当前通常基于 OT 扩展技术批量生成三元组。特别地，对于三方秘密共享计算，如可降低抗合谋要求，将(3,3)门限放宽为(2,3)门限，则可采用其他协议简化密文乘法，使每方仅需发送一个密文值即可，而不用发送两个。

对于秘密共享而言，还有两个重要的基础算子，即除法与比较，然而其详细构建较为复杂，下面仅做简要说明。

比较[32]：这个问题等同于以安全的方式获得秘密值的最高位。通常需要在离线阶段为某个位值分别在Z_2域和Z_n环上构建出随机的分享值，然后通过精巧的协议设计，检测原始秘密是否在域运算中出现了取模运算，进而判断出原始秘密的最高位。通常需要进行$\log_2(l)$轮交互，其中l为原始秘密所在域的位长（如 int32，此时位长为 32 位）。

除法：通常首先基于比较协议，判断出大致的秘密范围；然后基于牛顿迭代法等技巧，使用密文乘法进行拟合。

在 MPC 中，秘密共享技术的其他主要变体如下。

可验证秘密共享（Verifiable Secret Sharing，VSS）[33]：在传统的秘密共享协议中引入额外的验证机制，确保参与方诚实地执行协议，防止恶意行为。VSS 通过引入承诺方案（Commitment Scheme）和零知识证明（Zero-Knowledge Proof）等技术，使得参与方能够验证彼此的行为，检测并识别恶意参与方，从而提高协议的安全性和可靠性。

动态秘密共享（Dynamic Secret Sharing，DSS）[34]：传统的秘密共享通常假设参与方的数量和身份在协议开始前就已确定，而动态秘密共享允许在计算过程中动态调整参与方的这些信息。这种特性在实际应用中非常有用，例如在区块链网络中动态加入或退出节点，以及在分布式系统中处理节点失效的情况等。

函数秘密共享（Function Secret Sharing，FSS）[35]：与传统的秘密共享侧重于对数据进行分享不同，函数秘密共享旨在以分布式的方式计算和评估某个函数，而无须泄露函数的输入和输出。FSS 将一个函数 $f(x)$ 分解成多个子函数 $f_1(x), f_2(x), \cdots, f_n(x)$，并将这些子函数分发给不同的参与方。每个参与方只能计算自己所持有的子函数，但是将所有参与方的计算结果组合后，就可以得到原始函数 $f(x)$ 的输出结果。函数秘密共享在隐私保护的数据聚合、机器学习和数据查询等场景中有广泛的应用。

相较于混淆电路，秘密共享需要通过不断地进行密文交互来推进计算，交互轮次随计算深度的增加而明显高于混淆电路，因此更适合在局域网环境中使用。值得注意的是，秘密共享所提供的抽象维度显著接近于传统编程，通常可直接基于 C/C++标准的 int 或 long 类型表达秘密值与分享值，编码难度显著降低。因此，对于以数值计算为主的任务，现有方案中通常基于秘密共享进行 MPC 协议构造。

7.4.3　向实用迈进的 MPC 框架

虽然 MPC 技术已经发展了 40 多年，并在部分典型应用中落地实践，然而非相关领域的读者可能仍对其概念感到陌生，并畏惧其中深奥的密码学壁垒，而这也是阻碍 MPC 技术走向实用的关键因素。如图 7-19 所示，笔者认为在一个真实的 MPC 应用开发过程中，通常至少有如下三类角色：安全提供商、软件开发商和终端用户。

安全提供商有能力基于 MPC 核心原理构建出部分安全数值分析算法能力，比如密文基础商务智能分析、人工智能分析等。但真实的终端用户通常不会仅需要某种特定的 MPC 能力，而是需要一个实际的应用服务，且通常依赖于可视化界面。此时就需要有软件开发商承担基于底层 MPC 能力开发可满足实际业务需求的软件的任务。

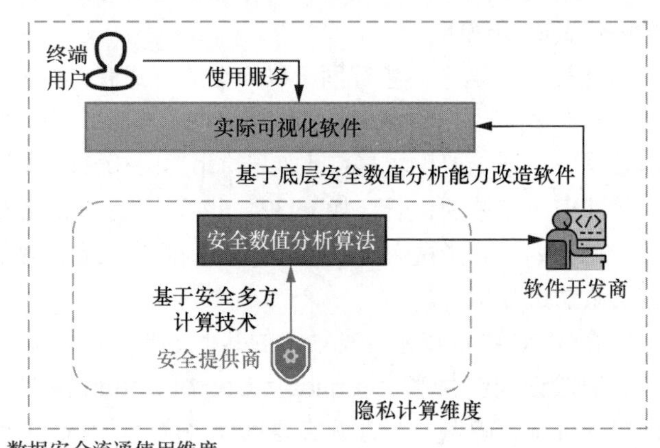

图 7-19　安全多方计算应用的典型开发过程

然而在实践中，往往需要安全提供商同时担任软件开发商的角色。究其根本，在于 MPC 技术的壁垒无法对普通软件开发人员有效屏蔽，导致开发者难以在不具备 MPC 技术背景的情况下完成通用业务的开发。

虽然 MPC 技术有其根本上的理论困难，但近年来业界通过不断探索仍然提出了很多有效的方案。下面介绍两类重要的 MPC 框架，它们在不同维度上实现了开箱即用的效果，是 MPC 技术逐步走向实用的象征。

1. 可编程 MPC 框架

一个很自然的想法是，如果能让软件开发人员以常规的编程语言和编程思路进行 MPC 代码的编写，即可显著降低开发难度。基于这一思考，学术界与工业界提出了一些适用于编程的 MPC 框架。如图 7-20 所示，这些框架通常由以下三部分组成。

前端：提供软件开发者进行编程的对接层。通常预先以开发文档形式告知软件开发者编程保留关键字、密文类型（相较于明文类型，如 int 等）、注解格式等，并基于前端层接收软件开发者符合相关规范的源代码。一个优秀的前端，一方面应提供软件开发者尽可能低的学习成本，比如一些面向 MPC 机器学习的框架，只需要额外引入几行代码即可完成转换；另一方面必须保证编译器能够获得足够的信息以生成密文计算过程。

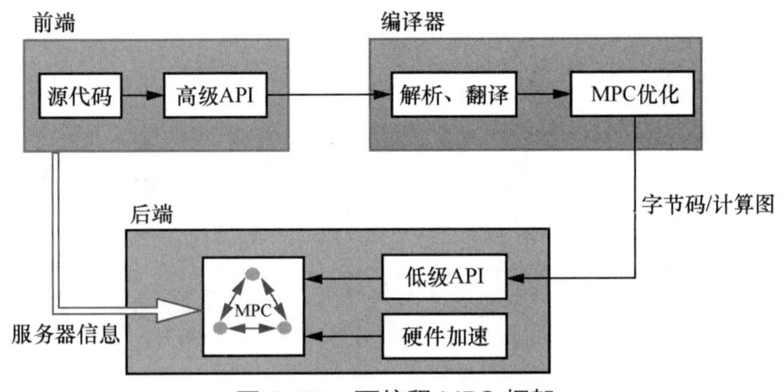

图 7-20 可编程 MPC 框架

编译器：编译器负责将前端获得的源代码进行适当的翻译、解释与处理，并依据 MPC 领域的基础知识（如密文比较运算的计算量远高于密文乘法），对相关指令进行操作合并或重排等 MPC 优化，最终生成字节码或计算图以供后端使用。编译器还应能根据前端的具体情况自适应地选择合适的密文计算协议。

后端：后端负责真正执行安全多方计算，通常以 MPC 虚拟机形式存在，用于对接并执行编译器所提供的内容。它通过调用内置的密码学算法模板以及前端配置文件所提供的多方服务器信息，处理真实的 MPC 加密与通信，最终完成计算任务。后端通常用 C/C++等高性能语言编写而成。

当前，业界最著名的两种可编程 MPC 框架如下。

MP-SPDZ：由国外学术界于 2019 年提出，采用类 Python 语法，提供了自定义的数据类型，支持 30 多种经典的密码学协议，囊括了各类威胁模型，且支持任意数量的参与方。

SPU：由蚂蚁集团主导的隐语开源社区于 2022 年提出，完全使用 Python 的语法规范，支持通过装饰器等形式区分明文与密文计算，并提供了部分 Python API 以方便协议的编写，支持多种知名的密码学协议。

2. 密态 SQL 框架

毫无疑问，数据库是最重要的数据资产载体之一。对数据的保护在很大程度上等同于对数据库的保护。换言之，在数据库之下封装好安全性，并在数据库之上提供类似于明文的对接方案，对软件开发者来说无疑是一个透明的安全升级方案。SQL 是当前软件开发中对接数据库引擎的标准方法。

当前工业级可用的密态 SQL 框架主要是由隐语开源社区提出的多方安全分析框架 SCQL（Secure Collaborative Query Language），其总体架构如图 7-21 所示。

SCQL 框架主要分为两部分：用于直接对接用户 SQL 查询的 SQL 解析代理，以及用于对接数据库并执行密态数据库计算的数据库计算代理。SQL 解析代理利用翻译器组件，根据查询 SQL 的实际情况，选择最合适的密码学底层算子，并进一步生成密态执行图以派发数据库计算代理进行安全多方计算。

特别地，SCQL 框架还进一步提供了列级别约束管理器，旨在依据数据列设置不同的权限约束。如果某次 SQL 请求超出了权限约束，则直接报错。由于 SQL 的复杂性，该机制并不能保证 SQL 请求是未泄露数据的；但如果无法通过该机制，则一定是不安全的。显然，该机制需要兼具强表达能力和易设置性。截至本书定稿时，隐语 SCQL 框架对该机制的设计如表 7-3 所示。

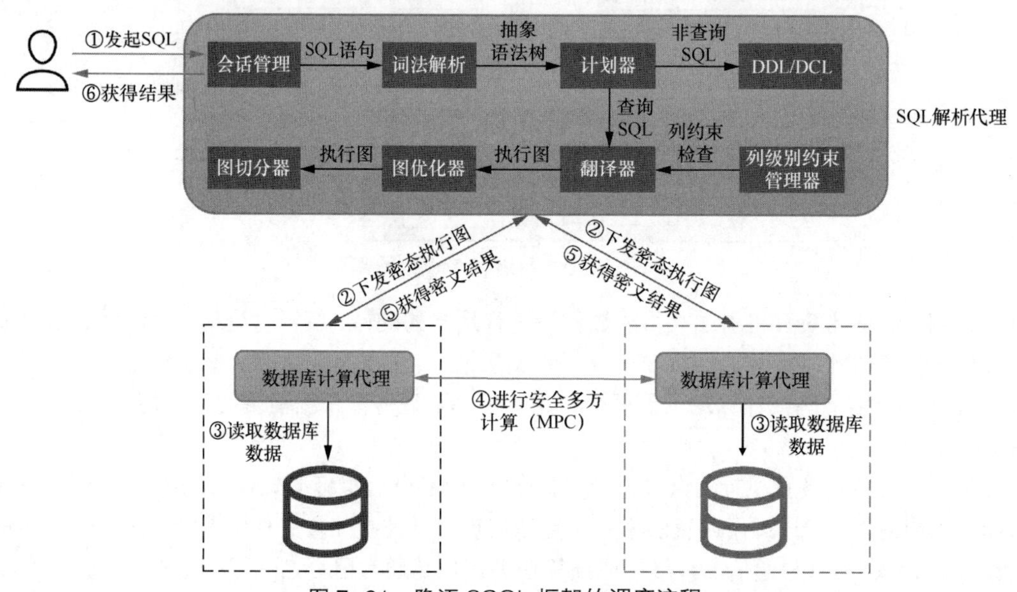

图 7-21　隐语 SCQL 框架的调度流程

表 7-3　隐语 SCQL 框架的列约束管理器机制

约束类型	约束作用
plaintext	允许以任何形式进行披露，通常用于非敏感数据
plaintext_after_join	作为内连接的键，经过连接后可以明文披露
plaintext_as_join_payload	数据在经过内连接（非连接键）后可以明文披露

续表

约束类型	约束作用
plaintext_after_group_by	作为 group by 的分组列，分组后可以明文披露
plaintext_after_aggregate	被约束的列经过聚合操作（如 SUM、AVG、MIN、MAX、COUNT 等）后可以明文披露
plaintext_after_compare	被约束的列经过比较操作（如<、>、>=、!=等）后可以明文披露
encrypted_only	始终以密态形式参与计算，不允许进行任何形式的披露，COUNT 除外（COUNT 属于元信息，较难保护）

SCQL 框架支持 MySQL、PostgreSQL 和 CSV 三类数据源，并且以类 MySQL 语法的形式支持对外使用，还支持两个或三个数据库提供方，极大地降低了将业务 MPC 升级的难度，但同时也存在极大的优化空间。

7.4.4 典型应用

MPC 近年来在众多典型功能场景中实践落地，下面简要罗列相关 MPC 功能及对应的真实应用。

1. 隐私集合求交

（1）功能描述

若干参与方各自拥有一个数据集合，他们都希望在不泄露各自数据集合的情况下，获得所有参与方数据集合的交集。

（2）典型应用

- 多要素身份核验：在身份验证场景中，通过隐私集合求交，在不泄露用户隐私信息的情况下，实现多要素身份核验。
- 隐私保护的数据去重：在数据清洗和数据集成过程中，利用隐私集合求交实现敏感数据的去重，在保障数据质量的同时兼顾隐私保护。

2. 隐私信息检索

（1）功能描述

一个参与方（客户端）从另一个参与方（服务端）那里，根据某个 key（键），获得该 key 所对应的 value（值）；但服务端不能知晓具体 key 是什么，且客户端也无法获得其他 value 信息。

（2）典型应用

- 隐私保护的数据库查询：在医疗、金融等行业的敏感数据库中，通过隐私信息检索，用户可以在不泄露查询内容的情况下从数据库中获取所需信息。
- 隐私保护的文档检索服务：咨询公司向客户提供报告检索服务，允许客户根据企业名称或其他关键词获取相关的分析报告，同时服务端不需要了解客户实际查询的内容。

3. 机器学习前馈

（1）功能描述

在机器学习的预测阶段，数据拥有者希望使用模型拥有者的模型对其数据进行前馈计算，但双方都不愿意或无法向对方告知自己的敏感信息（输入数据或模型参数）。

（2）典型应用

- 隐私保护的边缘设备特征提取：在物联网场景中，边缘设备自身没有复杂的机器学习模型，可通过隐私保护的机器学习前馈，在不泄露原始数据的情况下，利用云端模型进行特征提取和分析。
- 隐私保护的金融风控：金融机构通过隐私保护的机器学习前馈，在不泄露客户隐私信息的情况下，利用其他机构的风控模型对客户进行信用评估和风险预测。

4. 机器学习训练

（1）功能描述

多个参与方各自拥有一部分训练数据，他们希望在不泄露各自数据的情况下，协同训练出一个机器学习模型。相较于联邦学习，这具备更高的安全性，但性能相对较差。

（2）典型应用

- 跨组织的协同异常检测：多个组织通过隐私保护的机器学习训练，在不共享原始数据的情况下，协同训练异常检测模型，提升异常检测的准确性和效率。
- 隐私保护的医疗影像分析：多个医疗机构通过隐私保护的机器学习训练，在不共享患者隐私数据的情况下，协同训练医疗影像分析模型，促进医疗 AI 的发展和应用。

7.4.5　开源项目介绍：隐语

安全多方计算的知名开源项目隐语（SecretFlow）是由蚂蚁集团研发的，其以安全、易用、开放、破局为核心设计理念，内置 MPC、TEE、TECC、同态等多种密态计算虚拟设备以供灵活选择，且提供丰富的联邦学习算法和差分隐私机制。

1. 组件介绍

开源项目隐语涉及隐私计算的方方面面，架构复杂，组件繁多，截至本书成稿时，其主要组件如图 7-22 所示。

产品层：顶层业务系统，通过白屏化产品提供隐语整体隐私计算能力的输出，让用户简单、直观体验隐私计算，屏蔽隐私计算底层细节，节约开发成本，其中包括了针对隐私求交的 Easy-PSI 与综合隐私计算平台 SecretPad。

调度层：提供隐私计算任务的编排与资源调度能力，赋予产品层自由调度算法层的能力。该层组件基于用户创建的逻辑设备构建计算图，实现细粒度的异构计算，支持数据并行、算法并行、混合并行等多种并行模型，同时支持异步任务的动态执行。

AI&BI 算法层：屏蔽隐私计算技术细节，提供通用的算法能力，降低算法开发门槛，提高开发效率。其中的 PSI 组件提供隐私求交与隐匿查询功能；SecretFlow 组件是核心算法模块，提供综合的安全计算能力，包括联合统计、隐匿查询、MPC 机器学习、联邦学习等；Serving 组件提供实时安全服务能力，包括安全计算得到的模型在线推理；SCQL 组件是一个允许多个互不信任的参与方，在不泄露各自隐私数据的条件下进行联合数据分析的系统，旨在将 SQL 语句转换为明密文混合执行图，并在联合数据库系统上执行；TrustedFlow 组件是基于可信硬件的隐私保护引擎，旨在基于 TEE 环境提供机密设备上快速的透明计算能力。

设备层：提供统一的可编程设备抽象，将 MPC、HE 等隐私计算技术抽象为可证明、可度量的密态设备，并将单方本地计算抽象为明文设备，在提供计算能力的同时保护隐私数据。具体而言，用户侧设备被区分为物理设备与逻辑设备，物理设备是隐私计算各个参与方实际拥有的物理机器，逻辑设备则由一个或多个物理设备组合构成。逻辑设备支持一组特定的计算算子，有自己特定的数据表示。逻辑设备分为明文和密文两种类型，针对 MPC，前者（PYU，PYthon runtime Unit）执行单方本地计算，后者（SPU，Secure Processing Unit）执行多方参与的隐私计算。逻辑设备运行时负责内存管理、数据传输和算子调度等职责，与物理设备可以是 1∶1 或 N∶1 的关系，同一个物理设备可以根据不同的隐私协议和参与组合虚拟出不同的逻辑设备。

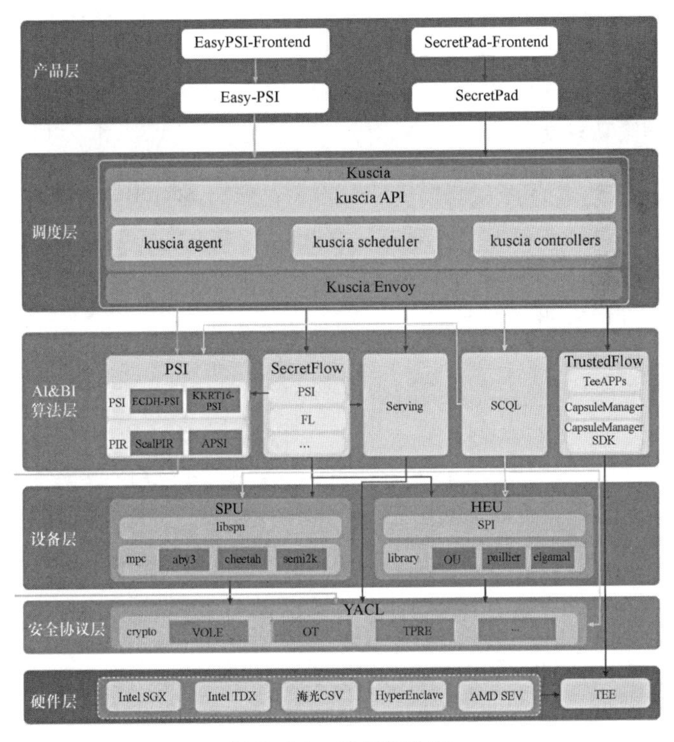

图 7-22 隐语架构图

安全协议层：YACL 底层密码学库具有强大的密码学原语能力，实现了包括 OT（Oblivious Transfer）、VOLE（Vector Oblivious Linear Evaluation）、TPRE（Threshold Proxy Re-Encryption）等在内的原语，同时还包含上述相关组件所依赖的常见密码学、网络与 I/O 模块，并支持高安全、高性能的协议。

硬件层：可选支持 TEE 的硬件，以满足 AI&BI 算法层中需要硬件支持的部分，同时支持多种市面上常见的 TEE 设备。

综上，抛开硬件层，隐语项目自底而上的逻辑为，基于安全协议层的密码学原语支持设备层的逻辑设备，AI&BI 算法层则使用不同的逻辑设备实现不同的算法，由调度层实现多方联合密态计算，并展示在产品层之上。与隐语项目相关的软件产品众多，AI&BI 算法层中 SecretFlow 的同名 Python 算法库是用户接触较多且最关键的组件，封装了大量密码学底层算子接口，用户不需要基于 SPU、YACL 等基础子组件进行开发，简单易用，因此下面我们将对该 Python 库的使用进行说明。

2. 环境准备

基于 Docker 准备运行环境，其 Dockerfile 脚本如下。

```
# 准备 Python 基础环境
FROM python:3.12.2-slim
# 安装 pip 依赖包
RUN pip3 install secretflow==1.5.0b0 -i https://pypi.tuna.tsinghua.edu.cn/simple
# 设置工作目录
WORKDIR /app
```

3. 样例 1：数据隐私求交

数据隐私求交涉及多个参与方，我们以两方为例，使用 SecretFlow 实现该功能。

首先创建两个 CSV 文件来模拟两方数据，参与方 1（node1）持有用户的年龄信息，参与方 2（node2）持有用户的性别信息。

node1_data.csv 文件内容如下：

```
Name,Age
Alice,30
Bob,25
Charlie,16
```

node2_data.csv 文件内容如下：

```
Name,Gender
Kris,0
Bob,1
Charlie,1
```

然后导入必要的模块并使用 SecretFlow 的仿真模式来模拟这两个参与方。

```
1. import secretflow as sf
2. # 设置两个参与方的名称
3. node1_name, node2_name = 'node1', 'node2'
```

```
4.
5. # 以单机仿真模式初始化参与方
6. sf.init(parties=[node1_name, node2_name], address='local')
```

接下来创建这两个参与方的逻辑设备。

```
# 创建两个参与方各自的明文逻辑设备
pyu_node1, pyu_node2 = sf.PYU(node1_name), sf.PYU(node2_name)

# 创建两个参与方各自的密文逻辑设备
spu_device = sf.SPU(sf.utils.testing.cluster_def(parties=[node1_name, node2_name]))
```

最后进行数据隐私求交。

```
1. # 设置两方输入数据路径
2. input_path = {pyu_node1: './node1_data.csv', pyu_node2: './node2_data.csv'}
3.
4. # 设置两方输出数据路径
5. output_path = {pyu_node1: './node1_psi.csv', pyu_node2: './node2_psi.csv'}
6.
7. protocal = 'BC22_PSI_2PC'    # 设置数据隐私求交协议
8. curve_type = 'CURVE_25519'  # 设置曲线类型
9. psi_key = 'Name'            # 设置求交列名
10. receiver = node1_name      # 设置结果获取方
11.
12. # 进行数据行隐私求交
13 . spu_device.psi_csv(psi_key, input_path, output_path, receiver=receiver, protoco
l=protocal, curve_type=curve_type)
```

这里设置 node1 为数据隐私求交结果的获取方，理应只生成 node1_psi.csv，但由于采用了仿真模式，因此本地仿真的 node2 也会获取求交结果，即产生 node2_psi.csv。以 node1_psi.csv 为例，该文件表示以 node1_data.csv 为基准的求交结果。

```
1. Name,Age
2. Bob,25
3. Charlie,16
```

在仿真模式下，只需要单机执行上述代码就可以获取结果。然而在生产模式下，则需要在两个参与方侧同时执行代码，即在双方均同意的情况下才能实现联合计算，从而保证数据的安全性。生产模式的配置与仿真模式有所区别，并且需要双方都首先启动工具 ray 来支持分布式调度，这里不做过多赘述。

4. 样例 2：联合统计分析

样例 1 使用 SecretFlow 内置的算法来实现对应的功能，但在另一些场景中，我们希望使用自定义的算法，例如“百万富翁问题”。SecretFlow 为我们屏蔽了隐私计算的算法与算子细节，因此只需要拥有明文编程能力，即可实现安全多方计算。

首先准备两个文件，用于模拟 node1 与 node2 的数据，node1 持有 node1_money.txt，node2 持有 node2_money.txt。

node1_money.txt 文件内容如下：

```
1. 1
```

node2_money.txt 文件内容如下：

```
2. 10
```

然后导入必要的模块并初始化两个参与方与相关逻辑设备。

```
1. import secretflow as sf
2. node1_name, node2_name = 'node1', 'node2'
3. sf.init(parties=[node1_name, node2_name], address='local')
4. pyu_node1, pyu_node2 = sf.PYU(node1_name), sf.PYU(node2_name)
5. spu_device = sf.SPU(sf.utils.testing.cluster_def(parties=[node1_name, node2_name]))
```

接下来自定义数据读取方法。

```
1. def load_data(file_name):
2.     with open(file_name, 'r') as f:
3.         return int(f.read())
```

并使用每个参与方的明文逻辑设备执行数据读取。

```
1. node1_data = pyu_node1(load_data)('./node1.txt')
2. node2_data = pyu_node2(load_data)('./node2.txt')
3. print(f"参与方 1 PYU 数据: {node1_data}")
4. print(f"参与方 2 PYU 数据: {node2_data}")
```

可以看到，读取至逻辑设备的数据使用了一种特殊的类型。

```
1. 参与方 1 PYU 数据: <secretflow.device.device.pyu.PYUObject object at 0x7fa6f5646ec0>
2. 参与方 2 PYU 数据: <secretflow.device.device.pyu.PYUObject object at 0x7fa6f5647040>
```

我们可以使用 sf.reveal()方法获取本地逻辑设备上的数据。

```
1. print(f"参与方 1 PYU 数据: {sf.reveal(node1_data)}")
2. print(f"参与方 2 PYU 数据: {sf.reveal(node2_data)}")
```

定义需要执行的算法，用于比较两个值的大小。

```
1. def comp(data1, data2):
2.     return data1 > data2
```

最后联合使用两个参与方的密文设备执行该算法。

```
1. res = spu_device(comp)(node1_data, node2_data)
2. print(res)
3. print(sf.reveal(res))
```

类似于读取到 PYU 的数据，SPU 执行获取的结果也并非明文，类型为<secretflow.device.device.spu.SPUObject>。需要注意的是，针对多方的 SPU 设备使用 sf.reveal()方法时，需要得到所有参与方的同意，即所有参与方都需要调用 sf.reveal()，才能实际获取 SPU 结果的明文信息。在仿真模式下，SPU 设备映射的物理设备均为本地设备，因此这里可以直接获取密文设备的明文信息。

本例清晰地剖析了 SecretFlow 的明密文混合编程范式，将算法逻辑分割为本地明文数据读取+预处理与基于可靠密码学原语的联合密文计算。用户可以复用已有的算法逻辑，将其用在密文计算设备上。这样不仅可以实现对用户原始数据的保护，同时结果也得以安全保存，因为只有在所有参与方均同意的情况下才能获取结果明文。

7.4.6 小结

在本节中，我们梳理了 MPC 技术的主要发展路线，并介绍了工业界值得关注的实用型 MPC 框架。MPC 作为应用密码学的典范，其每一次重要的性能优化都伴随着新密码学原语的诞生，值得感兴趣的读者深入探寻。

但不容忽视的是，由于 MPC 固有的加密开销，现有的基于 MPC 的方案普遍存在计算性能差、时间消耗高等问题。另外，由于存在极高的理论壁垒，MPC 技术长期缺乏合规标准，许多知名的 MPC 算法都尚未得到权威机构（如国家密码管理局、ISO 等）的认可。例如，截至本书成稿时，秘密共享与混淆电路的 ISO 标准尚处于立项编撰阶段。这些都将在将来对 MPC 的大规模应用造成阻碍。

尽管如此，我们相信，随着 MPC 技术在性能、稳定性和易用性上的突破，它终将成为数据要素流通中不可或缺的核心技术。

7.5 基于安全硬件的机密算存空间：可信执行环境及机密计算

可信执行环境（Trusted Execution Environment，TEE）是一种基于安全硬件的隐私计算技术，旨在提供一个可信、机密、隔离的环境，并为该环境中的程序与数据提供机密性与完整性保护。机密计算是由机密计算联盟（Confidential Computing Consortium，CCC）提出的一个概念，主要关注数据使用时的保护，特别是在计算过程中的保护。

7.5.1 可信执行环境概述

物理设备上的 TEE 完全由可信硬件控制，操作系统或高权限用户均没有直接访问 TEE 的能力，因此 TEE 中的程序与数据可以移除对所属设备操作系统与管理员的信任依赖。提到 TEE 就不得不提“机密计算”这一概念，机密计算联盟将机密计算定义如下：“机密计算通过在基于硬件的经验证的受信任执行环境中执行计算来保护正在使用的数据。这些安全且隔离的环境能够防止未经授权的访问或修改正在使用中的应用程序和数据，从而提升了管理敏感数据和受监管数据的组织的安全级别。”TEE 正是这一概念的具体实现，也是机密计算所需的核心技术手段。

基于上述特性，TEE 适用于安全协同计算、云服务及零信任等场景。此类场景的特点是，用户可以将自身程序与数据托管至远端物理设备的 TEE 中，而不用担心物理设备的管理方窥探或窃取其程序与数据。比如在云服务场景中，个人与企业会租赁云服务商提供的云服务器 ECS 实例或裸金属服务器，并向上托管自身程序与数据。在传统情境中，用户需要信任云服务商不会窥探、篡改或窃取其程序与数据。若云服务商提供的云服务器 ECS 实例或裸金属服务器支持 TEE 技术，用户便可在不用考虑云服务商是否值得信任的情况下在 TEE 中运行敏感程序与数据，这将大幅提升用户程序与数据的安全性，实现云上零信任。

7.5.2 可信执行环境技术盘点

当前，主流的可信执行环境技术有 Intel SGX、AMD SEV、Intel TDX、ARM TrustZone 以及 RISC-V Keystone 等技术。

1. x86 架构下的进程级 TEE 技术

进程级 TEE 是指可以为不同进程提供单独隔离的安全空间，从而实现进程级安全隔离的 TEE，典型的代表性技术是 Intel SGX 技术。Intel SGX 全称为 Intel 软件防护扩展（Software Guard Extensions），由 Intel 公司于 2013 年提出，并于 2015 年被集成到处理器中。SGX 实际为一组内置于 Intel CPU 中的指令代码，它们可以创建出一个称为 enclave 的内存专用区域，戏称“飞地”。CPU 为飞地中的数据与代码提供安全隔离与保护，其他代码无法读取或篡改飞地中的内容，包括高权限代码。因此，通过 SGX 技术，将敏感代码与对敏感数据的操作封装在 SGX 中，即可保护其不受恶意软件攻击，实现安全防护。SGX 技术架构如图 7-23 所示。

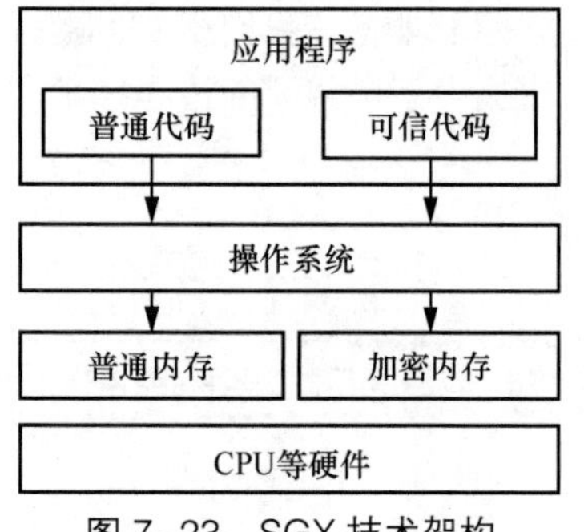

图 7-23 SGX 技术架构

飞地所属的专用内存称为飞地页面缓存（Enclave Page Cache，EPC），SGX 技术对 EPC 的保护手段主要是对该区域进行加密。加解密所用组件称为内存加密引擎（Memory Encryption Engine，MEE），这是一种专用芯片，可以确保内存总线上的数据传输安全。密钥则在飞地创建时生成，存储在 CPU 中，EPC 的内容仅在 CPU 物理核中进行解密。通过这种加密机制，可以为飞地中的代码与数据提供机密性保护。

飞地的完整性则由一种称为度量（Measurement）的机制提供保护。在飞地被创建时，CPU 会对每个加入飞地的内存页计算哈希值，并最终将这些哈希值整合为一个总体的哈希值。当对飞地进行初始化时，则验证总体哈希值是否与创建时一致，从而实现对飞地的完整性验证。

此外，SGX 技术还有两个重要特性，分别称为密封（Sealing）与远程证明（Remote Attestation）。由于飞地并不是一个长期持久存在的区域，它的生命周期与程序的生命周期一致，当使用飞地的程序执行结束后，所用飞地就会被销毁。为了持久化存储飞地中产生的敏感数据，可以对飞地的“身份”进行密封，并根据身份生成随机密钥，以加密飞地中产生的敏感数据，并保存于飞地之外。当再次创建相同身份的飞地时，可使用密钥来解密存储于飞地之外的敏感数据密文，恢复数据内容。而远程证明则允许远程实体验证飞地的完整性与可信性。简单来说，当用户执行了预期运行在飞地中的程序之后，若想验证程序是否真实运行在飞地中且没有被篡改，则可请求 SGX 硬件对其程序生成远程证明报告，进而根据报告内容实现完整性与可信性验证。远程证明报告由 Intel 预置在 CPU 中的私钥签名背书，用户可用 Intel 公钥验证签名，从而验证远程证明报告的真实性。

在实际应用中，由于 SGX 技术本身的特性，开发者需要对自身程序进行拆分，对于需要由 SGX 保护或涉及敏感数据操作的代码，则要通过 SGX 的 API 进行编写，常规代码则正常编写，此时 SGX 技术为程序提供进程级别的安全防护。因此，当开发者想要将自身的应用程序通过 SGX 进行保护时，则需要进行针对性开发，甚至需要对已有代码进行重构，这大大增加了开发工作量与开发难度。

2. x86 架构下的虚拟机级 TEE 技术

虚拟机级 TEE 旨在将一个虚拟机构造为一个安全的 TEE，虚拟机与虚拟机之间、虚拟机与宿主机之间均存在安全隔离，其代表性技术有 AMD SEV 技术、海光 CSV 技术、Intel TDX 技术等。

AMD 公司为其 CPU 提供的 TEE 技术称为安全加密虚拟化（Secure Encrypted Virtualization）技术，简称 SEV 技术。该技术由 AMD 公司于 2016 年提出，作为 AMD EPYC 处理器的一部分，旨在增强虚拟化环境中的数据安全。该技术与前文提到的 Intel TDX 技术的安全作用域相似，旨在为整个虚拟机的运行环境提供硬件隔离保护，同时提供虚拟机级别的安全防护能力。SEV 技术架构如图 7-24 所示。

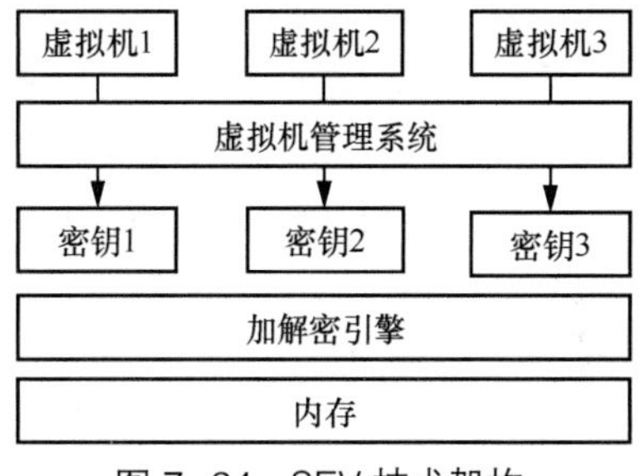

图 7-24 SEV 技术架构

SEV 技术的关键在于内存加密，AMD 在其芯片中配有内存控制器，内存控制器内包含高性能的 AES 加解密引擎。当虚拟机向内存中写入数据时，该引擎执行加密，从宿主机上看到该对应内存中的内容为密文；而当虚拟机从内存中读取数据时，该引擎执行解密，从虚拟机上看到的是明文内容。AES 加解密引擎所使用的密钥会在每次系统重置时随机生成，存储在专用的硬件寄存器中并由 AMD 安全处理器进行管理，因而既不会被 CPU 上的任何软件访问，也不会暴露在 CPU 芯片之外。内存页的加密是由宿主机操作系统或 Hypervisor 中负责页表管理的软件控制的。其使用物理地址中的第 47 位（也称 C-bit）来标记是否加密该内存页。当 C-bit 置为 1 时，表示应加密该内存页，对该内存页的访问由 AES 加解密引擎自动进行加密与解密；反之则不进行加解密。

SEV 技术是 AMD-V 技术的扩展，其支持使用一个 Hypervisor 控制并运行多个虚拟机。SEV 硬件通过 ASID 来标记虚拟机的代码与数据。在虚拟机的整个运行周期中，ASID 在内存中保持不变，从而保证了虚拟机数据能被正确识别且不会被系统中的其他软件访问。当把数据写入或读出内存时，由 AES 加解密引擎使用 ASID 所关联的密钥对数据进行加解密。每个虚拟机都通过 ASID 仅与自己的加密密钥相关联，其他虚拟机或 Hypervisor 只能访问加密后的数据，从而使得虚拟机与虚拟机之间、虚拟机与 Hypervisor 之间具有强隔离性。

基于 SEV 技术，AMD 后续相继推出了 SEV-ES（Encrypted State）与 SEV-SNP（Secure Nested Paging）以增强 SEV 的安全性。SEV-ES 在 SEV 的基础上增加了对 CPU 的防护；SEV-ES 则通过加密 CPU 寄存器中的内容，在 VM 停止运行或进行上下文切换时，保护寄存器中的敏感数据。当

VM 停止运行时，SEV-ES 将加密所有的 CPU 寄存器内容。此外，SEV-ES 还能够检测并防止对寄存器状态的恶意修改。当检测到寄存器状态被未授权修改时，系统会触发安全警报，从而保障系统的整体安全性。SEV-SNP 在 SEV 和 SEV-ES 的基础上做了进一步增强，其主要通过增加内存完整性保护，来抵御恶意的 VMM 或其他攻击手段。通过使用专门的页表保护技术，SEV-SNP 可以确保虚拟机的内存页面不会被恶意重映射或篡改。SEV-SNP 支持远程证明，外部实体可以确认虚拟机的执行环境是否受 SEV-SNP 保护。

海光 CSV（China Secure Virtualization）是国内海光公司对标 SEV 技术的国产化 TEE 技术，技术原理与 AMD SEV 相似，但 CPU 中的加解密引擎改成了 SM4 加解密引擎。海光公司的 CSV 技术也在不断地迭代更新，其中 CSV1 的能力对标 SEV，CSV2 的能力对标 SEV-ES，CSV3 的能力对标 SEV-SNP。目前海光 CSV 是国内成熟度较高的 TEE 技术，能够满足信创与国密的需求。

随着 SEV 的兴起，Intel 公司也投身于发展此类 TEE 技术，该公司于 2021 年 5 月提出了另外一种 TEE 技术，称为 Intel 信任域扩展（Trust Domain Extension），简称 TDX。与 SEV 与 CSV 类似，这种技术为虚拟机提供基于硬件隔离的安全防护，它将整个 TDX 虚拟机作为可信执行环境，并将受保护的虚拟机运行环境称为信任域（Trust Domain，TD）。基于这种技术，TDX 可以防止宿主机上的虚拟机监视器（Virtual Machine Monitor，VMM）、管理程序（Hypervisor）以及其他非 TD 内恶意软件对 TD 虚拟机中的敏感程序与数据实施窥探、窃取或其他攻击。

为了实现 TDX，Intel 公司在其出厂的 CPU 中引入了一种新的模式，称为安全仲裁模式（Secure-Arbitration Mode，SEAM），用于托管 TDX 模块。TDX 模块硬件指令实现了 VMM 与 TD 虚拟机之间的隔离通信。对于 TD 虚拟机的内存机密性，TDX 模块会为每个 TD 虚拟机提供一个唯一的 AES-XTS 算法对称密钥，用于加密 TD 虚拟机内存，且不会对外暴露。对于 TD 虚拟机，TDX 使用消息认证码（Message Authentication Code，MAC）和缓存行中的 TD 所属标签，来确保内存访问的完整性和正确性。而对于 CPU 状态，TDX 也使用 TD 虚拟机所分配到的密钥来对其进行加密，以提供安全保护。TD 虚拟机可以访问两种内存，一种为私有内存，可以使用 AES-XTS 密钥来实现访问与隔离；另一种则为共享内存，用于 TD 虚拟机与外部不受信实体进行通信，如网络服务、存储服务、调用 Hypervisor 服务等，访问时使用的共享密钥由 Hypervisor 进行管理。TDX 技术架构如图 7-25 所示。

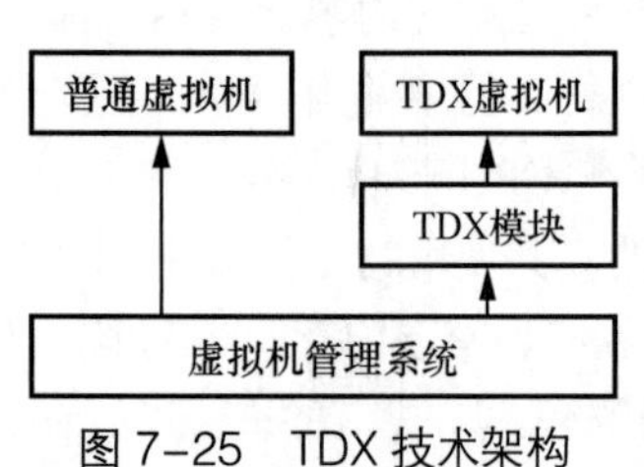

图 7-25 TDX 技术架构

在实际应用场景中，TDX 技术会将整个虚拟机保护为安全环境，这使得开发者将自身应用迁移至 TEE 中的难度大大降低。开发者不再需要重构代码，也不再需要区分代码中的安全部分与非安全部分，仅需要将原有程序在虚拟机中重新部署即可完成迁移。这种以虚拟机为单位的 TEE 技术与云计算场景更加契合，仅需要云服务商为租户提供 TEE 虚拟机，租户便可将自身应用与数据托管在云上的 TEE 虚拟机中，从而有效防止云服务商或其他租户窃取虚拟机中的敏感信息，并保持与普通虚拟机一致的使用体验。这种 TEE 技术同样支持远程证明，租户可以轻松验证虚拟机的运行环境是否为安全环境。

SEV 技术相较于 TDX 技术，用户体验较好，应用迁移门槛较低，适用于云计算场景。又由于 SEV 技术的提出与应用早于 TDX 技术，因此其应用规模更大。但国内 CSV 技术的应用正逐渐增多，随着技术的不断迭代更新，其安全性也在逐步增强。可以看出，这种实现了虚拟机级别隔离防护的安全技术更能满足市场需求。

3. ARM 架构下的 TEE 技术

ARM TrustZone 技术于 2003 年首次提出，旨在为嵌入式系统和移动设备提供一种硬件级别的安全解决方案。x86 架构下的 TEE 技术，无论是进程级防护还是虚拟机级防护，均是在物理设备上，通过硬件隔离划分出部分区域作为 TEE。而 ARM 架构下的 TrustZone 技术与它们有本质上的不同，TrustZone 技术通过在处理器和系统架构中引入两个隔离的执行环境——“安全世界”（Secure World）和“正常世界”（Normal World），来实现对系统资源的安全管理。这两个世界由 TrustZone 硬件扩展支持，彼此独立运行，互不干扰。TrustZone 技术架构如图 7-26 所示。

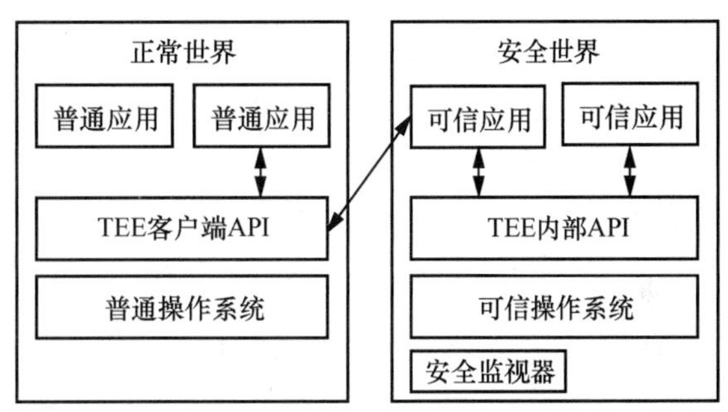

图 7-26 TrustZone 技术架构

TrustZone 技术在 ARM 处理器中引入了一种新的“安全模式”，称为安全监视器模式，用于在安全世界和正常世界之间进行切换。处理器状态在这两个世界之间实现隔离，以确保安全世界的数据和代码不被正常世界访问。TrustZone 技术使用 TrustZone 地址空间控制器（TrustZone Address Space Controller，TZASC）和 TrustZone 保护控制器（TrustZone Protection Controller，TZPC）对内存和外设进行访问控制。TZASC 可以将内存划分为多个区域，每个区域可以配置为允许安全世界或正常世界访问。TZPC 则用于配置外设的安全属性，确保只有经过授权的安全世界或正常世界才能访问特定的外设。

TrustZone 技术与前面介绍的 TEE 技术有所不同，需要各个使用 ARM TrustZone 特性的软件厂商自行实现安全世界与正常世界的系统，而这些厂商对 TrustZone 技术的具体实现各不相同，且出于安全考虑均施行闭源策略。

随着机密计算需求的增长以及人们对虚拟化级别 TEE 的认可，2021 年，ARM 在 TrustZone 技术的基础上提出了机密计算架构（Confidential Compute Architecture，CCA）。CCA 是 ARMv9 架构的重要组成部分，提供了 ARM 架构下的机密计算底座，类似于 AMD SEV 或 Intel TDX 技术，旨在提供虚拟机级别的 TEE 能力。CCA 在 TrustZone 的基础上引入了一个称为 Realm 的隔离空间，这个空间中的代码执行和数据访问与正常空间完全隔离，这种隔离是通过硬件扩展和特殊固件来实现的，其中硬件扩展被称为 Realm 管理扩展（Realm Management Extension，REM），特殊固件则被称为 Realm 管理监视器（Realm Management Monitor，RMM）。CCA 的组成如图 7-27 所示。

Realm 空间可以由普通空间的 Host 动态分配，而不必对所用操作系统或 Hypervisor 产生信任依赖。Host 可以管理 Realm 虚拟机操作的调度，但却无法窃取或修改 Realm 执行的指令。Realm 和硬件平台的初始状态可以提供可信证明，Realm 的拥有者可以在验证其机密环境的真实性后，再提供机密信息以及执行工作负载。此外，CCA 还引入了一个称为根世界（Root World）的区域，监视器就运行在根世界中。而在软件层面，CCA 可以提供安全虚拟化能力，Hypervisor 可以在普通空间中生成 Realm 虚拟机，但虚拟机内工作负载的执行却发生在 Realm 空间中。Realm 虚拟机指定 RMM 负责管理通信与上下文切换，以及对普通空间中的管理程序请求做响应。Realm 虚拟机通过与根世界中的监视器通信来控制 Realm 内存管理。

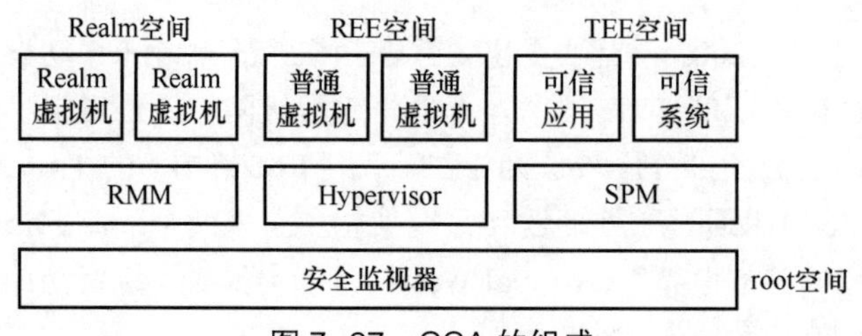

图 7-27　CCA 的组成

与 TrustZone 技术一样，CCA 也需要由厂商来具体实现。在机密计算联盟的众多开源项目中，三星公司发起的 islet 项目是一种对 CCA 的实现，该项目是用 Rust 语言编写的，旨在让 CCA 为移动设备用户提供更好的安全保障。由于 CCA 提出时间较短，各厂商的实现也处于早期，因此还没有得到大规模应用，目前在 ARM 架构下实现 TEE 仍以 TrustZone 技术为主。

4. RISC-V 架构下的 TEE 技术

对于 RISC-V 架构下的 TEE 技术，比较知名的开源项目是 Keystone，它可以为 RISC-V 系统构建可信执行环境。Keystone 最初是作为学术研究项目于 2019 年被提出的，旨在帮助研究人员构建和测试安全计算概念。Keystone 现在是机密计算联盟的开源项目，处于孵化期。

Keystone 利用硬件功能实现内存隔离，并通过 RISC-V 的物理内存保护（Physical Memory Protection，PMP）和其他硬件机制，来确保每个执行环境（称为 Enclave）中的数据和代码彼此隔离，不受外部未授权访问。安全监视器（Security Monitor）是 Keystone 的核心组件，它负责管理飞地的创建、销毁以及内存管理。安全监视器能够确保在不同飞地之间进行安全隔离，并提供加密和认证功能，以保护敏感数据。

开发 Keystone 项目的初衷是为研究人员提供一个开源平台，用于开发和测试新的安全计算概念。目前该项目还处于孵化期，并没有得到大规模应用，不属于当前主流的 TEE 技术。

7.5.3　可信执行环境实践

海光 CSV 是目前国内较为知名的 TEE 技术，海光公司在龙蜥社区上发布了关于海光 CSV 的测试文档，详细描述了如何在安装有海光 CPU 的设备上启动与测试 CSV 虚拟机的相关功能。下面我们基于该测试文档，简单介绍一下如何启动一个 CSV 虚拟机。

首先，要在安装了海光 CPU 的设备上启用 CSV 功能，就必须满足表 7-4 所示的硬件配置版本要求。

表 7-4 硬件配置版本要求

CPU	BIOS
海光 2 号，包括 32××、52××、72××等 海光 C86-3G，包括 33××、53××、73××等	1）PI 版本为 2.1.0.4 或以上，通过机器型号和厂商沟通确认 2）Bootloader 版本为 1.2.55 或以上
海光 C86-4G，包括 343×、748×、749×、548×	1）PI 版本为 4.2.0.0 或以上，通过机器型号和厂商沟通确认 2）执行 lscpu |grep Model，查看 Model 所对应的值，根据该值确认 Bootloader 版本要求 ● 4：Bootloader 版本为 3.5.3.1 或以上 ● 6：Bootloader 版本为 3.7.3.37 或以上

然后在 BIOS 中开启 CSV 功能与安全内存加密功能，如图 7-28 所示。

完成上述配置后，进行操作系统、测试工具以及内核的安装。其中操作系统可选择 Anolis OS 8.4、Ubuntu 20.04.6 或麒麟服务器 V10 SP3 2403。测试代码与内核可通过执行如下代码来安装。

```
1. # 安装测试代码
2. sudo chmod a+w /opt
3. cd /opt/
4. git clone https://gitee.com/anolis/hygon-devkit.git
5. mv hygon-devkit hygon
6. sudo cp /opt/hygon/bin/hag /usr/bin
7.
8.
9. # 安装内核
10. git clone https://gitee.com/anolis/hygon-cloud-kernel.git
11. cd hygon-cloud-kernel/
12. sudo /opt/hygon/build_kernel.sh
```

安装结束后，导入海光通用安全证书。这里我们演示如何通过在线方式导入，导入成功后，可通过 sudo ./hag csv platform_status 命令查看其是否导入成功，如图 7-29 所示。

```
1. cd /opt/hygon/bin/
2. sudo ./hag general hgsc_import
```

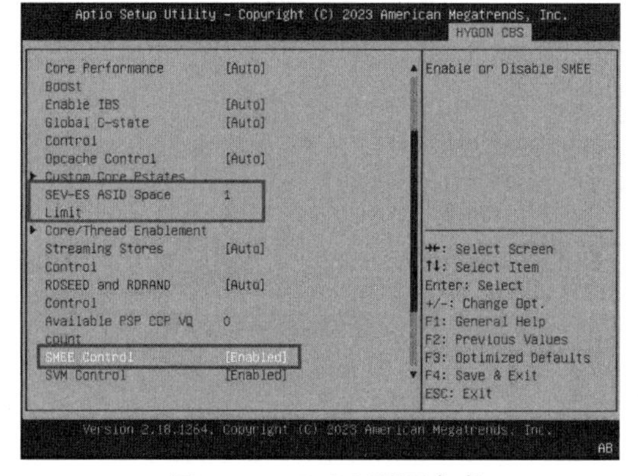

图 7-28 BIOS 配置参考

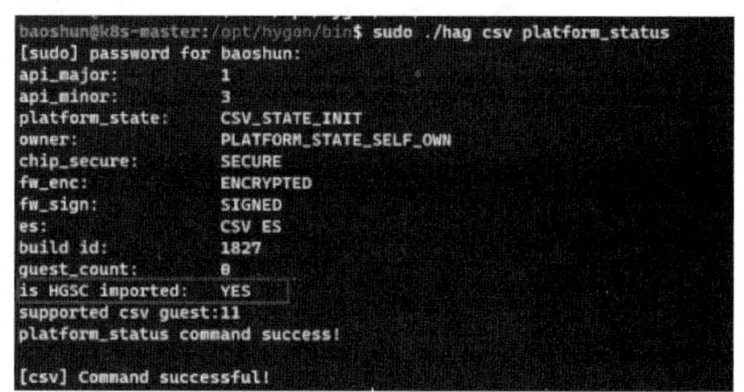

图 7-29 海光通用安全证书导入成功示意图

接下来安装安全虚拟机测试相关软件，包括 qemu、grub、edk2、devkit 等，具体命令如下。

```
1. # 安装依赖组件
2. sudo /opt/hygon/csv/install_csv_sw.sh
3.
4. # 安装 qemu
5. git clone https://gitee.com/anolis/hygon-qemu.git
6. cd hygon-qemu/
7. sudo /opt/hygon/csv/build_qemu.sh
8.
9. # 安装 grub
10. wget https://ftp.gnu.org/gnu/grub/grub-2.06.tar.gz
11. tar -xvf grub-2.06.tar.gz
12. cd grub-2.06/
13. sudo /opt/hygon/csv/build_grub.sh
14.
15. # 安装 edk2
16. git clone https://gitee.com/anolis/hygon-edk2.git
17. cd hygon-edk2/
18. git submodule update --init
19. sudo /opt/hygon/csv/build_edk2.sh
20.
21. # 安装 devkit
22. cd /opt/hygon/csv/
23. sudo ./make_vm_img.sh
24. git clone -b master https://github.com/guanzhi/GmSSL.git
25. sudo ./build_devkit.sh
```

在上面的组件中，qemu 是虚拟机管理工具，用于启动虚拟机。这里的 grub 是对官方 grub 打过补丁的版本，增加了在虚拟机的 pflash 固件中读取秘密信息并解密虚拟机 boot 分区的能力。edk2 用于提供虚拟机的 pflash 固件，编译后可得到名为 OVMF_CODE.fd 的固件文件。devkit 中则包含了虚拟机镜像制作脚本以及基于 GmSSL 编译远程证明相关验证组件的脚本，通过执行这些脚本可得到虚拟机镜像文件 vm.qcow2。此时可执行如下命令来启动虚拟机。

```
    sudo qemu-system-x86_64 -name csv-vm --enable-kvm -cpu host -m 2048 -hda /opt/hygon
/csv/vm.qcow2 -drive if=pflash,format=raw,unit=0,file=/opt/hygon/csv/OVMF_CODE.fd,reado
nly=on -qmp tcp:127.0.0.1:2222,server,nowait -vnc 0.0.0.0:1 -object sev-guest,id=sev0,
policy=0x1,cbitpos=47,reduced-phys-bits=5 -machine memory-encryption=sev0 -nographic
```

接下来演示如何验证虚拟机的内存加密效果和远程证明效果，以及如何制作全盘加密虚拟机。

对于内存加密的验证，基本原理是在启动安全虚拟机后，通过 Telnet 协议连接目标虚拟机的 qmp 端口，然后使用 qmp 命令在宿主机上“dump”出该虚拟机的内存内容，查看其是否被加密。具体操作流程如下。

```
1. # 通过 qmp 导出内存并保存在 csv.txt 文件中
2. telnet 127.0.0.1 2222
3. { "execute" : "qmp_capabilities" }
4 . { "execute" :  "pmemsave", "arguments" : {"val" : 0, "size" : 256, "filename" :
"csv.txt"} }
5.
6. # 查看 csv.txt 文件中的内容
7. hexdump -v csv.txt
```

内存加密效果如图 7-30 所示。

对于远程证明能力的验证，在前面的步骤中，通过安装 devkit 可以得到 get-attestation 与 verify-attestation 两个二进制文件。其中 get-attestation 需要放置在安全虚拟机中执行，执行后可生成名为 report.cert 的报告文件。此时可在任意联网设备上，利用 verify-attestation 来验证该报告文件，在此过程中可选择验证完整证书链，实现从海光信任根到海光 CPU，再到物理机 CSV 平台，最后到远程证明报告的完整验证。具体操作流程如下。

图 7-30 内存加密效果

```
1. # 在虚拟机中生成远程证明报告
2. ./get-attestation
3.
4. # 将该报告与验证工具放在同一目录下，再将参数设置为 true 即可验证完整证书链
5. ./verify-attestation true
```

验证效果如图 7-31 所示。

图 7-31 完整证书链验证效果

全盘加密是保障虚拟机安全的重要手段。CSV 仅为虚拟机内存提供加密能力，而不具备保护虚拟机落盘存储的安全能力。但 CSV 可以为虚拟机磁盘加密提供支持，具体如下：在虚拟机系统安装完毕后，可利用 cryptsetup 工具对虚拟机系统的根分区与 boot 分区进行加密，并将根分区解密密码置于 boot 分区的 initramfs 中。然后采用海光公司提供的 grub 替换默认的 grub，从而使得 grub 具有从 pflash 固件中读取 boot 分区解密密码的能力。启动安全虚拟机后，先由虚拟机拥有者验证虚拟机固件是否被篡改，验证通过后与物理机 CSV 平台进行密钥协商。完成密钥协商并得到会话密钥后，虚拟机拥有者可以用会话密钥加密 boot 分区解密密码，并通过 qmp 命令将其注入

CSV 平台。继续虚拟机启动流程，CSV 平台会用会话密钥解密 boot 分区解密密码，并放置于 pflash 固件中，grub 从 pflash 固件中获取密码并解密 boot 分区，完成后 initramfs 根据自身存储的根分区密码解密并挂载根分区，最终完成虚拟机的启动。

对于上述操作，海光公司提供了测试脚本，用于制作并启动全盘加密的安全虚拟机，具体操作流程如下。

```
1. # 使用 ISO 镜像安装虚拟机，安装过程中选择磁盘加密，加密/dev/sda3，这里使用 abc 作为示例密码
2. cd /opt/hygon/csv/
3. wget http://mirrors.163.com/ubuntu-releases/18.04/ubuntu-18.04.6-desktop-amd64.iso
4. qemu-img create -f qcow2 ubuntu.qcow2 10g
5. sudo qemu-system-x86_64 -enable-kvm -cpu host -smp 4 -m 4096 -drive if=pflash,format=
raw,unit=0,file=/opt/hygon/csv/OVMF_CODE.fd,readonly=on -hda ./ubuntu.qcow2 -boot d -cdrom ./
ubuntu-18.04.6-desktop-amd64.iso -vnc 0.0.0.0:1
6.
7. # 安装完成后重启虚拟机，安装过程中加密了虚拟机的数据分区/dev/sda3。接下来加密启动分区
# /dev/sda2 并替换虚拟机中的 grub。 由于虚拟机的分区/dev/sda3 已经被加密，启动过程中需要输入密码 abc 进
# 行解密，启动后在虚拟机中使用 scp 命令将主机中的文件复制到虚拟机，这里假设主机的用户名为 test，IP 地址为
# 192.168.122.1
8. scp test@192.168.122.1:/opt/hygon/csv/setup-encrypt.sh ./
9. scp test@192.168.122.1:/opt/hygon/csv/grub.tar.gz ./
10. sudo ./setup-encrypt.sh
11.
12. # 在脚本 setup-encrypt.sh 执行过程中，请按提示输入 YES（大写）和密码 abc，执行完成后关闭虚拟
# 机，此时虚拟机的启动分区和数据分区都已经被密码 abc 加密
13. # 启动虚拟机，利用脚本验证启动效果。disk_encryption.sh 默认使用密码 abc,如果密码正确，虚拟机
# 会正常启动，否则会提示输入密码。可通过 vnc 查看虚拟机最终是否启动成功
14. cd /opt/hygon/csv
15. sudo ./disk_encryption.sh
```

7.5.4 小结

在本节中，我们介绍了多种 TEE 技术，包括 x86 架构下的 Intel SGX、Intel TDX 和 AMD SEV 技术，ARM 架构下的 TrustZone 与 CCA 技术，以及 RISC-V 架构下的 Keystone 项目。受芯片厂商在市场上所占份额比重与技术成熟度的双重影响，目前 Intel SGX 与 AMD SEV 为业界主流的 TEE 技术。然而，随着业内对虚拟机级别 TEE 的偏好日益增加，各大厂商都在致力于推进虚拟机级别 TEE 技术的发展。可以预测，未来 ARM CCA 也会成为业界主流的 TEE 技术之一。在 12.5 节与 12.6 节中，我们将通过实际案例阐述如何利用 TEE 在协同计算场景中保护数据隐私，防止数据泄露，实现数据的可信不可见。

可以看出，TEE 技术依赖于硬件提供的隔离与安全防护能力，因此它可以抵御很多系统层面的攻击，如系统提权或内部高权限用户作恶等。但相应地，其依旧无法防范侧信道攻击。此外，以云计算场景为例，尽管使用 TEE 技术可以移除租户对云服务商的信任，但依旧需要租户对硬件厂商所提供的信任根建立信任关系。因此，TEE 技术的安全重担完全压在了硬件厂商的身上，需要硬件厂商不断提高其安全能力。

总的来说，TEE 技术有较好的应用空间，由于其基于硬件提供安全防护，与基于密码学方案

相比，具有更高的计算效率，可以在协同安全计算中大大节约计算开销，且可以自由适配多种软件与场景，做到无门槛迁移。相信随着技术的不断进步，TEE 技术可以成为数据要素安全流通的重要安全基石。

7.6 构建从硬件到软件的全信任链：可信计算

可信计算（Trusted Computing，TC）是一种基于硬件安全机制的防护手段，旨在确保目标实体始终以预期的方式运行。可信计算的概念由可信计算组织（Trusted Computing Group）提出，目的是建立一种名为信任根（Root of Trust，RoT）的机制，从而确保系统中的各个组件和操作是可信的。可信计算涉及硬件、软件和系统的综合安全性，包括设备的启动、认证、隔离和管理等。

7.6.1 可信计算的背景与应用场景

可信计算的基本思想是，通过硬件建立一个可信根，然后基于这个可信根建立一条从可信根到硬件平台，再到操作系统，最后到应用实体的信任链，并逐级提供可信背书，最终实现应用实体的可信。我国在这方面也在不断探索，提出了主动免疫可信计算（又称可信计算 3.0）的思想，不但能够被动防御已知威胁，还能够主动预测与应对未知攻击，增强系统整体的安全性。目前我国针对可信计算已发布多个国家标准，如 GB/T 40650—2021《信息安全技术 可信计算规范 可信平台控制模块》[50]、GB/T 38638—2020《信息安全技术 可信计算 可信计算体系结构》[51]等。

由于可信计算更侧重于“可信”这一概念，因此该技术主要用于建立可证明没有被攻击者篡改的运行环境。一般要求可信计算的信任根硬件具有密钥存储、度量验证的能力，当硬件设备度量目标内容符合预期或通过验证时，就对目标授予对应密钥，完成授权。因此，可信计算应用范围较为广泛，无论是云计算、物联网、移动互联场景还是传统的基础设施安全防护，可信计算都可以为它们提供“可信”这一能力，确保目标环境、系统或组件的可信度。

7.6.2 可信计算的核心技术

1. 被动防御核心技术：TPM 与 TCM

可信计算的概念起源于 1985 年，当时美国国防部制定了《可信计算机系统评估准则》（TCSEC），首次提出了可信计算基（Trusted Computing Base，TCB）的概念，并将 TCB 作为系统安全的基础。最早的可信计算通过容错技术实现，主要通过容错算法、冗余备份、故障排除等方式对主机的可靠性提供保障。一般称此阶段为可信计算 1.0。

1999 年，Intel、IBM、微软等公司成立了可信计算平台联盟（TCPA），并于 2003 年更名为可信计算组织（TCG），开始制定一系列可信计算的标准与规范。TCG 提出的思想是，先在计算机系统中建立一个可信根，再基于这个可信根建立一条信任链，通过逐级信任的方式，将信任通过信任链扩展到整个系统中。信任根包含可信度量根（Root of Trust for Measurement，RTM）、可信存储根（Root of Trust for Storage，RTS）和可信报告根（Root of Trust for Report，RTR），分别用于度量平台状态、保护敏感数据以及提供数字签名。

基于上述思想，TCG 制定了可信平台模块（Trusted Platform Module，TPM）规范，并将 TPM 作为可信根。TPM 是一种集成在计算机主板上的安全芯片，主要用于存储加密密钥、密码和证书等安全数据。TPM 最初的版本是 1.1b，于 2003 年发布，随后 TCG 在 2005 年推出了改进版 TPM 1.2，增加了对 SHA-1 算法的支持。TPM 的出现标志着可信计算进入 2.0 阶段。

一般来说，TPM 由安全的易失性与非易失性存储器、随机数生成器、密码协处理器、执行引擎等组件组成，如图 7-32 所示。每个 TPM 中都会有一对使用公钥密码的根存储密钥对，其中私钥部分不会对外暴露。因此，可用根存储密钥的公钥对数据进行加密并存入 TPM 中，当度量验证通过时，TPM 会用根私钥对数据进行解密。此外，根私钥还可以用于提供远程证明的能力，TPM 使用根私钥对所要背书的信息进行签名，生成远程证明报告。安全存储器可用于存储密钥等机密信息，为 TPM 提供密封存储功能。TPM 中包含多个平台配置寄存器（Platform Configuration Register，PCR），一般用于存储度量值，也就是度量目标的哈希值。基于这些组件，TPM 具备了安全存储、密钥管理、度量验证、远程证明等能力。

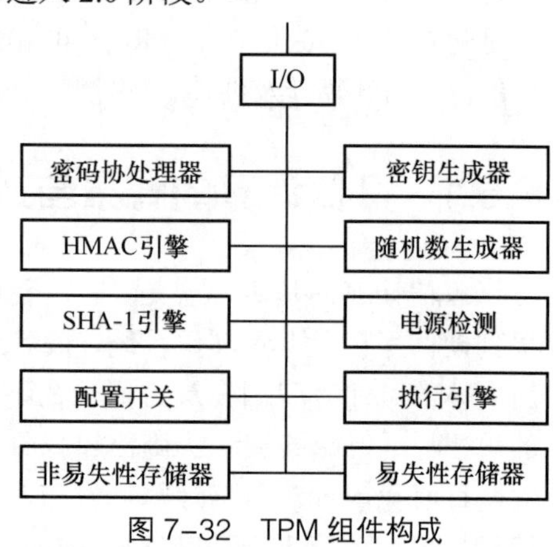

图 7–32　TPM 组件构成

在利用 TPM 实现可信启动的过程中，使用 PCR 存储不同阶段需要度量的信息，如硬件信息、BIOS、内核、initrd 等。比如在 BIOS 启动阶段，使用 TPM 计算 BIOS 的哈希值，并与 PCR 中的对应值做对比，如果一致，则说明 BIOS 没有被篡改，继续下一步的启动与度量过程。此外，TPM 还可以利用密封存储功能为加密部分提供密钥，比如当系统对根分区加密后，如果使用 TPM 验证了 initrd 没有被篡改，则可以在 initrd 挂载根分区阶段释放根分区加密密钥，完成对根分区的解密，从而为系统根分区提供了机密性保障。

然而 TPM 1.2 存在一定缺陷，首先其公钥采用 RSA 算法，与 ECC 算法相比存在同等安全性下密钥长度较长、运算速度较慢的缺点；其次 TPM 1.2 中没有引入对称密码引擎，其应用场景受到限制；最后，TPM 1.2 中采用的哈希函数为 SHA-1 算法，存在一定安全隐患。

我国高度重视可信计算这一领域，积极推动可信计算的研究与发展。为实现自主可控，我国为了对标与改进 TPM，提出了可信密码模块（Trusted Cryptography Module，TCM），TCM 已经成为我国可信计算技术体系的重要基石。其创新性主要体现在 3 个方面：以国密算法为基础，采用对称与非对称密码相结合，以及采用双证书体系（平台证书和用户证书）。图 7-33 展示了 TCM 组件构成。

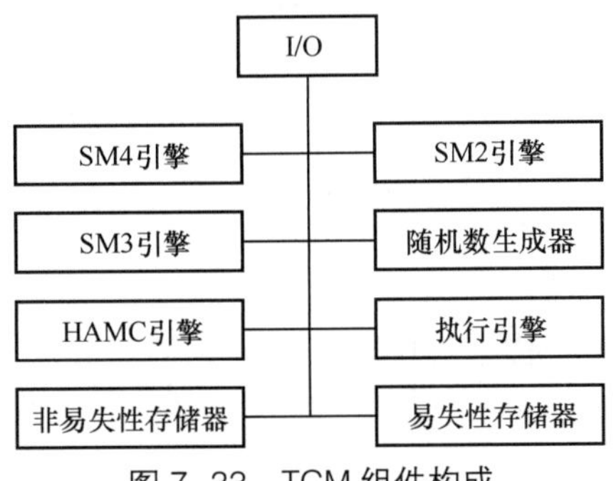

图 7-33 TCM 组件构成

2015 年 TCG 发布了 TPM 2.0。TPM 2.0 对 TPM 1.2 做了较大改进，包括吸收了 TPM 1.2 与 TCM 的优点，并引入对称密码算法，以及支持其他多种密码算法等。更重要的是，TPM 2.0 不再限制 TPM 必须以安全芯片的形式存在，而仅提供一种可能实现的方式，这使得不同形式的 TPM 开始出现，包括基于 TEE 的 TPM、虚拟化 TPM（vTPM）等。

2. 主动防御核心技术：TPCM 与 TSB

尽管 TPM 2.0 已经有了巨大进步，其泛用性与易用性都得到了增强，但本质上它依旧是一种被动的安全机制。对此，我国网络安全专家沈昌祥院士提出了主动免疫可信计算的概念，也称“可信计算 3.0”。主动免疫可信计算是指可信部件可以主动监控计算部件，能够为计算部件提供身份识别、状态度量、保密存储等功能，还能够预防与阻断未知的攻击行为，为网络信息系统提供“免疫”能力。

主动免疫可信计算的核心是计算与防护并存的双体系架构（见图 7-34），通过软硬件结合的方式，在保证基本部件功能流程不变的情况下，并行建立一个逻辑上独立的防护部件，为计算部件提供安全防护。防护部件由可信密码模块（TCM）、可信平台控制模块（Trusted Platform Control Module，TPCM）和可信软件基（Trusted Software Base，TSB）构成。其中 TPCM 作为可信根，可主动对计算部件进行度量并实时控制；而可信软件基作为一个中间层，对上承接可信管理机制，实施主动监控，对下调度 TPCM 等可信硬件资源，协同完成主动度量与控制。

TPCM 与 TPM/TCM 类似，也是一个集成在可信平台中的硬件模块，其内部集成了可信度量根（RTM）、可信存储根（RTS）与可信报告根（RTR），作为信任源头存在。TPCM 在 TCM 的基础上增加了信任根控制功能，并通过将密码与控制相结合，实现了以 TPCM 为根的主动控制和度量功能。TPCM 先于 CPU 启动，并对 BIOS 进行验证，从而改变了可信平台模块仅作为被动设备的传统思路，而是将可信平台模块设计为主动控制节点，实现了 TPCM 对整个平台的主动控制。图 7-35 展示了 TPCM 的组件构成。

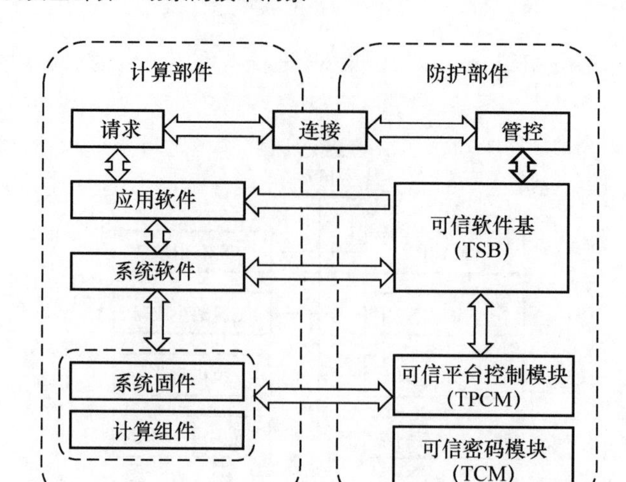

图 7-34　主动免疫可信计算的双体系架构

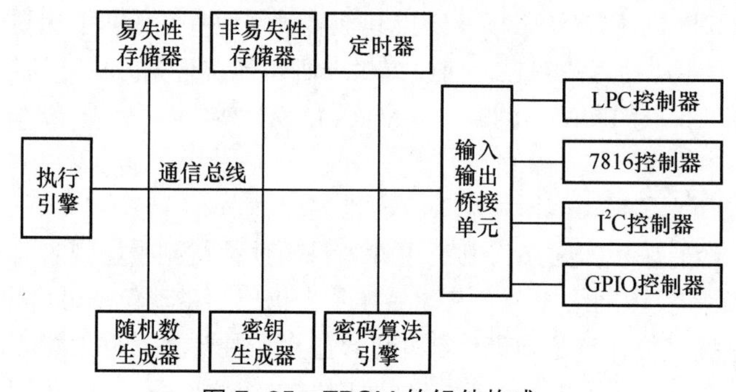

图 7-35　TPCM 的组件构成

基于 TCM 与 TPCM，可信计算 3.0 构造了一个逻辑上可以独立运行的可信子系统，并利用这一子系统对目标系统、程序等，通过主动监控的方式提供可信、可控、可管的安全防护能力，实现纵深防护，提升攻击者的攻击难度和成本。

7.6.3　可信计算与机密计算的关系

可信计算与机密计算相辅相成。一方面，两者都基于硬件安全模块提供安全隔离与防护，建立信任机制。区别在于可信计算更侧重于建立信任，其安全存储区域仅用于存储密钥、度量值等关键信息，当信任关系达成时释放对应关键信息。机密计算则更侧重于机密环境的构建，除了存储密钥，机密计算还会由安全硬件为程序执行环境提供安全隔离与防护。换言之，可信计算能够确保程序执行环境的可信度，但无法保障其机密性，一旦主机被攻击者入侵，其内部敏感信息依旧存在泄露风险。而机密计算能够保障在主机被入侵的情况下，攻击者依旧无法窥探安全空间中的内容。

另一方面，可信计算与机密计算均采用同样的思路为受保护的环境提供安全证明，做到了从信任根出发的信任链构建，但在实际的信任背书过程中又略有不同。在可信计算中，信任根一般依托 TPM 存在。以可信启动某根分区加密主机为例，一般情况下，机器管理员需要预先将设备 BIOS、GRUB、系统内核、initrd 等启动过程中所涉及组件的哈希值作为度量值存入 TPM 的 PCR 中，并将系统根分区解密密码也密封至 TPM 中。此时启动主机，TPM 会先验证 BIOS 的度量结果是否与 PCR 中的 BIOS 度量值一致，若一致，则说明 BIOS 可信，并继续启动流程，引导 GRUB 并以类似的方式验证 GRUB 是否可信。通过上述过程，可依次度量 BIOS、GRUB、内核、initrd 是否可信，并且在度量 initrd 可信后，输出根分区加密密码，由 initrd 解密并挂载根分区，完成系统启动。此时启动主机的用户只要信任 TPM，即可根据链式关系信任 BIOS 等组件，最终信任主机系统环境为可信环境。

机密计算的信任链与上述内容略有不同，其信任链不但可用于启动机密计算环境，还可用于远程证明，为机密计算环境中的工作负载提供可信背书，其信任根一般由 CPU 厂商提供。以远程证明为例，机密计算大多由 CPU 上的机密计算组件提供安全能力， CPU 厂商一般会在其出厂的 CPU 中生成公钥-私钥对，并为 CPU 公钥签名生成证书。当主机完成安全配置，机密计算模块开始运行时，就会生成公钥-私钥对，并由 CPU 私钥对模块公钥进行签名和生成证书。当用户要对机密计算环境中的某一内容请求远程证明报告时，机密计算模块首先会验证这一内容是否处于安全环境中，若验证正确，则使用自己的私钥对请求内容生成数字签名，并生成证明报告以及相应的证书链。用户在验证时，可先用机密计算模块的公钥验证证明报告的真实性，再用 CPU 公钥验证机密计算模块证书中模块公钥的真实性。对应 CPU 证书，用户可从 CPU 厂商那里获取根公钥，用于验证 CPU 公钥的真实性。此时，只要用户信任 CPU 厂商提供的根密钥，即可根据链式关系进一步信任 CPU、机密计算模块以及最终的签名内容，完成对远程证明的验证。

7.6.4 小结

在本节中，我们介绍了可信计算技术的起源与发展，以及可信计算不同发展阶段的核心技术，包括可信计算 2.0 中的 TPM 与 TCM，可信计算 3.0 中的 TPCM 等。可以看出，可信计算与可信执行环境有很多相似之处，可以说可信计算与可信执行环境是相互依存的关系。但不同的是，可信执行环境侧重于对执行环境机密性与完整性的保障，可信计算则侧重于“可信”这一概念，偏向于确保系统与计算组件的完整性。

可信计算的技术核心在于确保可信根的安全，国外通过 TPM 实现基于安全硬件的信任根，并内置了密钥管理、安全存储、数字签名等被动防御能力。而我国领先性地提出了具有主动防御能力的可信计算 3.0 体系，通过安全可控的 TCM、TPCM 等安全硬件，实现为计算部件提供主动的身份识别、状态度量、保密存储等能力，并为关键基础设施提供更强的安全防护能力。可以看出，我国在可信计算领域的发展更为领先，相关规范与标准也在不断趋于完善。相信未来可信计算将成为我国网络安全的重要基石，以可信计算 3.0 为基础的可信 CPU、可信 BIOS、可信操作系统、可信服务器、可信计算机、可信防火墙等将成为未来重要发展方向。

7.7 本章小结

大数据时代，企业或组织间（多方）的数据共享、计算与交换需求日益增多。如何保证在数据共享以挖掘数据价值的同时不泄露隐私和敏感数据（或者说满足“合规性”）是一个关键性问题，这给传统以静态加密算法（比如 AES、SM4 等算法）为核心的数据安全技术带来了巨大的挑战。为了满足合规和数据利用的双重需求，一批前沿技术在企业内落地与发展，包括数据匿名技术在数据发布以及两方机器学习场景的应用；通过同态加密技术保证云上数据处在“不可见”状态（密文），但仍然能够支持执行各类数据分析与操作；利用安全多方计算技术促进数据共享的多方在获得准确计算结果的同时，不泄露输入的数据与隐私；利用联邦学习技术在保证数据不出“本地域”的情况下实现联合建模。同态加密、安全多方计算、联邦学习技术在国内被形象地称为“可用不可见”技术，Gartner 将这些技术统称为隐私增强计算类技术，并将其与随处运营、人工智能工程化等一同列为 2021 年六大重要战略科技趋势。

目前，隐私增强计算类技术在一些有限场景中已经有了成熟的实践与落地。例如，将加法同态加密技术引入区块链领域，以解决交易信息认证与隐私保护的矛盾；将安全多方计算的两方隐私求交技术引入泄露密码检测领域，以解决检测过程中的用户隐私问题；通过横向联邦学习在金融、图像领域扩大数据样本规模，提高模型性能，等等。总的来说，隐私增强计算类技术目前仍处于初步发展阶段，未来仍有巨大的研究与发展空间。

第 8 章

大模型与数据安全

大模型通常指具有大规模参数的深度神经网络模型，其特点是模型规模庞大、参数数量巨大。广义上的大模型包括但不限于大语言模型（Large Language Model，LLM）、多模态大模型、行业垂直大模型等。其中大语言模型是一种能够执行语言生成或其他自然语言处理任务的计算模型，近年来在各行业表现出不俗的能力，受到人们广泛的关注与研究。而为了进一步丰富大模型的能力，多模态大模型也成了业界重点研究对象。多模态大模型不但能像大语言模型一样处理文本数据，还能够处理多种其他类型的数据，如图像、视频、音频等。基于大语言模型与多模态大模型等基本模型，各行业（如医疗、金融、教育等行业）开始设计行业垂直大模型，用于处理特定行业的任务。对于此类大模型，人们一般采用“行业名称+大模型”的命名方式，如针对医疗行业的大模型叫作医疗大模型。

数据安全领域的研究人员也开始探寻利用大模型的优异能力去解决传统数据安全中的一些问题，形成数据安全大模型，进而创造出新的数据安全解决方案与产品工具。另一方面，无论是训练、微调还是面向大众使用，大模型都需要海量的数据，因此其自身存在的数据安全风险亦不容忽视。可以看出，大模型与数据安全有着相辅相成的紧密联系。

8.1 大模型概述

2022 年，OpenAI 推出了一款名为 ChatGPT 的人工智能聊天机器人，人们可以使用自然语言与 ChatGPT 对话，ChatGPT 能准确理解人类提示词的语义，支持会话形式的对话，其回复准确率高、知识面广。ChatGPT 的出现让人们看到了通用人工智能的曙光，也引发了业界继 AlphaGo 之后的新一轮人工智能产业高潮。

ChatGPT 之所以有重大突破，其核心技术——大语言模型（即我们通常所认为的大模型，这是狭义上的大模型）功不可没，第一个版本的 ChatGPT（GPT-3）的参数规模达到了惊人的 1750

亿。随着模型参数量的增加以及算法的不断优化，大模型的能力也在不断提升，如 Grok 的参数规模已经达到 31 450 亿，通义千问的参数规模达到 11 000 亿[52]，这些大模型在各项评测中表现出色。

如今的大模型不但在文本对话能力上可以输出更准确、更人性化的回答，还具备了文本生成、图片生成、音频生成甚至视频生成等更复杂的多模态融合能力。目前大模型的发展正处于百花齐放、百家争鸣的阶段，除了 OpenAI 所推出的最新版 ChatGPT-4o，国外的 Gemini、LLaMA，国内的文心一言、讯飞星火、通义千问等大模型也展现了不俗的能力，结合各行业的领域知识，最终生成一个面向该领域的行业大模型。

让大模型学习到某个领域的知识，通常有微调和外挂知识库两种方式。微调其实是在基座模型上输入领域知识后重新训练，这就好比一位出色的高中生熟读各门课程并掌握相关知识后，再到大学某专业学习专业课程，在后续考试中，他都用自己大脑中融会贯通的知识体系作答。除了模型本身做微调引入行业知识，还有外挂知识库的方式可以让大模型学到额外的知识，如检索增强生成（Retrieval-Augmented Generation，RAG）。RAG 的原理就是提前将领域知识放置于向量数据库中，运行时先根据提示词（Prompt）从数据库中找到相关的上下文，再把提示词和上下文一起发送给大模型，大模型进而给出结果。这就好比前面那位高中生进入大学后上了一门专业课，老师在课前发了这门课的参考书和一个小课题，这位高中生就需要读完这些参考书（但不用掌握）。在做课题时，他可以先从参考书中找到相关内容，再根据高中所学的知识、项目要求，以及参考书中的上下文，进行思考并作答。RAG 由于不需要训练，且知识库是外挂的，可以随时更新，因此计算开销更小，回答内容更新。

基于这些行业大模型，就可以催生出无数富有想象力，能产生直接收益，且能解决实际问题的大模型应用。回到本书讨论的数据要素，可以预见在推动数据要素流通后，通过人工智能加工这些领域数据，能极大提升数据价值，推动经济快速发展。

8.2　构建大模型数据安全基石

需要注意的是，大模型的火爆以及各行业大模型应用的出现带来的不仅仅是机遇，伴随而来的安全风险亦是大模型所面临的巨大挑战，特别是数据安全风险。

大模型之所以智能化水平高、知识面广，除了参数规模大，与海量的数据打交道也是一个重要原因。一方面，模型训练离不开海量数据的支持，基础模型的预训练需要“投喂”大量数据，如 GPT-3 的训练数据集达到 45TB[53]，Qwen-14B 的训练数据集达 3 万亿 token，而若要精细训练出能够处理特定任务的大模型，则还需要投入针对性的高质量数据进行微调训练；另一方面，各厂商的大模型应用在执行模型推理时需要处理每个用户的输入数据，这也意味着大模型厂商会收到海量用户的查询请求。

因此，模型训练/微调与推理过程中可能存在数据隐私泄露、数据滥用、数据版权纠纷等安全问题。此外，云厂商也会为大模型的训练与部署提供基础设施支持，由于模型训练与推理都需要算力设备的支持，而能力越强的模型对算力水平要求越高，个人用户或中小型公司一般不会选择自行采购或运维算力设备，而是选择租用云厂商所提供的算力设备。对此，伴随而来的是数据与业务上云所产生的数据安全问题。

8.2.1 大模型生命周期中的数据安全风险

大模型的整个生命周期分为 3 个阶段：模型训练/微调阶段、模型部署阶段和模型运营阶段。在每个阶段，我们将各参与方根据能力与职责划分为数据方、算力方以及算法方。其中数据方负责提供该阶段所需数据，算法方负责提供使用这些数据的算法程序，算力方负责提供程序运行的算力设备。请注意，我们对这 3 个参与方身份的定义属于广义上的定义，在实践中，一个具体的实体可能同时拥有多个身份，而一个身份也可同时对应多个实体。举个例子，在模型运营过程中，某模型服务厂商将自有模型服务部署在自有算力设备上以对外提供服务。此时该厂商既属于算法方，又属于算力方。而在模型训练过程中，训练数据可能来自多个组织机构，此时这些组织机构都属于数据方。具体来说，在每个阶段，各参与方的职责如图 8-1 所示。

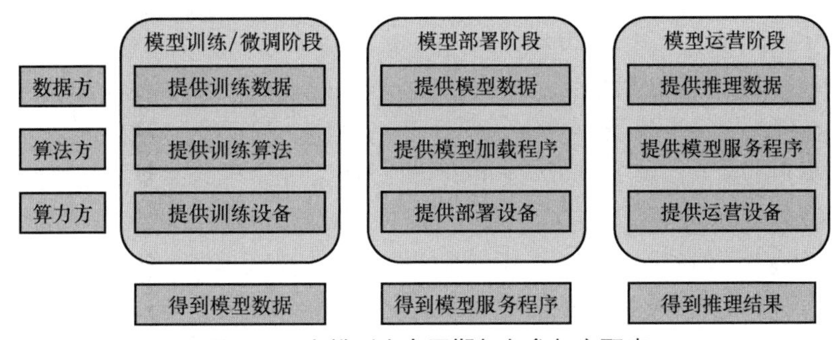

图 8-1 大模型生命周期与各参与方职责

基于上述概念，我们将大模型生命周期的各个阶段可能存在的数据安全风险描述如下。

1. 模型训练/微调阶段

该阶段的主要目标是利用模型训练算法与训练数据，通过多轮训练与调优，最终得到能够满足功能需求的模型数据。模型训练主要有预训练和微调两种方式。预训练一般需要使用广泛的数据集，以便让模型学习到一些通用知识。此过程一般对数据数量要求较高，而对数据质量没有太多要求，此时训练出来的模型也称预训练模型。微调则是在预训练模型的基础上，使用专有数据对模型进行针对性训练，目的是使模型能够满足特定任务的需求，表现出更好的任务处理能力。此过程对数据数量要求不那么高，但需要数据质量尽可能高。

在这一阶段，数据方需要提供模型训练所需数据。特此说明，微调模型时，预训练模型数据亦属于数据方所要提供的数据；算法方需要提供模型训练所需算法程序；算力方需要提供带有

GPU、TPU 等高性能算力资源的算力设备，这种算力设备可以是物理设备，也可以是虚拟化设备。要执行模型训练，就需要数据方与算法方分别将训练数据与算法程序传输至算力设备，运行算法程序，读取训练数据进行模型训练。此过程中可能存在的数据安全风险如下。

1）训练数据泄露风险：该风险可能来自算力方与算法方。首先对于算力方来说，由于算力方拥有算力设备的最高控制权限，操作人员能够在设备系统中读写任意内容，从而实现数据窃取。此外，黑客可能通过窃取算力设备权限实现数据窃取，如云存储巨头 Snowflake 曾发生大量客户实例遭受黑客攻击，导致信息泄露的事件。而对于算法方来说，若在算法程序中预留后门或植入恶意代码，便可以实现对算力设备的恶意攻击，进而窃取算力设备上的敏感数据。

2）数据投毒风险：该风险可能来自数据方。如果数据方提供的数据中存在大量低价值、低可用性的数据，则可能导致最终得到的模型可用性较低，无法达到预期的模型推理能力。此外，若数据方提供的数据中包含恶意诱导性质的内容，则可能导致最终模型推理输出的内容中包含不良内容，无法满足内容合规性要求。

2. 模型部署阶段

该阶段的主要目标是将训练好的模型数据与基于模型的应用程序部署在生产环境中，形成可用的大模型应用服务。在此过程中，数据方提供模型数据文件；算法方提供应用程序，这里的应用程序是指加载模型并形成应用服务的程序，如提供 Web 页面、数据库交互、API 等；算力方依旧提供能够使模型正常运行的算力设备。在部署时，需要数据方与算法方分别将模型数据与应用程序传输至算力设备，经调试后完成部署。此过程中可能存在的数据安全风险如下。

1）模型数据泄露风险：该风险可能来自算力方与算法方。与模型训练/微调阶段训练数据泄露风险类似，算力方的不诚实操作员或者窃取了算力方设备的黑客可以很容易地窃取算力设备上的数据。同理，算法方依旧可以在代码中留有后门或植入代码以实施攻击行为。

2）主机失陷风险：该风险可能来自算法方与数据方。这里算法方的攻击方法与之前描述的类似。而对于数据方，尽管我们将模型视为一种数据，但实际上大模型同时具有数据与算法的双重属性，它也可以被攻击者用于执行恶意代码，实现对算力方设备的破坏与提权。2024 年，JFrog 安全团队监控发现，HuggingFace 上存在部分恶意模型，当模型被加载时就会执行恶意代码，导致数据泄露、系统损坏或其他恶性后果。

3. 模型运营阶段

该阶段的主要目标是实现大模型应用服务的正常运营，用户可以正常使用该服务，输入自己的提示词，获取大模型推理结果。在此过程中，数据方即为用户，其所提供的数据即为输入模型的提示词；算法方提供应用服务，接收用户输入并进行模型推理，最终向用户返回推理结果；算力方依旧提供能够使应用服务正常运行的算力设备。此过程中可能存在的数据安全风险如下。

1）用户隐私泄露风险：该风险可能来自算力方与算法方。尽管算法方的应用服务可使用 HTTPS 等协议加密传输用户数据，但算力方依旧可以利用其高管理权限，在设备上监听程序的输入输出以实现对用户隐私信息的窃取。而算法方的程序可以直接获取用户发送的明文数据，若用户的输入数据中含有个人隐私信息，则有可能导致用户隐私泄露。

2）模型隐私泄露风险：该风险可能来自数据方。恶意用户可以构造恶意的提示词，与大模型进行交互并实现推理攻击，导致模型记忆中的隐私信息泄露。在 GPT-2 与 GPT-3 的早期测试阶段，研究人员通过向这些模型输入某些特定的查询，能够推测出模型训练数据中包含的私人信息或敏感数据[54]。

8.2.2 防护技术应用

对于大模型生命周期不同阶段的数据安全风险，可采用不同的技术手段进行防范。图 8-2 列举了一些可能的防护手段。可以看出，安全审计贯穿整个大模型生命周期，无论是训练数据、模型数据，还是程序代码、用户输入输出，都需要借助审计手段来判断其中是否含有恶意内容。然而审计不是万能的，一方面，开发者或数据方可能不愿意公开其代码或数据并接受审计；另一方面，对于大量数据，审计将耗费大量人力资源，且不能保证百分之百的准确率。数据清洗与对抗性训练则是对抗数据投毒以及推理攻击的主要手段，但此类技术更侧重于保障模型的可用性。而从 8.2.1 节的描述中我们可以看出，很多数据安全风险都来自各参与方的恶意行为，某些参与方可以轻而易举地实现数据窃取。因此，采用隐私计算技术来保障大模型生命周期的安全，使各参与方通过密码学技术或硬件安全技术建立信任关系，将成为未来可探索的发展方向。

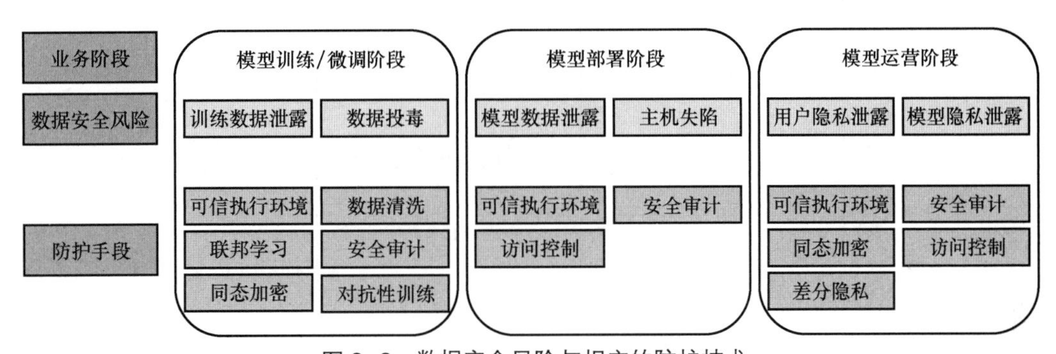

图 8-2 数据安全风险与相应的防护技术

当提及大模型训练时，最容易被人们想起的技术可能是联邦学习。从名称上看，联邦学习非常契合模型训练这一场景。在 7.3 节中，我们简单介绍了联邦学习技术，其主要作用是让多个参与方在原始数据不出域的情况下实现联合机器学习训练与建模，保护训练数据隐私不被泄露。大模型训练在本质上亦属于机器学习的范畴，因此大模型与联邦学习的融合成为当前业内研究方向之一，也涌现出部分开源项目。FedML 是一个较具有代表性的项目，它是一个去中心化协作的机器学习库，可以实现分布式 AI 模型训练。国内开源项目 FATE 也发布了 FATE-LLM 模块，可在保证各方数据不出域的情况下实现大模型联合训练，目前支持的模型有 ChatGLM、GPT2、Qwen 等。总的来说，使用联邦学习可以为大模型训练过程中的训练数据提供安全防护，解决了模型训练场景下数据方的数据安全问题，但对其他攻击场景无法提供有效防护，还需要采用其他技术手段来确保训练算法、训练框架的安全可靠。

同态加密也是一种可行的技术手段。在 7.3 节中，我们介绍了同态加密的最重要特性在于可以对密文执行运算，运算结果解密后与明文直接计算所得结果一致。因此，在模型训练与模型推理场景中，可以对同态加密后的密文数据执行模型训练与模型推理，以保护训练数据以及提示词中的隐私信息不被泄露。对此，Zama 公司提出了使用全同态加密来为人工智能领域提供隐私保护的解决方案。Zama 公司成立于 2020 年，CTO 为著名密码学专家 Pascal Paillier 博士，他曾提出著名的半同态加密算法——Paillier 算法。该公司使用 Rust 语言实现了全同态加密算法程序，并基于此程序推出了名为 Concrete ML 的开源机器学习框架。除此之外，Zama 公司还提出了使用全同态加密为模型推理提供隐私保护的观点，其核心思想是将模型中的特定部分转换为同态加密域，从而使得模型可以直接对密文数据进行运算与预测，避免用户输入信息中的敏感信息泄露。以云上隐私推理为例，开发人员先将编译好的具有密态推理能力的模型部署在云服务器上，客户端可将输入数据加密后发送至云上服务端；服务端直接对密文数据进行处理、推理等，并返回密文结果；客户端收到密文结果后进行解密，获得明文推理结果。以上业务流程如图 8-3 所示。

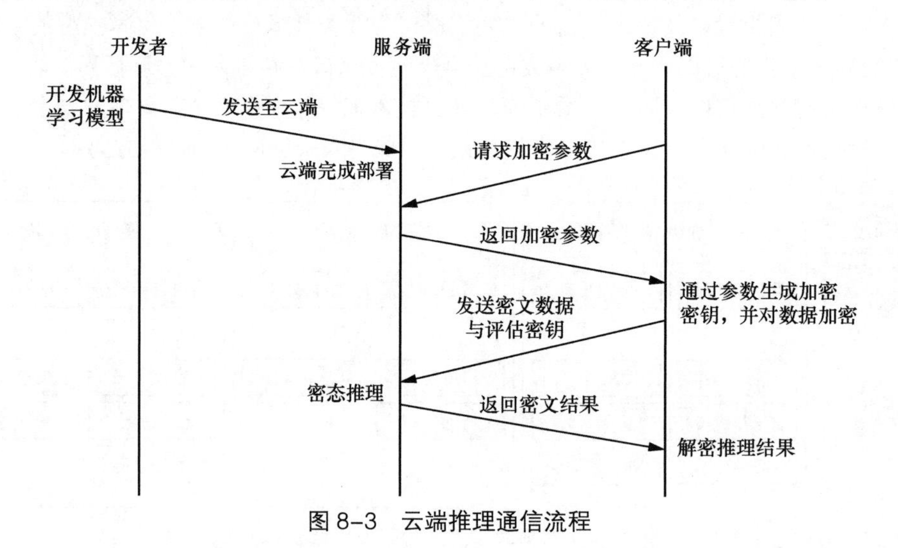

图 8–3　云端推理通信流程

不过，使用全同态加密并非没有代价，它要求模型必须处于一定精度范围内，还要求模型必须进行量化，因此可能带来一定精度损失。此外，同态加密本身带来的计算效率降低也是一个无法回避的问题。不过总的来说，同态加密仍不失为一种可行的技术手段，无论在模型训练还是模型推理场景中，均可以为参与计算的数据提供隐私保护，有效防止敏感信息的泄露。

TEE 或许是最简单、应用范围最广的数据安全防护技术。由于物理设备上的高权限用户无法访问 TEE 中的内容，因此将 TEE 部署在算力方可以有效杜绝算力方通过高权限实施的一切攻击行为。此外，采用虚拟机级别的 TEE 技术不但在易用性上更好，可以轻松适配现有大模型训练或推理程序的部署，同时还能提供虚拟机级别的隔离，防止算法方通过恶意代码直接对宿主机造成破坏。TEE 可以为训练数据、用户数据提供安全存储环境，为训练算法、推理框架提供安全执行环境，并通过构建全密态环境，为模型训练与模型推理提供全面的安全防护。目前，国内开源项目隐语推出了“隐语 Cloud 大模型密算平台”，旨在提供训练、微调、推理等安全能力。它使用 TEE 为训练与推理过程提供安全环境，实现密态训练与密态推理。可以看出，TEE 是难度和迁移成本更低、安全防护范围更广的技术手段，但其缺点也很明显，TEE 需要特定硬件的支持，算力方需要花费额外的成本用于采购支持 TEE 的设备，并适配 GPU 等高算力设备。

8.2.3 小结

本节介绍了大模型场景下的数据安全问题，首先列举了训练和推理场景中的各参与方，并分析了具体的数据安全风险，随后给出了若干可行的防护技术来应对相应的数据安全风险。

随着大模型的需求不断提升，数据要素流通过程中伴生的数据安全问题将成为制约和影响大模型能否得到广泛应用的重要因素之一。想要发展行业化、精细化和可信任的大模型应用，就必须解决其中的数据安全问题，数据要素安全必定是构建大规模大模型应用的重要基石。如今，基于联邦学习、同态加密、可信执行环境的解决方案均已有所发展，但还都处于早期，没有形成成熟且通用的解决方案。不过，随着技术的不断发展与标准的逐渐成熟，相关的防护手段也会不断趋于完善，大模型中的数据安全问题将会得到进一步缓解。

8.3 大模型赋能数据安全技术

大模型具有强大的语言理解能力、多任务学习能力以及生成能力，在处理复杂的自然语言任务时表现出非常优秀的性能。目前已有大批基于大模型的智能工具为人们所熟悉，如 AI 会话、AI 写作、个人机器人助手等。可以看出，随着技术的发展与模型的不断更新迭代，人们会根据更具体的任务场景与功能需求，开发更加精细化、更具针对性的大模型应用。对于数据要素安全产业而言，应探索如何利用大模型的优势与特性，为数据要素安全流通打造实用、高效、好用的安全工具或应用。

8.3.1 基于大模型的数据分类分级技术

作为数据安全治理的第一步，数据分类分级成为各企业数据治理、数据资产入表或数据要素流通的工作重点。然而传统的分类分级方法需要投入大量人工来执行标注和确认工作，以确保分类分级的准确性。按照经验，大型企业的数据分类分级往往需要耗费大量人力资源，而且实施人员需要具备相当的领域知识和数据安全知识。随着数据量的增长与数据复杂度的提高，基于人工的传统分类分级方法必然导致成本过高、效率不足，难以规模化。

因此，使用自动化技术实现数据分类分级成为企业的普遍需求。《数据分类分级自动化能力建设指南》[55]指出，当前我国企业组织在数据分类分级工作中，平均自动化应用程度不足 40%。而现有的自动化数据分类分级工具存在准确率不高的问题，报告显示，针对结构化数据，在无人工干预下，自动化分类分级的准确率仅为 60%左右，仍需人工干预来进一步提高准确率。可以看出，当务之急是提升自动化数据分类分级工具的准确率，并推动自动化工具的普及。

随着大模型的迅猛发展，研究人员开始考虑利用大模型来构建自动化、智能化的数据分类分级工具。大模型具有强大的语言理解和处理能力，可以对待处理数据和元数据进行分析，提取其中的关键内容和语义特征。此外，通过为大模型引入行业知识库，可以提升大模型的业务理解能力。这些行业知识库包含了行业中其他企业实施数据分类分级服务后所沉淀下来的知识。

我们既可以将行业知识灌入大模型，微调出多个垂直行业的数据分类分级模型；也可以将行业知识存入 RAG，以查询向量数据库的方式查询模型外的知识。

大模型的另一个很重要的输入是企业的数据字典，其中是对企业自有数据库的表和列的元数据描述。这些数据不会用于模型微调，而是存放于企业的向量数据库中，或以提示词的方式输入大模型。

最终，结合数据字典、行业模板等行业信息，可为企业数据资源中的个人数据、敏感内容和表名表列等分配适当的标签，进而输出分类分级结果。这种智能化手段极大降低了人工研判的成本，拓宽了数据覆盖面，为各个行业提供了具有针对性的自动化工具，降低了模型使用成本。

要训练一个能够实现数据分类分级的大模型，需要收集大规模且多样化的数据集，以涵盖不同领域的数据类型，并为数据分配明确的标签。在训练模型时，可以选取基座模型，如 GPT-3、Qwen、ChatGLM 等，并通过微调使用标注数据集对模型进行训练，使得模型能够按预期对输入数据进行处理。在此过程中，可采用强化学习来进一步提高模型对数据分类分级的准确率。最终，实施人员可以构建适当的提示词模板，以使模型能够更好地理解提示词以及所要执行的任务，最终更快、更好地完成数据分类分级任务。

这里我们给出一个使用大模型实现智能分类分级的示例方案，其关键步骤如下。

（1）数据收集与预处理

首先通过自动化工具形成可被大模型直接调用或被 LangChain 等模型编排工具调用的数据，然后通过自然语言对收集到的数据进行简单标注，若能进行结构化的清洗则更好。

（2）基座选择与微调训练

首先根据实际计算资源储备等选择合适的基座模型，通常可基于通用大模型评分榜选择参数较少、评分较高的大模型作为基座模型。选定基座模型后，采用指令微调策略，在任务相关标注数据上进行有监督学习。在微调过程中，持续用验证集评估模型，以期获得最优分类分级效果。此外，我们还可以尝试基于强化学习的微调策略，即根据分类分级结果的正确性设置奖励，引导模型习得最优分类分级策略。相较于直接用标签进行监督学习，强化学习能够捕捉更细粒度的反馈信号，有望进一步提升分类分级性能。

（3）分类分级提示词设计

可直接基于自然语言指令驱动大模型完成各类任务，一个合适的提示词通常能够极大提高分类分级的准确率。提示词模板的设计可考虑以下技巧。

- 角色假设：赋予大模型一个明确的任务角色，引导其基于角色知识进行推理。
- 输入输出格式规范：明确定义输入输出接口格式，便于模型解析和生成。
- 关键逻辑说明：点明任务的关键假设和约束，避免模型生成无效输出。
- 少样本示例：提供典型样例，帮助模型快速理解任务要求。

以医疗领域的数据分类分级为例，一个简单的提示词如下。

> 你是医疗行业的一位数据分类分级专员，你将收到一个数据列表，这个数据列表如下：
>
> {0}
>
> 如你所见，这个数据列表中的每个元素表示一种分类结果。你需要对输入数据进行分类，输出数据的格式如下：
>
> {1}
>
> 例如，输入如下数据：
>
> {2}
>
> 你需要注意以下事项。
>
> 1. 所有的分类结果必须全部来自数据列表，你不能自行额外定义。
> 2. 数据列表中的一个元素就是一种分类结果。你觉得数据应该属于这种类别，那么这个数据的类别就是该字典键为'类别'的值。
> 3. 每个子类不能返回空数据，如果数据列表中确实是 null，则可以直接返回 null。
> 4. 置信度为分类结果的概率。
>
> 以后你只要看到提示词“医疗数据分类分级专员”，就请根据我给你的数据列表，对以下数据进行分类：

其中{0}，{1}，…为不同行业需要填充的对应数据。

{0}为分类结果列表。

{1}为输出数据的格式，例如{“类别”: “医院感染报告”}。

{2}为示例输入数据，例如{“表名”: “GOA_HYG_INFECTION”, “表备注”: “院内感染信息表”, “字段名”: “INFECT_DATE”, “字段备注”: “感染日期”}。

可以发现，根据大模型的输出结果，很容易进行人工二次审查与后处理优化，从而保障最终结果的可靠性。

大模型在数据分类分级任务中表现出十分显著的优越性：首先，其标注数据需求小，人工成本低；其次，它省去了复杂的特征工程步骤，大幅简化了数据清洗流程；最后，大模型支持自然语言交互，使用便捷灵活。如表 8-1 所示，基于优秀的大模型基座，这一技术路线的准确率明显提升。即使模型基座本身较差，在进行合适的微调训练后，其准确率相较于传统技术也具备一定的优势，这也暗示了该技术路线尚未达到精度瓶颈。大模型可用自然语言解释自身判断依据，容易进行结果后干预。但由于大模型本身还处于早期阶段，因而还存在一定的不足，如推理性能不稳定、推理所需的计算资源较高等。但可以预见的是，以大模型为代表的新一代技术必将重塑分类分级等核心数据安全能力。

表 8-1　不同开源模型在某医疗数据集上的实验效果

模型	微调方式	训练数据	测试数据	准确率
传统深度学习方法	全量	1296	648	61.7%
chatgpt-3.5-turbo	—	1296	648	76.9%
chatglm3-6b-chat	Lora+SFT	1296	648	63.3%
baichuan2-7b-chat	Lora+SFT	1296	648	64.7%
baichuan2-13b-chat	Lora+SFT	1296	648	74.7%

8.3.2　基于大模型的数字水印技术

数字水印是明确数据所属权，避免数据被盗用的一种重要技术手段，其核心思想是在数据中嵌入特定的标识信息，这些标识信息难以被攻击者发现或篡改。当发生数据泄露、数据被盗用、数据版权纠纷时，可根据数字水印来确定水印添加者，进而追溯数据所有者或数据泄露源。

目前，图片水印与视频水印最为常见，当我们在网络上浏览图片或观看视频时，画面中往往嵌有表示发布者身份的水印信息。此外，数据库水印也比较常见，例如在数据库的数据字段中添加不可见字符或伪行伪列，然后通过精心设计嵌入相应的水印信息。然而对文本水印来说，要实现在不改变原始文本的含义或不影响可读性的前提下嵌入水印则较为困难，传统的文本水印有基于文本格式的水印、基于语义的水印、基于语法结构的水印以及生成式水印。进一步而言，基于文本格式的水印可通过嵌入零宽字符来实现，基于语义的水印可通过对文中部分词汇进行同义词替换来实现，基于语法的水印可通过调整语句的主动或被动形式来实现，生成式水印则允许直接根据原始文本与水印信息生成带有水印的文本数据。然而传统方法存在一定的局限性，比如嵌入零宽字符的方法鲁棒性较差，借助数据清洗等手段即可去除水印信息。因此，对于同义词替换这一方案，利用大模型精准处理语义信息与上下文，在文本中实现精细的水印嵌入方法成为将大模型应用于数字水印技术的重要研究方向。

2024 年，清华大学、香港中文大学、北京邮电大学等高校研究团队联合发布了首个大模型时代下的文本水印综述[56]，其中列举了使用大模型增强现有文本水印算法，以及在大模型文本生成过程中直接嵌入水印的研究现状。对于传统方案，研究团队主要针对生成式水印，利用大模型增强其水印效果。主流的研究方案有 AWT[57]、REMARK-LLM[58]、WATERFALL[59]等，这些方案能够利用大模型的自然语言处理能力，将原始文本与水印信息整合，在生成带有水印信息的文本的同时尽可能保持文本语义不变。总的来说，尽可能减少水印对原始文本内容的影响是当前业内学者主要的研究目标。

除了利用大模型对现有文本嵌入水印，研究人员还致力于研究用大模型直接生成带有水印的文本信息[60]。如今，网络上的大模型生成内容随处可见，我们平时浏览的视频、小说、图片等都可能是 AI 生成内容，难以分辨真假。为了避免 AI 生成数据的滥用以及可能涉及的知识产权与版权纠纷，必然需要通过一定的技术手段来准确区分真实内容与 AI 生成内容。因此，对 AI 生成内容增添水印成为当前十分迫切的需求。OpenAI 公司正致力于开发一种工具，旨在使大模型生成的内容中带有一些不易察觉的水印信息，以标明内容来源[61]。

8.3.3 小结

本节介绍了如何利用大模型赋能数据要素安全，以及如何构建基于大模型的数据要素安全工具。我们简单介绍了两个可行的探索方向，分别为基于大模型的数据分类分级技术和数字水印技术。可以看出，大模型的主要作用是通过其强大的语言理解与处理能力，解决现有数据要素安全工具效率低、效果差、成本高等痛点问题。当然，大模型在数据要素安全中的应用远不止这些，随着技术的发展，越来越多的应用将会喷涌而出。这里我们抛砖引玉，提供一些参考思路，各位读者亦可发散思维，探寻大模型在数据要素安全中的更多可能性。

8.4 本章小结

近年来，大模型的快速发展引发了人工智能领域的巨大变革，从自然语言处理到计算机视觉，再到科学计算，大模型的应用覆盖了众多行业和领域。特别是以 OpenAI 的 GPT 系列、谷歌公司的 BERT、阿里巴巴集团的 Qwen 系列等为代表的大型预训练模型，通过海量数据和复杂的深度学习架构，实现了前所未有的智能表现，极大推动了人工智能技术的普及和落地。然而，随着大模型的广泛应用，数据安全与隐私保护也成了亟待解决的重要问题。大模型的训练和应用过程通常涉及敏感数据的使用，而这些数据可能来自用户个人信息、企业内部机密或者政府部门的敏感信息。若这些数据在模型的训练或推理过程中遭到泄露或滥用，则可能带来巨大的安全隐患和法律风险。同时，大模型不仅是数据安全的潜在挑战者，同时也可以作为解决数据安全问题的有力工具。人们可利用大模型强大的语义理解与任务处理能力，进一步提高数据识别、数据分类分级、数字水印等传统技术的能力与效率，为实现自动化、智能化数据安全检测与防护提供强有力的支持。大模型与数据安全之间的紧密联系，使得保障数据安全成为技术发展过程中不可忽视的重要环节。未来，随着隐私保护技术的提升、数据管理机制的完善以及监管制度的加强，大模型将在安全性方面取得更大突破，为整个社会带来更广阔的应用前景。

第三篇

实践案例篇

第 9 章　“数据安全自用”实践案例

第 10 章　“数据可信确权”实践案例

第 11 章　“数据可控流通”实践案例

第 12 章　“协同安全计算”实践案例

第 9 章

"数据安全自用"实践案例

在构建现代企业的数据安全体系时，数据安全自用是一个不可或缺的实践环节，它直接关系到企业内部数据的管理和保护效率。数据安全自用的核心目标是确保企业内部各个部门和用户在日常工作中能够安全、合规地使用数据，从而避免内部不当操作导致的数据泄露、篡改或丢失。为了实现这一目标，企业通常会引入一系列数据安全技术与策略，以确保数据在采集、传输和存储等生命阶段的机密性、完整性和可用性。第 4 章详细探讨了数据安全自用场景所涉及的四大核心技术：数据分类分级、零信任、用户和实体行为分析及新型数据加密。

2.1 节和 2.2 节介绍了国内外数据安全的标准体系和立法现状。目前来看，数据安全自用落实的核心驱动力仍然来自法律法规的推动。随着数据保护要求的不断提升，各国政府陆续出台并完善了相关法律法规。就现阶段国内外的标准体系和立法现状而言，对于数据分类分级和零信任这两大核心技术，已有相对明确的规定。这既得益于这些技术的较早出现和成熟发展，也源于它们在实际应用中的广泛实践。因此，本章将重点解读与这两大核心技术相关的法律法规和应用案例，以期为读者提供有价值的参考和指导。

9.1 分类分级与零信任相关法律法规

9.1.1 国内相关法律法规

国内对数据分类分级有明确的规定。2024 年 3 月 21 日，全国网络安全标准化技术委员会（下称网安标委）发布了 GB/T 43697—2024 《数据安全技术 数据分类分级规则》（下称《数据分类分级规则》）。这一标准不仅是网安标委发布的首个数据安全技术标准，更是国家层面对数据安全技术框架的具体实施和规范化的具体体现。

《数据分类分级规则》作为指导性的国家标准，明确了数据分类分级的基本原则、分类分级方法和实施流程。该标准旨在为各行业、各地区、各部门及数据处理者提供统一的参考框架，确保数据分类分级工作的科学性和一致性。具体而言，该标准要求在进行数据分类时，首先需要根据数据的类型、性质、重要性和使用场景进行初步分类，然后再依据数据的敏感性、风险水平和可能的影响范围进行分级。数据的分类分级不仅影响数据安全保护措施，也对数据处理过程中的合规性提出了更高要求。通过这一标准的实施，国家希望能够推动各行业在数据安全方面达到更高的一致性和协调性，减少由于数据分类分级不当而引发的安全事件。同时，该标准的发布也为相关企业和机构提供了具体的操作指引，使得数据分类分级工作能够更加系统化和规范化。

2024 年 8 月 30 日，国务院总理李强主持召开国务院常务会议，审议通过《网络数据安全管理条例》。会议指出，要对网络数据实行分类分级保护，明确各类主体责任，落实网络数据安全保障措施。要厘清安全边界，保障数据依法有序自由流动，为促进数字经济高质量发展、推动科技创新和产业创新营造良好环境。根据中华人民共和国中央人民政府官网发布的信息，《网络数据安全管理条例》于 2025 年 1 月 1 日起正式施行[6]。

9.1.2 美国相关法律法规

需要注意的是，国际上一般统称数据分类分级为数据分类（Data Classification），用于描述将数据按类别进行组织的过程。美国对于数据分类和零信任也有相关明确的法律法规。在 2.1.1 节中提到的 NIST SP 800-53 标准是美国联邦政府机构信息安全标准的重要组成部分，覆盖了信息安全和隐私保护的方方面面，其中也包括数据分类的要求。

NIST SP 800-53 建议对信息和信息系统进行分类，依据其机密性、完整性和可用性来确定其影响等级。具体来说，NIST 强调了在信息系统管理中数据分类的重要性。该标准强调在数据分类过程中，要考虑数据的敏感性、价值和对组织运作的潜在影响。如果数据泄露、被篡改或无法访问，则会对国家安全、经济安全或公共健康与安全产生不同程度的影响。美国联邦政府的各个部门和机构被要求遵循这些标准，以确保敏感数据的安全性和隐私得到最大程度的保护。这些规定不仅适用于美国联邦机构，还影响到与美国联邦政府合作的承包商和第三方服务提供商，以确保整个供应链的数据安全。

在零信任层面，美国联邦政府于 2021 年 5 月发布了《改善国家网络安全的行政命令》（Executive Order on Improving the Nation's Cybersecurity）。该行政命令强调了零信任架构在提升网络安全现代化过程中的核心作用，特别是在云计算环境中的应用。通过这项命令，美国联邦政府明确要求各联邦机构将联邦政府网络迁移到零信任架构，实现基于云的基础设施的安全优势。为支持这一行政命令，2022 年 1 月 26 日，美国管理和预算办公室（Office of Management and Budget，OMB）发布了《联邦零信任战略》（Federal Zero Trust Strategy），设定了美国联邦机构到 2024 财年末全面实施零信任架构的目标。2021 年 9 月，美国国土安全部的网络安全与基础设施安全局（Cybersecurity and Infrastructure Security Agency，CISA）发布了零信任成熟度模型（Zero Trust Maturity Model，ZTMM）1.0[9]，后于 2023 年 4 月发布了 ZTMM 2.0[10]。CISA 的 ZTMM 旨在为美国联邦机构及其他组织提供实现零信任架构的指导，其设计目标是帮助组织从现有的网络安全框架逐步过渡到零信任架构。通过细化各个组织的实施步骤，CISA 希望组织能够在数据保护和网络安全的各个方面实现逐步优化。

9.1.3 欧盟相关法律法规

欧盟的《通用数据保护条例》（GDPR）虽然没有明确规定数据分类和零信任的框架和细化要求，但它对个人数据的保护提出了非常严格的要求。GDPR 主要关注的是如何对个人数据进行处理、存储和传输，以确保这些数据的隐私和安全，2.2.1 节已经详细介绍了相关内容。

根据 GDPR 的规定，企业需要确保对处理的个人数据采取适当的技术和组织措施，特别是当数据具有高度敏感性时，如涉及健康、种族、宗教信仰或生物特征数据等。这些类型的数据被认为是“特殊类别数据”，需要受到更高标准的保护。GDPR 还规定了数据保护影响评估（Data Protection Impact Assessment，DPIA）的要求，当数据处理可能对个人隐私权产生高风险时，组织必须进行 DPIA。这实际上促使企业在数据处理过程中，对数据的敏感性和潜在风险进行评估，并据此采取相应的保护措施。这种方式在一定程度上实现了数据的分类，以确保高敏感性数据受到更严格的保护。

在零信任方面，虽然 GDPR 并非专门针对零信任而设计，但其对数据保护和隐私的严格要求与零信任架构中的关键原则紧密相连。GDPR 要求企业确保数据的安全性，并采取适当的技术和组织措施来防止数据泄露和未经授权的访问，这与零信任架构中的身份验证、最小权限访问和数据保护原则高度契合。零信任架构强调在每一次访问中都进行严格的身份验证，并确保用户只能访问他们必须使用的数据，这种方法与 GDPR 对数据最小化和数据安全的要求相辅相成。因此，尽管 GDPR 没有明确提及零信任，但它为企业在实现零信任架构时提供了法律框架和合规依据。

9.2 微软的数据分类应用实践

数据分类是指根据数据的敏感性、价值和风险，将其划分为不同的类别，并采取相应的安全措施来加以保护。通过这种方式，企业可以确保最敏感的数据在受到最高级别保护的同时，优化资源分配，提升整体安全防护水平。接下来我们将介绍微软基于数据分类的应用实践。

9.2.1 案例背景

微软（Microsoft）是一家全球领先的科技公司，总部位于美国华盛顿州雷德蒙德。作为世界上最大的技术公司之一，微软以其操作系统 Windows、办公套件 Office、云计算平台 Azure 以及众多生产力和开发工具而闻名。

在数据安全与隐私保护领域，微软推出了多种解决方案，以帮助企业应对复杂的安全挑战。其中，Microsoft Purview 信息保护方案（简称 Purview 方案）专为帮助企业发现、分类和保护其敏感信息而设计。它集成了数据分类、标签、加密和访问控制等功能，旨在确保敏感信息在整个数据生命周期内都能得到有效保护。通过其先进的分类算法，Purview 方案能够自动识别并标记 PII、财务数据等敏感内容。此外，Purview 方案还提供实时监控和报告功能，以帮助企业识别潜在的数据泄露风险并及时采取应对措施。微软通过将 Purview 方案与 Microsoft 365 和 Azure 等平台无缝集成，提供了统一的安全治理框架。以上这些措施不仅符合全球主要数据保护法规，还为企业的数字化转型和信息安全提供了坚实的基础。

9.2.2 案例详情

Purview 方案通过自动化技术帮助企业发现、分类和保护数据。如图 9-1 所示，了解数据是该方案的首要步骤，而数据分类是这一过程中至关重要的环节。Purview 方案支持以 3 种方式对数据进行分类，分别是手动分类、自动模式匹配和使用可训练分类器。

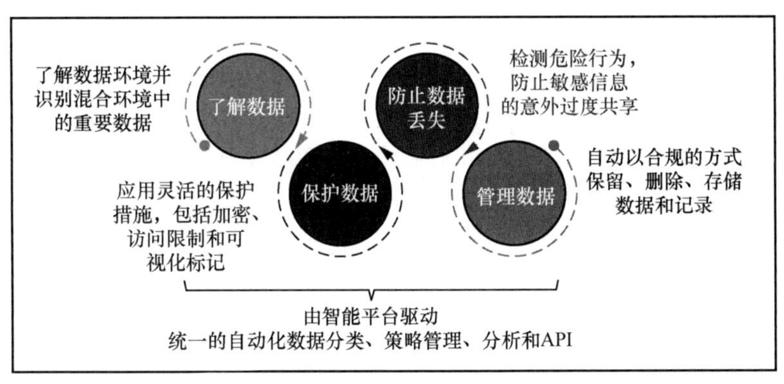

图 9-1 Microsoft Purview 信息保护方案

手动分类指的是用户或管理员手动对数据进行分类，其间需要人工进行判断和操作。用户或管理员既可以使用预先设定的敏感度标签对数据进行打标，也可以使用自己创建的敏感度标签对数据进行打标。在 Purview 方案中，敏感度标签用于对组织的数据进行精确分类和标记，通常分为 5 个级别：个人（Personal）数据、公共（Public）数据、常规（General）数据、机密（Confidential）数据和高度机密（Highly Confidential）数据，见图 9-2。如表 9-1 所示，微软官方对这 5 个敏感度级别给出了参考定义。

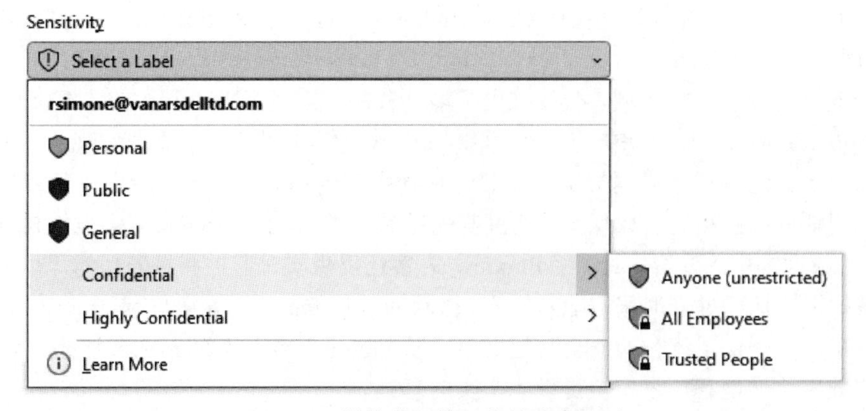

图 9–2　微软常用的 5 个敏感度级别

表 9-1　微软常用的 5 个敏感度级别的参考定义

敏感度级别	参考定义
个人数据	与个人生活相关的数据，不属于企业的业务数据。此级别用于不属于组织的非业务相关数据。
公共数据	面向公众的数据，可以自由分享而不会对组织构成风险，包括公开提供给公众的信息，无须保护。
常规数据	不适合公开访问但在组织内部分享不会带来重大风险的业务数据。此类数据通常用于企业日常业务运营，在组织内部可以不受限制地共享。
机密数据	如果不当披露可能会对组织造成损害的数据。这类数据是敏感的业务信息，只能由授权人员访问，分享此类数据时须加以限制和控制以防止对组织造成潜在的损害。
高度机密数据	如果泄露可能会对组织造成严重损害的数据。此类数据包括商业机密或战略计划，它们必须受到最高级别的保护，仅限于极少数人访问。

自动模式匹配是一种基于规则的分类技术，旨在通过关键词、敏感信息类型（如信用卡号、社会保障号）、文档指纹或精确的数据模式实现数据的自动分类。用户可以预先配置规则，系统根据设定条件自动识别和分类指定的数据类型。通过匹配特定格式和内容特征，自动模式匹配能够高效、准确地处理和分类大量数据，减少人工干预。

可训练分类器是一种基于机器学习的工具，旨在通过分析大量示例数据自动对复杂内容进行分类。用户可提供正例和负例，系统将通过学习这些样本的特征建立模型，以便识别相似的内容。这种分类器不仅适用于处理结构化和非结构化数据，还能够根据不同场景需求进行自定义训练和优化。Purview 方案提供预定义和自定义的分类器，使数据管理和信息保护变得更加智能化和高效，适用于多种应用场景。图 9-3 演示了用户创建自定义分类器的过程。

在完成数据分类后，Purview 方案通过敏感度标签提供了一系列用于保护数据、防止数据丢失和管理数据的功能。这些功能可以帮助用户和企业更有效地使用和管理数据，确保数据的安全性。敏感度标签可以应用于 Office 文档和电子邮件，以及其他支持该标签的项目。

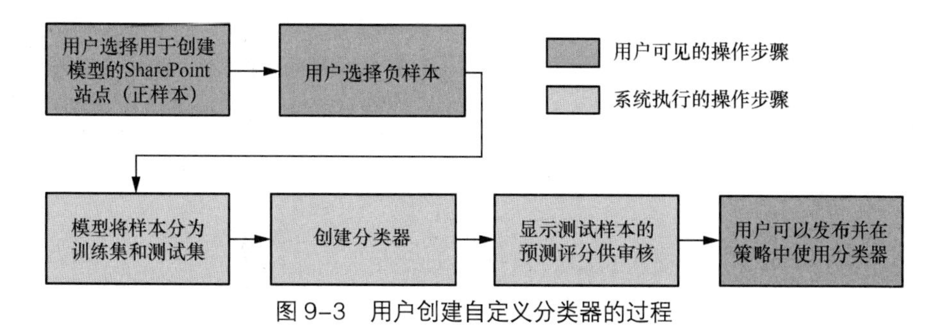

图 9-3 用户创建自定义分类器的过程

通过这些功能，企业可以更精确地控制数据访问权限和应用加密措施，并实时监控数据的使用情况，从而大幅降低数据泄露和违规的风险。表 9-2 列出了部分基于敏感度标签可提供的功能。

表 9-2 部分基于敏感度标签可提供的功能

功能	示例说明
加密保护	当把“机密”标签应用于文档或电子邮件时，系统会自动对内容进行加密，并添加“机密”水印，以明确标识信息的敏感度级别并确保其安全性。
标识电子数据展示案例中的内容	在电子数据展示案例中，可以限制显示具有“高度机密”敏感度标签的文件和电子邮件。当然，也可以选择排除具有“公共”敏感度标签的文件和电子邮件，从而只展示符合特定保密要求的内容。
将敏感度标签扩展到第三方应用程序和服务	利用 Microsoft 信息保护 SDK，第三方应用程序可以读取敏感度标签并应用相应的保护设置。这使得这些应用程序能够有效地识别和处理标记为敏感的信息，从而确保数据在传输和存储过程中得到适当的保护。
在不使用任何保护设置的情况下标记内容	通过使用标签来标识数据的敏感度，用户可以获得组织中数据敏感度的可视化映射。标签不仅有助于区分不同敏感度级别的数据，还可以生成数据使用情况报告和活动数据。
将敏感度标签扩展到 Power BI	启用此功能后，用户可以在 Power BI 中应用和查看敏感度标签，并在数据被保存或导出到服务之外时，继续对数据进行保护。这确保了即使在离开 Power BI 环境后，数据的敏感度标签和相关的保护措施依然有效。

9.2.3 小结

以上是对 Microsoft Purview 信息保护方案的简要介绍。笔者认为，微软在数据分类实践中表现出以下三个显著优势。

1. 全球范围的合规性

微软的数据分类方法和工具符合全球主要数据保护法规，如 GDPR、CCPA、HIPAA 等。这使得全球范围内的企业可以通过使用微软的服务，确保其数据处理流程符合所在国家或地区的法律要求。

2. 可扩展性

微软的数据分类工具和框架设计具有高度的可扩展性，能够适应不同规模的企业和多样化的数据处理需求。无论是中小型企业还是大型跨国公司，都能通过微软的方案实现数据的有效管理。

3. 智能化和自动化

微软的数据分类解决方案整合了人工智能和自动化技术，如机器学习和自然语言处理，能够自动识别和分类大量数据。这大大降低了企业在数据分类中的手动工作量，提高了效率和准确性。

Microsoft Purview 信息保护方案为企业提供了全方位的数据安全解决方案。这一方案整合了敏感度标签、数据分类、数据加密和访问控制等功能，确保企业在数字化转型中能够高效地管理和保护数据。微软数据分类的实践不仅展示了其在技术创新赛道的领先地位，也为全球企业提供了宝贵的经验和参考。

通过有效的数据分类与保护策略，企业可以在保障数据安全的同时，提升整体运营效率，确保在数字化转型过程中稳步前行。希望微软数据分类的实践能给读者带来启发，在数据分类和数据安全管理中找到适合自己企业的最佳实践。这不仅是对先进技术的探索，更是对企业数字化未来的积极布局。

9.3 Grab 智能化数据治理：LLM 与数据分类的融合探索

第 8 章深入探讨了大模型与数据安全相结合的话题，其中 8.3.1 节具体介绍了 LLM 与数据分类技术的结合应用。为了让读者更好地理解这一技术的实际操作和优势，我们将在本节介绍 Grab 的实践案例，展示 LLM 的数据分类应用场景及其对数据安全的提升效果。这将帮助读者更直观地了解如何在实际环境中将 LLM 与数据分类技术有机结合，实现更智能化的数据安全治理。

9.3.1 案例背景

Grab 是一家总部位于新加坡的科技公司，成立于 2012 年。Grab 最初作为打车应用起步，现已发展为超级应用平台，提供包括网约车、外卖配送和电子支付等在内的多种服务。凭借广泛的业务覆盖，Grab 已成为东南亚地区最大的科技公司之一。

基于如此庞大的业务，Grab 需要保护和管理海量的 PB 级数据，以保障用户、司机及合作伙伴的敏感信息安全，同时提升数据分析效率。为此，Grab 开展了数据分类的实践，并使用 LLM 技术有效提升了数据分类的准确性和效率。

9.3.2 案例详情

在首次应对数据分类问题时，Grab 通过手动流程对数据库的 schema（即数据库模式，用于定义数据库中数据的组织和结构，包含表、字段、关系模型等）进行了分类标记。Grab 将信息敏感度划分为 4 个等级，从第 1 级（高度敏感信息）到第 4 级（无敏感信息）。在数百张表的 schema 中，如果其中一张表属于第 1 级，则整个 schema 都会被划为第 1 级。手动分类的结果是，约一半的 schema 被标记为第 1 级，并被实施最严格的访问控制。然而，实际上真正属于第 1 级的表非常少，这导致大量非敏感的表也受到不必要的严格限制，严重影响数据的灵活使用和访问效率。

对此，Grab 尝试将数据分类进一步细化到表级标记，但在实施过程中发现该方案难以有效执行，原因主要有两方面：一方面，随着数据量和数据种类的快速增长，表级分类比 schema 级分类耗时更长、成本更高；另一方面，表级手动分类存在较大的主观差异，不同的打标人员在操作过程中可能会产生不一致的分类结果，影响分类的准确性和一致性。

为了应对这些挑战，Grab 内部开发了一项名为 Gemini 的服务（Grab 官方的命名早于 Google 的 Gemini 聊天机器人），旨在通过整合第三方数据分类服务，实现对数据实体的批量扫描，并自动生成列级和字段级标签，这些标签随后交由数据生产者进行审核确认。在此过程中，Grab 的数据治理团队提供分类规则，并结合正则表达式分类器和第三方工具中的机器学习分类器，自动识别敏感信息。这一自动化流程大幅提升了数据分类的效率和准确性，简化了手动分类的复杂性。

然而，在自动化标签生成模式的初期，Grab 收到了大量误报，自动化效果并不理想。Grab 官方分析主要有三个原因：首先，正则表达式分类器在评估过程中导致过多的误报；其次，第三方数据分类服务的机器学习分类器不允许进行定制化改造，也导致效果不佳；最后，构建内部分类器需要专门的数据科学团队来训练定制模型，须投入大量时间了解数据治理规则，并准备手动标记的训练数据集，这个过程增加了团队的工作负担。基于此，Grab 希望寻找一个更佳的方法去实施数据分类。

随着 ChatGPT 的火爆，LLM 也进入 Grab 的视野。与传统方法不同，LLM 通过自然语言接口，可以让数据治理人员通过文本提示表达需求，而无须编写代码或训练模型。LLM 的引入使得分类过程更加灵活且高效，能够自动处理各种复杂的数据分类任务。基于此，Grab 尝试集成 LLM 的能力来进行数据分类。

如图 9-4 所示，在 LLM 的方案中，Gemini 系统的架构主要包括数据平台、Gemini、消息队列和分类引擎。数据平台负责管理数据实体并向 Gemini 发起数据分类请求；Gemini 负责与数据平台进行通信，创建数据分类任务并送至消息队列；消息队列负责安排和分组数据分类任务给到分类引擎；分类引擎目前有两种（第三方分类服务和 GPT-3.5），负责执行分类作业并返回结果。

在该方案中，Grab 希望 LLM 成为列标签生成器，并为每列分配最合适的标签。基于此，Grab 整理了一个标签库，供 LLM 进行分类，表 9-3 给出了部分示例。

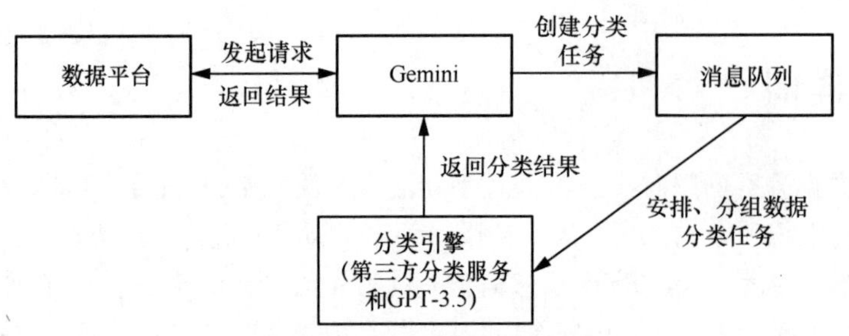

图 9-4 Gemini 系统的架构

表 9-3 标签库示例

列级标签	定义
个人身份证	指可用于唯一识别一个人的外部识别号，应分配给包含“NRIC”“护照”“FIN”“车牌”“社会保障”或类似内容的列。
个人姓名	指一个人的姓名或用户名，应分配给包含“姓名”“用户名”或类似内容的列。
个人联系方式	指某人的联系信息，应分配给包含“电子邮件”“电话”“地址”“社交媒体”或类似内容的列。
地理哈希	指 geohash，应分配给包含“geohash”或类似内容的列。

在实际操作中，Grab 发现 LLM 存在两大限制。首先是上下文长度限制，GPT-3.5 的上下文长度为 4000 个令牌（约 3000 个单词），输入长度不能超过这一限制。其次是总体令牌限制，输入和输出不能超过设定的令牌配额（目前，所有 Azure OpenAI 模型都部署在同一账户下，共享每分钟 240 000 个令牌的配额）。这些限制在模型开发和部署中需要特别注意。

基于上述方案，Grab 大大降低了数据分类的人工工作量并提高了数据分类的准确率。在该方案推出的第一个月内，Grab 扫描了超过两万个数据实体，平均每天处理 300～400 个实体。通过自动化标记，Grab 节省了工程师和分析师的大量时间，估计每年总计减少约 360 个人日。工程师和分析师得以专注于核心工作，而非耗时于数据治理。在准确率方面，根据 Grab 官方介绍，对于已确认的表格，平均更改的标签不到一个。在 2023 年 9 月进行的内部调查中，80%的数据所有者表示，新的标记流程可以帮助他们更好地标记数据实体。

这样的准确率并非一蹴而就，Grab 通过不断实践总结出了一些能够有效提升数据分类准确率的方法。

1）明确要求：任务的要求要尽可能明确，LLM 只会做你要求它做的事情。

2）少量学习：通过展示交互示例，以便模型更好地了解它们应该如何响应。

3）模式执行：利用 LLM 理解代码的能力，明确地向模型提供 DTO（Data Transfer Object，数据传输对象）模式，以便它们明白其输出必须符合这种模式。

4）允许混淆：Grab 专门添加了一个默认标签——当 LLM 无法做出决定或感到困惑时，指示其输出默认标签。

9.3.3 小结

通过将 LLM 赋能数据分类流程，Grab 成功实现了从烦琐、易错的手动标记流程到高效、准确的自动化系统的飞跃。Grab 的实践展示了如何通过 LLM 将数据治理流程智能化，增强了对敏感数据的管理能力，从而确保数据安全。通过对数据的精准分类，Grab 实现了 PB 级数据的自动化管理，提升了工程师和分析师的工作效率。

通过 Grab 的实践可以看出，LLM 给数据分类带来了显著的效率提升，尤其是在处理大量数据时，自动化分类不仅减少了人工工作量，还提高了分类的准确性。然而，这一技术也有一定的局限性，例如存在上下文长度限制和令牌配额问题。这给了我们启示，虽然 LLM 为数据治理提供了新的路径，但在实际应用中仍须对其局限性进行合理规避与优化，才能真正发挥它的潜力。

智能化数据治理潜力巨大，希望这一案例能够为你提供思路，帮助你结合自身业务需求，探索最适合的解决方案，推动数据管理流程的优化与提升。这种智能化手段不仅能有效提高数据分类的准确性，还能够减轻人为操作的负担，提升整体效率。通过不断创新和优化，数据治理将为业务的长远发展提供更稳固的基础，并增强企业在未来数字化转型中的竞争力。

9.4 Google 的零信任应用实践

零信任是一种现代安全理念和架构，主张无论用户位于内部网络还是外部网络，任何访问请求都不应被默认信任，而应经过严格的身份验证和持续的监控。4.3 节详细介绍了零信任理念和相关技术路线，零信任通过最小权限原则、动态风险评估和细粒度访问控制，有效减少了潜在威胁，并保护敏感数据免遭未经授权的访问。Google 的 BeyondCorp 是零信任架构的经典参考案例之一，本节将详细介绍该案例，分析它在实现零信任安全框架中的核心功能，并探讨其在提升企业安全性和简化访问控制流程中的应用价值。

9.4.1 案例背景

Google 在 2014 年推出了 BeyondCorp 项目，它基于零信任的理念，设计出了一种新的身份认证、访问控制和检测响应的安全体系，无论是企业内部还是外部的设备和用户，均不应被自动信任。BeyondCorp 倡导不再将网络边界作为信任的基础，而是根据用户的身份、设备的安全状态以及上下文环境等多重因素，来动态地评估和授予访问权限。

BeyondCorp 源于 Google 自身的内部安全需求。2010 年 1 月 12 日，Google 在其官方博客上披露，公司基础设施遭遇了一次高度复杂的网络攻击，导致部分知识产权被盗。这次网络攻击称为“极光行动”，受影响的不仅仅是Google，还包括20多家公司，其中有雅虎、赛门铁克、诺斯洛普·格鲁门和陶氏化工等知名企业。在遭遇了“极光行动”网络攻击后，Google意识到需要重构其网络安全架构，BeyondCorp则是重构中关键的一环。

9.4.2　案例详情

根据Google官方介绍，BeyondCorp的核心功能主要包括4部分，分别是身份为基础的访问控制、动态访问权限、设备状态的管理，以及持续监控与响应。

1. 身份为基础的访问控制

在BeyondCorp模型中，访问控制的核心是用户身份而非网络位置。每个访问请求都会基于用户的身份、设备状态、地理位置和其他上下文信息得以评估。系统对这些信息进行综合分析后，动态决定是否允许访问、限制访问或要求进一步验证。Google使用强大的身份管理和认证系统，如OAuth 2.0、双因素认证（Two-Factor Authentication，简称2FA）和硬件安全密钥（如Google Titan），来确保用户身份的唯一性和真实性。此外，Google通过其目录服务，对所有用户和设备进行持续监控和管理，确保所有访问请求都能及时得到验证和授权。

2. 动态访问权限

BeyondCorp实现了动态的访问权限管理，这意味着访问权限不再是静态配置的，而是根据实时上下文进行调整。例如，当用户尝试从一个新的、不常见的设备或位置登录时，系统可能会要求用户提供额外的验证信息（如双因素认证）。这种动态调整确保了即使在非常规情况下，访问也能得到适当的保护。Google通过将用户和设备的行为与基线数据做比较，来评估访问请求的风险级别。基于风险的访问控制可以在降低风险的同时，提高用户的访问体验。

3. 设备状态的管理

BeyondCorp强调设备的安全性与管理。每个设备在访问公司资源前，都会经过严格的安全检查。这包括验证设备是否已注册并受到公司政策的管理，检查设备的操作系统和补丁状态，以及评估设备的整体安全性。Google通过设备管理系统（如Google Endpoint Management），对所有接入网络的设备进行实时监控和管理。系统会自动阻止未注册或不符合安全标准的设备访问敏感资源，从而减少潜在的安全威胁。

4. 持续监控与响应

BeyondCorp通过集成监控系统，持续监控所有网络活动和访问请求。Google使用大数据和机器学习技术，对大量网络行为数据进行实时分析，识别异常行为和潜在威胁。当系统检测到异常或恶意活动时，能够立即响应并采取相应的措施，如阻止访问或触发警报。Google还通过日志记录和审计功能，确保所有访问活动都能被追踪和审查。这不仅有助于在发生安全事件后进行调查，还为合规性审查提供了有力支持。

经过多年的探索实践，BeyondCorp 已经成为 Google 网络安全的核心架构和重要战略，能够在全球范围内扩展，而不会对业务、支持或用户体验造成负面影响。绝大多数企业应用和服务已经迁移到 BeyondCorp 架构下，员工和设备不再区分所谓的内外网，都统一按照零信任的方式接入和管控。BeyondCorp 为企业安全带来的价值可以总结为以下 5 点。

1）增强的安全态势：BeyondCorp 摒弃了对传统安全网络边界的依赖，转而通过验证用户和设备的身份及其完整性来授予访问权限，而无论其位于何处。这种方法有效降低了远程办公和云端资源带来的边界漏洞风险。

2）统一的访问控制：BeyondCorp 允许企业对所有用户实施统一的访问控制，而无论本地还是远程访问资源。这种方式确保了访问权限是基于上下文信息（如用户身份、设备状态和安全状况）授予的，而不仅仅是根据网络位置来决定。

3）可扩展性和灵活性：依托 Google 的云基础设施，BeyondCorp 提供了具备全球可用性的可扩展解决方案，能够满足企业日益增长的需求。这种灵活性很好地支持了业务环境的日益分散化。

4）改进的可视性和管理：管理员能够更全面地掌握用户活动和设备状态，从而更精确、及时地调整和管理安全策略。这种能力对于实时检测和响应潜在威胁至关重要。

5）更好的用户体验：BeyondCorp 通过使用无缝集成的安全解决方案取代了传统的 VPN，大幅提升了用户体验，使得安全访问变得更加便捷，同时减少了对员工工作流程的干扰。

9.4.3 小结

众多安全事件使企业逐渐意识到，传统的边界防护模式已难以应对当今复杂的网络安全威胁，这促使企业加快了安全体系的转型与升级步伐。然而，对于大多数企业而言，要对现有 IT 架构进行如此重大的调整绝非易事，必须审慎制定长期规划并设计详尽的实施路线图。笔者认为，零信任并不仅仅是一个技术概念，而更是一场涵盖技术、管理、企业文化等多方面的深刻变革。对于企业来说，这一转型不仅需要先进的技术支持，更需要领导层的远见卓识与坚定决心。如何在变革过程中保持业务稳定，同时顺利向零信任架构过渡，是每个企业都必须面对的关键挑战。

BeyondCorp 的实践为企业的这一转型提供了宝贵的参考，展示了如何从传统的安全防护模式成功过渡到零信任架构。希望这一案例能够为你提供启发，帮助你的企业在应对日益复杂的安全威胁时，找到适合自身的解决方案，从而更有效地保障信息安全并全面提升整体安全能力。

9.5 本章小结

在本章中，我们详细探讨了国内外与数据分类分级和零信任技术密切相关的政策法规，并通过多个实际案例展示了这些技术在全球范围内的应用及其重要性。

借助成熟的工具和方法，微软不仅确保了数据的精确分类，还有效提升了数据的安全性和合规性。其在数据识别、标签化以及访问控制方面的全方位实践，展示了如何在复杂的业务环境中保障敏感信息的安全，为全球企业在数据管理和安全保护方面提供了宝贵的经验和指导。Grab 的案例则展示了大模型在数据分类中的革命性应用。通过引入自动化的数据治理流程，Grab 不仅解决了手动操作的烦琐与低效，还大幅提升了数据分类的准确性。这一实践为其他企业在应对类似挑战时提供了宝贵的借鉴，展现了如何利用大模型技术优化数据管理流程并增强安全性和合规性。Google 的 BeyondCorp 进一步打破了传统的安全边界，推动了零信任架构在全球范围内的普及。通过这一案例，我们见证了一种全新的安全管理理念如何在实践中成功落地，为全球企业应对现代安全威胁提供了有效解决方案。这不仅标志着安全架构的重大转型，也为企业应对日益复杂的网络环境提供了重要的参考与指引。

每一个企业都面临着日益复杂的数据安全挑战，而这些挑战促使企业不断创新和改进现有的管理模式。在撰写这些案例时，我们不仅希望向读者传递这些成功实践的细节，更期望通过这种分析，激发读者在自己的工作中积极思考如何应用这些技术和理念。希望本章能够为读者带来一些启发，帮助读者在数字化转型过程中找到属于自己的一条安全、合规且高效的道路。

第 10 章

“数据可信确权”实践案例

随着数字经济的发展，数据已经成为一种重要资产，因此数据确权变得尤为关键。数据确权旨在明确数据的所有权归属，并通过法律框架和技术手段来确保数据的拥有者可以对数据进行控制、使用和交易。

第 5 章介绍了赋能数据确权的三个核心技术：区块链、去中心化身份和数字水印。本章将深入探讨基于区块链和去中心化身份的应用实践，希望通过这些案例介绍，帮助读者更全面地理解这些技术在实际应用中的具体实现方式及其所带来的价值，进而为未来的技术应用和创新提供有益的参考。

10.1 区块链、DID 与数据确权的关系

数据确权指的是从法律制度层面明确从事数据处理活动的法律主体的权利内容，涉及明确数据的持有权、加工使用权和产品经营权，进而保证数据要素流通的合法性。在 3.4 节中，我们已经对数据确权进行了详细的介绍。

数据确权对数字资产非常重要。数字资产的虚拟特性容易导致数据的持有权、加工使用权和产品经营权模糊。数据确权可以明确数字资产的所有者，防止其被非法复制、滥用或盗窃，确保合法拥有者能够控制它们的使用和转让。

说到这里，部分读者可能好奇，数字资产和数据资产有什么区别呢？简单来说，数字资产泛指任何以数字格式存在、能为所有者或用户带来经济或实用价值的内容、记录或资源。数据资产则指企业或组织在运营过程中收集、存储和管理的原始数据，以及原始数据经过分析加工后产生的衍生数据。用餐厅来比喻，数据资产就是原始的食材，需要经过厨师的烹饪才能成为佳肴，数字资产则是烹饪好、有价签的招牌菜品，可直接出售。表 10-1 对比了数字资产与数据资产在定义、价值来源、管理方式和生命周期方面的区别。

表 10-1　数字资产与数据资产的区别

	数字资产	数据资产
定义	已数字化的可直接创造价值的资产	原始数据，须加工处理后才能创造价值
价值来源	本身具有版权和交易价值	在于分析洞见
管理方式	注重权益保护和授权许可	侧重数据处理、分析和安全
生命周期	有版权期限	技术进步可能使其更有价值
举例	数字音乐、电子书、加密货币	交易数据、网站访问数据

10.1.1　区块链与数据确权

区块链与数据确权紧密相关。区块链具有去中心化、不可篡改、透明可信等特性，这些特性能够有效支撑数据确权的过程，为数据确权提供坚实的技术基础。

通过区块链，数据的生成、传输、使用都可以记录在链上，形成可追溯的“数据足迹”，确保数据在流通过程中的所有权不被篡改。基于区块链进行数据交易，每一笔数据交易或变更都会被记录在链上，形成不可篡改的记录，这确保了数据在转移、共享、交易过程中的权利归属清晰、可信且可证明。

传统的数字资产确权通常依赖于中心化的机构或平台，区块链则通过去中心化的方式实现数字资产的确权，使得数字资产的所有权信息能够公开、透明地记录在链上，且无法篡改。经区块链确权的数字资产可以是同质化或非同质化的，应用范围广泛，涵盖金融、供应链管理、版权保护等多个领域。

10.1.2　NFT 与数据确权

NFT 是一种基于区块链技术的数字资产，每个 NFT 都有独特的标识符，不能互换或复制。NFT 通常用于代表艺术品、音乐、视频、虚拟物品等数字资产的所有权。

NFT 与数据确权之间的关系可以通俗地理解为，NFT 给数字资产打上了“标签”，明确谁拥有它。过去，数字资产很容易被复制或盗用，所有权不清晰。而 NFT 通过区块链技术，确保数字资产只能被唯一的拥有者所掌控，别人无法随意修改或复制。NFT 的唯一性和稀缺性，使得它特别适用于数字收藏品、游戏道具和虚拟世界中的资产。当下，特别是在国外，NFT 已经成为数字创作者和收藏家交易其独特数字作品的主要方式。

10.1.3　DID 与数据确权

DID 是一种技术标准，允许个人、组织或设备在去中心化的环境中创建唯一的标识符，并自主管理与这些标识符相关的数据和权限。DID 通过区块链等技术，允许用户以加密方式存储、管理和分享自己的身份信息，从而提高了数据的安全性。

DID 与数据确权之间存在密切关系。在去中心化系统中，用户不仅拥有对其身份的控制权，还能决定何时、如何、向谁共享自己的数据。通过加密和智能合约，用户可以防止未经授权的访问和数据滥用。通过 DID，用户则能够更加灵活、安全地进行数据交换，并且确保数据确权的合规性和合法性。例如，在数字交易中，用户可以通过 DID 证明自己的身份和数据所有权，同时确保数据不会被未经授权的第三方获取。

10.2 三大 NFT 传奇

通过区块链对数字资产进行确权，可以赋予数字资产明确的所有权和使用权，使得这些资产能够在数字领域体现出其应有的价值。NFT 正是这一过程的产物，作为数字资产确权的载体，它确保了数字资产的唯一性和不可篡改性，从而具备了稀缺性和市场价值。可以说，NFT 不仅是数字资产确权的结果，更是这一确权过程所带来的价值体现，使得虚拟物品具备了现实中的法律效力和经济意义。

近年来，数字艺术领域涌现出一系列具有里程碑意义的作品，它们不仅推动了数字艺术的普及，还在全球范围内掀起了 NFT 市场的热潮。

Beeple 的作品 *Everydays: The First 5000 Days*、Pak 的 Merge 项目以及无聊猿游艇俱乐部（Bored Ape Yacht Club，BAYC，下文简称“无聊猿”）是其中最具代表性的三个案例。这三个案例通过创新的艺术表现形式和技术应用，不仅打破了传统艺术的边界，还在市场上创造了前所未有的经济和社会价值。接下来，我们将深入探讨这三个 NFT 案例。

10.2.1 *Everydays*——从每日创作到 6900 万美元

Everydays: The First 5000 Days 是由美国数字艺术家 Michael Joseph Winkelmann（化名 Beeple）创作的一件数字艺术品，内容是其为 *Everydays* 作品系列创作 5000 件数字艺术品后汇集起来的拼贴画。Beeple 于 2007 年 5 月 1 日开始其 *Everydays* 作品系列的创作，每天创作一件数字艺术品。在其艺术作品中，Beeple 经常使用各种媒介来创作带有滑稽、幻觉的作品，并以流行文化人物作为参考的同时进行政治和社会评论。佳士得拍卖行称 Beeple 为“一位站在 NFT 前沿、富有远见的数字艺术家”。

Everydays: The First 5000 Days 于 2021 年 2 月 21 日正式完成并发布。同年 3 月 11 日，该数字艺术品在佳士得拍卖行以 6900 万美元的价格售出，买家是一位名为 Vignesh Sundaresan（化名 MetaKovan）的新加坡程序员。MetaKovan 是一位 NFT 投资者，也是 NFT 投资基金 Metapurse 的创始人。值得一提的是，尽管 MetaKovan 花费巨额资金购买了 *Everydays: The First 5000 Days*，但他只获得了该作品的展示权（笔者认为类似于数据使用权和经营权），并不拥有其版权（笔者

认为类似于数据资源持有权）。目前这件作品被 MetaKovan 放在其元宇宙的一个数字博物馆中进行展示。

佳士得拍卖行的这次拍卖不仅标志着 NFT 进入主流数字艺术，也引发了人们对数字资产价值和艺术品市场的广泛讨论。*Everydays: The First 5000 Days* 证明了通过 NFT 可以让数字艺术品实现与传统艺术品相同的确权与交易，并且在全球范围内进一步推动了 NFT 市场的发展。

10.2.2　Merge 项目——引领 NFT 价值与互动新篇章

2021 年 12 月，数字艺术家 Pak 在 Nifty Gateway 平台上推出了一个名为 Merge 的项目（见图 10-1）。在 Pak 的 NFT 项目 Merge 中，mass 是一个核心概念。每个 NFT 都有一个 mass 值，当 NFT 在不同钱包间转移或被同一持有者收集时，这些 NFT 会自动合并，形成一个更大的单一 NFT。随着持有者收集的 NFT 越多，mass 值也会增加，而市场上独立存在的 NFT 数量则减少。尽管 NFT 的 mass 值会增加，但整个系统中总的 mass 值保持不变。这种机制增加了稀缺性，使得具有更大 mass 值的 NFT 变得更加稀有。

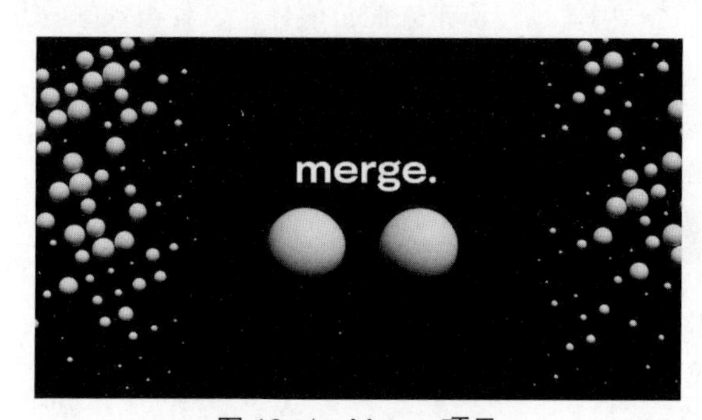

图 10-1　Merge 项目

在短短 48 小时内，Merge 项目吸引了 28 983 名收藏家参与，销售总额达 91 806 519 美元，共售出 312 686 个 mass。这些 mass 现已合并，为每位收藏家创建了独特的 NFT。收藏家购买的 mass 越多，最终获得的 NFT 价值就越大。这一机制允许收藏家在二级市场上继续购买更多的 mass，并与已有的 mass 合并，从而动态扩展他们的 NFT。这种独特设计堪称数字艺术领域的革命性创新，不仅提升了市场的稀缺性，还强化了艺术收藏的社交性与互动性。

Merge 项目的推出者 Pak 的身份至今仍是个谜，外界普遍猜测他可能是一个团队的化名。巧合的是，前文提到的 *Everydays: The First 5000 Days* 的作者 Beeple，正是在 Pak 的指导下学习了有关 NFT 的知识。Beeple 曾在社交网络上发布了一张聊天截图（见图 10-2），聊天发生于 2020 年 10 月 14 日，当时 Beeple 正在向 Pak 请教 NFT 相关知识。正因如此，不到半年后，Beeple 便以 6900 万美元的高价成功出售了自己的 NFT 作品 *Everydays: The First 5000 Days*。2021 年 10 月 15 日，Beeple 在社交网络上发文感谢 Pak（见图 10-3），表示 Pak 那天耐心地解答了他所有的初学者问题，并以一种难以想象的方式帮助他改变了人生轨迹。

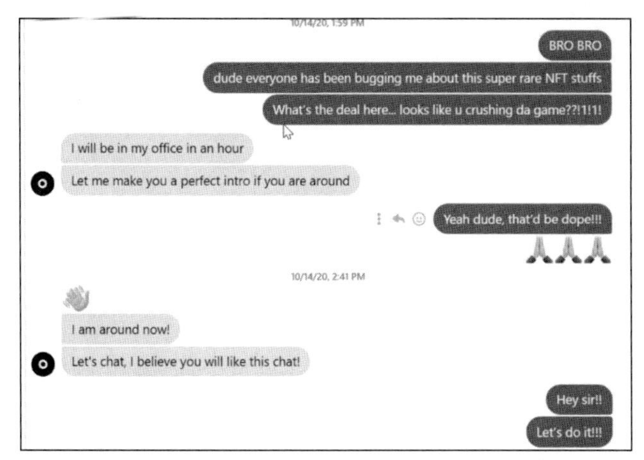

图 10-2 Beeple（右）与 Pak（左）的聊天截图

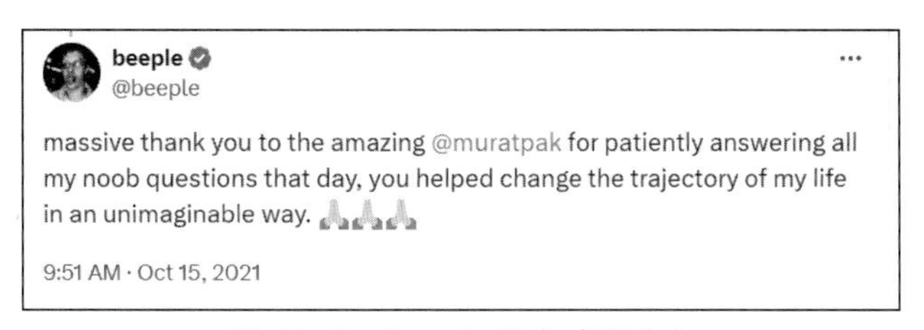

图 10-3 Beeple 发文感谢 Pak

10.2.3 无聊猿——如何打造 40 亿美元的数字帝国

无聊猿（BAYC）是一个基于以太坊区块链的 NFT 系列，由 Yuga Labs 在 2021 年 4 月推出。该 NET 系列包含 10 000 个独特的卡通猿猴头像，每个头像都是通过算法生成的。这些头像不仅仅是数字艺术品，更是进入私人在线俱乐部和独家线下活动的通行证。此外，拥有 BAYC 的用户还同时拥有其图像的知识产权，可以将其用于电影、音乐、电视等商业项目。

Yuga Labs 的 BAYC 项目正式推出后迅速走红，并在 NFT 市场上取得了巨大成功。截至 2022 年，Bored Ape 系列 NFT 的累计销售额已超过 10 亿美元，这使 Yuga Labs 的估值攀升至 40 亿美元。许多名人，如加拿大著名歌手贾斯汀・比伯、美国饶舌歌手小卡尔文・科多扎尔・布罗德斯以及美国演员格温妮丝・帕特洛，都购买了 BAYC 系列的 NFT。这不仅进一步提升了 BAYC 的影响力，也极大推动了 NFT 行业的发展。

BAYC 的成功不仅体现在其巨大的市场价值上，还体现在其反映了 NFT 技术在数字艺术和商业领域的潜力。然而，BAYC 的发展也面临着诸多挑战。比如，2022 年 10 月，美国证券交易委员会曾对 Yuga Labs 展开调查，认为该 NFT 可能是未经注册的证券。再比如，2022 年 4 月，BAYC 遭遇了一次严重的黑客攻击，导致价值约 300 万美元的 NFT 被盗。攻击者通过入侵 BAYC 的官方 Instagram 账户，发布了一个伪造的“空投”链接，诱骗用户将他们的 MetaMask 钱包连接到钓鱼网站，从而窃取了他们的 NFT。这次攻击恰巧发生在 BAYC 发布一周年之际。攻击者随后迅速将盗取的 NFT 以低于市场的价格出售，套现了约 2.4 万美元。

10.2.4 小结

近年来，NFT 艺术领域涌现出一系列具有里程碑意义的作品，推动了数字艺术的普及并引发全球 NFT 市场的热潮。其中，Beeple 的 *Everydays: The First 5000 Days* 以 6900 万美元的高价售出，成为首个在佳士得拍卖行拍卖的 NFT 作品；Pak 的 Merge 项目通过独特的合并机制，创造了超 9100 万美元的销售额；无聊猿项目则以其独特的艺术风格和社交属性，迅速成为 NFT 市场的明星，促成了 Yuga Labs 超 40 亿美元的估值，深刻影响了数字艺术和商业领域。

NFT 的核心价值在于区块链技术赋予数字资产的确权机制。通过区块链，每个 NFT 的唯一性和所有权得到了确认，这使得数字资产能够具备稀缺性和可追溯性。这种确权不仅保障了数字资产的所有权，还使其内在价值得到了体现。因此，NFT 的价值可以理解为“数据确权”所带来的直接经济效益。

同时，NFT 的增值可以看作数据要素的商品化和变现过程，尤其在国际市场上，数字资产的流通和交易大大推动了其价值的攀升。换言之，NFT 的价值不仅根植于其坚实的技术基础，更反映了数据在全球市场上的资本化潜力。

10.3 区块链平台的成功案例

通过区块链技术，NFT 为数字资产赋予了明确的所有权，推动了这些资产的商品化和全球流通，进而催生了多种应用场景。各类平台的兴起，为创作者、收藏家和投资者提供了展示、交易和管理数字资产的机会，构建了一个去中心化、全球化的数字经济体系。这种模式不仅实现了数字资产的确权和交易，还大大扩展了数字经济的应用边界，加速了新兴数字经济的发展。

例如，Verisart 通过区块链为艺术品和收藏品提供了数字认证，确保其真实性和所有权，推动了艺术市场的透明化。Decentraland 通过虚拟现实平台让用户能够购买、开发和交易虚拟资产，重新定义了虚拟世界中的经济运作模式。Audius 则为音乐创作者提供了一个去中心化的平台，可以帮助他们自主发布和货币化音乐作品。

这些平台的成功不仅展示了区块链技术的广泛应用潜力，还为未来的数字生态系统奠定了基础。接下来我们将深入探讨这些平台的运作机制及其在各自领域的影响力。

10.3.1 Verisart：数字时代的艺术保护伞

Verisart 是一个为艺术品和收藏品提供认证和确权服务的平台，旨在帮助艺术家、收藏家、画廊和拍卖行创建防篡改的数字证书，以确保作品的真实性和所有权的透明度。Verisart 允许艺术家用户为其艺术品生成永久的数字记录，这些记录包括详细的作品信息、创作过程、交易历史等。基于 Verisart 的区块链技术，艺术家可以为他们的作品建立可信的来源证明，让每件作品都能可信地验证和追踪，以确保其独特性与市场价值，同时保护创作者的知识产权。对于收藏家来说，Verisart 提供了一种可靠的方式来验证收藏品的真伪和来源，降低了购买到假冒艺术品的风险。画廊和拍卖行也可以利用 Verisart 为作品提供额外的可信度，从而吸引更多的潜在买家。

Verisart 的认证过程是基于区块链技术的，这意味着作品的信息一旦被记录在区块链上，就无法篡改或删除，从而保证了艺术品信息的完整性和安全性。区块链的分布式性质还确保了这些记录在全球范围内可访问，数字作品所有者、买家和艺术爱好者都可以随时验证作品的相关信息，整个过程公开透明。

此外，Verisart 还支持与 Shopify 无缝集成，以方便创作者轻松销售数字艺术品。Shopify 是一家加拿大的跨国电子商务公司，提供包括支付、营销、物流和客户管理在内的一站式服务。截至 2019 年，Shopify 的业务已覆盖全球 175 个国家，2020 年商品成交额超过 1196 亿美元。如图 10-4 所示，创作者不必编码和加密，在几分钟内即可完成数字商品的发布。

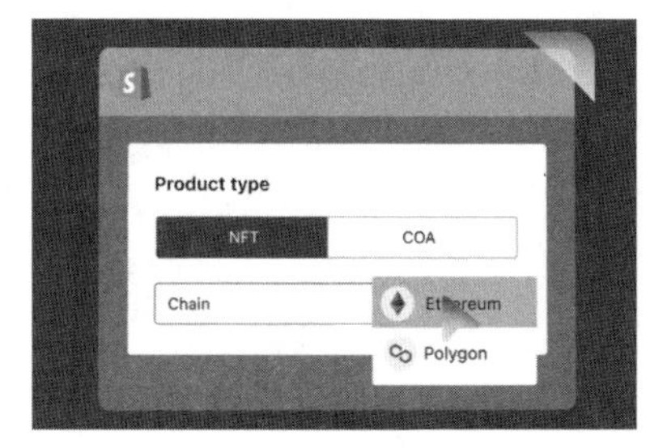

图 10-4 在 Shopify 上发布数字商品

总的来说，Verisart 通过区块链技术为艺术品和收藏品的认证和确权带来了创新，成为数字时代艺术市场的重要工具，推动了艺术品交易的透明化和可信化。Verisart 为艺术家、收藏家和市场参与者提供了一个安全、可信且透明的环境，促进了全球艺术品市场的发展。

10.3.2 Decentraland：虚拟世界与数字经济

Decentraland 是一个基于以太坊的虚拟现实平台，其运营由非营利组织 Decentraland 基金会负责监督，用户可以在这个去中心化的世界中购买、开发、交易虚拟土地和资产。Decentraland 由阿根廷人 Ari Meilich 和 Esteban Ordano 共同创立，在 2017 年的首次代币发行中筹集了 2600 万美元，并于 2020 年 2 月正式向公众开放。

Decentraland 使用 NFT 来管理数字土地、资产和身份。Decentraland 的虚拟世界由“地块”（Land）构成，每个地块都是一个唯一的 NFT，用户可以在上面建造各种场景、应用程序或展示他们的数字内容。用户通过购买 MANA 代币来获取地块，每个地块在购买后可以自由转售、出租或用于个人项目开发。在 Decentraland 中，用户可以通过创建和出售虚拟商品、服务或体验来赚取收入。如图 10-5 所示，用户可以设计虚拟服装、建筑、艺术品或其他可供展示和交易的数字物品。此外，该平台还支持各种互动体验和游戏，用户可以通过编写智能合约和脚本来实现复杂的交互效果，从而创造出独特的虚拟空间。

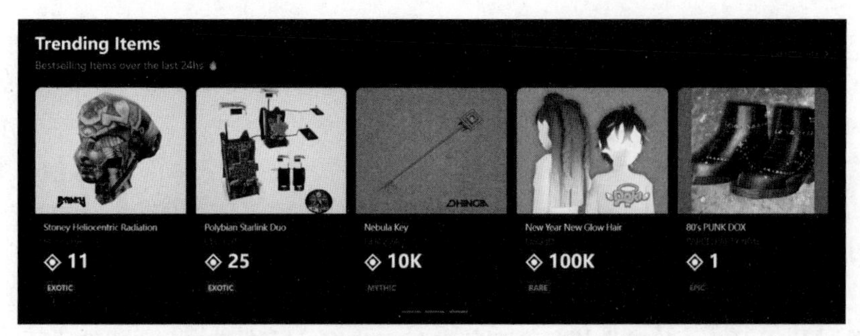

图 10-5　Decentraland 平台上的热门商品

Decentraland 的经济系统建立在区块链之上，确保了所有交易的透明性和安全性。用户所有的虚拟资产，包括地块、物品和 MANA 代币，都存储在区块链上，确保了资产的不可篡改性和永久性，所有交易记录也被公开，任何人都可以追踪和验证交易历史。Decentraland 不仅是一个虚拟世界，也是一个由用户治理的数字社会。该平台通过去中心化自治组织（Decentralized Autonomous Organization，DAO）进行管理，持有 MANA 代币的用户可以参与投票，决定平台的未来发展方向，例如更新规则、开发新功能或管理社区资金。

总的来说，Decentraland 并不仅仅是一个虚拟世界，更是一个由区块链和 NFT 驱动的创新数字经济生态系统。它为用户提供了一个自由、开放且安全的环境，在这里，用户可以充分发挥创造力，参与到数字资产的管理和交易中，甚至影响整个社区的发展方向。

10.3.3　Audius：赋予音乐创作者更多自主权

Audius 是一个去中心化的音乐流媒体平台，致力于通过区块链技术为音乐创作者提供更高的自主权和收益透明度。传统的音乐分发模式通常涉及中介机构，导致音乐创作者在创作过程中失去对作品的控制权和大部分收入分成。Audius 则打破了这一传统模式，让音乐创作者能够直接与听众连接，上传和发布他们的音乐作品，并获得更大比例的收益。

Audius 由音乐创作者、粉丝和开发者组成的开源社区运营，使用原生加密代币 AUDIO。截至 2021 年 7 月，Audius 的月活跃用户数量超过 500 万。知名音乐人 Katy Perry、Nas 和 The Chainsmokers 等向 Audius 投资了数百万美元。2021 年 10 月 19 日，AUDIO 代币的市值已接近 8.02 亿美元。现如今，Audius 平台上已有数以千计的知名音乐创作者。

Audius 通过区块链技术来管理和记录音乐作品的版权和所有权。每一首歌曲都可以通过 NFT 进行所有权管理，确保音乐版权和收益分配过程的透明和不可篡改性。这意味着音乐创作者在 Audius 平台上发布的作品将始终受到保护，且所有交易记录都公开透明，不受任何第三方的干预。

除了版权保护，Audius 还通过去中心化的架构为音乐创作者提供更多的创作自由。音乐创作者可以自由上传他们的作品，而不需要通过传统唱片公司的审批流程，避免了创作被过度商业化的风险。同时，粉丝也能通过平台直接支持他们所喜欢的音乐创作者，构建一个更为公平、开放的音乐生态系统。用户可以在平台上免费聆听音乐，并通过代币机制与音乐创作者互动。这种直接互动不仅增强了听众与创作者之间的联系，还为音乐爱好者提供了一种新的参与方式。

总的来说，Audius 不仅为音乐创作者提供了一个全新的平台来展示和货币化他们的作品，还通过区块链技术革新了音乐产业的创作、分发和消费方式，推动了更加公平透明的音乐生态系统的形成。Audius 展示了去中心化技术在音乐产业中的巨大潜力，为音乐创作者和听众创造了更大的价值和更多的机会。

10.3.4 小结

近年来，区块链技术在数字资产管理中的应用取得了显著进展，催生了一系列创新平台，推动了数字经济的发展。Verisart 通过区块链为艺术品提供数字认证，确保了其真实性和所有权，促进了艺术市场的透明化。Decentraland 通过虚拟现实平台引领虚拟资产的交易与开发，重塑了虚拟世界的经济模式。Audius 则为音乐创作者构建了去中心化平台，赋予创作者更多自主权，革新了音乐产业的创作与分发模式。

这些平台不仅展示了区块链技术在艺术、虚拟现实、音乐等领域的广泛应用潜力，还为全球数字经济的发展提供了新的方向和思路。通过区块链技术，这些平台实现了数字资产的确权、稀缺性保障和去中心化交易机制，为数字资产的流通和变现创造了更为广阔的市场空间。这些创新实践不仅拓展了区块链技术的应用边界，也为未来构建更加开放、透明的全球化数字生态系统奠定了坚实的基础。

10.4 Sovrin Network：构建全球自我主权身份体系

10.4.1 案例背景

Sovrin Network 是一个旨在实现互联网自我主权身份（Self-Sovereign Identity，SSI）的公共服务平台。该平台是去中心化的，这意味着个人可以收集、保存并自主选择何时共享身份凭证，而不需要依赖传统的单一数据库来管理这些凭证的访问权限。

Sovrin Network 于 2016 年创立于美国，由 Sovrin 基金会管理，该基金会是一家国际非营利组织，负责监督 Sovrin Network 的治理框架，确保身份系统的全球可访问性。

10.4.2 案例详情

Sovrin Network 的核心理念是身份的控制权由个人或组织完全掌握，而不是交由第三方管理机构。现实生活中，每个人（包括企业和物联网设备）都有独特的身份信息，如出生日期、公民身份、学历证明或营业执照等。这些信息通常以实体卡片或证书的形式保存，持有者可以根据需要出示以证明其身份。

在 Sovrin Network 中，类似的功能被引入数字世界，SSI 的理念允许用户通过数字方式自主管理和控制这些凭证的访问权。通过使用区块链等去中心化技术，用户能够将这些凭证存储在数字钱包中，并根据需要提供证明，而不必每次使用服务时都将个人信息提交给多个数据库，这大大降低了身份被盗或滥用的风险。

要实现 SSI 的理念，DID 是不可或缺的技术基础。DID 提供了一种去中心化的方式，让用户在不同的应用和平台间安全地创建、管理和验证自己的身份，而不依赖于中心化的机构。这种去中心化标识符确保用户能够完全控制其身份数据，并决定何时、何地与谁共享信息。

在实际使用过程中，Sovrin Network 由全球多个受信任的实体（称为 Steward）托管和管理的服务器节点组成，其中的每个服务器节点都保存了账本的副本，记录了网络中验证凭证所需的公共信息。Steward 通过交叉验证每笔交易，确保账本中的信息顺序和内容的一致性，这个过程依赖于密码学和冗余拜占庭容错算法。

在 Sovrin Network 中，身份持有人、凭证发行方和验证方通过称为"代理"（Agent）的中介工具来访问网络服务。当身份持有人使用 Sovrin Network 分享可验证的凭证时，只会分享所请求的特定信息，验证方只能获取这些必要信息，而无法获取或推断其他未共享内容，且无法证明这些信息的来源。Sovrin Network 的这一特性可以帮助企业避免大规模存储客户数据，从而降低数据泄露或滥用的风险。

Sovrin Network 的应用领域十分广泛，覆盖金融、医疗、教育等多个领域。以医疗领域为例，2020 年 4 月，Linux 基金会下的 COVID-19 证书倡议正式启动，旨在通过"免疫护照"方案，利用 SSI 应对新冠病毒疫情，重建公众信任。Sovrin 基金会的 Paul Knowles 表示，该倡议汇聚了各领域的专家，致力于为全球抗疫提供可扩展的数字身份解决方案，充分展现了国际合作的强大力量。

10.4.3 小结

Sovrin Network 是一个去中心化的公共服务平台，旨在实现互联网 SSI，使个人或组织能够自主管理、存储并共享身份凭证，而不依赖于第三方机构。通过使用 DID 等技术，Sovrin Network 为用户提供了数字化身份管理的安全方式，有效降低了身份信息泄露或滥用的风险。

我们正处于数字化时代，个人隐私信息的滥用和数据泄露事件屡见不鲜，这不仅引发公众的担忧，也推动了全球范围内对数据隐私保护的关注。随着法律法规的日益完善，个人对隐私数据的重视程度也在不断提升。与此同时，公众对数据控制权的需求越来越强烈。

在这样的背景下，笔者相信，未来 SSI 将成为个人数据管理和隐私保护的重要解决方案之一。SSI 不仅能够让用户完全掌控自己的身份信息，还能够在保护隐私的同时，安全、便捷地分享和验证身份凭证。随着 DID 技术的发展，SSI 有望成为数字社会的重要基础，为个体隐私权利提供更强有力的保障。

10.5　本章小结

本章介绍了区块链技术及 DID 与数据确权的关系，然后深入分析了三大 NFT 经典案例，并探讨了 3 个具有代表性的区块链实践平台以及 DID 技术的实际应用。通过这些内容，本章全面展示了区块链与 DID 技术在实现数据确权过程中的关键作用和应用价值。

使用区块链技术进行数字资产确权，可以明确数字资产的所有权、使用权与经营权，使其在数字领域具备稀缺性和市场价值。NFT 作为数据确权的载体，确保了数字资产的唯一性和不可篡改性，使虚拟物品也有了法律效力和经济意义。随着 NFT 的兴起，各类平台纷纷涌现，为创作者、收藏家和投资者提供了展示、交易和管理数字资产的机会。这些平台不仅促进了数字资产的流通与确权，还推动了新兴数字经济的发展，构建了一个去中心化、全球化的数字经济生态系统，赋予虚拟资产更广泛的应用场景和市场价值。

笔者相信，未来随着数字资产规模的逐步增加，数据确权将变得更加重要。数字资产的确权将并不仅仅是保护创作者和所有者权益的基础，其还将成为推动数字经济可持续发展的核心要素。未来随着技术的不断进步，数据确权的机制将更加完善，为数字资产管理和交易提供更安全、更透明的环境。

第 11 章

“数据可控流通”实践案例

数据可控流通指的是在确保数据所有权和隐私保护的前提下，实现数据的安全共享与高效利用。数据可控流通的核心目标是既能促进数据在企业和机构之间的共享与合作，又能防止数据滥用和泄露，确保数据安全与隐私保护。它广泛适用于金融、医疗等领域，推动了数据驱动决策和创新的发展。

在第 6 章中，我们已经详细探讨了数据可控流通所涉及的 4 项主要技术：数据脱敏与匿名化、差分隐私、合成数据和 API 安全。当前，差分隐私和合成数据两项技术在隐私保护领域更具前沿性，已成为近年来研究和实践的重点。因此，本章将聚焦于这两项技术的实际应用，通过具体案例，展示如何在保障数据隐私的前提下，实现数据的高效利用。差分隐私技术能够通过严格的数学保障，在数据分析与共享过程中有效防止敏感信息的泄露；合成数据技术则通过生成与真实数据相似的数据集，在保留数据统计特征的同时避免直接使用原始数据。通过学习本章，你将深入了解这些技术在企业中的实际应用，保障数据安全，助力创新，并为你的数据管理策略提供有益的参考。

11.1 平衡数据使用中的数据精度与隐私保护

在 6.3 节中，我们已经详细阐述了差分隐私技术的基本原理。作为一种保障个人隐私的数学框架，差分隐私技术通过在数据分析过程中引入适量的噪声，实现了在保护个人隐私的前提下，依然能提供具有统计意义的分析结果。接下来，我们将通过两个经典案例，展示差分隐私技术在实际应用中的效果。

11.1.1 案例背景

美国宪法规定每十年进行一次全美性质的人口普查，旨在提供准确的美国人口数据。普查的数据不仅用于分配美国众议院的席位，还用于指导每年的联邦资金分配，并为美国各州和地方各级的公共和私营部门决策提供基础统计数据信息。因此，确保这些数据的准确性和隐私性对美国人口普查局来说至关重要。

尽管如此，美国人口普查局发现，先前的人口普查未能有效保护个人隐私。相关研究人员指出，通过使用2010年人口普查公开发布的数据，可以重建和还原美国公民的个人信息，初步估算约有5200万美国公民的身份可能被成功识别。鉴于如此高的隐私泄露风险，美国人口普查局决定在2020年的人口普查中引入差分隐私技术，以加强对个人隐私的保护。2020年的人口普查是美国历史上规模最大、最复杂的民用动员行动之一，旨在保障数据隐私的前提下获取准确的人口统计信息。该项目凭借创新性和前瞻性，成功入选联合国全球18个隐私计算技术应用典型案例。

11.1.2 案例详情

图11-1展示了美国人口普查局采用差分隐私技术进行人口普查的具体流程，涉及从国家级到人口普查区块级别的不同地理级别数据。在这个流程中，首先从不同的地理级别获取真实数据，包括国家级、州级、其他地理级别和最详细的人口普查区块级别的数据。

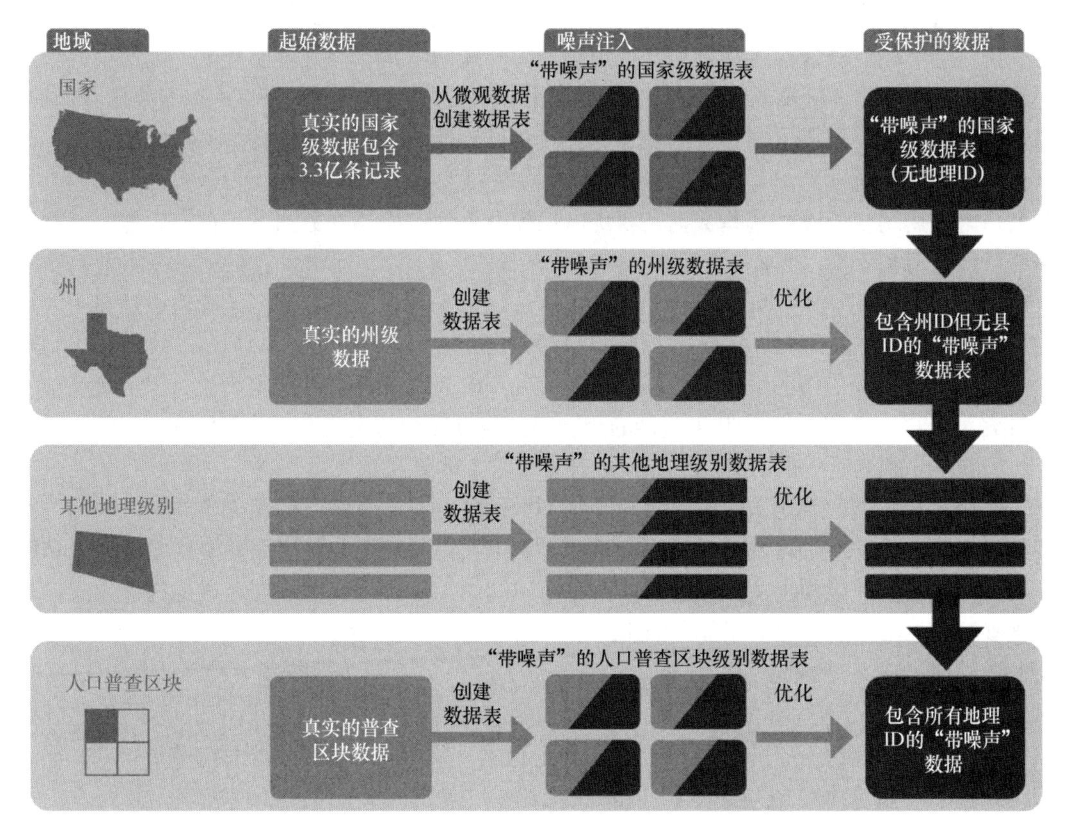

图11-1 美国人口普查局采用差分隐私技术进行人口普查的基本流程

对于每个地理级别，从真实数据中生成对应的数据表。这些数据表包含详细的个体信息，但为了保护个人隐私，需要使用差分隐私技术向这些数据表中注入噪声。噪声注入确保了数据表中个体数据的不可识别性，既保护了个人隐私，又保证了数据在统计学上仍然具有使用价值。

注入噪声后，生成的表格数据可能会出现一些不合理或偏差较大的情况。为了减少这些不合理的结果，每个地理级别的数据表都会经过优化处理，例如保留州级 ID，但移除县级 ID，从而在不同地理级别平衡数据的隐私保护和准确性。

经过优化后，每个地理级别会输出最终的“带噪声”的受保护数据表。例如，国家级的数据表不包含任何地理标识信息，而在经过逐级处理后，地理 ID 逐步恢复，直至最详细的人口普查区块级别。整个流程旨在通过差分隐私技术确保数据隐私的同时，提供足够准确的统计数据供公共使用。

美国人口普查局在实施这一流程时，也遇到了许多难点。在 6.3.1 节中，我们提到了差分隐私技术中隐私预算（epsilon）的概念，隐私预算越大，数据的准确性越高，但隐私保护效果越弱；相反，较小的隐私预算虽然能够增强隐私保护，但可能导致数据失真。在该案例中，美国人口普查局发现在确保隐私的同时，要维持数据的准确性并非易事。尤其在处理小规模人口统计时，差分隐私技术引入的噪声可能会显著影响数据的准确性。

基于此，美国人口普查局需要确定各类数据用途的优先级，并据此设定相应的隐私预算。例如，美国国会和州立法区的重新划分直接影响美国的政治结构和公共资源分配，因此被列为最高优先级，这类数据需要极高的准确性，隐私预算相应设定较大。相比之下，一些次要用途的数据，如用于学术研究或小规模人口分析的数据，虽然对准确性要求较低，但仍须保障隐私安全，因此可以设定较小的隐私预算，确保数据隐私与数据可用性之间的平衡。通过进行广泛的咨询和讨论，美国人口普查局逐步明确了哪些数据需要优先保障准确性，而哪些数据可以在一定程度上牺牲数据精度以增强隐私保护。

除了隐私预算的设定，如何设计噪声注入算法以平衡隐私保护和数据准确性也是美国人口普查局面临的一个难题。例如，简单的计数统计通常需要较少的噪声注入，复杂的统计计算则需要更多的噪声，以确保个体数据无法被推断出来。以美国人口普查中对民族统计为例，该统计将美国人口数据按 63 个民族分类，其中包括 6 个主要民族及详细的民族组合。这种复杂的统计需要注入更多的噪声，因为它们的敏感度更高，更容易暴露个体隐私。

为了应对该挑战，美国人口普查局设计了不同的差分隐私算法，以优化不同类型数据的准确性。具体来说，对于一些详细的民族统计数据，美国人口普查局实施了两种不同的差分隐私解决方案，每种方案都使用相同的隐私预算，但采用不同的算法来优化准确性。通过这种方式，美国人口普查局在隐私保护与数据精度之间实现了一种更为合理的平衡[11]。

此外，噪声注入后的后处理阶段也需要特别关注。美国人口普查局发现，生成的数据常常会出现一些不合理或违背直觉的现象，例如负值或小数值的人口计数。因此，必须通过后处理确保数据的合理性和符合公众预期。然而，后处理过程本身也可能引入新的误差。2019 年，美国人口普查局在演示中使用差分隐私技术处理 2010 年美国人口普查数据时发现，后处理步骤引入的误差比差分隐私噪声更大，导致数据出现偏差。原因在于部分城市人口被错误归类到农村区域，导致统计结果失真。这说明后处理虽然有助于数据的合理呈现，但也需要谨慎设计以避免产生新的偏差。

11.1.3　小结

美国人口普查局选择差分隐私技术作为2020年美国人口普查数据保护的核心手段，标志着美国官方统计数据隐私保护方式的一次重大变革。

这一技术的实施展示了在大规模数据保护中，在个人隐私与数据准确性之间达到复杂平衡是可能的。尽管面临诸多挑战，差分隐私技术仍为未来的统计数据保护提供了重要的参考。通过差分隐私技术，美国人口普查局不仅承担起了法律和道德责任，保护了公民的隐私，还推动了公众对统计数据透明度的信任。对于其他统计机构、企业、研究人员及数据用户来说，这一实践提供了宝贵的经验教训。

美国人口普查局的这次尝试不仅在技术上取得了突破，也在隐私保护与数据使用之间找到了新的平衡点。随着技术的不断进步和实践经验的积累，这种平衡将变得更加稳固，为其他国家和组织提供宝贵的参考。未来相信差分隐私技术的进一步发展必将推动其在更广泛数据流通场景中的应用。

11.2　苹果公司差分隐私技术实践：隐私保留的用户行为分析

11.2.1　案例背景

苹果公司是一家全球领先的科技企业，专注于设计和生产智能手机、PC、平板电脑及相关软件与服务。苹果公司为了优化用户体验，需要了解用户如何使用其设备。然而，直接访问用户输入的内容或浏览的网站等数据就会侵犯用户的隐私。

为了解决这一问题，苹果公司开发了一种系统架构，利用本地差分隐私技术来实现大规模的机器学习。该公司设计了一个高效且可扩展的本地差分隐私算法，旨在通过严格的分析实现隐私保护、可用性、计算资源和带宽消耗之间的平衡。通过综合权衡这些因素，苹果公司成功将本地差分隐私技术应用于数亿用户，以帮助识别流行表情符号、常用健康数据类型及 Safari 浏览器中的媒体播放偏好等。这一方法既增强了用户体验，又有效保障了用户隐私。

11.2.2　案例详情

在该案例中，苹果公司采用了 LDP 这一差分隐私模型。在 6.3.2 节中，我们已经详细介绍了

CDP 与 LDP 这两种差分隐私模型的区别。在 LDP 中，模型不信任数据汇聚者，要求数据拥有者在本地处理原始数据后再提交，确保提交的数据已包含隐私噪声。

苹果公司的 LDP 整体系统架构包括设备端和服务器端。首先在设备端对数据进行隐私化处理，确保数据在被传输到服务器端之前已通过差分隐私技术进行保护，因此在服务器端既不会收集也无法接触到原始数据。详细过程分为 3 个阶段：隐私化处理阶段、数据接收阶段和数据聚合阶段。

1. 隐私化处理阶段

苹果公司在 macOS 和 iOS 系统中允许用户选择是否分享经过隐私处理的记录用于数据分析。如果用户选择不参与，系统将保持不活跃状态；如果用户选择参与，苹果公司将为每个事件设置一个隐私参数 ε（该参数符合差分隐私领域的公认标准），并限制每天可传输的记录数量。数据在设备上经过处理后，会被随机抽样并通过加密通道发送到服务器，确保隐私安全，用户可以在系统设置中查看这些记录。

2. 数据接收阶段

在数据记录进入服务器之前，系统会首先剥离记录中的 IP 地址。接收模块收集所有用户的数据，并以批处理方式进行处理。在此过程中，系统会移除元数据，如时间戳，并根据不同的使用场景将记录分类。接下来，接收模块会随机排列记录的顺序，再将数据转发到下一阶段进行进一步处理。

3. 数据聚合阶段

在数据聚合阶段，系统从接收模块获取经过隐私处理的记录，并根据预设的算法为每个使用场景生成差分隐私的直方图。在计算统计数据时，各个使用场景的数据不会被混合。只有当某个元素的计数超过预定阈值时，它才会被包含在直方图中。这些直方图最终会在苹果公司内部分享给相关团队，用于进一步优化产品和服务。

基于该 LDP 方案，苹果公司无法确定不同的数据记录是否来自同一用户，例如表情符号的使用记录和 Safari 网页域名的访问记录。这确保了即使数据来自同一设备，也无法关联这些信息，从而进一步保护了用户隐私。

接下来我们展示苹果公司基于该 LDP 方案分析得出的统计结果。图 11-2 显示了英语和法语键盘布局中表情符号使用频率的差异，从中可以发现两个主要特点：一是英语和法语用户最常用的两个表情符号相同；二是英语用户的前 10 个常用表情符号中，有一半是负面或消极情绪的，而法语用户仅有一个负面表情符号。基于这一统计结果，苹果公司可以更好地了解不同语言用户的使用习惯，从而优化表情符号预测功能，使用户在聊天时能更快弹出他们喜欢的表情符号，以达到提高用户体验的最终目标。

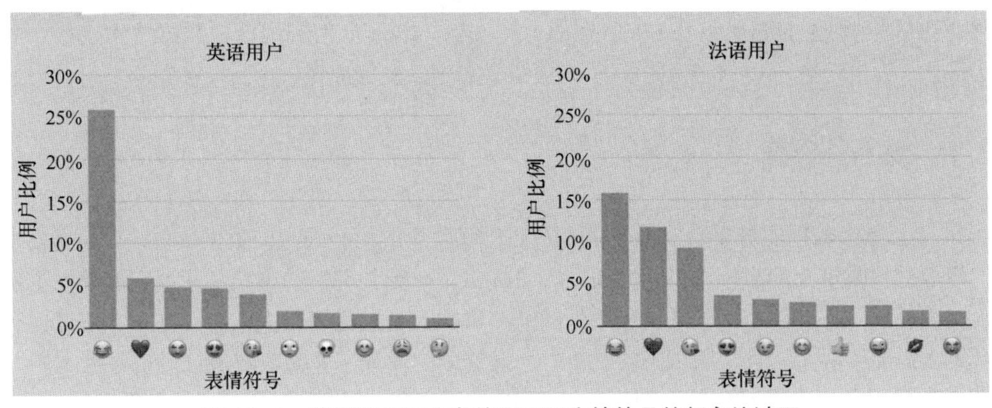

图 11-2 英语和法语用户使用不同表情符号的频率统计图

11.2.3 小结

在该案例中，苹果公司基于 LDP 技术，允许用户的数据在本地进行隐私化处理后再提交到服务器，从而确保服务器无法接触到原始数据。这一技术使苹果公司能够在不侵犯用户隐私的情况下，分析诸如流行表情符号、健康数据类型和浏览器偏好等信息，有效平衡了隐私保护与用户体验之间的关系，进一步优化了产品功能。

苹果公司的这一创新做法不仅为行业提供了重要的参考案例，还为未来隐私保护技术的发展指明了方向。通过这项实践，苹果公司证明了保护用户隐私与提升用户体验并不矛盾，而是可以通过技术创新实现双赢。

笔者认为，企业在设计数据收集和分析系统时，应该从一开始就将隐私保护纳入核心考量。这不仅是对法律法规的响应，也是对用户信任的尊重与维护。未来的科技发展将不可避免地依赖于数据驱动，而数据隐私保护的需求只会愈加迫切。苹果公司的实践为其他企业提供了宝贵的参考——隐私保护不应视为一种负担，而应视为未来竞争力的一部分。企业不仅需要技术上的创新，更需要道德上的责任感，在保护用户隐私的同时，继续推动技术进步和用户体验的提升。这种双赢的模式可能会成为未来的行业标准，进而重新定义数据利用和隐私保护的关系。

11.3 通过合成数据技术实现隐私保护与政策评估

合成数据技术是一种通过生成与真实数据相似的虚拟数据来保护隐私的技术，这些虚拟数据保持了原始数据的统计特征，但不包含实际的个人信息。这使得合成数据技术在隐私保护和数据共享方面具有巨大潜力。在 6.4 节中，我们已经详细介绍了合成数据技术的生成原理及其在数据隐私保护中的应用场景。

接下来我们将通过英国 SIPHER 联盟的典型案例，展示如何利用合成数据技术进行有效的分析和决策。

11.3.1　案例背景

2024 年，英国数据服务平台发布了由 SIPHER 联盟生成的合成人口数据集。该数据集模拟了英格兰、苏格兰和威尔士的成年人口，为研究人员提供了一个强有力的工具，使他们能够在不侵犯个人隐私的情况下，评估健康干预措施和政策的潜在影响。通过这一合成人口数据集，研究人员能够在虚拟环境中模拟现实情景，测试不同政策对公众健康的效果，并为政府决策提供数据支持。

英国数据服务平台是英国社会科学研究领域的主要数据存储和管理平台，提供了广泛的经济、人口和社会研究数据。该服务平台由英国经济和社会研究理事会（Economic and Social Research Council，ESRC）长期资助，汇集了英国国家统计局等多个可信的数据提供者的资源，旨在推动高质量的社会科学研究。

SIPHER 联盟是由英国预防研究伙伴关系（UK Prevention Research Partnership）资助的一个重要项目，旨在应对一些关键的公共卫生政策挑战。该联盟汇聚了来自英国各大学的研究人员、地方和地区政府的政策制定者，以及公共卫生工作团体的力量。SIPHER 联盟致力于深入研究导致健康不良状况的原因及后果，并为研究人员和政策制定者开发评估工具和数据工具，以支持更科学、更有效的公共卫生政策制定。通过这些努力，SIPHER 联盟希望推动公共卫生领域的创新解决方案，改善健康结果，减少社会经济差异带来的不平等。

11.3.2　案例详情

SIPHER 联盟基于 Understanding Society 研究项目的调查数据和英国人口普查数据，创建了一个合成人口数据集。该数据集不仅保留了调查数据中的关键特征，还涵盖了英国人口普查的分布、规模和地理覆盖范围，为研究人员提供了一个“数字孪生”模型，即一种与现实人口结构相似，但不涉及真实个体的虚拟人口数据模型。

这个合成人口数据集在设计上采用了空间微观模拟技术。这意味着它不仅能够捕捉到年龄、性别和民族等基本属性，还能整合更多的社会经济信息，使得该数据集在小区域层面上也拥有很高的精确度和代表性。这种高度仿真的数据模型可以帮助研究人员深入分析不同社会经济条件对健康结果的影响，并评估各种政策干预的效果。

如前所述，SIPHER 联盟的工作并不仅限于数据的生成，其更重要的工作是致力于为研究人员和政策制定者提供强大的分析工具。通过开发的交互式仪表板，用户无须具备编程技能或进行复杂的数据准备工作，就可以轻松分析合成人口数据。这一合成人口数据集的意义在于，它为研究人员提供了填补数据空白的可能性，特别是在测试不同政策选项的影响时显得尤为重要。通过这一工具，研究人员可以模拟各种政策干预措施在不同地区和人口亚群中的效果，从而为政策制定者提供更加全面和精确的决策依据。

SIPHER 联盟在 2022 年发布了一部展示合成人口数据生成过程的动画（见图 11-3）。这段动画生动地展示了如何利用合成数据技术模拟英格兰、苏格兰和威尔士的成年人口，并通过这一虚拟人口数据集，帮助研究人员更好地评估健康干预措施和政策的潜在影响。对这个案例感兴趣的读者，可以通过观看视频进一步了解该项目的背景、技术细节及其在公共卫生和社会经济研究中的应用。

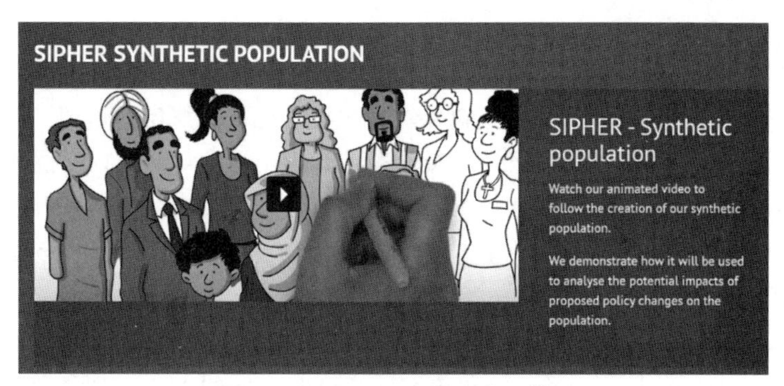

图 11-3　SIPHER 项目动画截图

11.3.3　小结

SIPHER 联盟的合成人口数据集的推出无疑为公共卫生和社会经济研究开启了一个崭新的篇章，这一突破性的工具不仅成功解决了研究人员在数据隐私与数据收集方面的长期困扰，还为研究人员提供了一个自由探索与分析的虚拟实验室，对后续进行大规模社会课题研究和政策制定提供了新的思路和方法。

从一个更广泛的视角来看，这个合成人口数据集的成功应用意味着研究人员和政策制定者能够更加精确地模拟社会政策在不同背景下的潜在影响。这种能力在应对当今社会复杂且多变的挑战时显得尤为关键。例如，SIPHER 联盟的合成人口数据集为我们提供了更为精细的工具，使我们不仅能够洞察社会经济条件如何影响健康，还能够前瞻性地预测不同政策的效果。

推而广之，也可以进一步利用合成数据技术，从公共卫生扩展到其他领域，如教育、环境政策、社会福利等。但要注意，尽管合成数据技术提供了诸多便利，但也带来了新的挑战。例如，如何确保这些数据的准确性和可靠性？在使用合成数据技术进行政策模拟时，研究人员该如何平衡模型的复杂性与实际应用的可行性？等等。这些问题不仅涉及技术层面的考量，也关系到数据伦理和政策决策的科学性。

11.4　摩根大通合成数据技术实践：破解金融 AI 发展的关键挑战

本节将通过一个全新的典型案例，展示合成数据技术在推动 AI 应用中的关键作用。通过这一案例，读者将更全面地理解合成数据技术如何有效解决数据不足的挑战，提升模型在各类 AI 场景中的性能，并加速创新落地的过程。

11.4.1　案例背景

AI 技术在金融服务行业的应用日益普及，而高效的 AI 模型通常依赖大量数据进行训练。金融行业的数据虽然丰富，但由于涉及客户隐私、金融机密通常无法自由使用，尤其是在跨机构共享和开放研究中。比如，银行的交易记录、贷款申请、信用评分等数据，都受到隐私保护和合规要求的严格限制。此外，出于数据泄露和网络安全的风险考虑，金融机构在开放数据时往往更加谨慎。这使得 AI 研究人员和开发者面临巨大挑战：在无法获取足够数据的情况下，如何开发出精准有效的 AI 模型，推动金融产品和服务的创新？

基于上述挑战，摩根大通 AI 研究团队尝试使用合成数据技术来解决数据不足的问题。合成数据技术能够有效再现真实数据的格式、分布及标准化特征，为 AI 算法提供多样化的训练数据。这不仅提升了 AI 算法的预测精度，也进一步推动了相关业务的创新与发展。

11.4.2　案例详情

摩根大通 AI 研究团队主要采用两种方法生成合成数据。第一种方法是深入理解真实数据的生成机制，建立相应的模型，通过模拟该机制生成具备真实特征但并非直接复制的合成数据。第二种方法则是使用真实数据训练生成神经网络（Generative Neural Network，GNN），并利用训练后的模型生成所需的合成数据。使用这两种方法生成的合成数据虽然都具备真实数据的特征，但无法直接映射回原始数据。这一特性确保了数据在保持安全性和隐私性的前提下，能够为研究人员提供有效支持，推动相关研究和应用的开展。

图 11-4 给出了生成金融合成数据集的示例流程，具体包括以下 7 个步骤。

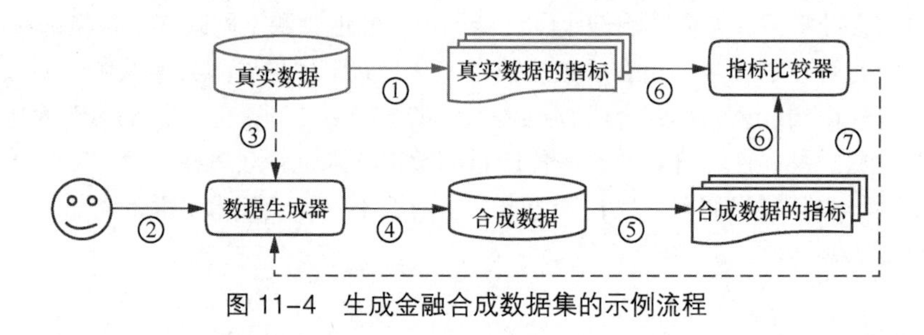

图 11–4　生成金融合成数据集的示例流程

第 1 步：计算真实数据的各种指标。这些指标通常用于衡量数据的分布、结构和统计特征，以确保后续生成的合成数据能够与真实数据保持一定的一致性。

第 2 步：开发一个数据生成器，可以是统计方法、基于代理的模型或其他生成模型，用于模拟并生成合成数据。

第 3 步（可选）：使用真实数据校准数据生成器，以确保数据生成器能够更好地反映真实数据的特征。通过这种校准过程，数据生成器能够更准确地模拟实际情况。

第 4 步：运行数据生成器，生成合成数据。合成数据应具有与真实数据相似的特征，但不包含真实数据中的具体信息。

第 5 步：计算生成的合成数据与真实数据相同的指标。这一步是为了确保合成数据在某些关键特性上与真实数据具有可比性。

第 6 步：比较真实数据与合成数据的指标。通过这种对比，可以评估数据生成器的表现，查看生成的合成数据在多大程度上能够模拟真实数据的特性。

第 7 步（可选）：根据比较结果，进一步优化数据生成器，以改进生成的合成数据，使其更接近真实数据的特征，从而提高合成数据的质量和可靠性。

目前，摩根大通已将生成的合成数据应用于多个金融场景，如洗钱行为检测和支付数据中的欺诈检测等。图 11-5 展示了摩根大通 AI 研究团队生成的用于洗钱行为检测的合成数据示例，图 11-6 则展示了用于欺诈检测的合成数据示例。

Time step	Label	Action	Arg1	Arg2	Arg3
1/26/21 14:33	GOOD	CREATE-ACCOUNT	COMPANY-57251	CHECKING-57245	JAPAN
1/26/21 14:37	GOOD	CREATE-ACCOUNT	COMPANY-57342	CHECKING-57337	ICELAND
1/26/21 14:37	BAD	CREATE-ACCOUNT	COMPANY-57590	CHECKING-57585	MAURITANIA
1/26/21 14:41	BAD	CREATE-ACCOUNT	COMPANY-57628	CHECKING-57619	GUERNSEY
1/26/21 14:46	GOOD	CREATE-ACCOUNT	COMPANY-57364	DIGITAL-MONEY-57358	EQUATORIAL-GUINEA
1/26/21 14:46	BAD	CREATE-ACCOUNT	COMPANY-57539	CHECKING-57542	AFGHANISTAN
1/26/21 14:50	GOOD	CREATE-ACCOUNT	COMPANY-57387	DIGITAL-MONEY-57381	TURKS-AND-CAICOS-IS
1/26/21 14:50	BAD	CREATE-ACCOUNT	COMPANY-57747	CHECKING-57738	BOSNIA-AND-HERZEGOVINA
1/26/21 14:50	BAD	CREATE-ACCOUNT	COMPANY-57661	CHECKING-57654	CONGO-DEM-REP
1/26/21 14:54	GOOD	CREATE-ACCOUNT	COMPANY-57432	DIGITAL-MONEY-57421	KYRGYZSTAN
1/26/21 14:54	BAD	CREATE-ACCOUNT	COMPANY-57794	DIGITAL-MONEY-57785	COCOS-KEELING-IS
1/26/21 14:54	BAD	QUICK-DEPOSIT	CLIENT-57534	CHECKING-57542	T-CASH-IN-57548
1/26/21 15:03	BAD	CREATE-ACCOUNT	COMPANY-57821	DIGITAL-MONEY-57811	HEARD-ISLAND-AND-MCDONALD-ISLANDS
1/26/21 15:03	BAD	CREATE-ACCOUNT	COMPANY-57769	CHECKING-57764	LIBYA
1/26/21 15:03	BAD	CREATE-ACCOUNT	COMPANY-57720	CHECKING-57714	VIETNAM
2/1/21 9:09	GOOD	CREATE-ACCOUNT	COMPANY-57342	DIGITAL-MONEY-57335	SUDAN
2/1/21 21:44	BAD	CREATE-ACCOUNT	COMPANY-57628	CHECKING-57618	THAILAND
2/2/21 0:52	BAD	SET-OWNERSHIP-ACCOUNT	CLIENT-57534	CHECKING-57542	COMPANY-57539
2/2/21 4:16	BAD	CREATE-ACCOUNT	COMPANY-57747	DIGITAL-MONEY-57737	SVALBARD

图 11–5 用于洗钱行为检测的合成数据示例

Transaction_Id	Sender_Id	Sender_Account	Sender_Country	Sender_Sector	Sender_lob	Bene_Id	Bene_Account	Bene_Country	USD_Amount	label	Transaction_Type
PAY-BILL-3589	CLIENT-3566	ACCOUNT-3578	USA	21264	CCB	COMPANY-3574	ACCOUNT-3587	GERMANY	492.67	0	MAKE-PAYMENT
WITHDRAWAL-3591	CLIENT-3566	ACCOUNT-3579	USA	18885	CCB				388.92	0	WITHDRAWAL
MOVE-FUNDS-3528	CLIENT-3508	ACCOUNT-3520	USA	4809	CCB	COMPANY-3516	ACCOUNT-3527	GERMANY	280.7	0	MOVE-FUNDS
WITHDRAWAL-3529	CLIENT-3508	ACCOUNT-3519	USA	7455	CCB				118.14	0	WITHDRAWAL
QUICK-DEPOSIT-3471						CLIENT-3442	ACCOUNT-3461	USA	105.16	0	DEPOSIT-CASH
QUICK-DEPOSIT-3473						CLIENT-3442	ACCOUNT-3460	USA	164.97	0	DEPOSIT-CASH
PAY-BILL-3404	CLIENT-3384	ACCOUNT-3395	USA	36316	CCB	COMPANY-3392	ACCOUNT-3401	GERMANY	456.89	0	MAKE-PAYMENT
QUICK-DEPOSIT-3406						CLIENT-3384	ACCOUNT-3396	USA	413.17	0	DEPOSIT-CASH
PAY-CHECK-3347	CLIENT-3330	ACCOUNT-3341	USA	36194	CCB	CLIENT-3333	ACCOUNT-3338	CANADA	377.65	0	PAY-CHECK
PAY-CHECK-3348	CLIENT-3330	ACCOUNT-3340	USA	20626	CCB	CLIENT-3333	ACCOUNT-3338	CANADA	338.03	0	PAY-CHECK
MOVE-FUNDS-3292	CLIENT-3272	ACCOUNT-3284	USA	21568	CCB	CLIENT-3275	ACCOUNT-3291	CANADA	100.85	0	MOVE-FUNDS
MOVE-FUNDS-3294	CLIENT-3272	ACCOUNT-3284	USA	29040	CCB	CLIENT-3273	ACCOUNT-3289	USA	276.66	0	MOVE-FUNDS
PAY-BILL-3232	CLIENT-3203	ACCOUNT-3222	USA	27393	CCB	COMPANY-3210	ACCOUNT-3218	GERMANY	234.88	0	MAKE-PAYMENT
QUICK-DEPOSIT-3234						CLIENT-3203	ACCOUNT-3222	USA	945.22	0	DEPOSIT-CASH
DEPOSIT-CASH-3163						CLIENT-3139	ACCOUNT-3154	USA	655.09	0	DEPOSIT-CASH
PAY-BILL-3162	CLIENT-3139	ACCOUNT-3153	USA	25066	CCB	COMPANY-3147	ACCOUNT-3160	GERMANY	675.37	0	MAKE-PAYMENT
WITHDRAWAL-3100	CLIENT-3075	ACCOUNT-3090	USA	22778	CCB				319.95	0	EXCHANGE
QUICK-PAYMENT-3099	CLIENT-3075	ACCOUNT-3091	USA	39013	CCB	CLIENT-3078	ACCOUNT-3087	TAIWAN	771.54	0	QUICK-PAYMENT
PAY-BILL-3036	CLIENT-3016	ACCOUNT-3028	USA	43951	CCB	COMPANY-3022	ACCOUNT-3033	GERMANY	730.69	0	MAKE-PAYMENT

图 11–6 用于欺诈检测的合成数据示例

这些合成数据不仅广泛应用于摩根大通的内部开发，还为外部学术合作提供了宝贵资源。目前，摩根大通已与斯坦福大学、康奈尔大学、卡内基·梅隆大学、布法罗大学等多所高校的研究人员展开合作，这些高校正利用这些合成数据开发洗钱行为检测和欺诈检测等金融相关的 AI 算法。

11.4.3　小结

摩根大通 AI 研究团队通过生成合成数据，成功解决了金融行业所面临的数据获取困难这一挑战，这些困难主要源于数据隐私和法律监管的严格要求。合成数据不仅在分布和特征上与真实数据高度相似，还能够生成现实数据中较为稀缺的样本，从而显著提升 AI 模型的训练效果。在欺诈检测和反洗钱等关键应用领域，合成数据展现出巨大的潜力，并且这一潜力正在不断得到验证和扩展。

摩根大通 AI 研究团队的执行总监 Rob Tillman 指出，金融等受到高度监管的行业在处理敏感数据时，常常面临阻碍，导致研究人员和开发人员难以获取所需数据，从而延缓了 AI 解决方案的开发进程。而生成合成数据正是为了解决这一问题，其加快了摩根大通 AI 技术的发展，同时促进了它与学术界的合作。

这一实践案例不仅凸显了合成数据在推动 AI 技术发展中的重要作用，还展示了如何在保护隐私的前提下，确保数据的有效利用。其他行业的从业者也可以借鉴摩根大通的经验，通过应用合成数据技术来提升 AI 模型的训练效果，实现数据获取与隐私保护之间的平衡。

11.5　本章小结

本章依次介绍了美国人口普查局和苹果公司的差分隐私案例，以及英国 SIPHER 联盟和摩根大通的合成数据案例。通过这些案例，本章展示了如何在隐私保护和数据利用之间取得平衡，并为读者提供了在现实中应用差分隐私技术和合成数据技术的一些经验。

在当今数据驱动的世界里，“数据可控流通”已成为确保数据安全与隐私保护的关键策略。通过差分隐私和合成数据等技术，我们能够有效地在各个领域保护个人隐私，同时提供高质量的数据用于研究和分析。这些技术并不仅限于理论层面，它们在实践中也表现出了极高的价值和可操作性。通过差分隐私和合成数据等前沿技术，企业和机构不仅能够有效保护隐私，还能在此基础上充分利用数据资源，推动创新型业务的开展。这样既确保了隐私安全，又发挥了数据驱动业务的潜力。

未来，随着“数据可控流通”场景下相关技术的不断成熟，数据共享与保护的界限将更加明确，数据可控流通的实现也将变得更加高效和安全。各行业将能够借助这些技术进一步挖掘数据的潜力，推动智能决策和业务创新。同时，隐私保护技术也将成为构建可信数据生态的重要基石，确保数据在全球范围内安全合规地流通和利用。

第 12 章

“协同安全计算”实践案例

在数据要素时代，数据资产正在成为机构的一种核心资产，对其机密性和隐私性的保护尤为重要。在数据驱动的世界里，不同组织和机构之间的数据共享变得越来越普遍。然而，数据共享往往伴随着数据或隐私泄露的风险。国内很多大型企业和政府机构出于数据安全管理责任的考虑，希望数据留在本单位内，禁止数据出域。

此外，“数据二十条”提出，鼓励公共数据在保护个人隐私和确保公共安全的前提下，按照“原始数据不出域、数据可用不可见”的要求，以产品和服务等形式向社会提供。

协同安全计算在这种背景下展现出极大的重要性和潜力。协同安全计算与同态加密、安全多方计算、联邦学习和可信执行环境一样，能够在不泄露原始数据的情况下实现基于多参与方数据的联合计算和分析，确保各方数据的隐私安全，实现了数据对第三方可用不可见，促进了数据所承载的价值在生产过程中，在资源方、生产方、经营方的路径上流通和增值，从而为多行业应用提供了强有力的支持。此外，这些技术不仅解决了数据安全的问题，还帮助各方扩充了计算所需数据总量，提升了算法和模型的准确性。

在第 7 章中，我们详细介绍了与“协同安全计算”场景相关的 5 项关键技术：同态加密、联邦学习、安全多方计算、可信执行环境和可信计算。本章将介绍国内外 8 个实践案例，通过具体的案例分析，展示协同安全计算在真实世界中的应用效果和商业价值。这些案例不仅为读者提供了协同安全计算如何帮助机构应对数据共享中的安全和隐私挑战的深入洞察，还揭示了这些先进技术在推动多方业务协同、提升用户价值方面的实际成效。

12.1 荷兰中央统计局：基于同态加密实现医疗项目有效性评估

在 7.2 节中，我们详细介绍了同态加密的原理和应用场景。同态加密不仅通过加密技术保护了数据的机密性，还能在密文之上直接进行计算，实现数据隐私和业务分析的平衡。在本节中，我们将通过荷兰中央统计局的同态加密案例，展示同态加密技术在实践中的应用。通过这个案例，读者可以更深入地理解同态加密技术的特点和优势，从而更好地了解其在实际应用中的可行性与潜力。

12.1.1 案例背景

CZ 健康保险公司作为荷兰最大的非营利性健康保险公司之一，长期以来与荷兰 Zuyderland 医院保持合作，致力于通过创新医疗项目提升患者健康水平、改善护理质量并降低医疗成本。然而，并非所有创新医疗项目都能实现预期效果，有些项目虽然增加了成本，却未能显著改善医疗质量。因此，评估医疗项目的有效性尤为重要，这不仅有助于合理控制医疗成本，还能帮助患者选择更为适宜的护理模式。

然而，精准地评估医疗项目的有效性需要整合来自多个机构的大量数据，包括医院的医疗记录、健康保险公司的保险信息及荷兰中央统计局的统计数据等。由于这些数据高度敏感且涉及隐私，数据共享和披露受到严格的法律和合规限制，给有效性评估带来了极大的挑战，阻碍了医疗项目全面评估的顺利实施。

为应对上述挑战，荷兰中央统计局、荷兰应用科学研究组织、CZ 健康保险公司和 Zuyderland 医院（后文简称“四方机构”）启动了试点合作，旨在通过隐私计算和同态加密技术，在不牺牲数据隐私和机密性的前提下，最大化利用可用数据来评估医疗项目，进而提升患者的护理效果。这一创新成功解决了多方数据“可用不可见”的难题，并入围联合国评选的全球 18 个隐私计算技术应用典型案例。

12.1.2 案例详情

该案例选择炎症性肠病（Inflammatory Bowel Disease，IBD）作为研究对象。Zuyderland 医院推荐 IBD 患者使用一款名为 eHealth Coach 的手机应用。该应用通过提供个性化的健康指导，来帮助患者更有效地管理病情。通过远程沟通与定期跟进，eHealth Coach 能够为患者提供全面的支持，包括饮食建议、症状监控、心理辅导以及健康生活习惯的培养，从而全方位改善患者的生活质量和健康管理效果。

为了评估 eHealth Coach 的有效性，四方机构分析了 Zuyderland 医院内 4350 名患者的数据。所有参与测试的患者均已提前告知并获得知情同意。

Zuyderland 医院提供了 IBD 患者的 3 类数据，包括身份标识（类似于身份证号）、是否使用了 eHealth Coach，以及患者报告的结果测量分数（Patient-Reported Outcome Measures，PROMs）。CZ 健康保险公司则提供了 IBD 患者的 2 类数据，分别为身份标识和医疗保险费用。荷兰中央统计局提供了 IBD 患者的 3 类数据，分别为身份标识、教育水平和收入。

基于荷兰应用科学研究组织提供的同态加密技术，四方机构希望在不暴露各自数据的前提下，分别获得所需的分析结果。Zuyderland 医院旨在评估使用与未使用 eHealth Coach 的 IBD 患者的平均教育水平；CZ 健康保险公司希望了解医疗保险费用超过 50 000 欧元的 IBD 患者中，有多少人使用了 eHealth Coach；荷兰中央统计局则希望评估收入超过 10 000 欧元和低于 10 000 欧元的 IBD 患者中 PROMs 的平均值，见图 12-1。

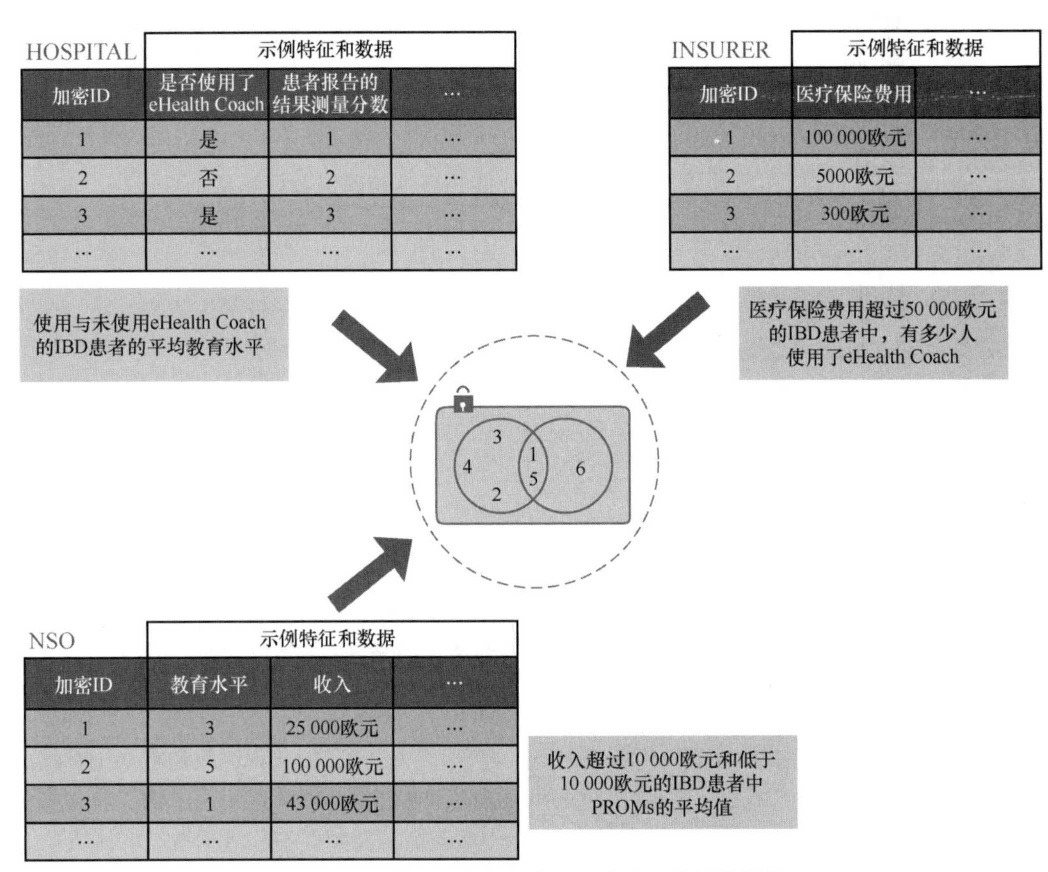

图 12-1 基于同态加密实现医疗项目有效性评估

在传统的同态加密机制中，解密操作只能由持有私钥的一方完成，这意味着对加密数据进行的操作结果只能由该方解密并查看。然而在该案例中，数据由 Zuyderland 医院、CZ 健康保险公司和荷兰中央统计局三方共同提供，并通过同态加密技术生成 3 个计算结果，因此将私钥交由任何一方保管解密都不合适。而若各方同时持有完整私钥，则会增加私钥泄露的风险。为了解决这一问题，荷兰应用科学研究组织优化了传统的同态加密算法，设计了一种协作解密机制。该机制将私钥分成多个“私钥片段”，由各方分别持有，只有当所有持有者共同协作时，才能解密信息。在此机制下，任何一方都无法单独得知完整的私钥，从而提高了安全性。

该案例最终采用了优化后的同态加密机制，使用了 2048 位的 Paillier 密钥。密钥生成算法软件分别部署于各方的 IT 机房，并在各方的计算环境中运行。在此过程中，密钥生成的平均耗时约为 3 小时，各方均认为该时间在可接受范围内。

荷兰应用科学研究组织已将该案例中涉及的 Paillier 加密库、分布式密钥生成算法及 Shamir 秘密共享库公开至 GitHub，感兴趣的读者可前往 GitHub 进一步了解相关技术细节。

12.1.3 小结

荷兰中央统计局与荷兰应用科学研究组织、CZ 健康保险公司和 Zuyderland 医院携手开展了以上试点项目，旨在通过同态加密技术评估医疗项目的有效性。该试点项目重点评估了炎症性肠病患者使用 eHealth Coach 应用后的效果。通过多方数据共享，在确保数据隐私不受侵犯的前提下，实现了对患者健康水平、护理质量及医疗成本的全面评估。该试点项目成功实践了数据“可用不可见”的理念，为隐私保护与医疗项目评估提供了创新解决方案。

通过这些内容，读者可以了解到在医疗领域，评估创新项目的有效性至关重要，特别是平衡医疗质量提升与成本控制之间的关系。本节还阐明了评估医疗项目时面临的隐私与数据共享挑战，尤其是在整合医院、保险公司和统计局的多方数据时。该案例切实证明了通过同态加密等隐私计算技术，可以在确保数据隐私的前提下实现医疗行业的数据共享，为医疗行业的创新项目提供了全新的思路和解决方案。

12.2 四国 NSO：联邦学习在跨国数据隐私保护中的应用

在 7.3 节中，我们详细介绍了联邦学习的基本概念和理论。在本节中，我们将通过具体的实践案例，展示联邦学习技术在实际应用中的表现，帮助读者更好地理解这一技术的优势和操作方法。联邦学习通过在不聚集多方数据的情况下进行模型训练，有效保护了数据安全和个人隐私。通过这个案例，读者可以清楚地看到联邦学习如何在保障原始数据不出域的同时，推动跨机构合作和数据利用。

12.2.1 案例背景

随着数字化时代的到来，跨国数据交互变得越来越频繁。但各国对于数据隐私保护的法律和标准不尽相同，使得数据在跨境传输中容易受到潜在威胁和滥用风险的影响。无论是企业还是个人，都在关注如何确保数据在不同司法管辖区内的安全性和合规性。尤其在数据隐私保护愈加严格的背景下，找到一种既能确保数据安全又能促进跨国数据共享的技术方案，已成为全球范围内亟待解决的一个问题。

基于此，在联合国欧洲经济委员会的推动下，加拿大、荷兰、意大利和英国四国的国家统计局（National Statistical Office，NSO）联合开展了一个联邦学习技术的试点项目。该项目旨在探索联邦学习技术在低信任环境中多个组织之间（如跨国合作）的实际应用潜力。凭借创新性和前瞻性，该项目成功入选联合国全球 18 个隐私计算技术应用典型案例。

在这个试点项目中，四国 NSO 通过国内民众的智能运动手表等可穿戴设备收集的加速度数据，来识别和预测他们的日常活动，如行走、上下楼梯、坐立和躺卧等。在这种基于联邦学习的方案中，四国 NSO 仅需共享模型的累积权重，而无须交换数据，避免了原始数据的跨境传输。

12.2.2　案例详情

这个试点项目有 5 个参与方：四国 NSO 和一个中央管理机构（Central Authority，CA）。各国 NSO 负责在本地训练一个神经网络模型，每完成一轮训练，就将模型的权重发送至 CA，CA 则负责汇总这些权重，并发出更新指令，指导各方更新本地模型，上述步骤可根据需求和最终效果重复多次。在这一过程中，各方实际上只共享了模型的累积权重而非数据本身，确保了所有数据均未离开各国 NSO 的本地环境，从而有效保护了数据隐私。在本次试点中，四国 NSO 基于两个场景进行了实验。

场景 1 示意图如图 12-2 所示，初始权重以四边形表示，由一国 NSO 提供，并通过 CA 分发给其他三国 NSO。在接收到第一轮的权重后，各国 NSO 使用自己的本地数据开始训练，训练完成后，各国 NSO 将更新后的权重发送回 CA，CA 通过一个特定的程序处理这些权重，然后将汇总得到的最终权重分发给所有参与的 NSO。以上过程全部完成后，标志着一轮训练的结束。

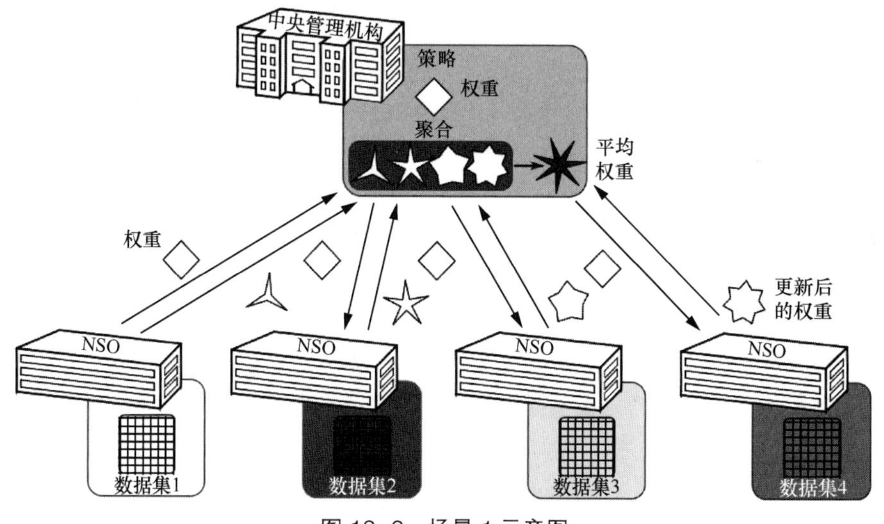

图 12-2　场景 1 示意图

值得注意的是，在场景 1 中，权重信息是以明文形式共享给 CA 的。从严格的安全角度考虑，存在黑客窃取这些明文权重信息，并从中还原出原始数据的风险。鉴于此，该项目对流程进行了优化，并对传输的权重信息实施了加密处理。

场景 2 示意图如图 12-3 所示，四国 NSO 共享一组通用的公钥和私钥。NSO-1 使用公钥对初始权重进行加密，并将其发送给 CA，CA 再将加密后的权重转发给其他三国 NSO。各国 NSO 使用私钥解密接收到的权重，以此训练自己的模型，然后再将更新后的权重加密发送回 CA。CA 收到四国 NSO 训练更新后的加密权重，利用同态加密技术对这些加密数据进行计算，得到最终的加密平均权重，并将其发送回四国 NSO。以上过程全部完成后，标志着一轮训练的结束。

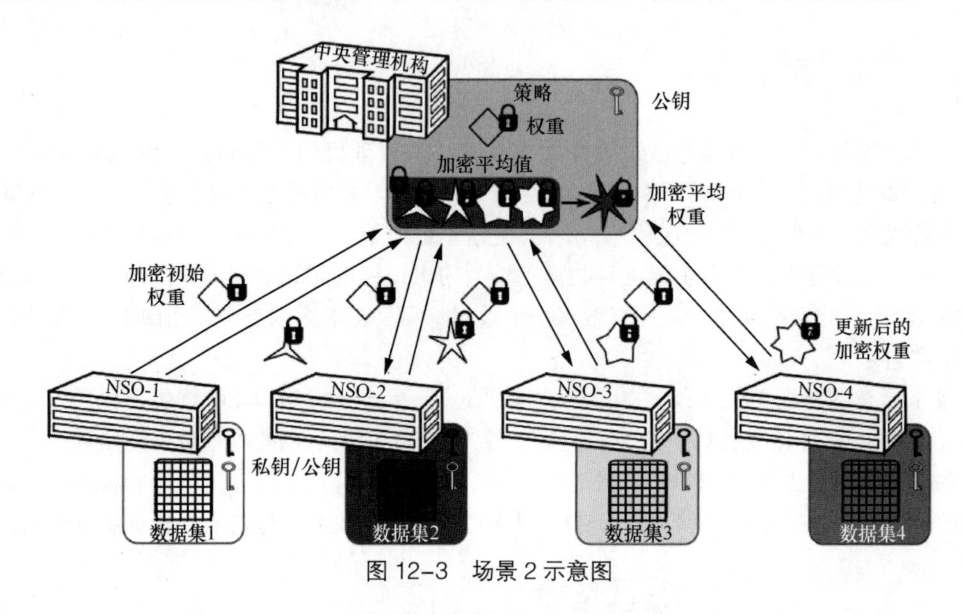

图 12-3　场景 2 示意图

基于上述场景 2，该项目进行了 25 轮训练。如图 12-4 所示，其中每个子图代表一国 NSO 的训练过程及其结果，分别标记为 NSO.CBS、NSO.ISTAT、NSO.ONS 和 NSO.STATCAN。另外，每个子图中都有两条曲线，一条代表测试准确率，另一条代表损失值。测试准确率表示模型对数据的预测准确性，损失值反映了模型预测值与真实值之间的差异。

测试准确率：四国 NSO 的测试准确率随着训练轮数的增加而提高，这表明模型随着训练轮数的增加，其对数据的预测能力在增强。在训练初期，测试准确率迅速提升，尤其是前 5～10 轮，之后增速放缓，测试准确率逐渐趋于稳定。这是机器学习中常见的一个现象，模型在训练初期学习较快，但随着学习的深入，测试准确率的提升幅度减小。

损失值：与测试准确率的趋势相反，损失值在训练初期比较高，这说明模型在训练初期对数据拟合得相对较差，随着训练轮数的增加，损失值降低，模型的拟合能力增强。到了后期，损失值趋于平稳，这表明模型达到了一定的拟合水平，并且训练的收益逐渐减少。

总的来说，四国 NSO 的模型在经过 25 轮的训练后，测试准确率得到了有效提升，同时减小了模型的损失值。四国 NSO 的模型都显示出了随训练轮数增加而改进的趋势，但不同 NSO 之间的模型性能也表现出了一定的差异。加密机制使得训练和共享过程中的数据隐私得到了保护。通过持续训练，模型逐渐趋于稳定，这证明了联邦学习在处理分布式数据训练中的潜力和有效性。

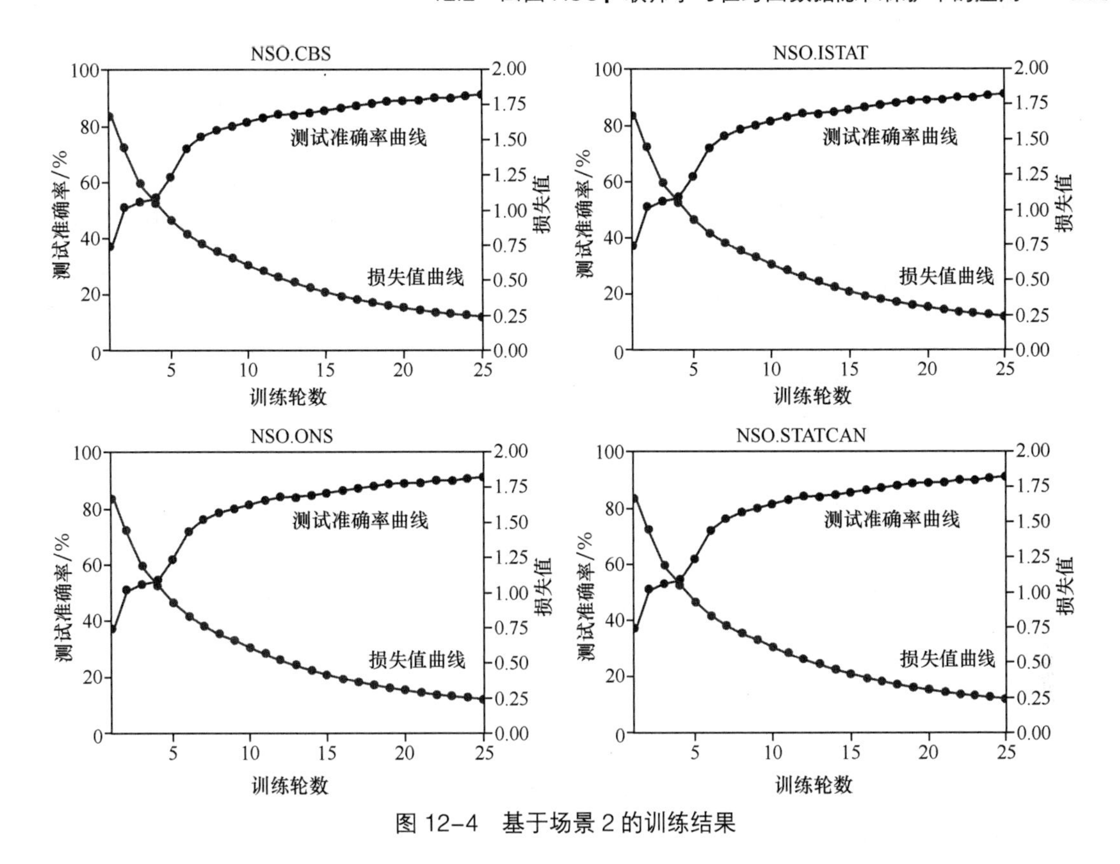

图 12-4 基于场景 2 的训练结果

12.2.3 小结

在数字化时代，数据隐私保护日益严格，联邦学习成为跨国数据共享的有效解决方案。加拿大、荷兰、意大利和英国通过联邦学习技术，使用智能设备收集的数据对模型进行训练，避免了原始数据跨境传输，确保了数据安全。四国 NSO 仅共享模型权重而非原始数据，经过 25 轮训练，模型的测试准确率显著提升，显示出了联邦学习在分布式环境中的潜力和优势。

这个案例证明了使用联邦学习技术保障多国机构之间数据安全共享的可行性，开启了多国机构协同计算的新模式。联邦学习的成功不仅依赖于技术本身，还依赖于各参与方的紧密合作与协调。除了需要数据隐私保护和算法优化方面的技术突破，联邦学习的有效实施还需要各参与方在数据共享机制、计算资源分配、法律法规等方面达成共识。各参与方必须在数据标准化、模型训练策略、结果验证流程等关键环节进行有效沟通与协作，以确保整个系统的高效运行和最终成果的准确性及可靠性。

12.3　美国教育部的 MPC 实践：确保学生财务信息的隐私与安全

7.4 节详细介绍了 MPC 的技术原理和应用场景。接下来我们将通过一个案例，展示 MPC 在实践中的应用，帮助读者更深入地理解这一技术的实际操作和优势。MPC 不仅能在不泄露各方私有数据的情况下完成联合计算，还能实现数据的高度安全性和隐私保护。通过这个案例，读者可以更好地了解 MPC 在数据合作和隐私保护中的巨大潜力和实际可行性。

12.3.1　案例背景

2021 年，美国教育部对外展示了美国联邦政府落地的第一个 MPC 应用案例。该应用案例涉及美国教育部的两个下属机构和一个数据系统，分别是美国国家高等教育学生资助研究组（National Postsecondary Student Aid Study group，NPSAS）、美国国家教育统计中心（National Center for Education Statistics，NCES）和美国国家学生贷款数据系统（National Student Loan Data System，NSLDS）。

NPSAS 需要计算 31 个不同本科学生群体的平均贷款和补助金额，并报告给 NCES。常规方案下的数据流转情况如图 12-5 所示，NPSAS 首先将学生的社会安全号码（Social Security Number）发送给 NSLDS，NSLDS 据此向 NPSAS 传递对应学生的财务敏感数据，接着 NPSAS 利用这些数据计算出 31 个不同本科学生群体的平均贷款和补助金额，并向 NCES 报告。然而，这一流程加大了学生财务信息泄露的风险。例如，NPSAS 和 NSLDS 的某些工作人员可能从中非法获取全美本科生的贷款和补助信息。

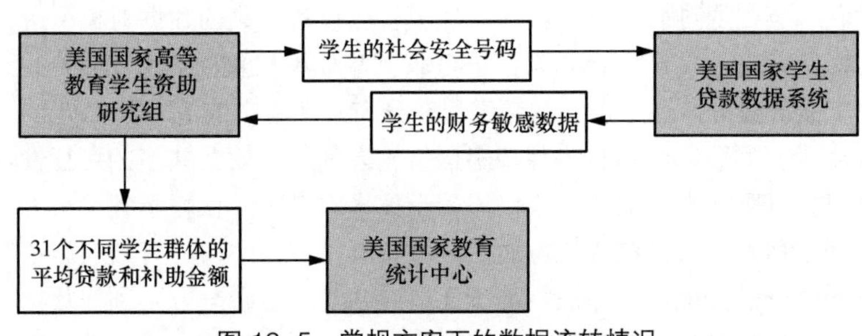

图 12-5　常规方案下的数据流转情况

基于该场景，为了避免学生财务信息泄露并准确高效地提供所需的统计数据，美国教育部采用 MPC 技术进行了试点实验。该项目凭借创新性和前瞻性，成功入选联合国全球 18 个隐私计算技术应用典型案例。

12.3.2　案例详情

美国教育部的 MPC 试点方案如图 12-6 所示。在此方案中，NPSAS 提供包含学生基本信息的数据文件，NSLDS 则提供包含学生贷款和补助金额信息的数据文件。这 3 个文件中均包含学生的社会安全号码，作为 MPC 的共有标识。通过 MPC 技术，应用程序对这两个数据集进行了加密链接和统计处理，确保双方在不泄露敏感数据的情况下完成协同计算。最终，双方通过密码学协议共同计算出 31 个不同本科学生群体的平均贷款和补助金额，并将结果传送至 NCES 进行进一步的统计分析和报告。

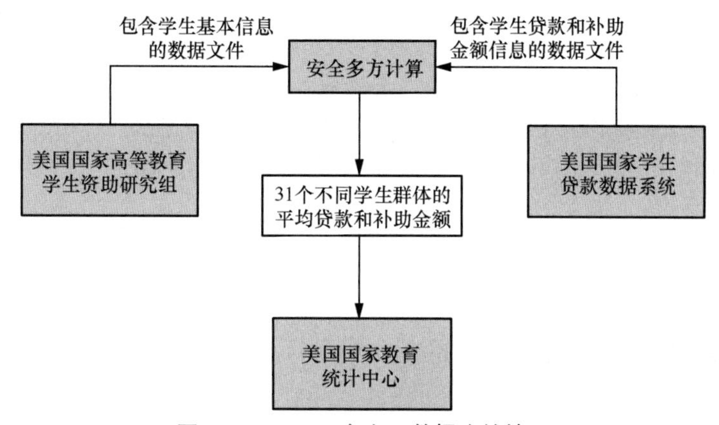

图 12-6　MPC 方案下数据流转情况

在数据方面，美国教育部在本次试点中使用了 2015—2016 学年全美本科生资助金额的真实数据，涵盖了联邦佩尔助学金以及补贴型和非补贴型联邦直接贷款，这些真实数据为本次试点提供了实际场景下的测试条件。

在实际操作中，美国教育部基于上述场景和数据共计进行了 123 次 MPC 实验，所有计算均在两台常规配置的虚拟机上完成，总耗时 4.8 小时。实验结果表明，在保障隐私的前提下，最终的计算结果与未采用隐私保护技术时的结果完全一致。7.4.6 节曾提到，MPC 技术的主要缺点在于较高的计算和通信开销。然而，从此次实际测试来看，123 次 MPC 实验耗时 4.8 小时，对于非即时业务而言，这些计算和通信开销尚可接受，不会对正常操作产生显著影响。以上结果进一步证明了 MPC 技术在确保数据隐私的前提下，具备较高的实用性和可操作性。

美国教育部总结了本次试点的 4 个关键结论。

1）结果准确：使用 MPC 方案计算出的联邦平均援助金额与官方报告中的结果一致。

2）开销可接受：系统运行效率高，计算和网络负载均在实际可接受范围内。

3）易实现：即使那些没有编程或密码学经验的用户，也能够在生产环境中使用 MPC 技术保护数据隐私。

4）数据安全：可以确保各组织提供的敏感数据通过密码学手段得到有效保护，并保证数据的隐私性。

12.3.3 小结

NPSAS 和 NSLDS 能够在不暴露学生财务信息的前提下进行协同计算，确保学生的敏感信息在整个计算过程中始终保持加密状态。借助 MPC 技术，NSLDS 无须直接传输财务敏感数据，而是可以在对数据进行加密处理后与 NPSAS 进行联合计算。整个过程中，无论是参与计算的任何个体还是系统，都无法获取完整的学生财务信息，从而有效降低了数据泄露的风险，确保了信息安全并实现了隐私保护。

随着数据隐私需求的日益增长，传统的数据共享和处理方式面临巨大挑战，而 MPC 技术为解决这一问题提供了切实可行的方案。它确保了各方在不互相共享敏感数据的情况下，仍能协同进行高效、精准的计算。这种模式不仅提升了数据处理的安全性，还促进了 MPC 技术在更广泛领域的应用，这可能会对未来的教育、医疗、金融等领域产生深远影响。

12.4 深圳大学信息中心的 MPC 试点：跨部门数据共享的安全新路径

接下来让我们将目光转向国内。与美国教育部的应用类似，深圳大学信息中心也基于 MPC 技术开展了创新试点项目。这一试点项目旨在充分利用 MPC 技术的优势，在确保数据隐私和安全的前提下，实现跨部门的数据共享与协作。通过这种方式，深圳大学不仅提升了信息管理的效率，还为国内其他教育机构提供了一个有益的参考，展示了 MPC 技术在教育领域的广泛应用潜力。

12.4.1 案例背景

深圳大学成立于 1983 年，是一所综合性高校，位于中国改革开放的前沿城市深圳，以“特区大学、窗口大学、实验大学”为办学特色。深圳大学信息中心负责该校的网络通信及网络安全，包括校园网的建设、维护、优化和升级，确保网络的稳定运行和信息的安全传输。

深圳大学已经建立了一个校园网系统，通过该系统，学生可利用个人校园账号接入校园 WiFi。学生登录时，系统会为每个账号分配一个空闲的 IP 地址。学生的网络活动会被网络行为管理系统记录下来，这一做法旨在维护校园安全及学生的身心健康。

在上述校园网系统中，如果内网 IP 相关账户在网络上发表了包含网络暴力、虚假信息等不当内容的言论，信息中心管理员需要能够迅速追踪到该账户。通常，追踪过程包括以下 4 个步骤。

1）信息中心管理员（部门 1）把 IP 信息和对应的时间段提供给上网认证系统运维人员（部门 2）。

2）上网认证系统运维人员根据 IP 信息和对应的时间段，找到在此时间段使用该 IP 的校园账号，并将校园账号信息返回给信息中心管理员。

3）信息中心管理员将校园账号信息提供给统一身份认证系统运维人员（部门 3）。

4）统一身份认证系统运维人员通过校园账号查询到具体人员的个人基本信息（名字、电话、所在学院等），并将上述个人基本信息返回给信息中心管理员。

在此过程中，读者会注意到，即便执行一个基本的 IP 追踪任务，也涉及 3 个不同部门的数据交换。在这一查询活动中，信息中心管理员需要与两个系统的运维人员进行紧密的工作协调。同时，这一查询过程可能间接增加了目标师生个人隐私泄露的风险。例如，上网认证系统运维人员可能会获悉正在查询的校园账号，而统一身份认证系统运维人员可能会了解到被查询学生的姓名、联系方式等敏感个人信息。在某些情况下，如果内部工作人员数据安全意识不强或有不良企图，则有可能造成严重后果。例如，他们可能提前得知将要追查的涉及网络暴力、不当言论或有抑郁倾向及精神健康问题的师生。这样，部门 2 和部门 3 的运维人员就能够统计出一系列敏感名单，如“可能存在精神健康问题的学生名单”或“涉嫌不当言论的学生名单”。若这些名单泄露，则不仅对学校造成极大的负面影响，也会严重侵犯师生的隐私，并给他们的个人生活带来诸多困扰。

针对上述数据安全问题，深圳大学信息中心探索采用 MPC 技术，期望在不暴露敏感数据的情况下实现不同部门之间的高效协同工作。

12.4.2　案例详情

基于 MPC 技术的匿踪查询允许一个或多个查询者在不直接接触敏感数据或不公开查询条件的情况下得到查询结果，这意味着信息中心可以在不暴露查询内容的情况下，对部门 2 和部门 3 的数据库进行查询和分析，从而得到最终想要的师生个人信息。

MPC 方案下的数据流转情况如图 12-7 所示。首先，信息中心（即部门 1）安装一个提供 Web 界面的 MPC 客户端。接下来，部门 2 和部门 3 分别部署 MPC 服务端，其中部门 2 的服务端负责通过第一轮匿踪查询获取校园账号信息，部门 3 的服务端则执行第二轮匿踪查询，用于获取个人的详细信息。信息中心的查询人员通过发起 HTTP 请求到个人信息系统进行查询。查询结果在返回前会进行加密处理，以保证数据传输的安全性，并通过客户端的 Web 界面展示给查询人员。

在利用 MPC 技术进行信息查询时，只有信息中心能够接触到查询的具体条件和结果，部门 2 和部门 3 则无法知晓这些细节。这种做法不仅有效减少了数据泄露的可能性，而且更加有效地保护了校内师生的个人隐私。

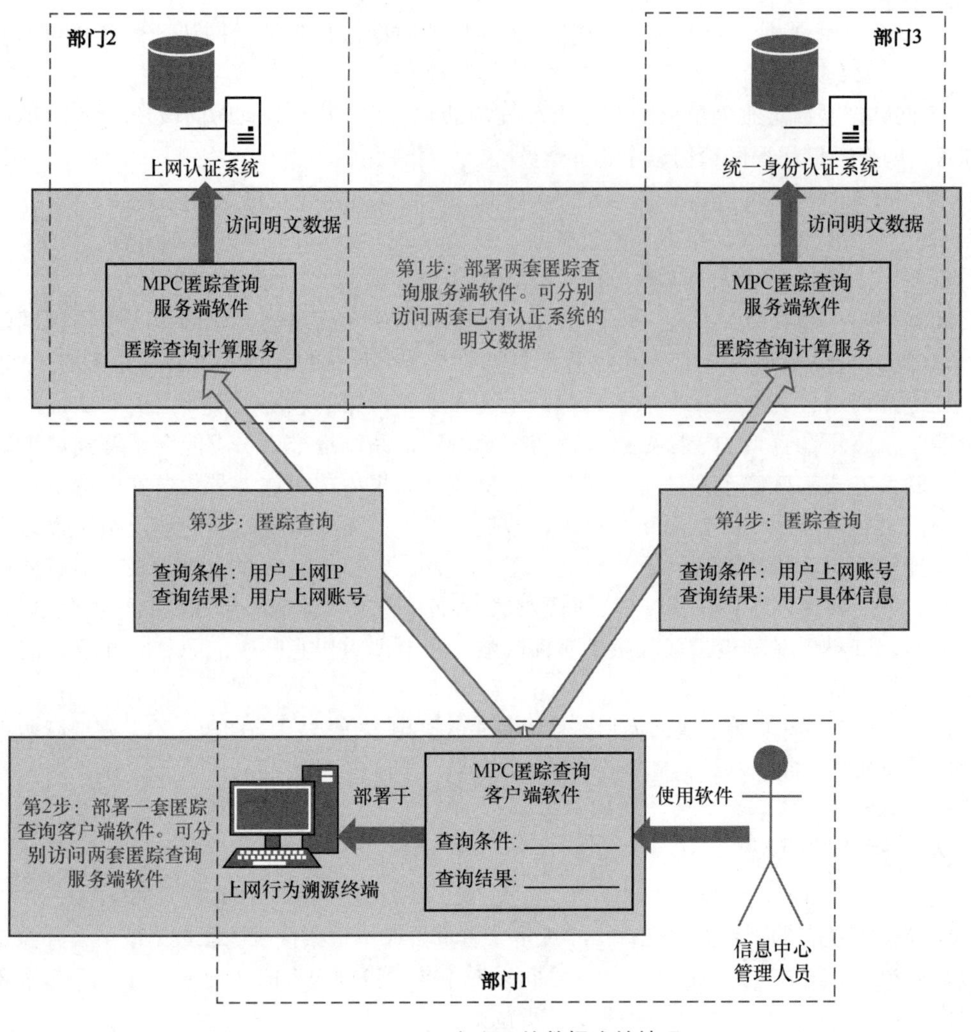

图 12-7　MPC 方案下的数据流转情况

12.4.3　小结

深圳大学信息中心通过实施 MPC 方案，显著提升了校内多个部门之间的数据流通效率。这一创新性举措不仅提高了数据共享的效率和隐私保护水平，更因为其技术的前瞻性和独创性，在 2023 年成功入选《IDC PeerScape：隐私计算最佳实践与探索》报告[12]。该报告不仅肯定了深圳大学在数据隐私保护和技术创新方面的努力，也认为该优秀案例可以“协助企业更加全面地理解隐私计算在实际应用中的挑战与效果”。

在这个案例中，MPC 技术的应用展现了如何在确保数据隐私不受侵犯的同时，实现跨部门之间的高效协作和数据共享。MPC 技术突破了传统数据交换模式下的诸多限制，使得各部门能够在不直接接触原始数据的情况下完成任务，极大降低了数据泄露的风险。这一成功案例让我们看到，MPC 技术不仅可以解决现实中的数据安全难题，还能够创造出新的合作模式，这种模式有望在企业未来的数字化转型中得到更广泛的应用。

对国内企业和其他高校而言，这一案例提供了宝贵的经验和参考，启示更多领域可以借鉴 MPC 技术，实现数据安全与共享的双重目标。MPC 技术的应用将为各领域带来积极的变革，深圳大学的成功实践可以帮助人们在实际工作中找到适合的技术解决方案。这种深入的思考有助于我们在工作中做出更明智的决策，同时激发在数据管理和安全保护方面的创新。

12.5　印尼旅游部 TEE 实践：保障数据安全的跨境游客分析新模式

7.5 节探讨了 TEE 的基础原理及应用范围。与其他技术不同，TEE 不仅能确保数据在处理过程中的隔离性和完整性，还能够在一个可信、机密的硬件环境中进行数据操作。

12.5.1　案例背景

印度尼西亚（简称印尼）是全球最早借助移动网络运营商数据来分析跨境旅游活动的国家之一。印尼旅游部曾与一家名为 Positium 的公司合作（该公司专注于通过移动定位来进行数据分析），该公司用游客的移动定位数据来统计游客的数量和动向，从而更好地评估漫游市场份额。

由于游客会四处走动，他们的手机会在多个本地移动网络运营商之间漫游。如果仅依赖单一运营商的数据，则难以准确反映游客旅行路径的真实情况。最开始，印尼旅游部只用了一家运营商的数据，因此评估出来的结果存在较大的偏差。为此，印尼旅游部尝试建立一个运营商之间数据共享的系统来更准确地评估漫游市场份额，但运营商之间直接的数据共享不仅会侵犯游客的个人隐私（如位置信息等），而且有可能泄露己方的商业机密。

为了解决上述问题，印尼旅游部与一家名为 Sharemind 的隐私计算公司展开合作，采用 TEE 技术来实现多家运营商数据的安全共享与机密处理。该项目凭借创新性和前瞻性，成功入选联合国全球 18 个隐私计算技术应用典型案例。

12.5.2　案例详情

Sharemind 公司采用了 Intel SGX 的 TEE 技术，通过建立一个称为“enclave”的受保护环境，来确保数据在处理过程中仍保持加密。具体而言，数据所有者先将明文数据加密后上传至 Sharemind 平台，数据在整个传输和处理阶段始终处于加密状态，即使在分析过程中也不会被解密。

这一流程保障了数据在整个操作链中的安全性，确保了机密信息不会在处理过程中泄露。

如图 12-8 所示，在印尼旅游部的本次试点中，有两家运营商参与提供数据。每家运营商均需要安装装有加密驱动和 Sharemind HI 客户端软件的客户端服务器。这些数据来自移动端用户，本案例中特指游客。运营商将游客的数据加密后，发送到安装有相应加密驱动和 Sharemind HI 服务端软件的 SGX 服务器。对这些数据在 Intel SGX 的 TEE 内进行处理，并将处理结果加密后发送回印尼旅游部。

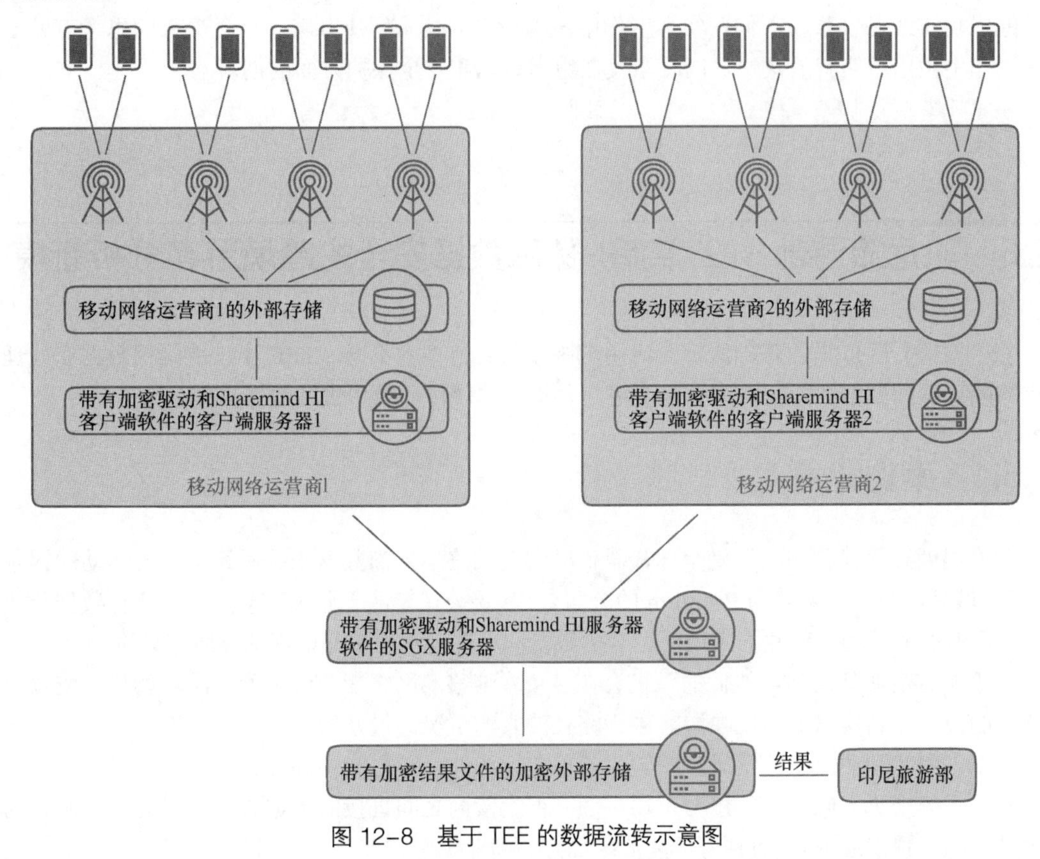

图 12-8　基于 TEE 的数据流转示意图

通过上述方案，印尼旅游部能够在保护游客个人隐私和运营商商业机密的同时，获取运营商之间的漫游计数和用户重叠信息，从而更准确地估算漫游市场份额。

12.5.3　小结

印尼旅游部成功地整合了两家移动网络运营商的数据，展示了在确保数据安全的前提下实现高效数据共享的可能性。更为重要的是，这一解决方案具备极大的可扩展性，未来可以进一步整合更多运营商的数据资源，并且在商用标准硬件上依然能够保持出色的性能表现。

通过 TEE 技术，印尼旅游部成功实现了个人隐私数据的合法、安全共享，并将统计结果纳入官方统计。这不仅增强了旅游业的数据分析能力，也为其他领域提供了一个成功的范例。这一案例明确证明了数据共享与隐私保护之间的矛盾并非不可调和，而是可以通过创新技术找到平衡。

12.6 国家微生物科学数据中心：基于 TEE 实现基因数据分析

接下来让我们将目光再次转向国内。本节将探讨国家微生物科学数据中心为何选择使用 TEE 技术、具体如何应用这一技术，以及最终取得了哪些成果。通过这些内容，读者将了解 TEE 技术在数据安全和隐私保护中的关键作用，以及 TEE 技术在推动科学数据共享和利用方面所带来的实际应用成效。

12.6.1 案例背景

2019 年 6 月 5 日，科技部、财政部联合发布了国家科技资源共享服务平台优化调整的名单，国家微生物科学数据中心位列其中，成为 20 个国家级科学数据中心之一。

国家微生物科学数据中心由中国科学院微生物研究所作为依托单位，联合中国科学院海洋研究所、中国疾病预防控制中心传染病预防控制所、中国科学院植物生理生态研究所、中国科学院计算机网络信息中心等单位共同建设，科技部国家科技基础条件平台中心和中国科学院办公厅为上级主管部门。中心数据资源总量超过 2PB，数据记录数超过 40 亿条，数据内容完整覆盖微生物资源、微生物及交叉技术方法、研究过程及工程、微生物组学、微生物技术，以及微生物文献、专利、专家、成果等微生物研究的全生命周期。国家微生物科学数据中心在微生物领域从事了超过 30 年的数据汇交工作，数据来源覆盖国内中国科学院、高校、企业等百余家单位。国家微生物科学数据中心还承担了全球 46 个国家、120 个单位的数据汇交和全球共享工作，是全球微生物领域最重要的数据中心之一。微生物信息的敏感性突出，尤其是在疾病防控、环境保护、生物安全等领域，微生物数据不仅包含着重要的科学资源，还直接关系到国家安全和公众健康。作为全球微生物研究的核心数据枢纽，国家微生物科学数据中心肩负着保护这些关键数据安全的责任，必须在隐私保护与数据共享之间精心平衡。

国家微生物科学数据中心为疾控、海关、卫健委等机构提供了科学分析和协同研究的便利，然而在实际使用过程中仍存在一些障碍。平台用户在进行分析时，需要输入自身的敏感信息，这些微生物相关数据通常非常重要且敏感。因此，用户担心直接以明文形式将这些数据传输到平台上会存在隐私泄露的风险。

基于此，国家微生物科学数据中心需要一种新的安全机制，以便既能保护平台用户上传的输入数据，又能保护平台的数据样本库及分析程序，从而真正推动数据的互联互通与共享。

12.6.2　案例详情

国家微生物科学数据中心的技术团队对联邦学习、MPC、TEE 等协同安全计算技术都有一定的了解，在综合考虑了便捷性、安全性和性能等因素后，最终选择了虚拟机级别的 TEE 技术，以确保数据在协同计算中的安全性和效率。虚拟机级别的 TEE 技术支持 Docker / Kata Container 等容器运行模式，用户原有程序可直接以容器镜像的方式导入，这极大降低了计算程序的迁移和使用成本。

在本案例中，国家微生物科学数据中心选择了支持虚拟机级别 TEE 技术的信创 CPU 芯片。用户首先通过加密工具包对自己的输入数据进行加密，然后将加密数据上传到数据中心的平台进行计算分析。平台在接收到加密数据后，会将其传递到 TEE 中进行解密和计算，计算完成后，数据会被立即销毁。对国家微生物科学数据中心而言，平台用户的数据在整个生命周期中始终保持加密状态。这意味着从数据输入到计算分析，再到结果输出，数据都得到了技术层面的有效保护，确保了平台用户的数据安全，如图 12-9 所示。

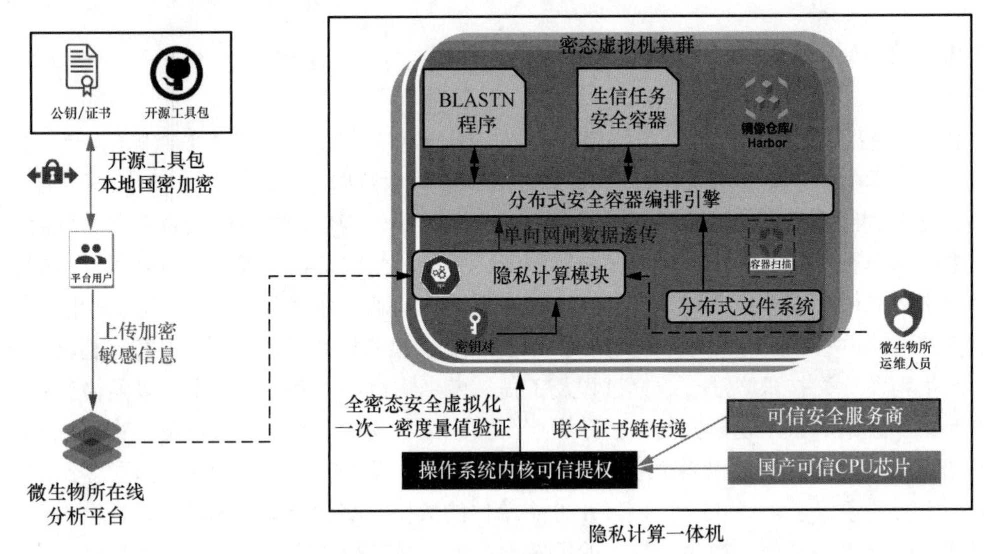

图 12-9　国家微生物科学数据中心 TEE 方案示意图

在上述流程的基础上，国家微生物科学数据隐私计算平台还使用了区块链技术，通过哈希、签名等密码学技术对关键流程进行了各方不可否认的存证。如图 12-10 所示，当用户发起一个计算任务时，该任务中的 5 个关键动作被区块链记录，它们分别是：向中国科学院微生物研究所侧安全环境传输用户加密信息、中国科学院微生物研究所侧安全环境从微生物所获取用户加密信息、微生物所接收到中国科学院微生物研究所安全环境内的结果、中国科学院微生物研究所侧安全环境向微生物所返回计算结果、销毁中国科学院微生物研究所侧安全环境内当前任务的全部敏感数据。这 5 个关键动作均附有相应的 UID、发生时间、哈希值和 SCI-Chain ID，用户可通过这些信息对每个动作进行独立复核。这种设计确保了操作的透明性和可追溯性，有助于增强用户对系统的信任。

UID	Time	Action	Parameter Hash	SCI-Chain ID	Institution
641e862a-7af9-4840-bb30-147c497e6bf6	2024-09-12 12:47:41	向中国科学院微生物研究所侧安全环境传输用户加密信息	41745d553c361b936fd5d7a0bb34d592a37c7b53e33f91f661e180fe86471e32	754b661425f57d5d00514014039ab90739328d17c90042bf2a744d42e9842bbe	中国科学院微生物研究所
80e4faf3-d0f4-4afc-b824-54fd4ccec68b	2024-09-12 12:47:41	中国科学院微生物研究所侧安全环境从微生物所获取用户加密信息	41745d553c361b936fd5d7a0bb34d592a37c7b53e33f91f661e180fe86471e32	a0bed9f8525b7a9fb01d938df13a1b337178b1fdfc7c927ca1238862fb7e07cd	北京神州绿盟科技有限公司(中国科学院微生物研究所侧)
a69394cb-2aea-4a8c-9280-ac44e094d326	2024-09-12 12:47:58	微生物所接收到中国科学院微生物研究所安全环境内的结果	c2c3352ee92507a1e8688698bdc407991486eeaaabdd7cf578427ba96bb74f2c	db3f8f2d37ba8e0898bc0810d79c2431ea8d2a48f0f5387365ebd94160d97252	中国科学院微生物研究所
f2af693b-111c-4151-ae33-542e8c6ce5f0	2024-09-12 12:47:58	中国科学院微生物研究所侧安全环境向微生物所返回计算结果	c2c3352ee92507a1e8688698bdc407991486eeaaabdd7cf578427ba96bb74f2c	eef7515f2cfd2c6884a034a03c3afa584c23c03440b09ebb167adcb4eaa8f0b1	北京神州绿盟科技有限公司(中国科学院微生物研究所侧)
37f7c9c3-8f48-42e8-ab6e-335dcb2633de	2024-09-12 12:47:58	销毁中国科学院微生物研究所侧安全环境内当前任务全部敏感数据	41745d553c361b936fd5d7a0bb34d592a37c7b53e33f91f661e180fe86471e32	a105b2ada69beb1af291afc1ea815d11ad1cf582a82d5222c964538be0256803	北京神州绿盟科技有限公司(中国科学院微生物研究所侧)

图 12-10 区块链存证信息

12.6.3 应用价值

重大传染病防控是生物安全管理中的重中之重，国家微生物科学数据隐私计算平台利用区块链和隐私计算技术保障了数据的安全可信流转，助力科学数据更好地支撑国家重大传染病防控。

2023 年 4 月 23 日，由中国科学院微生物研究所、中国科学院计算机网络信息中心、中国生物工程学会、绿盟科技集团等单位联合主办的“生物领域数据安全管理与跨领域互联互通实践研讨会”在北京成功举办。在此次研讨会上，国家微生物科学数据隐私计算平台正式发布。该平台是目前我国科学数据领域首个利用区块链和隐私计算技术，实现对具有数据安全风险防护要求的科学数据“可用不可见”的应用实践，为解决数据安全、数据确权等长期困扰数据流通利用的难题提供了解决方案，具有重要的示范意义。

该平台发布后，成功入选 2023 年世界互联网领先科技成果集《科技之魅》，并荣获中国信息通信研究院 2023 年数据安全“星熠”案例奖项。这一成就不仅彰显了该平台在科技领域的创新性，还标志着其在数据安全方面做出了重要贡献，获得业内的广泛认可。

12.7 Apple Intelligence：保护用户隐私的 AI 应用

12.7.1 案例背景

Apple Intelligence 是苹果公司正在开发的人工智能平台，于 2024 年 6 月 10 日在苹果全球开发者大会（Apple Worldwide Developers Conference，WWDC）上正式发布。该平台依托设备端与服务器端的协同处理，集成于 iOS 18、iPadOS 18 和 macOS Sequoia 操作系统中。这些操作系统与 Apple Intelligence 同步发布，经测试后将于 2025 年在更多国家和地区开放使用。

Apple Intelligence 基于人工智能提供了很多强大的功能，例如帮助用户在写作时随时找到恰当的词语，使用户可以在几秒钟内概括整个讲座内容，以及根据描述或照片库中的人物生成全新的图像或表情包。

实现上述功能不可避免地涉及用户隐私信息的处理。部分 AI 模型可以在手机芯片上执行计算，但对于规模较大的 AI 模型，则需要依赖云端数据中心提供更强的计算能力。在传统模式下，云端数据中心通过强大的硬件来满足 AI 计算的需求。然而在这一过程中，用户的请求和个人数据往往以未加密的形式处理，存在隐私泄露的风险。例如，数据中心可能会存储用户的个人数据，或者未经授权使用这些数据，同时用户也难以确认数据中心是否存在此类违规行为。

为了解决上述问题，苹果公司基于 TEE 技术，开发了私有云计算（Private Cloud Compute，PCC）系统，这是一种专为私有 AI 处理设计的突破性云智能平台。PCC 首次将 Apple 设备领先的安全性与隐私保护扩展至云端。其采用定制的 Apple 芯片及专为隐私保护而设计的强化操作系统构建而成，确保传输至 PCC 的个人用户数据不会被用户以外的任何人访问，甚至连 Apple 设备自身也无法获取这些数据。

12.7.2　案例详情

PCC 赋予了 Apple Intelligence 灵活的计算扩展能力，使其能够利用更强大的服务器端模型处理复杂的 AI 请求，同时确保不泄露用户隐私。这些模型运行在专为隐私设计、采用 Apple 芯片的服务器上。当用户发起请求时，Apple Intelligence 首先会判断该请求是否可以在设备上处理。如果超出设备的计算能力，就将任务传输至 PCC 进行运算。

PCC 有四大核心功能，分别是无状态运算与可执行保障、无特权的运行时访问、不可定向攻击和可验证的透明性。

1. 无状态计算与可执行保障

当 Apple Intelligence 需要调用 PCC 时，它会构建请求，其中包含提示、所需模型和推理参数，作为云模型的输入。用户设备上的 PCC 客户端会直接将该请求加密，然后使用已确认有效并经过加密验证的 PCC 节点的公钥进行传输。这确保了从用户设备到经过加密验证的 PCC 节点的端到端加密，防止请求在传输过程中被外部访问。数据中心的支持性服务（如负载均衡器和隐私网关）运行在信任边界之外，并不具备解密用户请求所需的密钥。

接下来必须保护 PCC 节点的完整性，以防止任何篡改密钥的行为。系统通过安全启动（Secure Boot）和代码签名（Code Signing）机制，确保只有经过授权且加密校验的代码才能在节点上运行。任何能够在 PCC 节点上运行的代码都必须是专为该 PCC 节点批准的信任缓存的一部分，并且由安全隔离区（Secure Enclave）加载，以确保在运行时无法更改或添加代码。此外，所有代码和模型都使用与签名系统卷（Signed System Volume）相同的完整性保护机制。安全隔离区可以确保用于解密请求的密钥无法复制或提取。

PCC 的软件堆栈经过设计后，可以确保即使在出现错误的情况下，用户数据也不会泄露到信任边界之外，或者在请求完成后被保留。安全隔离区在每次重启时都会随机化数据卷的加密密钥，并且这些随机密钥不会被持久保存，从而确保写入数据卷的数据在重启后无法保留。换言之，每次重启 PCC 节点的安全隔离处理器时，都会对数据卷进行加密擦除。PCC 节点上的推理过程在完成请求后会删除与该请求相关的数据，并且处理用户数据的地址空间会被定期回收，以减少任何意外保留在内存中的数据的影响。

2. 无特权的运行时访问

PCC 确保特权访问不会绕过无状态计算的保障。首先，苹果公司未在 PCC 节点上集成远程 shell 或交互式调试机制，以确保特权访问不会绕过无状态计算的保障。尽管代码签名系统能够阻止加载额外代码，但这类开放访问仍可能给系统安全或隐私带来攻击风险。除了远程 shell，PCC 节点也无法启用开发者模式，并且不包含调试所需的工具。

其次，苹果公司为系统的可观测性和管理工具内置了隐私保护措施，以防止用户数据泄露。例如，系统不包含通用日志记录机制，仅允许预先指定、结构化且经过审计的日志和指标离开节点，并通过多层独立审查防止用户数据意外泄露。在传统云 AI 服务中，特权访问可能允许人员观察或收集用户数据。

通过这些技术手段，苹果公司提供了行之有效的保障，确保只有特定授权代码能够访问用户数据，并且用户数据不会在系统管理过程中泄露。

3. 不可定向攻击

每台 PCC 服务器在密封前都经过组件的详细检查和高分辨率成像，并激活了防篡改开关。到达数据中心后，苹果公司对 PCC 服务器进行全面重新验证，由多个苹果团队交叉核对数据，并由第三方监控以确保公正性。最终，每个 PCC 节点会基于其 Secure Enclave 的 UID 生成证书，用户设备只有在验证这些证书后才会发送数据。

为了防御小规模高端攻击，PCC 采用“目标扩散”策略，确保请求不会因用户或内容而定向到特定节点。请求元数据中不包含用户身份信息，而仅包含有限的上下文数据以便路由到合适的模型，并使用 RSA 盲签名生成一次性凭证进行授权。此外，PCC 请求还需要通过第三方的 OHTTP 中继器，以隐藏设备 IP 地址，防止攻击者利用 IP 关联用户或请求。

4. 可验证的透明性

PCC 通过多种机制实现透明性。所有运行在 PCC 节点上的代码都会被记录在加密防篡改的透明日志中，日志及相关的二进制软件镜像将公开供研究人员验证。此外，苹果公司还将发布官方工具，以帮助研究人员分析 PCC 节点软件，并通过苹果安全奖励计划鼓励重要的研究发现。

为了进一步支持独立研究，PCC 还提供虚拟研究环境，以模拟 PCC 节点运行环境，并定期公开部分关键的安全源代码。PCC 镜像将以明文形式提供 SEPOS 硬件和 iBoot 启动程序，以便研究人员深入研究这些关键组件。

基于上述功能，PCC 具有三大核心优势：用户的数据永不存储、数据仅用于完成用户请求任务，以及隐私保护的可验证性。感兴趣的读者可通过观看苹果官方视频来了解更多详情，见图 12-11。

图 12-11　Apple Intelligence 隐私安全部分的官网介绍

12.7.3　小结

基于 PCC，Apple Intelligence 在保护用户隐私的同时，实现了在云端数据中心处理复杂的 AI 计算任务。PCC 利用 Apple 芯片和定制操作系统，确保用户数据仅用于完成特定请求，而不会被存储或泄露。通过无状态计算、可执行保障、无特权访问、不可定向攻击和可验证透明性等功能，PCC 为用户隐私提供了强有力的技术保障，确保即使在云端执行 AI 任务时，用户数据也始终受到保护，甚至连苹果公司员工也无法访问。

在此引用苹果公司高级副总裁克雷格·费德里吉的一段话作为结尾——Apple Intelligence sets a brand-new standard for privacy in AI and unlocks intelligence you can trust（Apple Intelligence 为人工智能隐私设立了全新标准，开启了值得信赖的智能时代）。

12.8　数盾：“东数西算”工程中的数据安全规划

12.8.1　背景介绍

“东数西算”工程中的“数”指的是数据，“算”指的是算力，即对数据的处理能力。“东数西算"工程指通过构建数据中心、云计算、大数据一体化的新型算力网络体系，将我国东部地区的算力需求有序引导到西部地区，优化数据中心建设布局，促进东西部协同联动。2022 年 2 月，我国在京津冀、长三角、粤港澳大湾区、成渝、内蒙古、贵州、甘肃、宁夏 8 地启动建设国家算力枢纽节点，并规划了 10 个国家数据中心集群。至此，全国一体化大数据中心体系完成总体布局设计，"东数西算"工程正式全面启动。

在"东数西算"这样庞大且复杂的场景下，数据安全已成为全国一体化大数据中心安全保障的核心问题。在数据全生命周期内，从采集、存储、流通到交换、共享及使用等各环节，安全保障面临着严峻挑战。首先，在数据传输阶段，如何确保数据的完整性、机密性和可用性达标成为首要难题；其次，在数据存储过程中，临时存储和容灾备份要求数据基础设施具备强大的安全保障能力；接下来，在数据访问阶段，如何通过制度和技术手段确保访问安全也对我们提出了新的挑战；最后，在数据使用阶段，必须具备事前预防、事中阻断、事后追溯的全方位安全态势感知能力，这对系统的实时监控和反应能力提出了更高要求。

在这一背景下，"协同安全计算"相关技术能够在哪些安全模块中发挥作用呢？虽然截至本书完稿时这些技术尚未正式落地，但国内相关部门和业内人士已提出相关规划及构想。

12.8.2 相关规划及构想

2023 年 9 月 1 日，甘肃省经济研究院副院长朱洪林、国家信息中心信息与网络安全部副处长国强等人联合撰写了一篇文章[13]，表达了构建数据安全融合计算能力（隐私计算平台）是构建一体化的数据安全防护能力的要素之一的观点。如图 12-12 所示，在"东数西算"工程安全防护体系建设总体框架中，"数据交换""情报共享"等关键词频繁出现，"协同安全计算"则是在保障数据安全的基础上，实现"数据交换"和"情报共享"的关键技术手段。

2023 年 12 月 25 日，国家发展改革委、国家数据局、中央网信办、工业和信息化部、国家能源局五部门联合发表了《关于深入实施"东数西算"工程　加快构建全国一体化算力网的实施意见》（后文简称《实施意见》）。《实施意见》中明确指出："利用国家枢纽节点算力资源，积极应用隐私计算、联邦学习、区块链等技术，促进不同主体之间开展安全可信的数据共享交换和流通交易。推动各级各类数据流通交易平台利用国家枢纽节点算力资源开展数据流通应用服务，促进数据要素关键信息登记上链、存证备份、追溯溯源。"

全国一体化数据中心体系从"数网、数纽、数链、数脑、数盾"5 个维度给出了顶层设计。2024 年 7 月 22 日，《"数盾"体系总体能力要求》团体标准正式发布，其中明确提到："应提供可信度量与报告等技术，达成对平台特定节点可信状况的验证与报告能力；应将可信验证与报告的结果用于系统其他安全功能的执行过程；应提供 TEE、可信密码、可信访控等安全可信机制，达成数据在存储、处理和传输过程中，对非授权对象的保密能力；应提供可信签名、可信认证等安全可信机制，达成对数据内容完整性和自身属性的验证能力。"

可见，这些要求与我们在 7.5 节和 7.6 节中提到的技术息息相关。

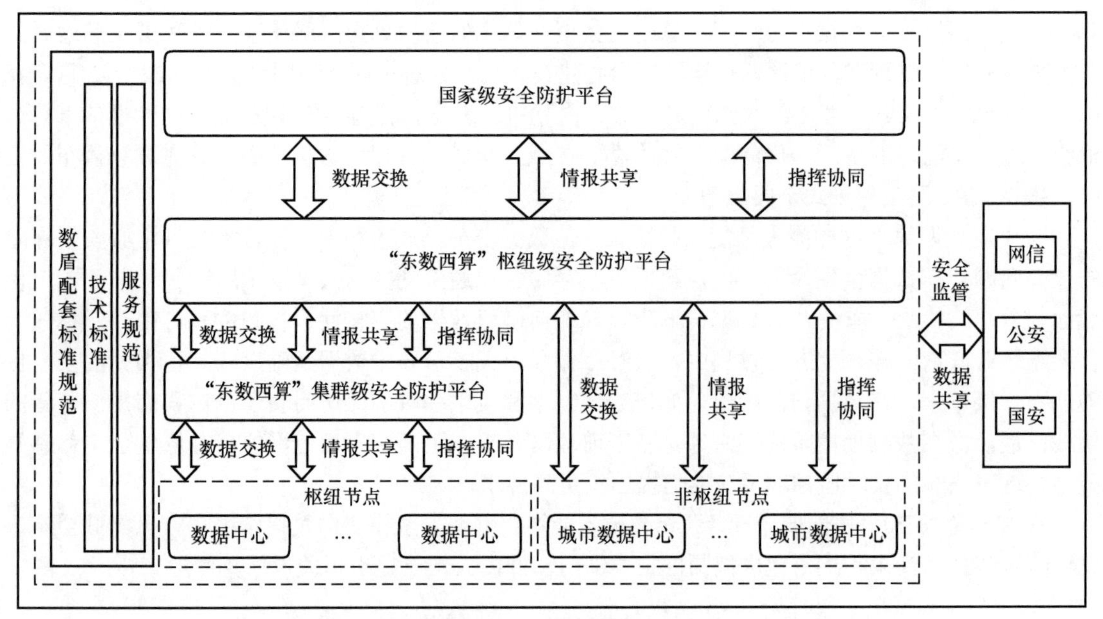

图 12-12 “东数西算”工程安全防护体系建设总体框架

12.8.3 小结

“东数西算”工程是我国数字化战略的重要组成部分，旨在通过将我国东部地区产生的大量数据，转移至西部地区进行计算处理，实现全国范围内算力和数据资源的优化配置。在这一过程中，数据安全问题尤为关键。由于数据需要在广泛的区域内传输、存储和处理，如何保障数据的安全性成为重中之重。

协同安全计算技术能够在确保数据隐私和安全的基础上，实现跨区域的数据计算与共享，有效降低数据在跨区域流动时可能面临的安全风险。笔者相信，随着技术的不断成熟与完善，协同安全计算技术将在未来的“东数西算”工程中发挥重要作用。这一技术不仅能够大幅提升项目的数据安全性和计算效率，还将为全国数字经济的发展提供坚实的技术支撑，进一步促进数字经济的繁荣与创新发展。

12.9 本章小结

在本章中，我们通过多个国内外的实践案例，全面展示了协同安全计算技术在不同领域的应用及其重要性。随着数据成为现代社会的核心资产，数据的安全共享和隐私保护变得尤为关键。通过本章介绍的案例，读者可以清晰地看到协同安全计算技术（如同态加密、联邦学习、MPC 和 TEE）在数据安全和隐私保护领域的卓越表现。这些案例展示了这些技术在不同场景中如何有效保障数据隐私，同时促进安全的数据共享与协作。

在荷兰中央统计局的案例中，通过同态加密技术，在确保数据隐私不受侵犯的前提下，实现了对患者健康水平、护理质量及医疗成本的全面评估。在加拿大、荷兰、意大利和英国 4 国国家统计局的案例中，通过联邦学习技术，在确保数据不出域的前提下，实现了对智能运动手表跨国数据的分析。在美国教育部的案例中，通过 MPC 技术，在保障美国教育部内部不同机构间敏感学生数据安全的前提下，成功完成了多次统计分析实验。在深圳大学的案例中，通过 MPC 匿踪查询技术，在不暴露查询内容的前提下，实现了不同部门间的协同工作，提升了数据查询的安全性和效率。在印尼旅游部的案例中，通过 TEE 技术和 Sharemind 平台，实现了不同运营商间跨境旅游数据的安全共享和分析，确保了游客隐私和商业机密受到保护。在国家微生物科学数据中心的案例中，则通过 TEE 技术和区块链，保护了病毒数据的隐私，实现了它们在安全环境下的分析和共享，为生物安全管理提供了强有力的支持。在 Apple Intelligence 的案例中，通过 TEE 技术，在保障用户数据隐私的前提下，实现了用户数据在云端的 AI 分析与计算。

上述案例证明了协同安全计算技术在各类数据共享和隐私保护场景中的广泛应用前景。这些技术不仅解决了数据安全问题，还提升了数据处理效率和准确性，加速了智能决策的过程。具体来说，同态加密适用于无须解密即可进行数据处理的场景，保障了数据的机密性；MPC 适用于多方协同工作，特别是需要进行联合计算但又不希望暴露数据内容的场景；联邦学习适用于跨机构、跨国合作的场景，通过共享模型权重而非数据本身，保护了数据隐私；TEE 通过可信执行环境，实现了数据在处理过程中的全程加密，适用于高度敏感数据的计算和分析。

这些技术的综合应用不仅大幅提升了数据安全和隐私保护水平，还为各行业的数据合作与创新提供了坚实的基础，推动了数据驱动智能决策的发展。展望未来，这些技术的潜力将进一步释放，可能会在更多领域发挥重要作用。你是否也在考虑如何将这些前沿技术引入自己的工作或研究中？探索这些技术或许能够为你打开新的视野，推动更加安全、高效的数字化转型和创新突破。

参考资料

[1] 全国信息安全标准化技术委员会．数据安全技术 数据分类分级规则：GB/T 43697—2024，2024.

[2] Gartner 官网. Hype Cycle for Data Security, 2024.

[3] Gartner 官网. Hype Cycle for Privacy, 2024.

[4] 李凤华，李晖，牛犇．隐私计算理论与技术．北京：人民邮电出版社，2021:185.

[5] 美国联邦数据战略网站. Federal Data Strategy, 2024.

[6] 中国政府网．网络数据安全管理条例，2024.

[7] The White House 官网. Executive Order on Improving the Nation's Cybersecurity, 2024.

[8] The White House 官网. Moving the U.S. Government Toward Zero Trust Cybersecurity Principles, 2024.

[9] CISA 官网. Zero Trust Maturity Model, 2024.

[10] CISA 官网. Zero Trust Maturity Model, Version 2.0, 2024.

[11] Mueller J T, Santos-Lozada A R. The 2020 US Census Differential Privacy Method Introduces Disproportionate Discrepancies for Rural and Non-White Populations. Population Research and Policy Review, 2022, 41(4): 1417-1430.

[12] IDC 官网. IDC PeerScape: 隐私计算最佳实践与探索，2023.

[13] 朱洪林，国强，寿贝宁．“东数西算”全国一体协同数据安全防护体系建设思路初探．大数据，2023，9（5）：140-149.

[14] 用友平台与数据智能团队．一本书讲透数据治理：战略、方法、工具与实践．北京：机械工业出版社，2021：292-294.

[15] 长城证券．数据要素系列报告之二：数据要素产业生态基本形成，数交所场内交易取得多点突破，2024.

[16] 陆志鹏，孟庆国，王钺．数据要素化治理：理论方法与工程实践．北京：清华大学出版社，2024：115-126.

[17] 梁敏，罗宜元，刘凤梅．抗量子计算对称密码研究进展概述．密码学报，2021，8（6）：925-947.

[18] 安全内参官网．密码+应用推进计划：后量子密码应用研究报告（2023 年），2023.

[19] 陈宇，易红旭，王煜宇．公钥加密综述．密码学报（中英文），2024，11（01）：191-226.

[20] Bogdanov A, Knudsen L R, Leander G, et al. PRESENT: An ultra-lightweight block cipher. Cryptographic Hardware and Embedded Systems-CHES 2007: 9th International Workshop. Springer Berlin Heidelberg, 2007: 450-466.

[21] Koo B, Roh D, Kim H, et al. CHAM: A family of lightweight block ciphers for resource-constrained devices. International Conference on Information Security and Cryptology. Cham: Springer International Publishing, 2017: 3-25.

[22] Gu Q, Xia Z, Sun X. MSPPIR: Multi-source privacy-preserving image retrieval in cloud computing. Future

Generation Computer Systems, 2022, 134: 78-92.
[23] 刘文心，高莹．对称可搜索加密的安全性研究进展．信息安全学报，2021，6（02）：73-84.
[24] Yang M, Guo T, Zhu T, et al. Local differential privacy and its applications: A comprehensive survey. Computer Standards & Interfaces, 2023: 103827.
[25] Dwork C, Kenthapadi K, McSherry F, et al. Our data, ourselves: Privacy via distributed noise generation. Advances in Cryptology-EUROCRYPT 2006: 24th Annual International Conference on the Theory and Applications of Cryptographic Techniques. Springer Berlin Heidelberg, 2006: 486-503.
[26] Mironov I. Rényi differential privacy. 2017 IEEE 30th Computer Security Foundations Symposium (CSF). IEEE, 2017: 263-275.
[27] Jorgensen Z, Yu T, Cormode G. Conservative or liberal? Personalized differential privacy. 2015 IEEE 31st International Conference on Data Engineering. IEEE, 2015: 1023-1034.
[28] Canetti R. Universally composable security. Journal of the ACM (JACM), 2020, 67(5): 1-94.
[29]Chou T, Orlandi C. The simplest protocol for oblivious transfer. Progress in Cryptology—LATINCRYPT 2015: 4th International Conference on Cryptology and Information Security in Latin America. Springer International Publishing, 2015: 40-58.
[30] 高莹，李寒雨，王玮，等．不经意传输协议研究综述．软件学报，2023，34（04）：1879-1906.
[31] Rosulek M, Roy L. Three halves make a whole? Beating the half-gates lower bound for garbled circuits. Annual International Cryptology Conference. Cham: Springer International Publishing, 2021: 94-124.
[32] Wagh S, Tople S, Benhamouda F, et al. Falcon: Honest-majority maliciously secure framework for private deep learning. arXiv preprint arXiv: 2004.02229, 2020.
[33] Pedersen T P. Non-interactive and information-theoretic secure verifiable secret sharing. Annual International Cryptology Conference. Springer Berlin Heidelberg, 1991: 129-140.
[34] Baron J, Defrawy K E, Lampkins J, et al. Communication-optimal proactive secret sharing for dynamic groups. International Conference on Applied Cryptography and Network Security. Cham: Springer International Publishing, 2015: 23-41.
[35] Boyle E, Chandran N, Gilboa N, et al. Function secret sharing for mixed-mode and fixed-point secure computation. Annual International Conference on the Theory and Applications of Cryptographic Techniques. Cham: Springer International Publishing, 2021: 871-900.
[36] IAPP 官网. CCPA Readiness survey, 2019.
[37] Identity Theft Resource Center 官网. 2023-Annual-Data-Breach-Report, 2023.
[38] IBM 官网. IBM Cost of a Data Breach Report 2024, 2024.
[39] 安全内参官网. 破解个人信息收集使用“必要原则”困局, 2019.
[40] Sweeney L. K-anonymity: A model for protecting privacy. International Journal of Uncertainty, Fuzziness and Knowledge-based Systems, 2002,10(5): 557-570.
[41] Dataprivacylab 官网. Simple demographics often identify people uniquely, 2000.
[42] Gartner 官网. Market Guide for User and Entity Behavior Analytics, 2015.

[43] OWASP 官网. API Security Top 10 2023, 2023.

[44] 钱君生，杨明，韦巍．API 安全技术与实战．北京：机械工业出版社，2021.

[45] 威胁猎人官网. API 安全发展白皮书（2023），2023.

[46] Gentry C. Fully homomorphic encryption using ideal lattices. Proceedings of the Forty-first Annual ACM Symposium on Theory of Computing. 2009: 169-178.

[47] Brakerski Z, Gentry C, Vaikuntanathan V. (Leveled) fully homomorphic encryption without bootstrapping. ACM Transactions on Computation Theory (TOCT), 2014, 6(3): 1-36.

[48] Fan J, Vercauteren F. Somewhat practical fully homomorphic encryption. Cryptology ePrint Archive, 2012.

[49] Cheon J H, Kim A, Kim M, et al. Homomorphic encryption for arithmetic of approximate numbers. Advances in Cryptology–ASIACRYPT 2017: 23rd International Conference on the Theory and Applications of Cryptology and Information Security. Springer International Publishing, 2017: 409-437.

[50] 全国信息安全标准化技术委员会．信息安全技术　可信计算规范　可信平台控制模块：GB/T 40650—2021, 2021.

[51] 全国信息安全标准化技术委员会．信息安全技术　可信计算　可信计算体系结构：GB/T 38638—2020，2020.

[52] 阿里云官网．千亿大模型来了！通义千问 110B 模型开源，魔搭社区推理、微调最佳实践, 2024.

[53] Brown T B, Mann B, Ryder N, et al. Language Models are Few-Shot Learners. arXiv preprint arXiv: 2005.14165, 2020.

[54] Sakib M N, Islam M A, Pathak R, et al. Risks, Causes, and Mitigations of Widespread Deployments of Large Language Models (LLMs): A Survey. arXiv preprint arXiv: 2408.04643, 2024.

[55] 安全牛官网．《数据分类分级自动化能力建设指南》报告发布, 2023.

[56] Liu A, Pan L, Lu Y, et al. A survey of text watermarking in the era of large language models. ACM Computing Surveys, 2024.

[57] Abdelnabi S, Fritz M. Adversarial watermarking transformer: Towards tracing text provenance with data hiding. 2021 IEEE Symposium on Security and Privacy (SP). IEEE, 2021: 121-140.

[58] Zhang R, Hussain S S, Neekhara P, et al. {REMARK-LLM}: A Robust and Efficient Watermarking Framework for Generative Large Language Models. 33rd USENIX Security Symposium (USENIX Security 24). USENIX, 2024: 1813-1830.

[59] Lau G K R, Niu X, Dao H, et al. Waterfall: Framework for Robust and Scalable Text Watermarking. arXiv preprint arXiv: 2407.04411, 2024.

[60] Kirchenbauer J, Geiping J, Wen Y, et al. A watermark for large language models. International Conference on Machine Learning. PMLR, 2023: 17061-17084.

[61] NewScientist 官网. OpenAI is developing a watermark to identify work from its GPT text AI, 2022.

后　记

数据要素安全是一个新兴领域，可以预见其市场容量会与网络安全相当。数据要素安全已经超越传统保护数据本身的安全，考虑到其互信属性推动新型业务所产生的价值，其未来所能达到的市场容量可能远超传统数据安全。

赋能数据流通的技术种类繁多，针对的场景纷繁复杂，更令人吃惊的是，这些技术日新月异，且处在快速演进过程中，如同态加密的硬件加速、联邦学习扩展大模型的能力、机密计算的云化演进，等等。可以说，赋能数据流通的安全技术是学术界和工业界均高度活跃的方向，有大量需要突破的关键技术点。本书通过分析这些技术产生的背景、适用的场景和技术特征，让读者对它们有一个大概的了解。若读者对技术细节感兴趣，可以参阅更专业的图书或业内最新发表的高水平学术论文。

作为工业界的研究者，笔者所在团队专注于创新孵化，在新技术落地过程中，笔者感受到了空前的机遇与挑战。2024 年是集算力、算法和数据高度融合的一年，笔者参加的几乎所有的安全会议免不了讨论生成式人工智能和数据安全，然而需要注意的是，单点技术是无法真正解决客户的痛点问题的。要在多方实现数据可控流通或协同安全计算，就需要考虑到复杂的客户计算环境，以及客户对数据流通的策略，由此会产生千差万别的业务需求。这就要求我们重点从客户业务场景出发，考虑如何选用合适的技术去构建计算或数据流通体系。希望我们在实践案例篇引用的国外案例，以及我们自己在客户侧亲身实践的案例，能够给读者带来有益的参考，在此后的数据要素应用中游刃有余地构建恰当的安全体系。